WEAPON

武器大百科（新版）

英国DK公司 编著　田玉宝　谌力　张磊 等 译

一部兵器与装甲的视觉史

化学工业出版社
·北京·

图书在版编目（CIP）数据

DK武器大百科：一部兵器与装甲的视觉史：新版/英国DK公司编著；田玉宝等译.—北京：化学工业出版社，2022.2（2025.5重印）

书名原文：Weapon: A Visual History of Arms and Armour

ISBN 978-7-122-40332-2

Ⅰ.①D… Ⅱ.①英… ②田… Ⅲ.①武器-世界-通俗读物 Ⅳ.①E92-49

中国版本图书馆CIP数据核字（2021）第246839号

Original Title: Weapon: A Visual History of Arms and Armour
ISBN 978-1-4053-6329-7
Copyright © Dorling Kindersley Limited, London, 2006, 2016
A Penguin Random House Company. All rights reserved.
Published by arrangement with Dorling Kindersley
Authorized translation from the English language edition published by Dorling Kindersley.
本书中文简体字版由Dorling Kindersley授权化学工业出版社独家出版发行。
本版本仅限在中国内地（大陆）销售，不得销往中国香港、澳门和台湾地区。未经许可，不得以任何方式复制或抄袭本书的任何部分，违者必究。
北京市版权局著作权合同登记号：01-2022-3368

责任编辑：王冬军　张丽丽
装帧设计：水玉银文化
责任校对：田睿涵　版权引进：金美英

出版发行：化学工业出版社（北京市东城区青年湖南街13号　邮政编码100011）
印　　装：北京华联印刷有限公司
开　　本：787mm×1092mm 1/8　印张：48　字数：1189千字
2025年5月北京第1版第6次印刷

购书咨询：010-64518888　　　售后服务：010-64518899
网　　址：http://www.cip.com.cn

凡购买本书，如有缺损质量问题，本社销售中心负责调换。

定　价：198.00元
版权所有　违者必究

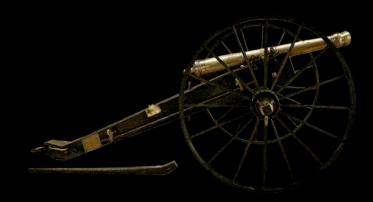

目录

前 言	1
简 介	2

古代世界
公元前3000—公元1000年 … 1

最早的武器	6
美索不达米亚的武器和护具	8
古埃及的武器和护具	10
古希腊的武器和护具	16
古希腊重装步兵	18
古罗马的武器和护具	20
罗马军团	22
青铜和铁器时代的武器和护具	24
盎格鲁-撒克逊与法兰克的武器和护具	26
维京的武器和护具	28

中世纪时期
公元1000—1500年 … 33

欧洲的剑	38
日本刀和中国剑	42
欧洲短剑	44
欧洲的长兵器	48
亚洲的长兵器	50
蒙古武士	52
长弓和弩	54
武器展示：弩	56
阿兹特克的武器和盾牌	58
欧洲的头盔和轻盔	62
欧洲的决斗头盔，开面盔和轻盔	64
中世纪骑士	66
欧洲的锁子甲	68
欧洲的板甲	70

早期近代世界
公元1500—1775年 … 73

双手剑	78
欧洲的步兵和骑兵刀剑	80
雇佣步兵	84
欧洲细剑	86
欧洲小剑	88
欧洲的狩猎剑	92
武器展示：狩猎工具袋	94
日本武士刀	96
武器展示：胁差	100
日本武士	102
印度和斯里兰卡的刀剑	104
欧洲短剑	106
亚洲短剑	110
欧洲的单手长兵器	112
欧洲的双手长兵器	116
印度和斯里兰卡的长兵器	118
欧洲的弩	120
亚洲的弓	122
火绳枪和燧发长枪	124
武器展示：火绳滑膛枪	126
欧洲猎枪（1600—1700）	128
欧洲猎枪（1700年以后）	130
亚洲的火绳枪	132
组合武器	134
早期的大炮	136
欧洲手枪（1500—1700）	140
欧洲手枪（1700—1775）	142
欧洲的决斗甲胄	146
欧洲的决斗头盔	148
亚洲的盔甲	150
日本的武士盔甲	152

变革的世界
公元1775—1900年 … 155

欧洲的刀剑	160
美国内战期间的刀剑	164
奥斯曼帝国的刀剑	166
中国的刀剑	168
印度的刀剑	170
印度和尼泊尔的匕首	172
欧洲和美国的刺刀	174
印度的杆棒类武器	176
非洲的刃类武器	178
祖鲁战士	180
大洋洲的杖棍和匕首	182
北美的刀和棒	184
北美猎弓	188
澳大利亚的飞去来器和盾牌	190
燧发手枪（1775年以后）	192
燧发手枪（1850年以前）	194
雷帽手枪	196
美国的雷帽转轮手枪	198
美国内战时期的步兵	200

英国的雷帽转轮手枪	202	大洋洲的盾牌	264	冲锋枪（1945年以后）	326
铜弹壳手枪	204	**现代世界**		枪弹（1900年以后）	328
武器展示：柯尔特海军手枪	206	**公元1900—2006年**	**267**	第一次世界大战中的火炮	330
自动装填手枪	208	非洲的刃类武器	272	反坦克炮	332
舰炮	210	刺刀和刀（1914—1945）	276	第二次世界大战中的火炮	334
前膛装填火炮	212	法国"一战"步兵	280	20世纪的手榴弹	336
后膛装填火炮	214	自动装填手枪（1900—1920）	282	单兵便携式反坦克武器	338
燧发滑膛枪和来复枪	218	自动装填手枪（1920—1950）	284	步枪榴弹发射器	340
武器展示：贝克来复枪	220	自动装填手枪（1950年以后）	286	独立式榴弹发射器	342
雷帽滑膛枪和来复枪	222	转轮手枪（1900—1950）	288	美军海豹突击队	344
武器展示：乐佩奇猎枪	224	转轮手枪（1950年以后）	290	武器展示：迷你炮/速射机枪	346
雷帽后膛枪	226	手动装填连发步枪	292	重型狙击步枪	348
英国红衫军	228	苏联红军步兵	294	新式武器	350
猎枪	230	自动装填步枪（1914—1950）	296	简易枪械（1950—1980）	352
奥斯曼帝国的火枪	232	武器展示：AK47突击步枪	298	头盔（1900年以后）	354
单发后膛装填来复枪	234	自动装填步枪（1950—2006）	300		
武器展示：恩菲尔德前装线膛枪	236	武器展示：SA80突击步枪	303	**致　谢**	**356**
手动装填连发步枪（1855—1880）	238	猎枪	304		
武器展示：加特林机枪	240	霰弹枪	306		
手动装填连发步枪（1881—1891）	244	狙击步枪（1914—1985）	308		
手动装填连发步枪（1892—1898）	246	狙击步枪（1985年以后）	310		
印度火枪	248	管退式机枪	312		
亚洲的火枪	250	气退式机枪	314		
连发火枪	252	武器展示：MG43通用机枪	316		
枪弹（1900年以前）	254	轻机枪（1914—1945）	318		
炮弹与装备	256	轻机枪（1945年以后）	320		
武器展示：6磅野战炮	258	冲锋枪（1920—1945）	322		
印度的盔甲和盾牌	260	武器展示：MP5冲锋枪	324		
非洲的盾牌	262				

前　言

2005年我加入了英国皇家军械库理事会，这让我的生活发生了巨大的转变。我曾经作为一名剑桥大学的本科生，在当时还位于伦敦塔的皇家军械库工作了一个夏天。如果我的职业生涯当时选择了另外一条道路，我很可能会成为一名博物馆馆长而不是一位军事历史学家。不过从某种意义上来说，这两者并没有那么大的不同，因为军事历史从未远离战场：如果不考虑士兵们使用的武器，就很难想象他们如何战斗。

战争比文明更久远——事实上，它比人类本身还久远，这一点可以从人类原始祖先的一些蛛丝马迹上得到验证——而武器正是士兵们使用的工具。在接下来的章节里，本书将展示武器在历史进程中的重要性，揭示它们是如何从原始、简陋的狩猎工具迅速演进的，并且很快呈现出新的特性，而这种特性将在之后的几千年中再次为武器定义。首先出现的一类武器是打击武器，用于近距离地直接攻击敌人，最初是棍棒，随后从斧头发展到刀剑、匕首和长矛。还有一类武器是从远处发射的投射武器，从最初削尖的木棒——可以像投投枪一样投掷出去——一步步发展成为投掷长矛、弓箭和弩箭。从15世纪开始，火药武器相继出现，但它们并没有立即取代打击武器和投射武器。一直到17世纪，火枪手还要靠长枪兵来保护，拿破仑一世的骑兵在近战中也仍然使用长剑。甚至在进入了21世纪，刺刀作为一种"新"的有刃兵器，仍然是步兵装备的一部分。

本书巨大的年代和地域跨度揭示出了在完全不同的文化和时期中，武器之间极富启示性的相似性。火器出现的时间现在仍尚无定论，历史学家仍然在争论发生在17世纪上半叶的改变是不是足够迅速和彻底，以至于可以称之为"军事革命"。但无论如何，它们的影响深远。用于抵御攻城器械的城堡在火炮发明之后迅速崩溃，在这方面，1453年君士坦丁堡的陷落被看作是一个里程碑事件。类似的一幕在1525年的帕维亚战役中同样上演，当时装备了火绳枪的步兵击败了重装骑兵。随着大规模军队的出现，火器变得至关重要，因为这些军队越来越受制于大规模武器的生产。火器的发展速度很快：只用了一个半世纪略多一点的时间就从前膛装填火药的燧发枪——射程近，精度差，且不可靠——发展出了现代突击步枪。

然而武器不仅仅是士兵们的工具，在翻阅本书的过程中你会为那些用于狩猎、自卫和执法的武器所展现的独具匠心和创造性感到惊叹。有些武器含有宗教性的或者神秘的内涵，另外一些则是阶级和财富的象征，例如日本武士佩带的两把武士刀，或者18世纪欧洲绅士腰旁佩带的小剑。持有武器的权利与社会地位之间有着绵远流长的关系，拥有武器的权利也被郑重地（也是有争议地）写进了美国宪法的第二修正案中。在某些社会，例如古希腊的城邦，在公民权利和佩带武器之间就有明确的关系。

只讲武器而不涉及护具是不可能的，因此本书同样展示了盔甲在保护佩戴者之余是怎样被用来承载更多意义的。它们常常被用来有意地突显某种形象或者恐吓敌人，同时也展示着佩戴者的财富和地位：青铜时代勇士佩戴的有角头盔与日本武士佩戴的面甲护具在这一点上有很多共同之处。刚刚过去的20世纪见证了盔甲的再次复兴，那些头戴凯芙拉头盔、身穿防弹衣的现代士兵，他们的形象显得既古典又现代。

很荣幸能够参与本书的编撰，因为它一方面体现了英国皇家军械库成员的学术水平，另一方面也将英国皇家军械库世界级的武器装备藏品展示给世人。

理查德·霍姆斯
（Richard Holmes）

弓、箭和矛

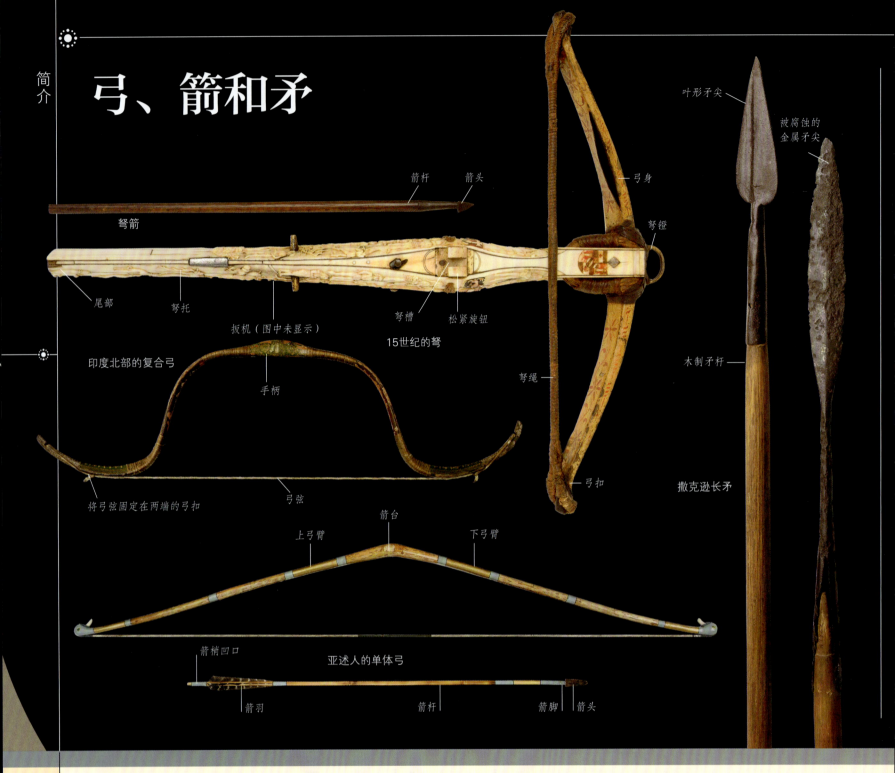

利用诸如弓、矛之类的抛射武器可以远距离运用武力,而与此相关的史料证据表明,从很早以前此类武器就在狩猎中被使用了。投枪是最简单的抛射武器,简单到就是一根一端带尖的杆。这种武器最大的缺点是一旦被投掷出去就无法再收回,而且可能被敌人反掷回来。罗马人发明的步兵短矛解决了这个问题,他们采用了一段一旦接触就会撞弯的铁杆,使其无法被再次使用。

将一根有伸缩性的弓弦固定在一根木柄的两端,就制成了一把单体弓。它们易于制造和操作,在古代世界被广泛使用。用多块木材胶合而成的复合弓,其关键部分使用骨头和动物筋腱进行强化,从而弹性更强,射程更远。在游牧民族——例如蒙古人的手里,这种弓能远距离将步兵逐一射中,从而轻易瓦解对方的步兵编队。

从13世纪开始,英格兰人开始广泛使用一种用紫杉木制作的长达2米(6.5英尺)的长弓。这种弓综合了射程和射速的优点,成为英格兰在福尔柯克战役(1298)中战胜苏格兰以及在克雷西战役(1346)和阿金库尔战役(1415)中战胜法国的关键因素。

弩

弩是一种可以发射木制或金属弩箭的机械弓,它有一个托架,可以无需用手拉开弓弦就能保持发射状态。它最早出现于中国春秋战国时期,自十字军东征开始被广泛应用于中世纪的欧洲。随着时间的推移,用于重新装填弩的机械结构变得越来越复杂,包含了用脚辅助操作的杠杆机构和上弦机构。这些机构让弩变得更加威力巨大,但是也意味着降低了装填速度。到了16世纪晚期,弩几乎从战场上彻底消失。

日本箭

日本武士使用过各式各样的箭头。这种分叉箭头能够造成多处伤口,被同时应用于狩猎和战争。

斧头和锤杖

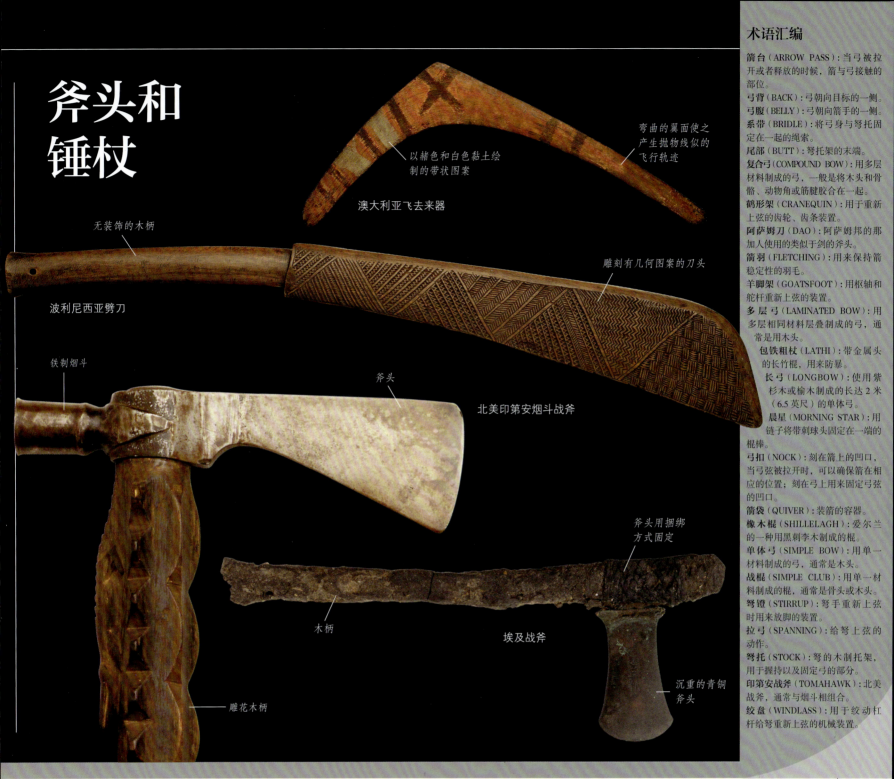

术语汇编

箭台（ARROW PASS）：当弓被拉开或者释放的时候，箭与弓接触的部位。
弓背（BACK）：弓朝向目标的一侧。
弓腹（BELLY）：弓朝向箭手的一侧。
系带（BRIDLE）：将弓身与弩托固定在一起的绳索。
尾部（BUTT）：弩托架的末端。
复合弓（COMPOUND BOW）：用多层材料制成的弓，一般是将木头和骨骼、动物角或筋腱胶合在一起。
鹤形架（CRANEQUIN）：用于重新上弦的齿轮、齿条装置。
阿萨姆刀（DAO）：阿萨姆邦的那加人使用的类似于剑的斧头。
箭羽（FLETCHING）：用来保持箭稳定性的羽毛。
羊脚架（GOATSFOOT）：用枢轴和舵杆重新上弦的装置。
多层弓（LAMINATED BOW）：用多层相同材料层叠制成的弓，通常是用木头。
包铁粗杖（LATHI）：带金属头的长竹棍，用来防暴。
长弓（LONGBOW）：使用紫杉木或榆木制成的长达2米（6.5英尺）的单体弓。
晨星（MORNING STAR）：用链子将带刺球头固定在一端的棍棒。
弓扣（NOCK）：刻在箭上的凹口，当弓弦被拉开时，可以确保箭在相应的位置；刻在弓上用来固定弓弦的凹口。
箭袋（QUIVER）：装箭的容器。
橡木棍（SHILLELAGH）：爱尔兰的一种用黑刺李木制成的棍。
单体弓（SIMPLE BOW）：用单一材料制成的弓，通常是木头。
战棍（SIMPLE CLUB）：用单一材料制成的棍，通常是骨头或木头。
弩镫（STIRRUP）：弩手重新上弦时用来放脚的装置。
拉弓（SPANNING）：给弩上弦的动作。
弩托（STOCK）：弩的木制托架，用于握持以及固定弓的部分。
印第安战斧（TOMAHAWK）：北美战斧，通常与烟斗相组合。
绞盘（WINDLASS）：用于绞动杠杆给弩重新上弦的机械装置。

岩石和锋利的石头可能是最为原始的武器形式了。当被安装在棍棒上时——战锤或者战斧——由于杠杆效应，打击的范围会扩大，力度也会增加。战锤能给予带着护具的对手粉碎性打击，而战斧哪怕是轻轻扫过，都会导致敌人大量出血。

原始初级的锤杖出现的年代非常早，且形式多样——例如祖鲁人的圆头棒，美洲北极区域的鲸骨锤，以及新西兰发现的经过精心装饰的木杖——但其效能都被一一证实了。在欧洲殖民者到来之前，这种锤杖是太平洋地区使用最为广泛的武器。之后出现了一种较为复杂的锤杖，即在一根棍棒上绑上或固定好头部后，再在头部附加一些尖刺或棱角，以大大提高杀伤力。在澳大利亚，当地土著人发明了投掷棒，或者叫飞去来器，这是一种弯曲成特殊形状的棍棒，能够在没有击中目标的时候再次飞回到投掷者手中。

继续演进

手斧最早在150万年前就出现了，最初有可能被当作刮削器使用。公元前3000年左右，铜制斧头的斧子开始出现在近东地区，并且在埃及和斯堪的纳维亚地区变得很普及。冶铁和炼钢技术的发明，使得锻造更尖锐的头部和更锋利的刀刃变得容易。虽然罗马人不太使用斧头，但他们的一些未开化的对手却擅长使用斧头，例如法兰克人的飞斧。维京人使用巨大的双手战斧作为主要的武器，其中的一些特征一直流传到了中世纪，并逐渐演变成了戟。在一些保持着狩猎传统的社会仍然常使用斧头，例如北美印第安人的战斧及印度阿萨姆邦的那加人使用的阿萨姆刀，后者是一种剑和斧的混合体。

精英权杖（ELITE CLUB）

虽然木制的锤杖在南非地区是用来战斗的武器，但图中的这柄权杖看上去很可能是一位权贵的特权所有物，因为它制作精美，尾端的球体被雕刻成19等份。

刀剑和匕首

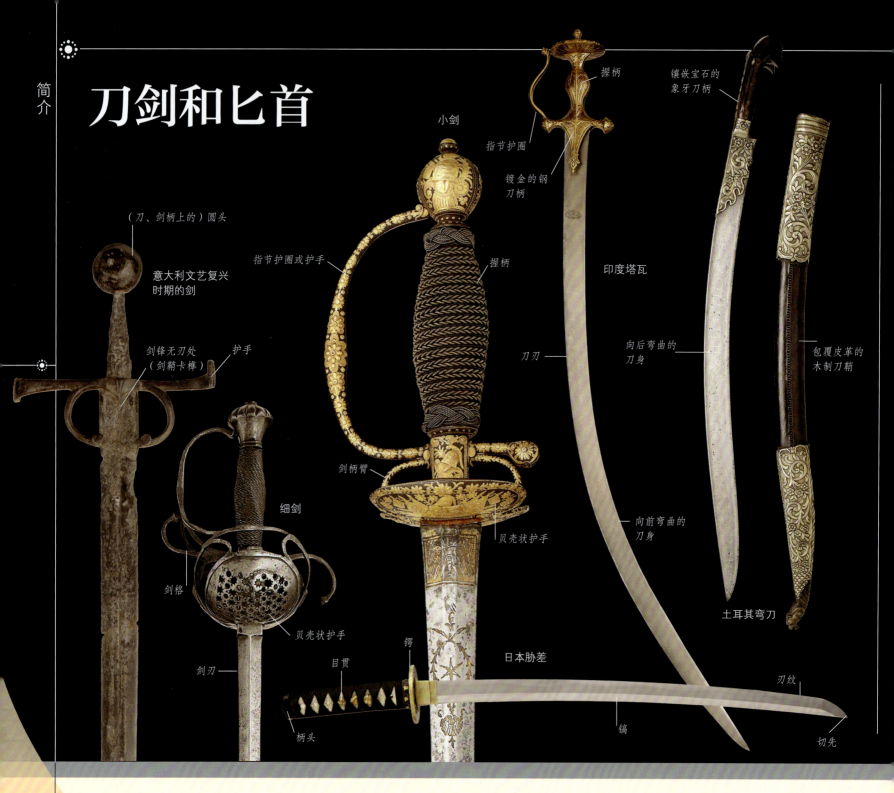

刀剑是应用最广泛的武器之一。它们实际上就是一柄带有握柄的长匕首，而相较匕首，其较长的尺寸、不同的刀身形式和刃口区域，意味着它能适应于砍削或者刺击。

最早的刀剑是加工过的燧石或者黑曜石，直到公元前 3000 年炼铜技术的出现，增加了刀刃的强度和韧度，才真正进入了刀剑的时代。克里特人和迈锡尼人的短剑（公元前 1400 年）的握柄比较简单，但已经在剑身和把手之间设计了用来保护使用者双手的凸起边缘。到了公元前 900 年，随着冶铁技术的发明以及浇铸锻造技术的出现，刀（剑）身的各个部分成为一个既有强度又有韧性的整体，它这才变得更为致命。

杯状护手长剑
正如这柄长剑上的杯状护手所示，护手在 17 世纪变得非常普遍。在其他一些长剑上，倾斜的护手可以使对手的攻击偏转方向。

刀剑

希腊的重装士兵最初只把剑作为备用武器，直到出现了专为近战中向上刺击而设计的罗马军团短剑，用剑攻击才凭借其本身的优势成为步兵战法的一种。

到了中世纪，在欧洲佩剑成了军中精英们的一种标志。最初它们被设计为适合砍击的阔刃，同时能够用重击来攻击对手的锁甲。不过随着 14 世纪以后板甲的出现，剑身变得越来越窄，以便更适于用刺击的方式攻击对方板甲结合处的薄弱部位。最终在 16 世纪到 17 世纪发展成为长剑，其握柄的制作更加精细，通常使用金属质杯状或者篮状结构来保护使用者的手。

在欧洲之外，刀剑的使用在 14 世纪的日本达到了其发展历程的最高峰。日本武士佩带的武士刀有着多层锻造的钢刃，既是阶层的标记，

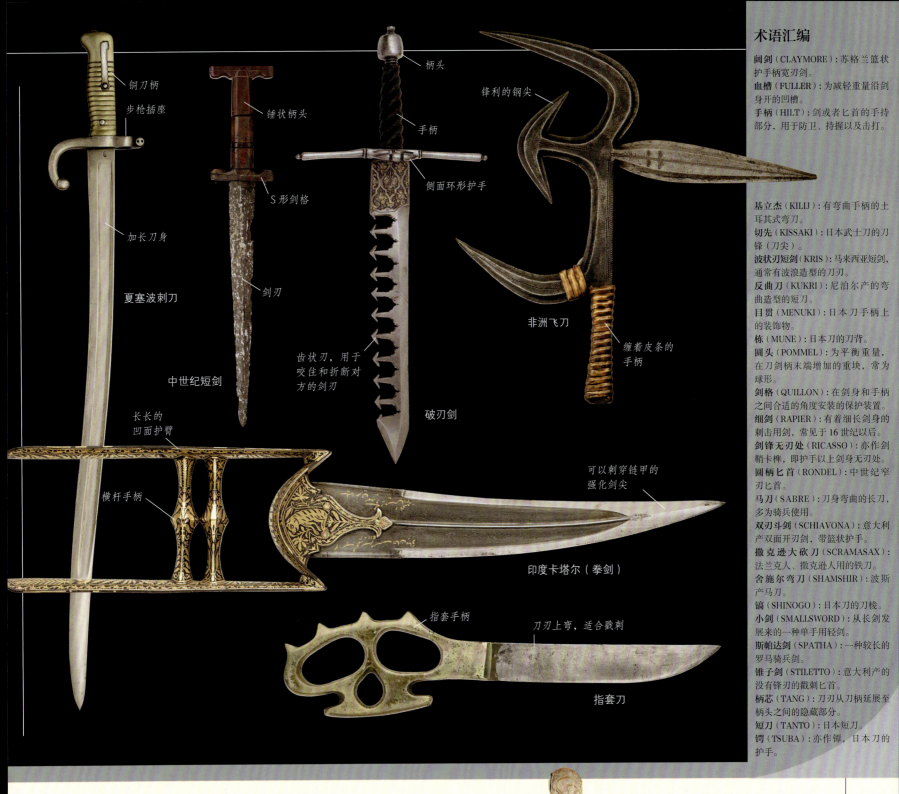

术语汇编

阔剑（CLAYMORE）：苏格兰篮状护手柄宽刃剑。
血槽（FULLER）：为减轻重量沿剑身开的凹槽。
手柄（HILT）：剑或者匕首的手持部分，用于防卫、持握以及击打。
基立杰（KILIJ）：有弯曲手柄的土耳其式弯刀。
切先（KISSAKI）：日本武士刀的刀锋（刀尖）。
波状刃短剑（KRIS）：马来西亚短剑，通常有波浪造型的刀刃。
反曲刀（KUKRI）：尼泊尔产的弯曲造型的短刀。
目贯（MENUKI）：日本刀手柄上的装饰物。
栋（MUNE）：日本刀的刀背。
圆头（POMMEL）：为平衡重量，在刀剑柄末端增加的重块，常为球形。
剑格（QUILLON）：在剑身和手柄之间合适的角度安装的保护装置。
细剑（RAPIER）：有着细长剑身的刺击用剑，常见于16世纪以后。
剑锋无刃处（RICASSO）：亦作剑鞘卡榫，即护手以上剑身无刃处。
圆柄匕首（RONDEL）：中世纪窄刃匕首。
马刀（SABRE）：刀身弯曲的长刀，多为骑兵使用。
双刃斗剑（SCHIAVONA）：意大利产双面开刃剑，带篮状护手。
撒克逊大砍刀（SCRAMASAX）：法兰克人、撒克逊人用的铁刀。
舍施尔弯刀（SHAMSHIR）：波斯产马刀。
镐（SHINOGO）：日本刀的刀棱。
小剑（SMALLSWORD）：从长剑发展来的一种单手用轻剑。
斯帕达剑（SPATHA）：一种较长的罗马骑兵剑。
锥子剑（STILETTO）：意大利产的没有锋刃的戳刺匕首。
柄芯（TANG）：刀刃从刀柄延展至柄头之间的隐藏部分。
短刀（TANTO）：日本短刀。
锷（TSUBA）：亦作镡，日本刀的护手。

同时也是一件杀伤力极大的武器。同样，伊斯兰地区也有着悠久的刀剑制造历史，而大马士革长期以来都是刀剑生产与交易的中心。奥斯曼土耳其帝国发展的重点是骑兵，但他们也出产了许多优良的刀剑品类，例如基立杰弯刀和穆斯林马刀。印度莫卧儿王朝出产的塔瓦，以其圆盘形的柄头为最大特征。

仪式用刀剑

随着手持式火器的发展，刀剑——与许多其他的近战武器一样——几乎失去了实战价值。在西方军队中，刀剑是骑兵使用过的武器中时间最长的一种，在疾驰中从上而下用弯刀予以一击可以给敌人造成严重的伤害。不过到了20世纪以后，刀剑基本上成了一种仪式用的武器，仅限于军官穿正装时佩带。

匕首

匕首是应用最早的作战武器之一，其最初是切割用的刀具。由于刀刃较短——从15至50厘米（6至19.5英寸）不等——匕首主要作为一种近战武器，用于戳刺。

在非洲还发展出了飞刀，它设计有多个尖刺，不论从哪个角度击中目标都能造成伤害。有些匕首，例如印度的卡塔尔（拳剑），有着经过强化的刀刃和手柄表面，可以刺穿敌人的链甲。在17世纪，随着击剑技术蓬勃发展，不持剑的另一只手会使用匕首格挡对手，以及趁其不备进行近距离的刺击。有时候短剑上还设计了齿状刃口结构，用来咬住或者损坏对方的武器。17世纪以后，从匕首发展出了刺刀——实质上就是固定在枪支上用于肉搏战的一种匕首。

时至今日，对那些可能需要与敌人近战的士兵们来说，匕首仍然很有用，例如那些特种部队队员。

弯刀

一种南美洲武器，刀刃弯曲为特定的角度，既可以用来在丛林中开路，又可以杀敌。这件用分量很轻的棕榈木制作的样品产自厄瓜多尔。

长柄类兵器

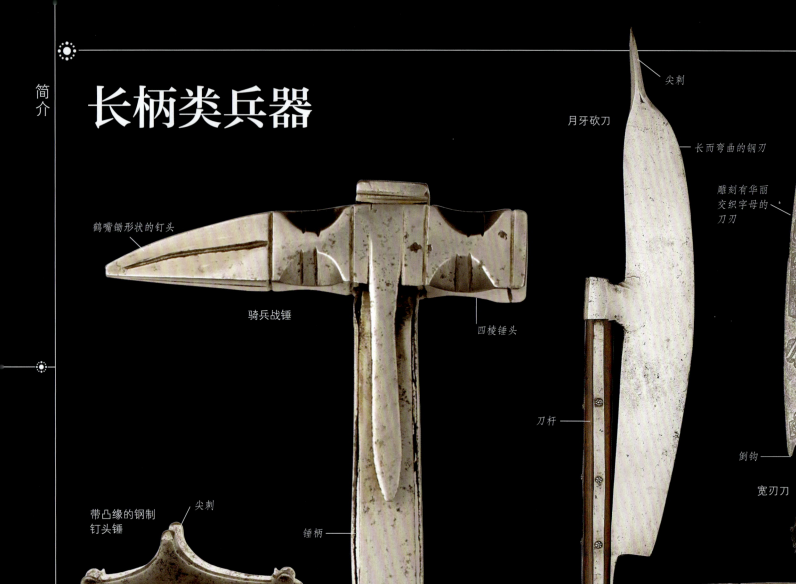

当把刀刃或者锤头固定在一个通常为木制的长杆上时，就做成了一件长柄类兵器，这使得步兵得以有办法攻击骑兵，或者至少使其不能近身。在中世纪后期和文艺复兴时期的欧洲，这类兵器在形制样式上得到空前的繁荣发展，也正是在这一时期，社会变革使来自瑞士、荷兰和意大利的步兵有机会与骑兵一争高下。

不过追溯历史，长柄类兵器出现的时间要早得多。公元前6世纪古希腊重装步兵的主武器就是长矛，在密集阵形中被当作刺击武器使用的时候，可以形成一个几乎无法穿过的金属刺猬。马其顿帝国的亚历山大在公元前4世纪的时候还使用过加长的长矛——几乎有6米（20英尺），不过13世纪以后，这种长柄类武器逐渐开始失宠。

打击型武器

在众多长柄类兵器中，常用于近战的武器是钉头锤——其在一些国家也逐渐演变成一种权势的象征。从纳尔迈石板（约公元前3000年）的图案上可看到，当时的埃及统治者就挥舞着一柄钉头锤。在中世纪的欧洲，钉头锤常与公民及王权联系在一起。钉头锤在军事方面主要是用作打击型武器，即使对方穿着盔甲，仍能将其骨骼打断。为使打击力量更集中，它通常会采用钢制的棱角，这会给对手带来更重伤害。

很多14世纪之前的长柄类武器都是由之前的农业工具演变而来的。例如钩镰枪，在其刀身内侧有着锋利的刀刃，就是从镰刀演变而来的，而军用战叉则是从农民的集草叉改变而来。

决斗长矛

如图所示的竞技长矛有着锥形的木杆，可以用来击碎对阵者的盔甲或者盾牌。如果枪尖或者木杆刺穿了对阵者的脖子或头盔，其后果将是致命的。

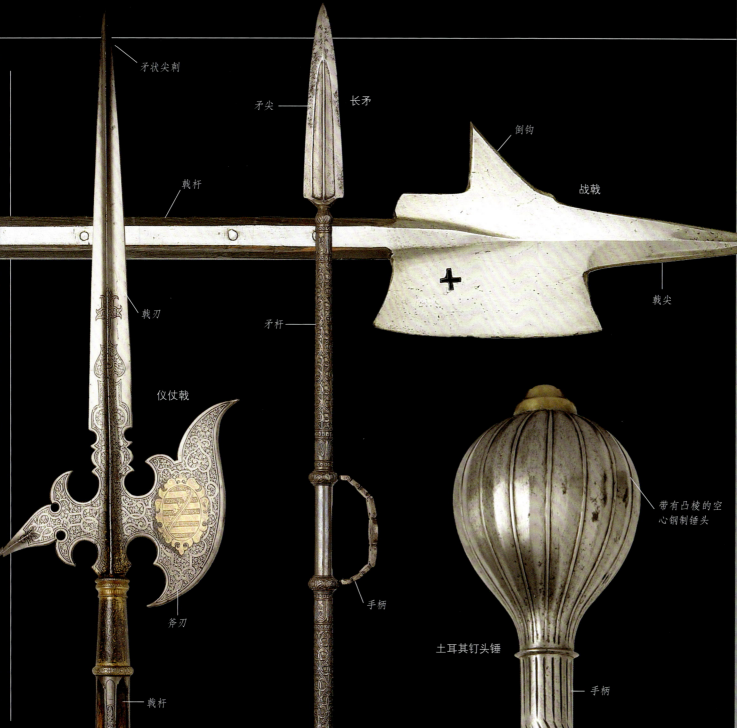

术语汇编

月牙砍刀（BARDICHE）：带有长而弯曲刀刃的杖类武器，通常在欧洲东部使用。

钩形戟（BILL）：带有宽而弯曲的砍切刃具的杖类武器。

野猪长矛（BOAR SPEAR）：带有长矛尖的杖类武器，其上有耳，防止受伤的野猪顺矛杆冲上来。

宽刃刀（GLAIVE）：带有长而单刃、类似大刀头部的杖类武器。

战戟（HALBERD）：其刃部短而宽，类似斧头，带有矛尖，后侧有一个用于刺穿盔甲的背刺。

护条（LANGET）：固定在杖类武器杆上的金属条，用于保护武器头部连接处。

洛哈伯战斧（LOCHABER AXE）：有着宽而弯曲的斧刃，以及一个用于钩取骑兵的窄钩。

卢塞恩锤（LUCERNE HAMMER）：带有锤头和鹤嘴锄尖的杖类武器。

钉头锤（MACE）：连接在杖上的金属球通常带有尖刺或棱角。

马狩长枪（MAGARI YARI）：一种日本式的三叉戟。

薙刀（NAGINATA）：带有曲刃的日本杖类武器，类似于大砍刀。

帕蒂撒（PARTISAN）：即三尖戟，带有矛尖的宽刃武器，在基座处有起到保护作用的翼形凸起。

长矛（PIKE）：一种长杆类武器，带有矛尖，最长可达7米（23英尺）。

战斧（POLEAXE）：装有斧头的杖类武器，通常为骑士所使用。

铁头木棒（QUARTERSTAFF）：不带兵器头部的简单木棒。

袖钩子（SODE GARAMI）：日本的"缠袖器"，用于将穿着宽袖衣服的敌人拉下马。

短戟（SPONTOON）：半长的短矛，通常由17世纪和18世纪的欧洲非在役军官携带。

长矛的样式自古以来变化很小，它曾经是使用最为广泛的长柄类武器，但却也较早地失去青睐。长矛是一种有效的多用途武器，例如在步兵密集阵形中的应用，在此方面瑞士人运用得最为成功；又如在混合编队中的应用，在西班牙方阵中，长矛队被当作防御队伍，火枪兵可以躲在其后向敌人射击。在一些战役中长矛也证明了自己的价值，例如在科特赖克战役（1302）中装备了长矛和木棒的佛兰德人成功瓦解了法国骑兵的冲锋，并且将其击败。

后期的长柄类兵器

把斧头和长矛进行组合，再在斧的背面增加一个尖刺就做成了戟——比长矛短一些。这是一种万能的武器，可以用于戳刺，或者把骑兵从马上勾下来，或者棒打。月牙砍刀是东欧一种常见的长柄类兵器，它有一个与斧头很像的长刀刃，不过没有像戟那样的尖刺。

战锤是一种骑兵专用的武器——在长杆的一侧装有一个锤头，另一侧类似于鹤嘴锄。战锤可以打昏敌人，然后用鹤嘴锄刺穿盔甲，命中要害。

然而随着火器的重要性逐渐上升，步兵便很少装备此类长柄类兵器了。它们更多地成为一种士官的标志，并在18和19世纪成为步兵军官配备的戟。

然而哪怕在当今时代，长矛形式的长柄类武器仍然在骑兵编队中有着广泛的应用。虽然最初长矛是用于中世纪骑士决斗的，但它们在拿破仑一世时期被重新引入，用作骑兵的冲击性武器。直到第一次世界大战时期，有的骑兵部队中仍然装备长矛，不过从那以后长矛和骑兵一样，都成了历史的遗迹。

德国三尖戟

可能世界上仍在使用的最后一种长柄类武器就是德国的三尖戟了。这件17世纪后期的德国样品装饰复杂，被用作军士以及其他士官的标志。

枪械 简介

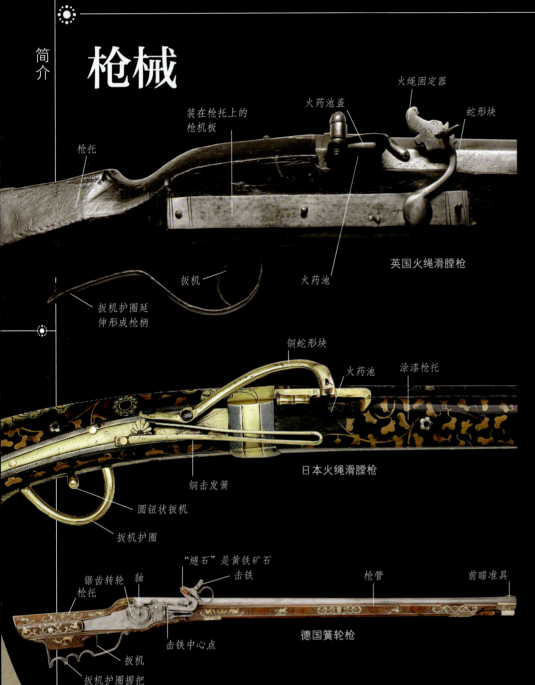

英国火绳滑膛枪
- 枪托
- 装在枪托上的枪机板
- 火药池盖
- 火绳固定器
- 蛇形块
- 扳机
- 火药池
- 扳机护圈延伸形成枪柄

日本火绳滑膛枪
- 铜蛇形块
- 火药池
- 涂漆枪托
- 铜击发簧
- 圆钮状扳机
- 扳机护圈

德国簧轮枪
- 锯齿转轮
- 轴
- "燧石"是黄铁矿石
- 击铁
- 枪管
- 前瞄准具
- 击铁中心点
- 扳机
- 扳机护圈握把

火药和弹丸 — 它是如何工作的

火药和弹丸是分别填入枪管内的，少量的火药从枪管的一个小孔中漏下来，落到火药池中。火药是用（缓慢燃烧的）火绳或者燧石擦出的火花引爆的，然后引燃主火药。

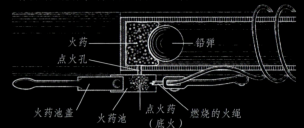

- 火药
- 铅弹
- 点火孔
- 火药池盖
- 火药池
- 点火药（底火）
- 燃烧的火绳

火绳枪 — 它是如何工作的

最早的枪是通过手动往火药池里装填一块木炭来引射的，不过很快人们就发明了第一个简易的机械装置——在火药池上方拉着一根缓慢燃烧的火绳的短棒。后来又增加了火药池盖以及带弹簧的扳机。

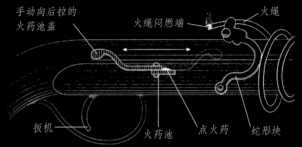

- 手动向后拉的火药池盖
- 火绳闷燃端
- 火绳
- 扳机
- 火药池
- 点火药
- 蛇形块

在射击前，要先在闷燃的火绳上轻轻吹气，使枪进入待击发状态，然后把火药池盖打开。

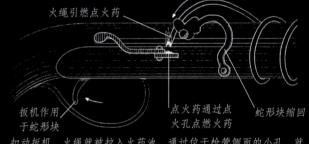

- 火绳引燃点火药
- 扳机作用于蛇形块
- 点火药通过点火孔点燃火药
- 蛇形块缩回

扣动扳机，火绳就被拉入火药池。通过位于枪管侧面的小孔，就产生了能够点燃主火药的火花。

关于火药究竟是哪里发明的问题一直众说纷纭：认为在中国、印度、阿拉伯以及欧洲的说法都有支持者。至于其发明的时间，公认的是在13世纪的某个时期，或许会更早一点。然而对于枪出现的时间，我们知道的要更准确一些。它们出现于1326年以前，因为有两份同时代的手稿告诉了我们这个信息，而且从那时起，枪就被频繁提及了。最早的枪是从毁于1341年的意大利蒙特瓦里诺城堡废墟中发现的。那支枪只是一个简单的管子，一端封闭，在此端附近钻有一个孔，用导火索或者木炭点燃内部填充的火药。枪管后侧装有一根杆，可能需要两个人才能发射。

火绳枪

对增加了火绳的这种简易设计进行的第一个改进就是，增加了蛇形块（因为它是S形，形状像蛇），用于系住一段用硝石处理过且能够保持燃烧的火绳（或者叫导火线）。蛇形块可以绕着它的轴心转动，向后扳它的下半段，就会使其上半段向前运动，让灼热的火绳一端进入到装填的火药中。后者置于枪管外的一个圆盘中，通过接触孔与主火药和弹丸相通。这种设计的最大优点是单人就可以操作。后来又增加了扳机，通过击发阻铁作用于蛇形块，它与一根弹簧共同作用，除非对扳机施加正向的压力，否则就将引火拉离转盘。也有其他的设计形式，主要是弹簧工作方式不同（当击发阻铁被释放的时候，它会向前拉火绳）——不过这时的撞击经常会把引火弄灭。

簧轮枪
这种簧轮枪首次尝试使用一个转轮来机械引燃火药，使用扳机触发。在转轮上用燧石来打火，以引燃装填物。

燧发式手枪

- 击铁
- 打火钢条
- 枪管
- 榫牙弹簧片
- 火药池
- 扳机
- 铜枪柄头

英国燧发决斗手枪

- 防滑凸块
- 枪机板
- 击铁
- 顶牙螺栓
- 燧石
- 打火钢条和火药池盖
- 枪管和枪托用销子固定
- 扳机
- 火药池
- 击发簧同时作用在枪机和火药池盖上
- 扳机护圈上的稳定钩
- 刻有方格纹的枪柄

燧发式大口径手枪

- 击铁
- 打火钢条和火药池盖
- 燧石
- 内置式盒式枪机
- 铜枪管
- 弹簧刺刀
- 刺刀释放扳机
- 扳机

燧发枪　　它是如何工作的

因为火绳发火装置并不可靠，所以它们被另一种打火装置——燧发打火装置取代了，即用弹簧驱动来撞击一根锯齿形的钢条。在扳机和火药池盖之间增加了连接装置，当燧石落下的时候，通过一根弹簧打开火药池盖。

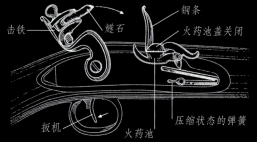

射击之前，击锤被一根与扳机相连的击发簧通过击发阻铁固定着。第二根弹簧使火药池盖保持关闭。

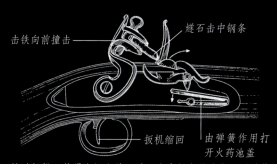

按动扳机，使得击锤向前运动，击中钢条的边缘，同时使第二根弹簧拉动钢条，使后者收缩，打开火药池盖。

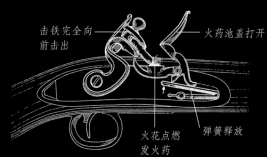

燧石摩擦打出的火花掉进火药池点燃火药，产生的火花进入位于枪管侧面的小孔，便能够点燃主火药。

术语汇编

枪机（ACTION）：装填以及/或者开枪的方式。
自动枪（AUTOMATIC）：当扣动扳机时，能连续装载和射击的一种火枪。
待发射（BATTERY）：当枪已准备好射击时的状态。
撞针钩槽（BENT）：击铁、击锤或撞针上的凹槽，击发阻铁卡在其中，阻止其动作。
弹链（BELT FEED）：为自动射击武器后膛提供弹药的一种方式。
枪栓回弹（BLOWBACK）：操作自动或半自动武器时的一种方法，枪膛不锁死，通过弹簧或者惯性来关闭。
枪栓（BOLT）：武器上用于关闭和密封枪膛的部分。也可以用于装弹，弹出弹壳，固定撞针。
栓式枪机（BOLT ACTION）：通过转动枪栓来锁闭枪膛的一种武器。
口径（BORE）：1磅（0.45千克）铅能够做成的某个特定尺寸弹丸的数量。
盒式枪机（BOX-LOCK）：在燧发枪中，枪机装在枪管后面的一个中央盒子中，这个部件即盒式枪机。
后膛（BREECH）：枪管后部的封闭末端。
后膛闭锁块（BREECH-BLOCK）：类似于枪栓。
子弹（BULLET）：枪支射击的弹丸。可能是球形的、锥柱形的（带有尖头的圆柱体），或者圆柱尖顶式的（带有圆拱形尖端的柱体），甚至是空头的。
无枪托式（BULLPUP）：一种步枪形式，其机械结构都在枪托后部，使采用常规长度枪管的结构更短。
枪托（BUTT）：在肩膀和扳机之间的部分；手枪握在手中的部分。
口径（CALIBRE）：枪管内径。
卡宾枪（CARBINE）：一种短管来复枪或滑膛枪。
弹壳（CARTRIDGE CASE）：盛装火药、引信和弹丸的容器。▶

虽然进行了很多不同的改进，可火绳发火装置仍是一种笨重且不可靠的设备。大约在1500年左右发明的簧轮枪要更加可靠，这种枪通过盘绕的弹簧带动转轮，用转轮上的燧石擦出火花，落入火药池。尽管结构很复杂，不过因为它已经处于待击发的状态，这使得单手使用火枪成为可能。

燧发枪

下一步要做的是找到一种更简单的打火方法。最终是通过采用一个弹簧顶压的燧石（它比黄铁矿更耐用），将其与一块形状合适的锯齿状钢条相接触，就能打出火花。最早的此类打火装置出现在英国，被叫作斯纳普汉燧发装置（snaphaunce），这个词来源于荷兰语，意为"啄食的母鸡"（pecking hen），用来描述击铁的动作特点。

燧发装置发源于欧洲北部，不过同一时期的意大利出现了一种非常类似的装置。这种燧发装置仍然存在缺陷，尤其是用一个笨拙的扳机联动装置代替火药池盖的做法。不过在16世纪中期西班牙人克服了这个缺点，他们将钢条末端简单地延长变成了火药池盖，在需要的时候由击发簧将火药池盖弹开，这便制成了西班牙式的燧发枪（miquelet lock，即弹簧锁燧发枪）。

大约60年以后，一位法国制枪匠马林·勒·布儒瓦（Marin le Bourgeois），把西班牙燧发枪一体式的钢条和火药池盖与内部击发簧相结合，生产出了第一支真正的燧发枪。之后便没有更大的改进，只是增加了滚柱轴承和一些控制性的部件。

哈德利燧发猎枪，1770
大约在1750年，燧发枪已经做得十分完善了，安装了作用于弹簧的滚柱轴承，并加装一些控制性的部件使各个部件呈完美的直线排列。这支猎枪就是燧发枪巅峰时期的代表。

枪械

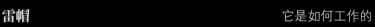

雷帽

它是如何工作的

帽体是由两层铜箔构成的，中间装填了汞、雷酸盐、氯酸钾和硫磺或锑的混合物。当混合物受到撞击的时候就会爆炸，火焰烧透铜箔，通过铁砧上的孔点燃火药。

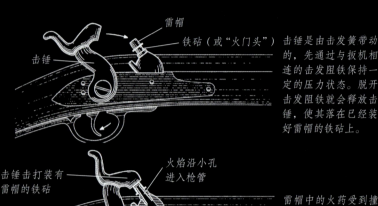

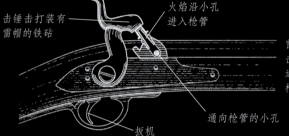

雷帽

就算是最完善的燧发枪也会有缺点。最大的问题是需要让燧石精确地保持良好的形状和位置，同时点火孔要保持干净，不留残渣。而且从击锤落下到弹药发射之间还有一段延迟时间。经受撞击就会爆炸的雷酸盐已经出现了一个多世纪，但它过于不稳定，还不能取代燧发装置。在1800年，爱德华·霍华德（Edward Howard）将雷酸盐与汞进行合成，使之变得更为稳定。亚历山大·福赛斯（Alexander Forsyth）教士将氯酸钾与雷酸汞混合，用这种新的起爆药来引爆火药。又过了20年，一种可靠的将雷酸盐放入枪管中的系统才被发明出来，那就是雷帽（Percussion Cap，亦称作火帽）。雷帽一经出现［它可能是英籍美国人乔舒亚·肖（Joshua Shaw）于1822年在美国工作时发明的］，马上宣告其他所有发火装置都将过时。

转轮枪

最早采用新发火装置的枪都是原有枪支的改型（单发的前膛装填手枪和步枪），不过很快出现了一种叫作"胡椒瓶"转轮枪的多弹筒手枪，这种枪围绕一根转轴安装了一圈枪管，每根枪管都装有火药和雷帽，转轴转动就会给击锤送来一根未发射的枪管。在1836年，一位叫塞缪尔·柯尔特（Samuel Colt）的年轻美国人申请了转轮枪的专利，开始生产这种形式的手枪和来复枪。柯尔特生产的枪能够在几秒钟内发射6发子弹。尽管后来发明了防水火药筒，能够将火药、引爆器全部装进去，无需再从前膛装填，不过这种枪的装填速度仍然较慢。

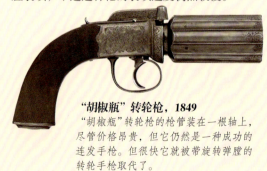

"胡椒瓶"转轮枪，1849

"胡椒瓶"转轮枪的枪管装在一根轴上，尽管价格昂贵，但它仍然是一种成功的连发手枪。但很快它就被带旋转弹膛的转轮手枪取代了。

斯普林菲尔德 M1863 雷帽来复枪

（图注：击锤、火门头、后瞄准具、用枪管箍固定枪管和枪托、枪管箍通过叶形弹簧固定、前瞄准具、扳机、扳机护圈、推弹杆兼通枪条）

英国雷帽决斗手枪

（图注：击锤、火门头、后瞄准具、枪管通过销子固定、前瞄准具、沉重的八角形枪管、枪托上刻有方格纹以增大摩擦力、预调扳机、扳机护圈、稳定钩、推弹杆）

毛瑟 M71 栓式枪机来复枪

（图注：枪栓柄（枪机柄，机柄）、后瞄准具、前瞄准具、枪管、枪托的颈部适合手持、扳机、扳机护圈、通枪条）

马提尼–亨利后膛装填来复枪

（图注：前瞄准具、后膛闭锁块、后瞄准具、前瞄准具、压簧杆、扳机、待击发/非待击发状态指示器、前枪托几乎延伸至枪口、枪背带环、通枪条）

术语汇编

装填器（CHARGER）：固定子弹的一种结构，使之能够被装入弹仓。

弹夹（CLIP）：同装填器。

封闭式枪栓（CLOSED BOLT）：自动和半自动武器的一种结构，当装有一颗子弹且枪栓处于封闭状态的时候，武器处于待击发状态。参考"开放式枪栓"。

击铁或待击发（COCK）：燧发枪中用来固定燧石的夹具；为了使武器进入发射状态，向后拉击锤、枪栓或者击铁的动作。

补偿器（COMPENSATOR）：减小枪口向上运动或摆动趋势的装置。

循环（CYCLE）：进行一次射击且使枪再次进入待击发状态的一系列必要的操作。

循环射速（CYCLIC RATE）：自动武器的理论射击速度。

延迟反冲（DELAYED BLOWBACK）：一种气体反冲装置，其枪栓要进行短暂的延迟，以等待膛内压力降到安全水平。

双动式（DOUBLE-ACTION）：当扣动手枪扳机时先将击发装置拉起，然后释放，实现击发动作。

退壳器（EJECTOR）：当用毕的弹壳从枪膛中退出时，将其退出的装置。

退壳钩（EXTRACTOR）：将弹壳钩住并清出枪膛的装置。

消焰器（FLASH ELIMINATOR）：装在枪口上的一种装置，用来在点火位置下方冷却推进气体。

气退式（GAS OPERATION）：武器可利用推进气体完成整个循环。

通用机枪〔GENERAL-PURPOSE MACHINE-GUN（GPMG）〕：一种既可以作为轻机枪使用，也可提供持续火力的机枪。

握柄保险栓（GRIP SAFETY）：一种保险装置，保证枪支只有在正确握持的状态下才能开火。

膛线（GROOVES）：刻在枪膛内部的平行螺旋线，用于增强弹头的旋转。

火药（GUNPOWDER）：硝石、木炭和硫磺的混合物。

子弹底部（HEAD）：弹壳的封闭端，底火所在位置。▶

柯尔特享有专利垄断权直到1857年，不过在19世纪50年代，大西洋两岸的枪支制造者们已经在考虑如何解决后膛装填这个恼人的问题，随后发明出了一种气体密封结构——一种叫作密闭填充的方法。

铜子弹

大约在1840年，巴黎的制枪人路易斯·福洛拜（Louis Flobert）就发明了一种黄铜弹壳——它的体积很小（用于室内打靶练习），且火药在其中引爆。福洛拜在1851年的伦敦万国博览会上展示了他的发明，也展示给了世界上所有知名的武器制造商。其中一位名叫丹尼尔·威森（Daniel Wesson）的枪械制造师将这个发明推进了一步，他把引信装在黄铜容器的边缘，再组合上火药和一个弹头，于是一体化的黄铜子弹诞生了。这种新弹壳一次性地解决了两个问题。它把弹药的所有元素整合为一体，因为铜子弹本身在枪的后膛形成密封，可以保证完美的密闭性。边缘发火式子弹并不完美，而且除了最小口径的子弹外，很快就被全面淘汰了。不过1866年更为强悍的中心发火式子弹出现了，而且立刻被全世界的军队所采用。正如第一个击发式武器是由燧发式武器转变而来的那样，第一个军用后膛装填机构也是由前膛枪改装而来的，不过这只是权宜之计，几年以后就出现了最早的后膛装弹机构的枪支，例如马提尼–亨利和毛瑟M71。

加特林机枪，1875

理查德·加特林（Richard Gatling）在1862年发明了他的第一款实用的手动曲柄式多枪管机枪。子弹通过顶部安装的弹匣填入转动到正上方位置的枪管。其枪膛处于打开状态，枪管转动到最下方的时候枪膛自动关闭，并且在此位置发射，然后在向上转的时候又再次打开。

简介

枪械

连发枪

而与此同时,威森及曾为温彻斯特公司工作过的搭档哈瑞斯·史密斯(Horace Smith),决定把注意力转向设计一种可装填铜子弹的转轮枪。不过他们很快发现本打算采用的这种"通孔式"缸体结构已经有了专利。幸运的是,只要他们为自己生产的每支枪支付15美分的专利费,就可使用这项专利。等到1857年,一经可以免费使用柯尔特的专利,他们立即将最初的高效转轮弹巢的设计公之于众。专利保护一事让柯尔特备受打击,不过仅在1873年,就在他去世后11年,他的公司已经能生产出另一款举世无双的产品:柯尔特单动式军用转轮手枪,也就是广为人知的"决斗者转轮枪"。在其他的地方,也有人试图利用铜子弹的自动控制特性来生产其他类型的重复发射武器。早期有两位比较成功:克利斯朵夫·斯潘塞(Christopher Spencer)和本杰明·泰勒·亨利(Benjamin Tyler Henry),他们都在1860年生产出了管状弹仓连发枪(斯潘塞把弹仓放在枪托处,本杰明则放在枪管下方)。然而两者都不完美,因它们都只能适用威力较弱的子弹,而这并不能满足军方的需求。

因此美国军队仍坚持使用单发枪栓装弹,但在欧洲,由于毛瑟兄弟成功发明了毛瑟M71步枪,人们的注意力转移到了带有旋转枪栓的步枪上。斯潘塞和亨利的枪还有另一个缺陷:他们的管状弹仓。主要问题在于子弹的前端会顶在前一颗子弹的底火上,在特定情况下可能会起到撞针的作用,从而引发灾难性后果。

经过改良的斯普林菲尔德M1903步枪(春田M1903步枪)
美国军队坚持使用单发的后膛装填步枪,直到1892年他们才接受了一种栓式枪机弹仓式步枪,即挪威的克拉格步枪。1903年,斯普林菲尔德兵工厂(春田兵工厂)生产的一种改良型毛瑟步枪代替了克拉格步枪。

栓式枪机 — 它是如何工作的

栓式枪机从根本上说并不比锁住花园大门的装置更复杂，是（可能正因为它是如此的简单）步枪开放式枪膛机械结构中最保险、最高效的方式。闭锁榫可以位于枪栓前端或者后端，甚至前后都有。

术语汇编

重机枪（HEAVY MACHINE-GUN）：膛径比步枪大的机枪，其膛径通常为12.7毫米。

铰链式枪身（HINGED FREME）：一种手枪的枪身，其枪管能够向下折，露出枪膛。

枪栓固定卡榫（HOLD-OPEN DEVICE）：当没有可上膛的子弹时，能够将枪栓固定的抓锁装置；能够固定自动手枪滑套（套筒）的装置，以便于拆卸。

空尖弹（HOLLOW-POINT）：一种尖头带有空腔或者凹陷的子弹，能够使其击中目标时膨胀甚至碎裂。

凹面（LANDS）：枪膛内部膛线之间的表面部分。

轻机枪（LIGHT MACHINE-GUN）：一种机枪，通常用双脚架支撑，使用步枪口径子弹，不过不适合提供持续火力。

锁闭后膛（LOCKED BREECH）：一种武器部件，在射击过程中后膛闭锁块被与枪管枪机锁死。

机枪（MACHINE-GUN）：一种使用气压或者后坐力循环完成射击动作，可以连续开火的武器。

自动手枪（MACHINE-PISTOL）：见冲锋枪。

弹匣（MAGAZINE）：传输和盛装子弹的容器，通常使用弹簧力进行动作。

中型机枪（MEDIUM MACHINE-GUN）：一种使用步枪弹的能够提供持续火力的机枪。

枪口（MUZZLE）：枪管开放的前端。

枪口制退器（MUZZLE BRAKE）：见补偿器。

开放式枪栓（OPEN BOLT）：一种武器部件，枪栓始终在后部，直到扣动扳机，以便于冷却枪膛。参考封闭式枪栓。

巴拉贝鲁姆手枪弹（PALABELLUM）：鲁格为其自动装填手枪发明的9mm×19子弹。

底火（PRIMER）：用于引发点火过程的精细火药；装填于弹药筒底部的火帽。▶

欧洲的一些枪械制造者在栓式枪机步枪上使用圆管型弹匣（管式弹仓），不过它们很快就受到了质疑，随之盒式弹匣将其取代。

自动装填枪械

毛瑟曾经是19世纪后半叶军用枪械设计的主导者，同时也在全球大口径猎枪市场占有很大份额。很多其他设计者只是简单地抄袭毛瑟的设计，只有在英国恩菲尔德的皇家军械厂有一种与之显著不同的栓式枪机设计，其发明者是一位生于苏格兰的美国人詹姆斯·帕里斯·李（James Paris Lee），这种枪的产量非常大〔尽管其他欧洲人，尤其是奥匈帝国的费迪南·冯·曼利夏（Ferdinand von Mannlicher）和瑞士的施密特的设计也被规模较小的军队所采用〕。在德国的其他地区，被普鲁士军国主义所驱使，大量公司涌进兵器制造行业。其中之一，最早是做缝纫机的力佛厂得到了制造马克沁机枪的许可，而德意志沃芬和穆提森斯法布里克公司（DWM）蓬勃发展，吞并了毛瑟公司。

DWM生产出了第一款能够自动装弹的手枪——博查特C93自动手枪。公司还制造了绝大多数的毛瑟C96手枪，乔治·鲁格（Georg Luger）也是在替DWM工作期间研制出了他的经典之作鲁格P08手枪。

那个世纪的最后时期，枪械制造业的另一支非凡力量崛起了：约翰·摩西·勃朗宁（John Moses Browning），来自于犹他州奥格登的一位摩门教徒。他曾在温彻斯特公司工作过，在那里他设计出了第一款往复式自动装填猎枪，然后他与比利时的法布里克赫斯塔国家工厂合作，开始设计未来将成为世界最好的机枪和自动手枪产品。

伯格曼 MP18/I
第一代快速射击手枪的笨重不便催生了冲锋枪的出现。其中最早的是伯格曼MP18/I，制造于1918年。

枪械

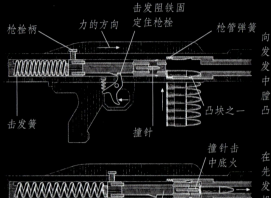

MG08/15 气退式机枪
- 后瞄准具
- 弹链输送装置
- 前瞄准具
- 步枪式枪托
- 手枪柄
- 扳机
- 水套
- 枪口补偿器
- 一体式脚架

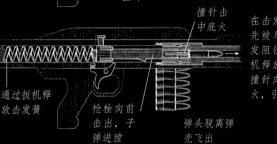

刘易斯气退式轻机枪
- 后瞄准具
- 弹鼓
- 枪管套用作散热器
- 枪柄
- 扳机
- 散热片

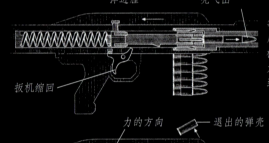

FN P90 冲锋枪
- 枪口补偿器
- 光学瞄准镜
- 盒式弹匣
- 枪机置于枪托内
- 扳机

后坐力

牛顿第三运动定律告诉我们,每一个作用力都有一个与其大小相等、方向相反的反作用力。在枪械中将子弹推出枪管飞向目标的力的反作用力,我们称作后坐力,会把枪推向射手的肩膀或者手臂。海勒姆·马克沁是第一个意识到这种力可以用来推动枪械装置的人,并根据此原理制造了他的机枪。

它是如何工作的

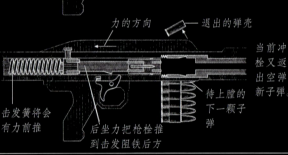

向后拉枪栓,压紧击发簧。当它处于待击发状态的时候从弹匣中顶出一颗子弹并上膛,此时对其定位的凸块被压入凹槽。

在击发过程中,撞针先被与扳机相连的击发阻铁顶住。扣动扳机释放击发阻铁,使撞针向前运动撞击底火,引燃火药。

等到弹头离开枪口,后坐力就会作用于枪栓,并试图克服前冲力,将闭锁凸耳固定到位。

当前冲力被克服,枪栓又返回枪后部,退出空弹壳并装填一颗新子弹。

机枪

一位叫海勒姆·史蒂文斯·马克沁（Hiram Stevens Maxim）的美国人于 1883 年在伦敦制造出了他的第一挺机枪。它利用武器的后坐力抛出弹壳并将另一颗子弹上膛,完成击发动作。如果扣住扳机不放,会一直持续这个过程直到子弹打完为止（或者枪械卡壳,这种情况在早期更为常见）。这项发明的真正意义在很多年以后才被人理解,不过一经如此,战争的模式便被改变了。

马克沁的专利权在第一次世界大战期间到期,而各种竞争者的设计早已开始实施生产。不过因为 6 个主要战争国中的 3 个——英国、德国和俄国（以及一个较小的土耳其帝国,其军队是由德国装备的）——依赖马克沁的设计,它们可以说是很"公平"地支持了这场竞争。实际上,在第二次世界大战期间,英国和当时的苏联仍然依赖马克沁（形式上是维克斯式）。法国军队使用了一种自行设计的机枪,即采用气动操作、空气冷却的霍奇基斯机枪,这种枪在 1893 年投产。它比马克沁机枪简单,不过容易遇到过热的问题,而水冷机枪只要有冷却水就永远没有这个麻烦。

像马克沁、霍奇基斯这样的重型机枪,与奥匈帝国的斯柯达和施瓦茨劳斯,以及美国的勃朗宁（如此分类并不是基于它们使用步枪子弹,而是因为它们能够提供持续的重型火力）并不是第一次世界大战的战场上能找到的全部的自动武器。同时还有轻型的更便于携带的武器,例如刘易斯轻机枪及马克沁 MG08/15 轻机枪,它们使用相同的子弹,并能够伴随步兵一起发起进攻。

沙漠之鹰,1983

以色列的沙漠之鹰是第一款能够使用最重、威力最大的马格努姆手枪弹的自动装填手枪,这都得益于它的气动操作和后膛闭锁设计。

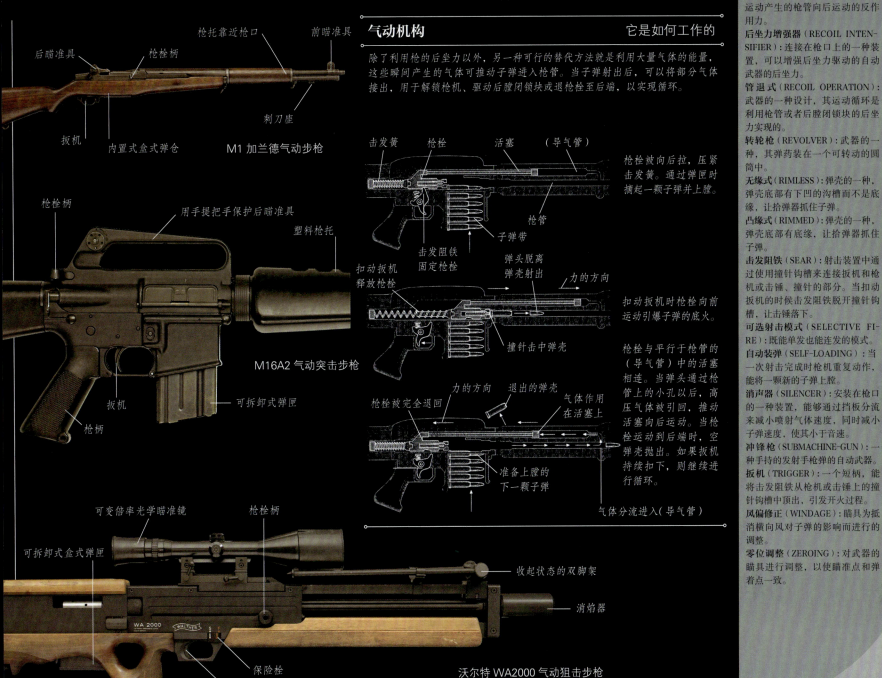

气动机构 —— 它是如何工作的

除了利用枪的后坐力以外,另一种可行的替代方法就是利用大量气体的能量,这些瞬间产生的气体可推动子弹进入枪管。当子弹射出后,可以将部分气体接出,用于解锁枪机、驱动后膛闭锁块或退枪栓至后端,以实现循环。

M1 加兰德气动步枪

M16A2 气动突击步枪

沃尔特 WA2000 气动狙击步枪

术语汇编

后坐力(RECOIL):由于子弹向前运动产生的枪管向后运动的反作用力。

后坐力增强器(RECOIL INTENSIFIER):连接在枪口上的一种装置,可以增强后坐力驱动的自动武器的后坐力。

管退式(RECOIL OPERATION):武器的一种设计,其运动循环是利用枪管或者后膛闭锁块的后坐力实现的。

转轮式(REVOLVER):武器的一种,其弹药装在一个可转动的圆筒中。

无缘式(RIMLESS):弹壳的一种,弹壳底部有下凹的沟槽而不是底缘,让拾弹器抓住子弹。

凸缘式(RIMMED):弹壳的一种,弹壳底部有底缘,让拾弹器抓住子弹。

击发阻铁(SEAR):射击装置中通过使用撞针钩槽来连接扳机和枪机或击锤、撞针的部分。当扣动扳机的时候击发阻铁脱开撞针钩槽,让击锤落下。

可选射击模式(SELECTIVE FIRE):既能单发也能连发的模式。

自动装弹(SELF-LOADING):当一次射击完成时枪机重复动作,能将一颗新的子弹上膛。

消声器(SILENCER):安装在枪口的一种装置,能够通过挡板分流来减小喷射气体速度,同时减小子弹速度,使其小于音速。

冲锋枪(SUBMACHINE-GUN):一种手持的发射手枪弹的自动武器。

扳机(TRIGGER):一个短柄,能将击发阻铁从枪机或击锤上的撞针钩槽中顶出,引发开火过程。

风偏修正(WINDAGE):瞄具为抵消横向风对子弹的影响而进行的调整。

零位调整(ZEROING):对武器的瞄具进行调整,以使瞄准点和弹着点一致。

第一次世界大战接近尾声时,一种体积更小的自动武器加入了机枪的行列,那就是使用手枪弹、被设计来为单兵提供自动火力的武器。伯格曼 MP18/I 冲锋枪扮演了重要角色,不过它也将成为其中的先驱。当战争在欧洲再次爆发的时候,冲锋枪已经变得极为普遍。这并不意味着它在近战以外的作用已经被彻底理解了。实际上,直到现在人们普遍认为伯格曼 MP18/I 冲锋枪最大的特点就是能造成震慑力,尤其是在狭小的空间里,对这种能以每分钟 1200 发的速度射击的武器来说,只要扣动扳机,几乎就变得无法遏制。赫克勒-科赫公司制造的 MP5 冲锋枪可能是此类现代武器中最好的,将其设定为高射速模式以后足以横扫一片。警察(以及很多士兵)使用这种武器,并不是因为它们强大的火力,而是因为它们枪管更长,有比手枪更高的射击精度和更大的弹匣容量。

冲锋枪从未被看作突击步枪的替代品。实际上,由于突击步枪正在进行大的改型,现在看来冲锋枪更可能加入手枪的行列,比起军事用途来说,它作为自卫武器更加实用。在其他的单兵使用武器中,突击步枪(由于采用无托式设计将机械装置放入肩托,采用更轻的子弹,现在其重量和长度已经大大缩小了)已经具备了与持有冲锋枪的士兵正面交锋的特性。

步兵反坦克发射器,1942
英国军队在第二次世界大战期间使用的步兵反坦克发射器可能是 20 世纪最奇特的武器之一。虽然它设计简单,却能够在 100 码(约 91 米)以外消灭重型坦克,还能被当作迫击炮和"碉堡克星"使用。

火炮

回旋炮 — 木质火炮底座台；控制发射角度的手柄

铸铁舰炮（近距离臼炮）— 凸起瞄准具

炮口制退器

12磅海军登陆炮 — 速射炮炮闩机构

13磅野战炮 — 横动杆（向前收拢状态）；炮架尾部的复进驻锄；加钢边的木质轮

炮口制退器

现代火炮的起源要追溯到14世纪，当时的人们以火药为发射动力，从炮管中发射炮弹。这种火炮的精准度很差，更多的效果是从心理上震撼对手。然而到了1500年的时候，随着大口径射石炮的发展，火炮的射程已经延展至600米（656码）的距离，已经可以随意摧毁任何城堡的城墙了。围城战的模式也随之彻底发生了改变。

一些早期的火炮已经开始使用后膛装填炮弹和火药，二者均放置于炮管的尾部。然而，由于火炮后膛的气密性不足导致后装火炮一度衰落，因此这种火炮逐渐被更可靠的前装火炮——将火药和炮弹装在炮管前端的火炮——所取代。这种设计直到19世纪中期还非常流行。

火炮主要分为两大类：从固定阵地向敌人防御工事开火的重型攻城炮，以及装在四轮马车上随部队进入战场的轻型野战炮。从16世纪末期开始，枪炮在海战中变得愈发重要，军舰也逐渐成为可以移动的火炮平台。为了使军舰上的火炮威力能够得到最有效地释放以摧毁或击沉敌舰，海军的战术也随之作出调整，使军舰首尾相连排成一条直线航行。

最初的火炮发射的炮弹是石球，但是很快就被更先进的铁球炮弹所取代。在距离小于200米（218码）的开阔地，霰弹或榴霰弹对敌军的杀伤力非常有效。这些炮弹由大量小弹丸组成，其发射原理与现代霰弹猎枪的子弹射击原理如出一辙。迫击炮是一种向上方瞄准的短口径滑膛炮，其发射的球形炮弹装满火药和定时引信，这种引信可以在撞击目标后引爆。尽管这种炮并不是很精准，但是它却在射击易燃目标例如一栋房屋或一艘船的实战中，充分证实了自身价值。

土耳其乌尔班巨炮的石质炮弹
这些由奥斯曼土耳其人制作的著名的石头炮弹常被用于大规模攻城轰炸。1453年，奥斯曼土耳其军队成功攻占了君士坦丁堡，这在很大程度上归功于其重炮的威力。

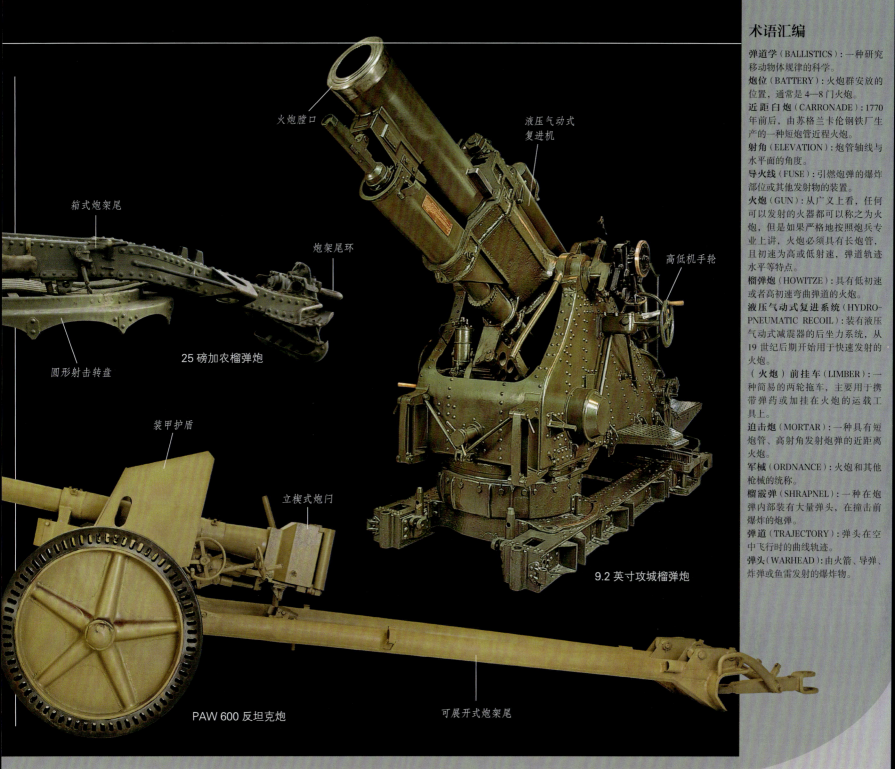

25磅加农榴弹炮

9.2英寸攻城榴弹炮

PAW 600 反坦克炮

术语汇编

弹道学（BALLISTICS）：一种研究移动物体规律的科学。

炮位（BATTERY）：火炮群安放的位置，通常是4—8门火炮。

近距臼炮（CARRONADE）：1770年前后，由苏格兰卡伦钢铁厂生产的一种短炮管近程火炮。

射角（ELEVATION）：炮管轴线与水平面的角度。

导火线（FUSE）：引燃炮弹的爆炸部位或其他发射物的装置。

火炮（GUN）：从广义上看，任何可以发射的火器都可以称之为火炮，但是如果严格地按照炮兵专业上讲，火炮必须具有长炮管，且初速为高或低射速，弹道轨迹水平等特点。

榴弹炮（HOWITZE）：具有低初速或者高初速弯曲弹道的火炮。

液压气动式复进系统（HYDRO-PNEUMATIC RECOIL）：装有液压气动式减震器的后坐力系统，从19世纪后期开始用于快速发射的火炮。

（火炮）前挂车（LIMBER）：一种简易的两轮拖车，主要用于携带弹药或加挂在火炮的运载工具上。

迫击炮（MORTAR）：一种具有短炮管、高射角发射炮弹的近距离火炮。

军械（ORDNANCE）：火炮和其他枪械的统称。

榴霰弹（SHRAPNEL）：一种在榴弹内部装有大量弹头，在撞击前爆炸的炮弹。

弹道（TRAJECTORY）：弹头在空中飞行时的曲线轨迹。

弹头（WARHEAD）：由火箭、导弹、炸弹或鱼雷发射的爆炸物。

工业革命

在19世纪后半叶，火炮缓慢发展的状况被工业技术所引起的一系列变革所改变。钢代替了铁，为火炮提供了强度和持久性更好的制造材料。而机械制造工具的进步也使得后膛装填的气密性密封成为可能，这也反过来推动了火炮膛线的发展，并有效地提高了火炮的精确度。像烈性炸药（TNT）和无烟火药这样的新型推进剂取代了黑色火药（有烟火药），并使得野战炮的射程提高到了4000米以上（4374码）。这场火炮革命的最后一个因素是液压气动后坐力系统（复进机）的应用，该系统可以使发射后的火炮重新回复到初始的发射状态。该装置大大提高了火炮的发射效率：像著名的法国75毫米野战炮可以达到每分钟20次复进。作为这种技术发展的结果，火炮成为第一次世界大战（1914—1918）中的主要武器。火炮的发展也使得战术平衡偏向于火力而非机动性。在第二次世界大战期间（1939—1945），火力最大的进步仰仗于无线电通讯技术的发展和应用，该项技术不仅可以令战场上火力使用更加灵活，而且也可以集中大规模火力直接攻击特定目标。20世纪后半叶，火炮进入稳步发展的阶段，制导弹药的出现有力地推动了传统火炮的发展，更加复杂的、功能更加全面的火箭弹的出现也起到了同样的作用。

18磅榴霰弹切面图

在炮弹壳里人们经常会看到这种像绳子一样的线状无烟火药推进剂（左图）。炮弹的顶部会安装一个保险装置（右图），圆球形的榴霰弹沿着炮弹依次排列，而整个炮弹的起爆装置就安在了炮弹底部。

甲胄和头盔

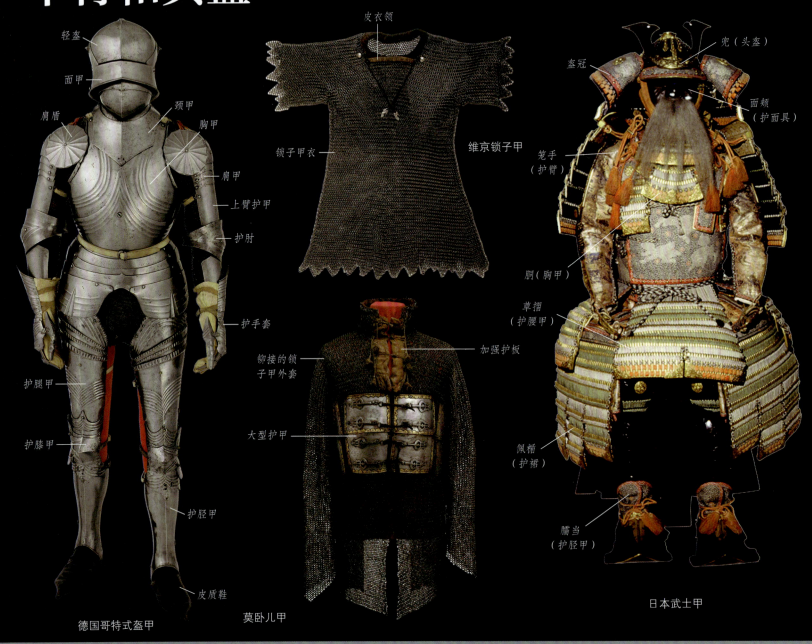

最早的盔甲可能是用动物的皮毛，加上皮革或者棉花制成的。随着冶金工艺的发展，铜的和铁的盔甲出现了。公元前7世纪古希腊的重装步兵就戴着铜制头盔，穿着形似腰带的皮革或铜制胸甲，小腿上戴有护胫甲。

在罗马帝国早期，罗马人发明了带状铁甲（称作兜甲），在肩部有强化区域以便更灵活地活动。后来罗马军队的盔甲趋于轻量化，然而他们的骑兵（或者叫作铁甲骑兵）仍穿着沉重的锁子甲。

锁子甲直到15世纪仍然是西欧盔甲的主要形式。如土耳其人或蒙古人这些游牧民族则穿着鱼鳞甲和薄片甲，后者是由独立的小块（或者薄片）在水平方向一行行堆叠而成的（不是缝在一起的）。这种护具的结构可以非常复杂，日本武士的大铠是这种盔甲的巅峰。他们为硬化的皮革上漆，以使其在保持良好的灵活性和轻便性的同时还

等级胸章
颈甲是在战场上被穿戴最久的一部分盔甲。到了18世纪，经过简化的颈甲成了显示军官地位的胸章。

能坚如钢铁。

科技进步

到了15世纪，先进武器如长弓、弩以及火枪带来的危险，使得适于抵御刀剑攻击的锁子甲变得更加脆弱。原来盔甲上已有小片的钢板来保护最脆弱的部位，最终由此发展成了全套的强化钢甲。

自从16世纪以后，步兵盔甲的重量及价格逐渐降低。然而对于骑兵而言，背甲和胸甲一直保留到了19世纪，在仪式用服装中保留的时间则更久。

术语汇编

活动头盔（ARMET）：碗形头盔，脸颊护具部分在下巴处连接，用铰链连接。
垫帽（ARMING CAP）：戴在头盔里的棉帽。
护颈甲（AVENTAIL）：长度延伸至可以保护到颈部的护面甲。
贝登头盔（BANDENHELM）：德国头盔，通过带子或中央脊线连接。
马铠（BARD）：为马设计的铠甲。
轻钢盔（BASINET）：圆锥形或半球形的头盔，通常没有面甲。
护肩（BESAGEW）：装在肩部防护腋下的小圆甲。
面甲（BEVOR）：杯形的下颌护具。
宽檐盔（CHAPEAU DE FER）：简单的半圆形金属头盔。
库鲁斯头盔（COOLUS HELMET）：罗马共和国后期/罗马帝国早期的盆状头盔。
科林斯头盔（CORINTHIAN HELMET）：希腊重装步兵的经典头盔。
腿甲（CUISSE）：大腿的铠甲。
胴（DO）：日本胸甲。
金属护手（GAUNTLET）：用可固定在皮革上的小甲片制成的护手。
颈甲（GORGET）：颈部的护甲，通常扣在或用销钉固定在板甲上。
十字军头盔（GREAT HELM）：能遮住整个头部和颈部的大型头盔。
护胫甲（GREAVE）：防护小腿的铠甲。
佩楯（HAIDATE）：也叫护裙，保护腹股沟部位的裙状护甲。
锁子甲（HAUBERK）：锁子衫。
兜（KABUTO）：日本头盔。
笼手（KOTE）：日本武士的护臂。
面颊（MEMPO）：日本盔甲中的装饰性护面具。
护膝铠甲（POLEYN）：膝部的护甲，通常铰接而成带有突出的翼形结构。
上臂护甲（REREBRACE）：上臂部位的管状护甲。
护脚甲（SABATON）：铰接而成的足部护甲，末端为足尖罩，穿在皮靴之外。
轻盔（SALLET）：带有向外延伸的尾部和帽舌的头盔。
斯潘金头盔（SPANGENHELM）：也叫作星形盔，日耳曼的分段式头盔。
顶盔（TOP）：带有锁子面罩的印度莫卧儿头盔。
臂甲（VAMBRACE）：前臂部位的管状护甲。

到了20世纪，随着可以防弹的凯芙拉纤维（Kevlar）一类轻型材料的发展，护甲以防弹背心的形式回归战场。

头盔

罗马帝国衰落以后，用整块铁板打造头盔的技术失传了。作为替代品，用带子把头盔的两半系在一起的组合头盔在维京人中十分盛行。

欧洲中世纪早期的这种头盔并没有保护整个脸部，正如身体的护甲变得更重一样，对头部的保护也是如此。12世纪出现了革命性的"十字军头盔"，能够保护整个脸部及颈部。这种头盔再次被证明过于笨重，使用不便，于是在中世纪后期出现了更轻的版本，例如轻盔。

土耳其和蒙古的头盔常常带有尖顶，是游牧民族毡帽的金属版。日本武士佩戴精心制作的漆皮头盔和提供额外防护的面具。头盔随着火枪的增多逐渐消失了，直到能够抵挡子弹和弹片的先进设计出现，才带来头盔的再次兴起。从第一次世界大战时期的劣质钢盔，到现代步兵使用的强化凯芙拉头盔，均属此类。

武士头盔

日本武士头盔的形式变化多样。这个日根野大黄蜂头盔是"贴合颅型"款式，其盔体结构简单，上着红漆，前方的护甲则刷了黄漆。

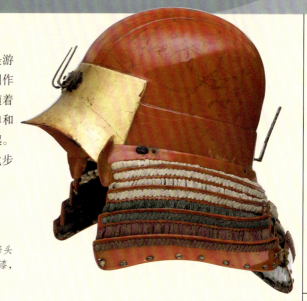

古代世界

公元前 3000—公元 1000 年

最早的武器——弓箭，长矛，棍棒，斧头——源于狩猎，但是它们在战争中——用暴力的方式进行资源争夺——不断演进，并最终变成了完美的战斗工具。虽然这些武器的基本设计和制造材料在古代基本保持不变，但从石器到铜器再到青铜器，最后变成铁器，它们的效能（以及武器使用者的组织性）却得到大幅提升。

最早的战士
这幅阿尔及利亚的岩画展示了最早的战争场面，成排的战士使用猎弓互相攻击。

在史前时期并不存在我们今天所说的军队，只有一些勇士自发组织成临时的团体，手持石制的武器对附近的族群发起袭击。然而随着新石器时代的农业聚居地慢慢合并成为村庄，从公元前4000年开始出现了城镇和城市，以及随之而生的统治阶层和祭司阶层。相应地，战争所使用武器的复杂性和高效性也得到了提升。

农耕意味着更多的资源被集中到了一起，于是保卫食物、人力和矿物的需求催生了第一个带有围墙的城市耶利哥（Jericho）以及构筑有防御工事的村庄，如位于今日土耳其的加泰土丘（Çatal Hüyük）。这一进程在埃及、印度富饶的大河流域，尤其是在美索不达米亚的苏美尔人时期终于完成，在公元前3000年左右，最早的军队出现了。

苏美尔人分散居住在许多城邦中，为了夺取"两河之间的富饶土地"，几乎处于接连不断的战争状态。"乌尔王军旗"（Standard of Ur）是从这些城邦遗址中发掘出来的一件艺术品，上面描绘有对有组织军队的最早的记载。这些受卢伽尔（lugal，即国王）领导的军队由手持投枪和战斧（不过没有盾牌）的轻步兵和手持长矛并戴有头盔的重步兵组合而成。苏美尔人的战车非常笨重，车轮是实心的，由四头驴子之类的牲畜拉车——在战场上很不实用。从一块叫作秃鹫石碑（Stele of Vultures）的纪念碑上可以看到，苏美尔人早在公元前2450年就开始使用戴有头盔的长矛兵用密集战阵作战，而这也是密集战阵的雏形——在接下来的两千多年里，这成为步兵的主要作战方式。

阿卡德王朝的开创者萨尔贡（Sargon）最终攻取了苏美尔城邦（公元前2300年左右），建立了世界上最早的帝国，并拥有世界上最早的由轻骑兵、重步兵和弓箭兵混编而成的混合兵种军队。尽管持续不断的战争使该地区饱受磨难，也使得技术发展的步伐相对缓慢，但已有武器的不断改良过程并未停滞。其中的一个例子就是新式模具的使用使得美索不达米亚战斧变成了双刃斧，这种武器的巨大杀伤力和群体伤害力让人心惊胆寒，但反过来也促进了金属盔甲的使用。

技术革新

公元前的第二个千年间出现了一系列文化和技术上的革新，这改变了战争的面貌，使一个国家的武力可以施加到更远的地域，攫取更多的资源，直到碰到更大的强敌并被对方打败。马匹大规模的驯化是众多革新中的一个。同时，由于曲木技术的臻于完善，轮辐得以在两轮战车上得到应用。再加上复合弓

约公元前3000年
美索不达米亚出现冶铜技术，开始出现更致命的武器

约公元前2600年
"乌尔王军旗"中展示了战车的使用

约公元前2000年
美索不达米亚出现最早的金属刀剑

约公元前1250年
埃及开始使用复合弓

约公元前1000年
亚述帝国崛起

约公元前900年
赛西亚人开始在马背上使用弓箭

约公元前700年
古希腊重装步兵盔甲和战术得以发展

约公元前612年
尼尼微城陷落，亚述帝国终结

公元前430—前404年
雅典人和斯巴达人之间爆发伯罗奔尼撒战争

约公元前4世纪
印度的军事学著作《政事论》面世

公元前3000年 | 公元前1500年 | 公元前1000年 | 公元前500年

约公元前3000年
纳尔迈石板中刻画了使用石钉头锤的埃及法老

约公元前2500年
美索不达米亚出现最早的金属盔甲

约公元前1600年
战争中开始出现战车弓箭手

约公元前1200年
在西亚和欧洲，战车的使用开始减少

约公元前1000年
在美索不达米亚，铁开始代替铜的使用

公元前900年
铁剑进入西亚

约公元前490年
在马拉松战役中，希腊的密集方阵战胜了入侵的波斯军队

公元前371年
在留克特拉会战中，底比斯人的胜利终结了斯巴达重装步兵的霸主地位

的发展，使得这种新式战车拥有快速的攻击力，所有这些技术发展帮助埃及在新王国时期——虽然在政治上早已联合了，但在军事技术的使用上仍然相当保守——在近东地区发起了一系列毁灭性的战争。战车的主要作用是瓦解敌方的步兵，并在其逃跑的时候将其消灭。战车之间很少互相直接攻击，这在拥有最早完整记录的卡迭什之战（公元前1275年）中有所记载。在这一战役中，法老拉姆西斯二世的军队与埃及的主要对手赫梯人打成了平手。

大约在公元前1200年出现的热锻技术和在水中淬火的技术使刀刃的强度和耐用度得到大幅提升，这给战争带来了新的致命性元素，并且使得长度更长的可用于戳刺和砍削的刀剑逐渐代替了匕首和斧头。刀剑技术从此得到了快速的发展，甚至直到今天仍然是最常见的刃类武器。

第一支常备军

亚述人最早采用了这项革新。通过雇佣常备军——根据一项文献记载，人数多达10万人——利用他们在作战中的勇猛以及消灭敌人时的冷酷无情，亚述人创立了横跨美索不达米亚大部分区域的庞大帝国。亚述人在军队中建立了明晰的指挥链，加之装备了铁尖枪的专业骑兵、投石兵及弓箭手，他们的密集火力往往给敌人带来毁灭性的打击。这在一定程度上促进了盔甲的使用，例如长度及膝的战袍。亚述人还发展出了广泛应用的攻城器械，在夺取拉吉（Lachish）的战役中（公元前701年）所使用的攻城器械直到罗马时代仍然没有过时。亚述帝国在提格拉特帕沙尔三世（Tiglath-PileserⅢ，公元前745—前727年在位）等国王统治期间，不但能够打阵地战，也能利用移动的战车进行大范围的防御。然而这个帝国的多民族特点导致了其最终的衰落，财力、物力的超负荷运转和一系列的反叛令其快速崩溃，并在公元前612年走向灭亡。与之类似，波斯人在公元前6世纪中叶也创建了一个多民族的帝国，其疆域更大，从印度边界直到爱琴海。波斯军队的核心是一支号称"永生者"（Immortals）的精锐军团，他们从盾墙后面使用短矛和弓箭进行攻击。在波斯帝国快速扩张的过程中，米堤亚的骑兵、高山地区的轻步兵，甚至来自阿拉伯地区的一支骆驼兵都加入其中。具有讽刺意味的是，虽然这支混编部队看起来具有很好的平衡性，波斯人最终却被一支看上去在战术上缺乏灵活性的部队打败了，那就是希腊重装步兵。

由于领土大多是山地，希腊不适于进行骑兵作战，而更适合小规模的步兵战斗。根据《荷马史诗》中的描述，在始于公元前800年黑暗时代的英雄战争中，希腊城

亚述攻城战

弓箭手是亚述大军的关键组成部分，亚述军队的复杂性使其可以在激战中通过派遣双轮战车部队远距离奔袭，并且配置复杂的攻城器械来攻击任何胆敢反抗他们的城市。

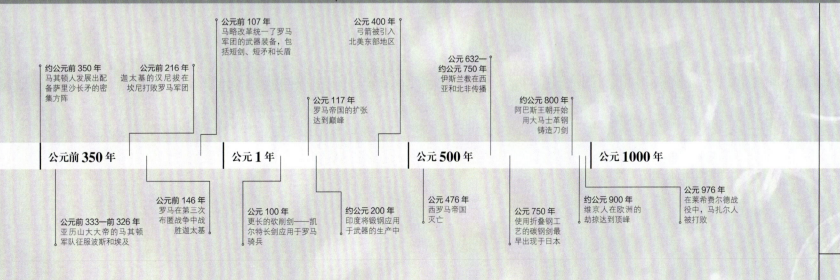

古代世界

邦主要依赖大规模的步兵或重装步兵。手持一面装有中央手柄的仅能保护身体左侧的巨大盾牌,重装步兵只能依靠他们的战友来防御无法自我保护的身体右侧。他们采用纵深为8—12人的密集方阵,使用长矛进行攻击,同时通过佩戴只露出眼睛和嘴巴的铜头盔进行自卫,于是整个方阵看起来就像是一面由盾牌和长矛组成的墙壁,敌人很难穿透。这种密集方阵最早使用于公元前670年左右。等到公元前490年波斯人入侵的时候,这种依赖士兵互相合作、动作统一的战术得到了进一步发展,并在斯巴达人那里臻于完美。斯巴达人拥有一支全职的军队,通过基本的军事操练和训练,能够同时对抗来自两个不同方向敌人的进攻。在马拉松战役(公元前490年)和普拉提亚战役(公元前479年)中,波斯人的骑兵面对希腊重装步兵的冲锋,毫无抵抗之力,其纪律性和合作性都无法与对手相提并论,最终被彻底击溃。

亚历山大大帝的军队

到了公元前4世纪,与波斯人交战的已经是一支不同于以往的希腊军队。亚历山大大帝的马其顿军队解决了重装步兵战法的根本弱点——缺乏进攻型的骑兵。亚历山大大帝的一支精锐骑兵"伙伴军"(Companions,意为国王的伙伴),被训练为采用楔形阵法来穿透其他骑兵部队,并击破对方步兵的盾墙。与之相配合的步兵装备了一种约6米(19.5英尺)长的萨里沙长矛,并采用密集方阵进攻。位于密集方阵第一排的士兵使用约4米(13英尺)长的长矛,第二排的士兵使用约2米(6.5英尺)长的长矛,以此类推。这相当于铸就了一道坚不可摧的屏障,可以抵挡最强劲的进攻,同时还能拨打投射武器的攻击。萨里沙长矛非常沉重,以至于方阵中的士兵只能穿皮制的轻甲胄和护胫甲,最多再装备一把匕首作为辅助武器。在战斗中,"伙伴军"通常先在敌军的战线上撕开一个口子,随后萨里沙方阵突入其中。亚历山大大帝极具战术天赋,他综合使用斜方阵、佯攻、包围等不同战法,并结合马其顿部队的骑兵—步兵组合部队带来的战术灵活性,这使他在伊苏斯(Issus,公元前333年)和高加米拉(Gaugamela,公元前331年)的战役中击败了数量庞大的波斯敌人,获取了对方的大片土地。然而亚历山大通过武力获取的成就,却因其后人的政治暴虐而失去了。到了公元前1世纪,希腊在亚洲和非洲的城邦日益虚弱,而希腊本土出现的人力危机意味着传统的重装步兵军队也越来越难以为继。

罗马的崛起

以一支战斗力无双的军事力量——古罗马军团作为后盾,罗马作为地中海的一支新生力量在此期间开始登上历史的舞台。罗马能击败敌国,部分归功于其庞大的军队持续作战的能力(在公元前190年的时候,罗马拥有13支军团)。公元前216年,迦太基的汉尼拔在坎尼给罗马军团以毁灭性的打击,然而罗马仍然能在这次打击下存活下来——不过它的敌人就没那么幸运了。罗马军团的组织方式随着时间不断发展,并在公元前1世纪早期达到了巅峰(详见左侧框内的介绍)。正是基于罗马军团所有成员的专业度——每位成员都要服役25年——以及罗马帝国超强的后勤能力,能够满足他们对装备、训练的需求,并可以进行大规模军团的运输,这一切使

罗马军团

罗马帝国能延续超过400年,得益于它能及时调整军队的组织结构来适应战术变化的需要。公元前2世纪后期,执政官盖乌斯·马略(Gaius Marius)进行了一系列改革,这造就了经典的罗马军团:他们拥有国家配发的标准装备,以100人为一个战术单位,每个军团约4000—5000人。军团成员使用古罗马短剑,用于突破的短矛(重型投掷矛)和椭圆形的鳞甲盾,以及从公元1世纪开始普遍采用的古罗马胸甲。负责支援军团的辅助部队的装备更加多样和专业化,例如骑射手和攻城器械。军团的规模在罗马帝国后期小了很多——只有1000人——而骑兵以及从日耳曼部族招募的士兵的作用却大为增加。

石雕

古埃及的矛头
这个矛头出土时被亚麻包裹,是旧王国时期古埃及法老军队的典型装备。新王国时期军事改革后,战车弓箭手被布置在前方,该装备才被弃用。

得罗马能够吞并包括欧洲、北非以及西亚在内的广袤领土，并统治了超过4个世纪。

罗马人精于阵地战，所以他们尽可能寻找这样的作战机会。可是一旦面对更具机动性的敌人，或者那些没有城市或固定防御中心的敌人，罗马人的战术就比较吃力了。当需要防御很长的固定前线的时候，罗马军团难以防御所有可能的进攻点。被拉长的战线在弓骑兵面前显得十分脆弱，正如公元前53年在卡雷（Carrhae）的战役中帕提亚人战胜了罗马统帅克拉苏（Crassus）一样，罗马人也发现越来越难对付日耳曼人从3世纪开始形成的"劫掠加逃跑"战术。从加利努斯时代（260—268）开始的罗马帝国后期，机动力量得到了重视，其中包括佩带更长的凯尔特长剑的加强重骑兵。这些身穿链甲、有时手持长矛的骑兵已经开始与中世纪早期的骑士有些相似。但与此同时，前线的军团（边防军）由于缺乏资源和机动性，越来越难以抵挡哥特人、汪达尔人、匈奴人以及其他入侵者的不断进攻。

罗马时代之后

当西罗马帝国在公元476年最终灭亡以后，一些日耳曼国家继承了它的许多法律和行政体系。这些国家中最为强大的当属法兰克帝国，它的势力越过了莱茵河，进入意大利，甚至在8世纪后期的查理曼大帝时期抵达了西班牙北部地区。法兰克军队的士兵身穿锁子甲（皮战衣），装备长剑和战斧，具有极强的战斗力和组织性。加之从撒克逊和卡林西亚等被占领地区获得的支援，使它几乎可以称得上坚不可摧。然而由于政治分歧以及内讧，法兰克帝国最终在9世纪分崩离析。

法兰克帝国的瓦解让欧洲和拜占庭——罗马帝国在东部的残余部分——面临着全新的军事挑战。从北部而来的维京人最初只是劫掠防御薄弱的沿海地区的小股海盗，后来逐渐发展成为一支强大的力量，他们不断通过骑兵或者运输船向内陆发起侵扰，最远达到了盎格鲁-撒克逊的韦塞克斯（Wessex）、巴黎、基辅罗斯以及君士坦丁堡。维京人使用70—80厘米（28.5—32英寸）长的双刃大剑进行战斗，用轻矛进行投掷、重矛进行冲锋，以及使用长柄阔刃的战斧挥砍，这让欧洲在长达250年的时间里都笼罩在恐怖之中。

与此同时，一支存在时间将更久远的军事力量走出阿拉伯地区，开始向外扩张。从7世纪30年开始，在新的伊斯兰教义之下统一起来的阿拉伯军队横扫了阿拉伯半岛，并向外打败了没落的拜占庭和波斯。阿拉伯军队最初的胜利并不是因为使用了什么更先进的科技——虽然将骆驼作为运输工具，无疑帮助阿拉伯军队在沙漠地区取得了许多胜利——而是由于意识形态的高度统一。到了9世纪，当中亚地区的突厥弓骑兵开始皈依新传来的伊斯兰教时，这个组合的威胁一度变得势不可当。

兵马俑
秦始皇在公元前221年统一了中国，埋在秦始皇陵的兵马俑就是当时中国军队多样化和复杂性的证明。

公元前 3000—公元 1000 年

▶ 8—9 美索不达米亚的武器和护具　▶ 10—13 古埃及的武器和护具

最早的武器

人类制造工具的能力是他们征服环境的第一步。在早期的工具中，首先出现的是用硬石制造的简陋石刀和石斧；它们可能是用来对付和处理动物的，不过也有可能被用来攻击其他族群。在长达数千年甚至上万年的时间里，狩猎用武器和战争用武器之间的界线非常模糊。然而随着手柄和长柄的发明，以及抛射性武器的发展——包括矛和威力更大的弓箭——一场事关狩猎和战斗的变革悄然开始发生。

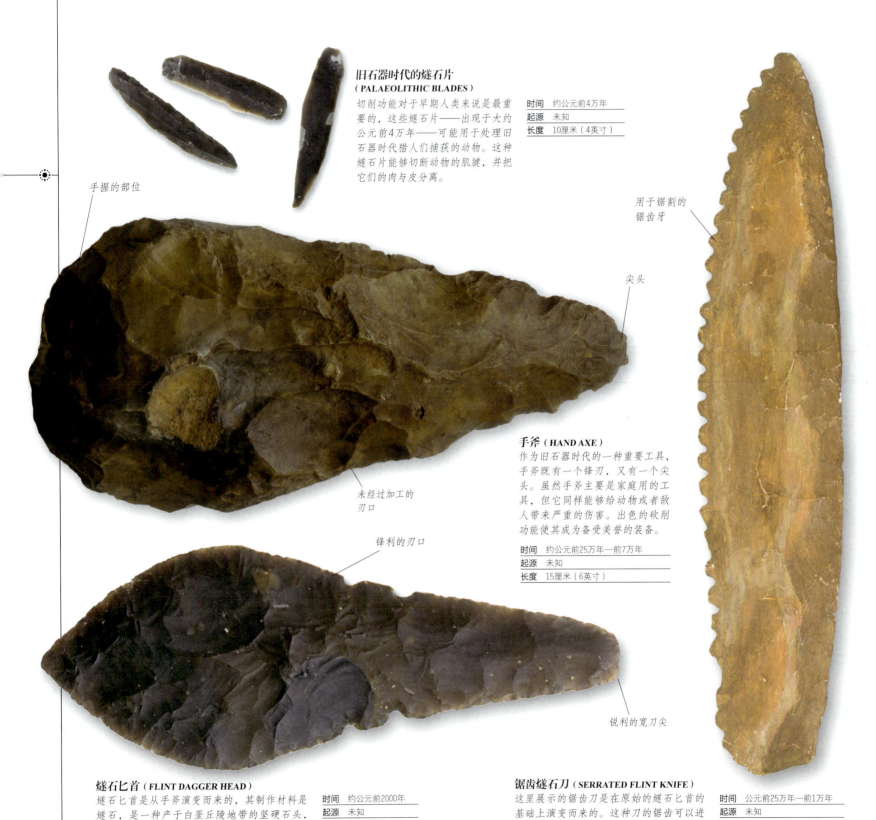

旧石器时代的燧石片（PALAEOLITHIC BLADES）
切削功能对于早期人类来说是最重要的，这些燧石片——出现于大约公元前4万年——可能用于处理旧石器时代猎人们捕获的动物。这种燧石片能够切断动物的肌腱，并把它们的肉与皮分离。

时间	约公元前4万年
起源	未知
长度	10厘米（4英寸）

手斧（HAND AXE）
作为旧石器时代的一种重要工具，手斧既有一个锋刃，又有一个尖头。虽然手斧主要是家庭用的工具，但它同样能够给动物或者敌人带来严重的伤害。出色的砍削功能使其成为备受美誉的装备。

时间	约公元前25万年—前7万年
起源	未知
长度	15厘米（6英寸）

燧石匕首（FLINT DAGGER HEAD）
燧石匕首是从手斧演变而来的，其制作材料是燧石，是一种产于白垩丘陵地带的坚硬石头，可以用来做出锐利的锋刃。制作时需要用一个石锤反复敲打燧石，把小片的燧石从上面慢慢敲掉，直到渐渐形成锋利的刃部。

时间	约公元前2000年
起源	未知
长度	15厘米（6英寸）

锯齿燧石刀（SERRATED FLINT KNIFE）
这里展示的锯齿刀是在原始的燧石匕首的基础上演变而来的。这种刀的锯齿可以进行锯的动作，这就让旧石器时代的猎人们可以切开坚硬的物体，例如骨头、软骨以及（在冰河时期）冰冻的肉。

时间	公元前25万年—前1万年
起源	未知
长度	20厘米（8英寸）

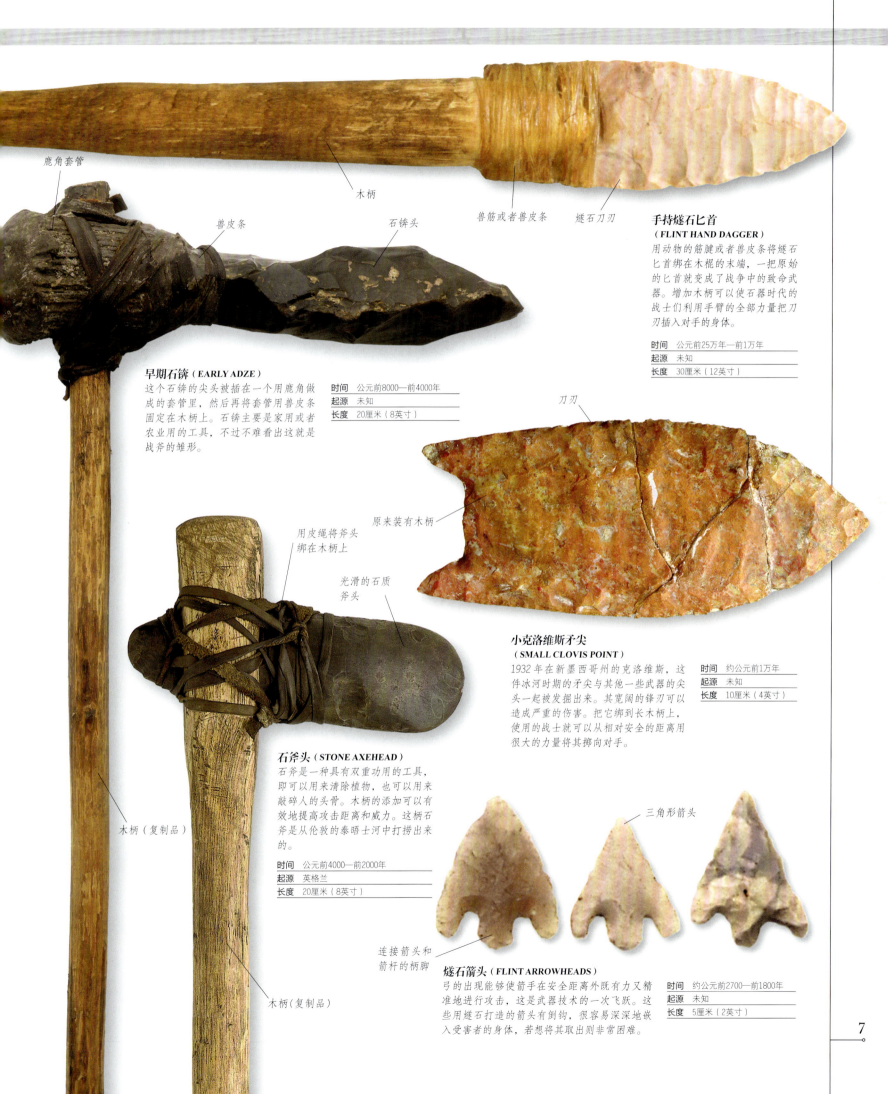

鹿角套管

木柄

兽皮条

石锛头

兽筋或者兽皮条

燧石刀刃

手持燧石匕首
（FLINT HAND DAGGER）

用动物的筋腱或者兽皮条将燧石匕首绑在木棍的末端，一把原始的匕首就变成了战争中的致命武器。增加木柄可以使石器时代的战士们利用手臂的全部力量把刀刃插入对手的身体。

时间	公元前25万年—前1万年
起源	未知
长度	30厘米（12英寸）

早期石锛（EARLY ADZE）

这个石锛的尖头被插在一个用鹿角做成的套管里，然后再将套管用兽皮条固定在木柄上。石锛主要是家用或者农业用的工具，不过不难看出这就是战斧的雏形。

时间	公元前8000—前4000年
起源	未知
长度	20厘米（8英寸）

刀刃

用皮绳将斧头绑在木柄上

光滑的石质斧头

小克洛维斯矛尖
（SMALL CLOVIS POINT）

1932年在新墨西哥州的克洛维斯，这件冰河时期的矛尖与其他一些武器的尖头一起被发掘出来。其宽阔的锋刃可以造成严重的伤害。把它绑到长木柄上，使用的战士就可以从相对安全的距离用很大的力量将其掷向对手。

时间	约公元前1万年
起源	未知
长度	10厘米（4英寸）

原来装有木柄

石斧头（STONE AXEHEAD）

石斧是一种具有双重功用的工具，即可以用来清除植物，也可以用来敲碎人的头骨。木柄的添加可以有效地提高攻击距离和威力。这柄石斧是从伦敦的泰晤士河中打捞出来的。

时间	公元前4000—前2000年
起源	英格兰
长度	20厘米（8英寸）

木柄（复制品）

三角形箭头

连接箭头和箭杆的柄脚

木柄（复制品）

燧石箭头（FLINT ARROWHEADS）

弓的出现能够使箭手在安全距离外既有力又精准地进行攻击，这是武器技术的一次飞跃。这些用燧石打造的箭头有倒钩，很容易深深地嵌入受害者的身体，若想将其取出则非常困难。

时间	约公元前2700—前1800年
起源	未知
长度	5厘米（2英寸）

美索不达米亚的武器和护具

公元前3000—公元1000年

◀ 6—7 最早的武器　▶ 10—13 古埃及的武器和护具

有组织的战争发源于约公元前3000年美索不达米亚南部的苏美尔城邦。士兵的护具是用皮革、铜和青铜制成的，主要武器是弓和矛。使用战车为弓箭手和长矛手提供机动性，最开始是用驴拉的四轮车，后来发展为用马拉的更为轻便的双轮车。城市防御工事的发展促进了攻城器械的进步，例如破城槌和攻城塔的使用。

仪仗用短剑
（CEREMONIAL DAGGER）

出土于苏美尔普阿比女王（Queen Pu-Abi）的墓葬，时间为约公元前2500年。这把仪仗用短剑质量上乘——是很适合君王带入另一个世界的武器。其剑刃和剑鞘用黄金制成，剑柄的材质为天青石，最后用黄金进行装饰。

时间	约公元前2500年
起源	苏美尔
长度	20—30厘米（8—12英寸）

- 蓝色的天青石剑柄
- 带状头饰
- 复杂精细的几何图案
- 金剑鞘
- 双刃剑身

迈斯卡拉－杜戈头盔（HELMET OF MESKALAM-DUG）

这顶仪仗用头盔用金银合金打造而成，发现于苏美尔的乌尔城。以假发造型而出名的这种头盔，其纹饰模仿了这一时期佩戴它的苏美尔国王的发型。

时间	约公元前2500年
起源	苏美尔
长度	22厘米（8.5英寸）

- 发饰造型的装饰
- 内衬固定孔
- 保护脸部侧面的护颊

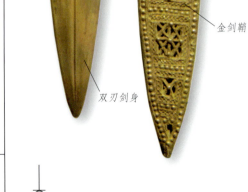

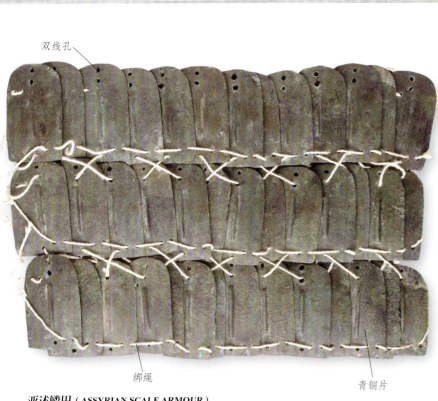

双线孔

绑绳

青铜片

亚述鳞甲（ASSYRIAN SCALE ARMOUR）
用青铜制成，这件早期的薄片鳞甲——上面的小金属片系在一起——是一名亚述士兵的装备。这种鳞甲直到中世纪末期在中东地区都还很常见。

时间	公元前1800—前620年
起源	亚述
长度	每片：5厘米（2英寸）

亚述的战争
这件浮雕上描绘的是约公元前650年提尔图巴战役中的亚述战士。画面中的一些人用盔甲和盾牌进行了很好的自我保护，而且亚述人的两件主要武器——长矛和弓箭——其存在也得到了确切的证实。

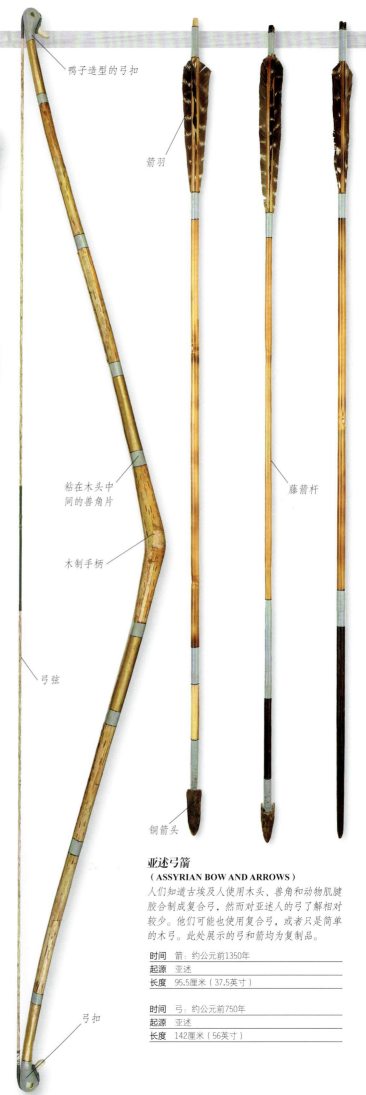

鸭子造型的弓扣

箭羽

粘在木头中间的兽角片

藤箭杆

木制手柄

弓弦

铜箭头

弓扣

亚述弓箭
（ASSYRIAN BOW AND ARROWS）
人们知道古埃及人使用木头、兽角和动物肌腱胶合制成复合弓，然而对亚述人的弓了解相对较少。他们可能也使用复合弓，或者只是简单的木弓。此处展示的弓和箭均为复制品。

时间	箭：约公元前1350年
起源	亚述
长度	95.5厘米（37.5英寸）

时间	弓：约公元前750年
起源	亚述
长度	142厘米（56英寸）

公元前3000—公元1000年

◀ 8—9 美索不达米亚的武器和护具　　▶ 16—17 古希腊的武器和护具　　▶ 20—21 古罗马的武器和护具

古埃及的武器和护具

在大约公元前3000—前1500年间，埃及军队主要依赖步兵作战，他们的士兵用巨大的木盾牌进行防护，主要武器为弓、矛和斧。希克索斯人在公元前的第二个千年统治了埃及的部分地区，埃及军队在同希克索斯人的长期作战中，其武器技术得到了改变。头盔、甲胄和剑变得更加普遍，战车为弓箭手提供了高度机动性的作战平台。

— 鳄鱼皮头盔

鳄鱼皮甲
（CROCODILE-SKIN ARMOUR）
古埃及人很崇拜鳄鱼，他们相信穿上鳄鱼皮甲能够让自己拥有这种可怕动物的力量与某些特质。对鳄鱼的崇拜一直延续到古典时代，在驻守埃及的罗马士兵中也很流行穿鳄鱼皮甲。

时间	公元前3世纪
起源	埃及
长度	胸甲：88.5厘米（34.75英寸）

— 干瘪的鳄鱼皮

— 固定孔

青铜斧头
（BRONZE AXEHEAD）
埃及人对斧头十分热爱，并且发展出了多种多样的斧头形式。这件宽大的扇贝形斧头上有几个小孔，用于把斧头固定在柄上。这种很有特色的斧头形式能够用来进行大范围的砍劈动作，尤其对没穿或少穿盔甲的对手效果更加显著。

时间	公元前2200—前1640年
起源	埃及
长度	17.1厘米（6.75英寸）

— 窄而弯曲的扇形斧刃

青铜矛头（BRONZE SPEARHEAD）
这件青铜矛头是埃及步兵的典型装备，他们的主要武器就是长矛。它由青铜制成，外面用亚麻织物进行了包裹，在图片中可以看出织物的纹路。这件武器可能主要用于戳刺，而不是被当作投枪进行投掷。

时间	约公元前2000年
起源	埃及
长度	25厘米（10英寸）

— 矛杆插孔

柄脚

三角形箭头可以一击致命

镀金的木盾

柯佩什（一种镰刀形的剑）

燧石箭头（FLINT ARROWHEAD）

埃及是较早善于使用弓箭的国家，弓箭成了其兵器库中最有威力的部分。远在公元前2800年，在一个胜利纪念碑上就描绘了最早的复合弓。早期的箭头是用燧石做成的，随后被铜代替。

时间	公元前5500—前3100年
起源	埃及
长度	6.1厘米（2.5英寸）

造型明显的倒钩

宽箭头

青铜箭头（BRONZE HEAD）

这种青铜箭头既可以用于一杆细长矛，也可以用于一支箭，其上造型明显的倒钩特别值得注意。虽然造价昂贵，埃及人仍然广泛采用青铜箭头，并且将它们安在生长于尼罗河沿岸的长芦苇杆上。

时间	公元前1500—前1070年
起源	埃及
长度	7厘米（2.75英寸）

鹰神霍鲁斯在守护图坦卡蒙

狮王盾（"LION KING" SHIELD）

这是在图坦卡蒙墓中发掘出来的8个仪仗盾之一。它展示了国王幻化为狮子，驱赶面前敌人的画面。这是图坦卡蒙武勇形象的系列描绘之一。这种盾牌的木制简化版应该就是埃及步兵所持的盾牌。

时间	公元前1333—前1323年
起源	埃及
长度	85厘米（33.5英寸）

复杂精细的网状木雕

清晰的埃及织物痕迹

"狮子斩"仪仗盾牌（"SMITING A LION" CEREMONIAL SHIELD）

图坦卡蒙（其统治时期约为公元前1336—前1327年）墓葬的发掘提供了大量有关古埃及生活的信息，包括那个时期的武器和工具。这面仪仗盾牌展示了国王正在捕猎一头狮子的画面，国王使用的是一种比较少见的剑，叫作柯佩什（khepesh）。

时间	公元前1333—前1323年
起源	埃及
长度	85厘米（33.5英寸）

叶形矛尖

公元前 3000—公元 1000 年

◀ 8—9 美索不达米亚的武器和护具　　▶ 16—17 古希腊的武器和护具　　▶ 20—21 古罗马的武器和护具

古埃及的武器和护具

受中东地区影响的造型细节

双刃宽剑身

镀金剑柄

短剑（SHORT SWORD）

直到新王国时期（公元前1539—前1075年），剑仍然不被埃及人重视，不过与来自中东地区的好战民族的交战，促使其努力发展能够刺穿敌人盔甲的带刃武器。这把阔刃短剑的手柄包金，几乎可以确定它属于埃及皇族成员。

时间	公元前1539—前1075年
起源	埃及
长度	32.3厘米（12.5英寸）

木柄

阔刃铁剑身

装饰的金剑柄

法老的匕首（A PHARAOH'S DAGGER）

这把黄金手柄的匕首属于图坦卡蒙，有着那个时期稀有的铁质刀刃。埃及没有铁矿石，需要从中东地区——常常在他们敌人的统治之下——进口，这导致了生产铁制武器十分困难。

时间	公元前1370—前1352年
起源	埃及
长度	41.1厘米（16.25英寸）

木柄

蘑菇形的柄头

长剑（LONG SWORD）

其造型特点是剑柄末端有个蘑菇形的柄头，这把剑的剑身由铜制成，手柄镀金。虽然铜在埃及容易获得，但它缺乏青铜和铁的强度，无法打磨出锋利的剑刃。

时间	公元前1539—前1075年
起源	埃及
长度	40.6厘米（16英寸）

镀金剑柄

双刃铜剑身

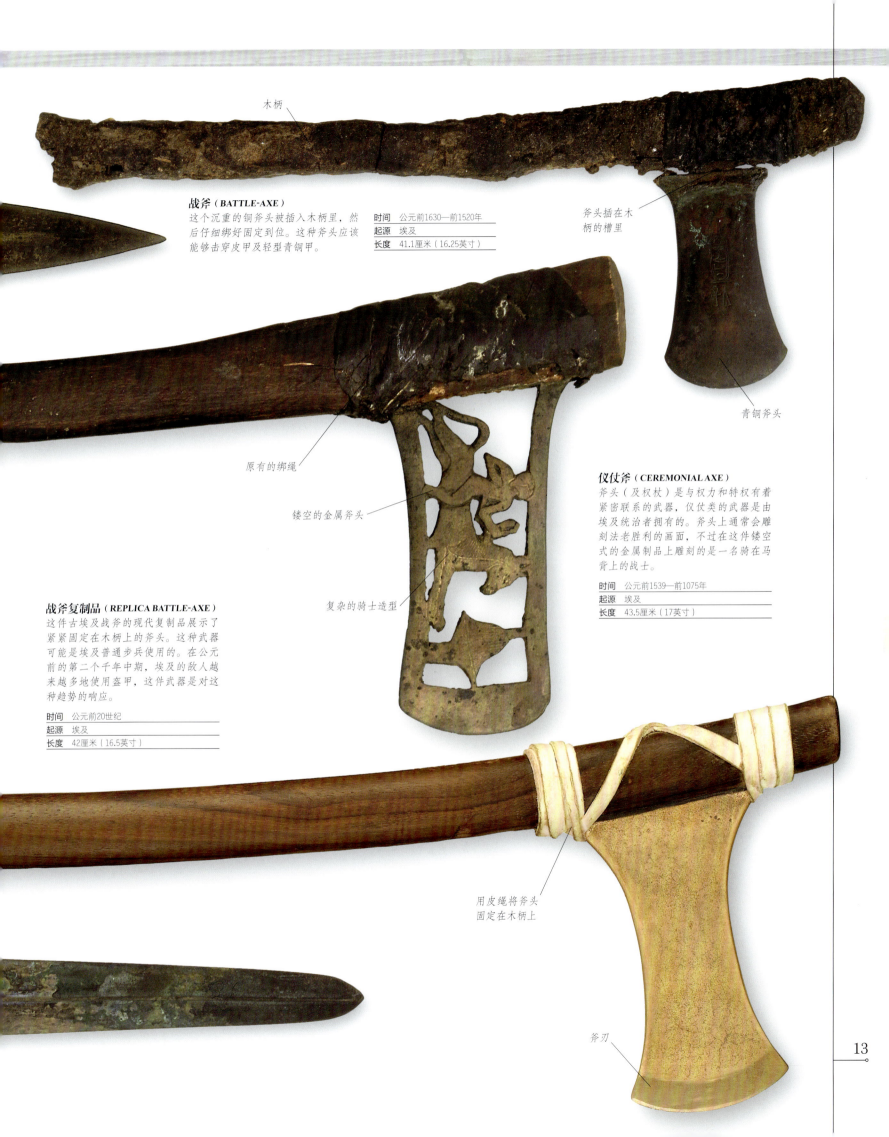

战斧（BATTLE-AXE）
这个沉重的铜斧头被插入木柄里，然后仔细绑好固定到位。这种斧头应该能够击穿皮甲及轻型青铜甲。

时间	公元前1630—前1520年
起源	埃及
长度	41.1厘米（16.25英寸）

仪仗斧（CEREMONIAL AXE）
斧头（及权杖）是与权力和特权有着紧密联系的武器，仪仗类的武器是由埃及统治者拥有的。斧头上通常会雕刻法老胜利的画面，不过在这件镂空式的金属制品上雕刻的是一名骑在马背上的战士。

时间	公元前1539—前1075年
起源	埃及
长度	43.5厘米（17英寸）

战斧复制品（REPLICA BATTLE-AXE）
这件古埃及战斧的现代复制品展示了紧紧固定在木柄上的斧头。这种武器可能是埃及普通步兵使用的。在公元前的第二个千年中期，埃及的敌人越来越多地使用盔甲，这件武器是对这种趋势的响应。

时间	公元前20世纪
起源	埃及
长度	42厘米（16.5英寸）

13

图坦卡蒙

古埃及国王图坦卡蒙（公元前1332—前1322年）在战车上向逃跑的敌人射箭。各种证据（包括墓葬壁画、棺椁以及已经发现的实物）表明弓和箭在当时已经是十分普遍的武器。它们应该是与战斧和短剑一起使用的。

古希腊的武器和护具

古希腊时期的战争以重装步兵为核心，他们装备长矛和剑，用巨大的圆盾、青铜头盔、青铜胸甲或皮胸甲以及护胫甲进行保护。重装步兵作战时相互之间靠得很近，用密集方阵形成了一道盾墙，使得他们在使用长矛的同时得到最大的防护。重装步兵的密集方阵由使用弓和投石器的轻步兵进行支援。

重装步兵长矛尾部（HOPLITE SPEAR BUTT）

这个长矛尾部用青铜制成，其主要作用是平衡安装在另一端的矛头的重量，如果战斗中矛头损坏了，矛尾也可以用作武器。矛尾用一个很厚的青铜圈固定在长矛上。

时间	公元前4世纪
起源	马其顿共和国
长度	38厘米（15英寸）

矛头

宽的叶形矛刃

矛杆插口

青铜紧固圈的凹口

与人体肌肉形状一致的隆起

用皮带将两块护甲在侧面固定

侧面暴露的位置是最脆弱的部分

希腊矛头（GREEK SPEARHEAD）

长矛是重装步兵的主武器，只有在长矛损坏的情况下才会使用其短剑。这个矛头锋刃很宽，由铁制成，已经遗失的矛身可能是用白蜡木等结实的木头制成的。

时间	公元前6世纪—前5世纪
起源	希腊
长度	31厘米（12.25英寸）

青铜甲（BRONZE CUIRASS）

这件肌肉造型的甲胄由胸甲和背甲两部分组成，用钩子和皮带固定。它可能属于一位高级军官，并且是量身定制的。普通的重装步兵则穿着更加简单的青铜甲或硬化的皮甲。

时间	公元前5世纪
起源	意大利
长度	50厘米（19.5英寸）

科林斯头盔
（CORINTHIAN HELMET）

这顶科林斯头盔可能是最有名的希腊头盔的早期实物，它按照头骨的形状设计，并向下延伸到肩膀和颈部，在面部为眼睛开的视孔中间留有护鼻。

时间	约公元前650年
起源	希腊
重量	1.54千克（3.5磅）

科林斯头盔

对于任何对手来说，戴着这顶科林斯头盔的重装步兵都是一副可怕的形象：从头盔面部颊具特色的切口后面露出一双闪闪发光的眼睛。头盔的冠部有一大片典型的马鬃形纹饰，使士兵看起来更加令人印象深刻，同时在战场上密集的人群里也可以作为辨识标记。

时间	公元前6世纪—前5世纪
起源	希腊
重量	1.5—1.75千克（3.5—3.75磅）

青铜护胫甲
（BRONZE GREAVES）

重装步兵的大盾保护了他们的下腹部和大腿，不过为了保护小腿和膝盖，他们需要穿一双青铜护胫甲。这里展示的护胫甲非常轻便灵活，它们可以夹在士兵的小腿上，不需要用皮带固定。

时间	公元前6世纪
起源	希腊
长度	48厘米（19英寸）

科林斯头盔

除非遇到最重的打击，否则这种科林斯头盔都能提供很好的保护。不过毫无疑问它非常沉重，而且在战斗中视野和听力都会受限。从5世纪末期开始流行更轻的款式。

时间	公元前6世纪—前5世纪
起源	希腊
重量	1.5—1.75千克（3.5—3.75磅）

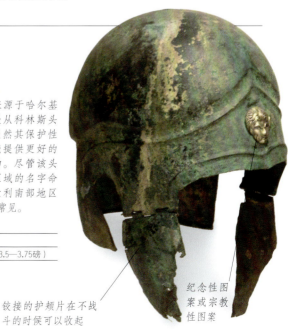

阿提克头盔
（ATTIC HELMET）

这顶阿提克头盔来源于哈尔基斯人的头盔（也是从科林斯头盔演变而来）。虽然其保护性有所减弱，但它能提供更好的全方位视野和听力。尽管该头盔是以雅典附近区域的名字命名的，但它在意大利南部地区的希腊城邦中更为常见。

时间	公元前5世纪
起源	希腊
重量	1.5—1.75千克（3.5—3.75磅）

古希腊重装步兵

从公元前7世纪至公元前4世纪，古希腊城邦已经有了围绕重型步兵为重心而建的公民军队（即国民军），称作重装步兵。他们用密集方阵的形式进行近距离作战，面对敌人总是占据优势，例如在马拉松战役、普拉提亚战役中对抗波斯入侵，以及在另一场两败俱伤的伯罗奔尼撒战争中。在希腊城邦没落之后，重装步兵为亚历山大大帝所向披靡的军队服务，以及作为雇佣军为中东地区的各种力量战斗。

科林斯人锻造的青铜头盔

国民军

古希腊城邦时期的重装步兵是业余的兼职士兵。在雅典、斯巴达和底比斯城，服兵役既是一种责任，也是一种处于公民地位的特权。当国家需要的时候，重装步兵要自行装备盔甲、盾牌、剑和矛，并为国而战。

只有富裕的公民才能负担得起全套盔甲和其他装备，所以重装步兵必定属于社会精英阶层。他们用一种紧密的队形共同作战，称作密集方阵，而从较低阶层来的轻装步兵持投射武器聚集在他们的侧翼。训练度和纪律性最好的国民军当属斯巴达的国民军。斯巴达公民从7岁开始就投身于军事生涯，年轻人远离他们的妻子住在兵营里以强化男人们之间的关系。然而正如人们对国民军所预期的那样，通常重装步兵的训练并不是非常严苛。比起军事操练和严格的纪律性，通过对抗性游戏来获得强健的体魄被认为是备战的更好办法。

作为战士，他们的高效能很大程度上是来源于作为自由人为自己的城市战斗的高昂斗志，以及为了在其他公民中获得声誉。这些都给了他们面对面近战时的取胜决心。

重装步兵的盔甲

全副武装的重装步兵要穿戴头盔、甲胄和护胫甲，它们全都由青铜制成。擦拭得铿亮的盔甲不仅仅能够保护身体，也是一种让人印象深刻的士气的视觉展示。

- 带有护颊的青铜头盔
- 符合理想中战士身材的胸甲
- 用皮带将两块胸甲在侧面固定
- 青铜护胫甲能够保护暴露在盾牌以下的腿部

正在进入战场的重装步兵

当重装步兵进入战场时，会将长矛举在手上，圆盾固定在左前臂。显然他们需要用护胫甲来保护暴露在盾牌下面的小腿。他们头盔上的马鬃冠饰可能只是出于视觉效果的考虑。画面中所描绘的重装步兵的部分身体没有穿盔甲，但那只是艺术化的惯常做法。

重装步兵的战车

战车经常会出现在古希腊艺术题材中，这是因为在相传为荷马创作的古希腊史诗《伊利亚特》中著名的特洛伊战争故事里，战车的作用非常突出。希腊在城邦时期不再使用战车，然而他们的敌人波斯人仍在使用。

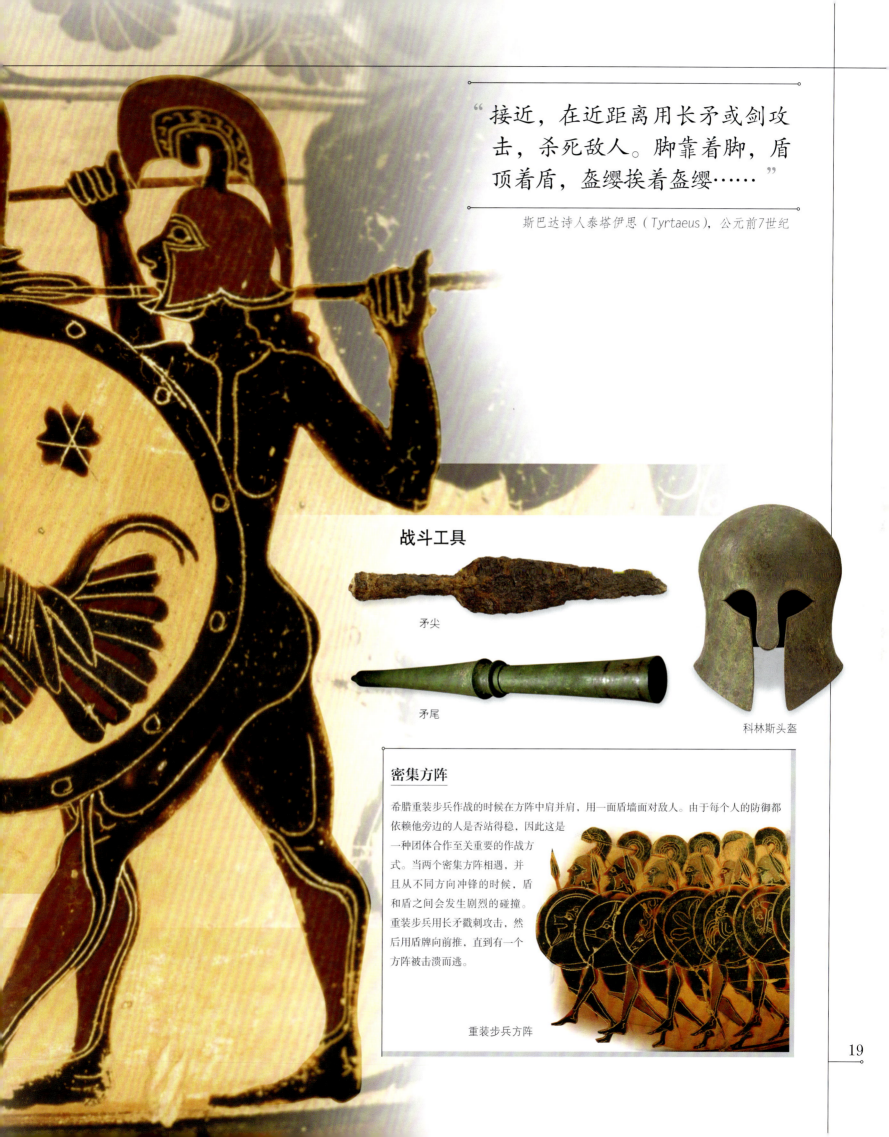

> "接近,在近距离用长矛或剑攻击,杀死敌人。脚靠着脚,盾顶着盾,盔缨挨着盔缨……"

斯巴达诗人泰塔伊思(Tyrtaeus),公元前7世纪

战斗工具

矛尖

矛尾

科林斯头盔

密集方阵

希腊重装步兵作战的时候在方阵中肩并肩,用一面盾墙面对敌人。由于每个人的防御都依赖他旁边的人是否站得稳,因此这是一种团体合作至关重要的作战方式。当两个密集方阵相遇,并且从不同方向冲锋的时候,盾和盾之间会发生剧烈的碰撞。重装步兵用长矛戳刺攻击,然后用盾牌向前推,直到有一个方阵被击溃而逃。

重装步兵方阵

古罗马的武器和护具

公元前3000—公元1000年

◀ 16—17 古希腊的武器和护具　▶ 22—23 罗马军团

罗马军队堪称古代世界里最优良的战争机器。罗马军队纪律严明，训练有素，而且通常领导有方。罗马军团总是全副武装，以应对给他们下达的一切命令。弓箭手和投枪手会对敌人进行骚扰，不过主要的战斗毫无例外都是由重装步兵来完成的——他们用巨大的长方形盾牌进行防御，用短剑以密集阵形压倒敌人。

高卢头盔（GALLIC HELMET）
高卢头盔原产于罗马的高卢省，在公元50至150年被广泛使用。它由铁打造而成。这件复制品的特点是有着很长的护颈；有一个短的护眉，可以挡开砍向面部的剑或斧头；还有很宽的护颊。护颊铰接在头盔两侧，用皮带或者绳子固定在颌下。

时间	公元50—150年
起源	高卢 / 意大利

古罗马片甲（LORICA SEGMENTATA）
用铁条制成，这件片甲的复制品——护身甲和肩部护甲的组合——使用时间为公元1世纪早期到公元3世纪。这件甲胄赋予罗马军团恰当的保护和灵活性。

时间	公元1—3世纪
起源	罗马帝国

古罗马鳞甲（LORICA SQUAMATA）
鳞甲是甲胄的另一种形式。互相交叠的青铜片或铁片被固定在皮革或结实的布料上。鳞甲片用金属线互相连接在一起，通常沿水平方向排列。

长形盾（SCUTUM）
这是一面步兵用的长形盾的复制品。这面盾牌用复合层叠的木条制成，上面包裹兽皮，然后覆盖亚麻布，亚麻布上可以绘制军团徽记。这面盾牌略带弧度，用以提供全方位的保护。

时间	复制品
长度	112厘米（44英寸）

短剑和剑鞘
（GLADIUS AND SCABBARD）

尽管长矛对于削弱敌军非常重要，但罗马人的关键武器是短剑，军团士兵用它刺击对手。这把精美的仪仗短剑用金银装饰，可能属于提比略皇帝的某位高级军官。

时间	约公元15年
起源	罗马
长度	57.5厘米（22.5英寸）

黄金纹饰展示的是提比略为其继父奥古斯都祝捷的画面

钢剑上保留着木剑鞘的痕迹

被腐蚀的粗糙钢剑身

提比略皇帝的头像

神龛内的罗马军团鹰徽

长矛

长铁尖

短矛

这件复制品的长柄是用白蜡木制成的

长矛和短矛
（LANCEA AND PILUM）

罗马的矛有三种主要形式：重型投枪，轻型投枪以及加重投枪。这件加重投枪的复制品有一个很长的铁矛头，能够刺穿盾牌或盔甲；它还被设计为一旦受到冲击就变弯或折断，以防敌人再投掷回来。

马鬃冠饰

简易的圆形造型

蒙特福尔蒂诺头盔
（MONTEFORTINO HELMET）

这顶头盔复制品的年代可追溯至公元前200年，是按照罗马的敌人凯尔特人使用的形式设计的。与库鲁斯头盔（Coolus helmet）相类似，它也是由青铜制成，到公元1世纪中期，罗马军团装备了大量这种头盔。

时间	公元前2世纪—公元1世纪
起源	意大利

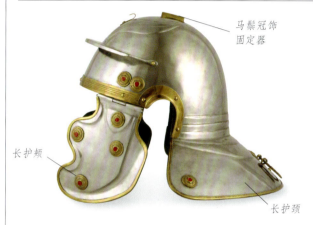

马鬃冠饰固定器

长护颊

长护颈

高卢头盔

这件复制的高卢头盔十分实用：能够对头部和肩部提供很好的保护，而且便于听到指令。

时间	公元50—150年
起源	意大利

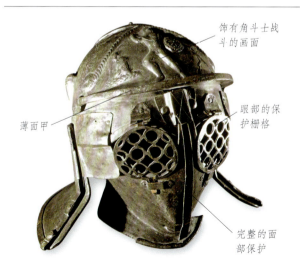

饰有角斗士战斗的画面

薄面甲

眼部的保护栅格

完整的面部保护

角斗士头盔（GLADIATOR'S HELMET）

挑衅者（或者挑战者）角斗士佩戴这种头盔，它是基于罗马军团的高卢头盔设计的，不过增加了整个面部的护甲，其上开了两个圆形的视孔，并有保护栅格。

时间	公元前1世纪—公元3世纪
起源	意大利

罗马军团

罗马步兵盾牌

公元1世纪的罗马军队创建了一个疆域从不列颠延伸到北非，从西班牙延伸到中东的大帝国。罗马军团中的大多数士兵是全副武装的步兵。军团驻扎在堡垒、要塞以及遍布帝国的军营中，充当警察、管理者、建设者和工程师等角色，肩负着从巡逻到全面战争的各种责任。

职业士兵

罗马军团的士兵是职业士兵，需要服役20年，再加5年职责较轻的老兵阶段。士兵是从罗马公民中招募的，大多数是自愿加入的穷苦阶层。他们每80人编为一队，由一名百夫长指挥。6个百夫队成为一个大队，10个大队成为一个军团。每个层次的组织结构都鼓励团队忠诚。

严格的训练和每天的操练使士兵成为纪律严明、坚定不移的战士。他们被训练到能够在5小时内行军32.2千米（20英里），并且能冷酷无情地进行战斗。战斗的时候，军团士兵一直等到敌人几乎靠近才投掷他们的短矛，然后用短剑进行攻击。违反纪律的惩罚非常严酷——谁要是站岗的时候睡觉，将会被他的同伴们乱棍捶毙。到了退役的时候，军团士兵会得到一块土地或者一笔退休金，以作为对他服务的认可。

图拉真凯旋柱（TRAJAN'S COLUMN）

罗马的图拉真凯旋柱上展示的是达西亚战争（101—106）中的一幕，罗马士兵在他们的要塞城墙上对达西亚的进攻进行反击，这时一位骑马的军官带着一队士兵前来支援。树立凯旋柱是为了纪念图拉真皇帝的战功，同时也是罗马军事生活的生动记录。

军团士兵的穿着

在罗马帝国的巅峰时期，军团士兵穿着简单的青铜头盔和片甲。他们在甲胄下穿着束腰长袍，脚穿坚硬的带金属钉的鞋。罗马帝国具备给所有士兵提供甲胄和头盔的能力，与他们的"野蛮人"敌人形成了鲜明的对比。

马鬃冠饰可能代表着军衔

公元前1世纪蒙特福尔蒂诺头盔的复制品

铰接在头盔上的护颊

公元1世纪板甲的复制品

肩部的额外保护

用皮带固定的铁片

哈德良长城

罗马军团可以被称为战争工程师，因为建筑和战斗一样都是他们职责的一部分。横亘英格兰北部的哈德良长城绵延118千米（73英里），是军团士兵们在2世纪早期建成的。长城的作用是明确帝国的北部边界，这道长城暨要塞被罗马军团控制了250多年。

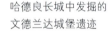

哈德良长城中发掘的文德兰达城堡遗迹

罗马辅助军团（ROMAN AUXILIARIES）

图为两名辅助军团士兵在一排罗马军团士兵身后，正要将敌人的首级呈给皇帝。所有的军团士兵都是罗马公民，而辅助军团士兵却不是。他们可以通过椭圆形盾和身上的锁子甲辨认出来。辅助军团的地位较低，但却经常被用来承受敌人的主要攻击。

> "罗马人的刚毅不屈特性被赋予了他们的战士，不仅渗透入他们的身体，而且还渗透入他们的灵魂。"
>
> 当代犹太历史学家约瑟夫斯（Josephus），《犹太战争史》

战斗工具

剑鞘原件

剑身

古罗马短剑

长矛和短矛——投枪

古罗马短剑剑鞘

青铜和铁器时代的武器和护具

公元前3000—公元1000年

◀ 16—17 古希腊的武器和护具　　◀ 20—21 古罗马的武器和护具　　▶ 26—27 盎格鲁-撒克逊与法兰克的武器和护具

凯尔特人曾是伟大的战士：他们在公元前390年击溃了罗马共和国的军队，洗劫了罗马。他们的重步兵被称作剑士，不断地向敌人发动进攻。他们大部分徒步战斗，除了盾牌和头盔外身上很少穿盔甲。贵族骑马或驾驶战车进行战斗，尤其是在不列颠地区。凯尔特人以他们的装饰技术和金属手工艺而闻名。

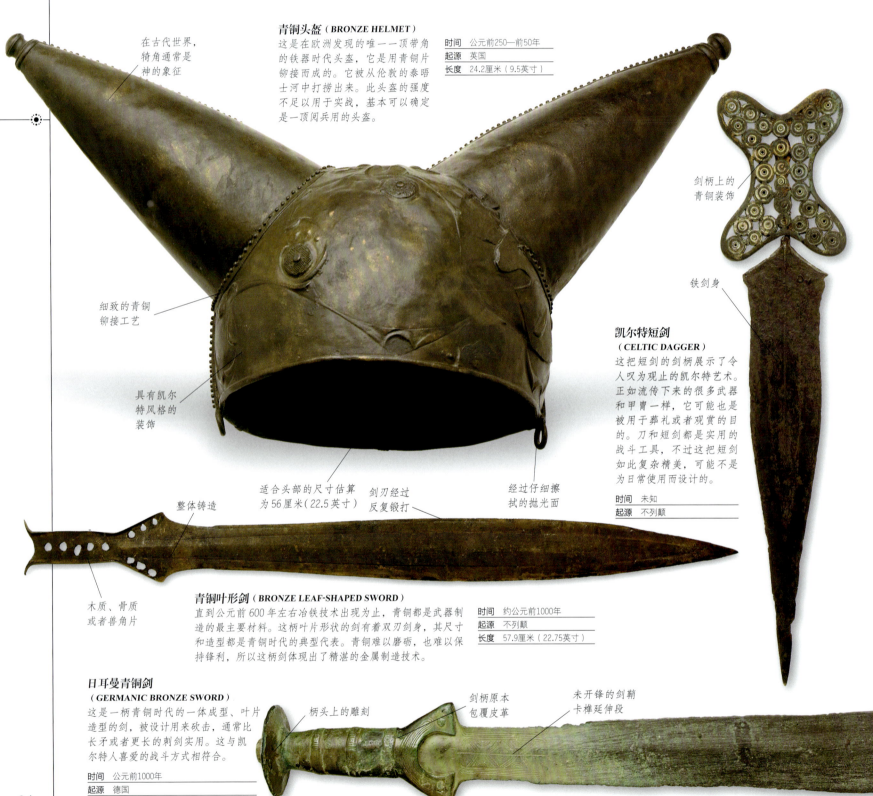

青铜头盔（BRONZE HELMET）
这是在欧洲发现的唯一一顶带角的铁器时代头盔，它是用青铜片铆接而成的。它被从伦敦的泰晤士河中打捞出来。此头盔的强度不足以用于实战，基本可以确定是一顶阅兵用的头盔。

时间	公元前250—前50年
起源	英国
长度	24.2厘米（9.5英寸）

- 在古代世界，犄角通常是神的象征
- 细致的青铜铆接工艺
- 具有凯尔特风格的装饰
- 适合头部的尺寸估算为56厘米（22.5英寸）

凯尔特短剑（CELTIC DAGGER）
这把短剑的剑柄展示了令人叹为观止的凯尔特艺术。正如流传下来的很多武器和甲胄一样，它可能也是被用于葬礼或者观赏的目的。刀和短剑都是实用的战斗工具，不过这把短剑如此复杂精美，可能不是为日常使用而设计的。

时间	未知
起源	不列颠

- 剑柄上的青铜装饰
- 铁剑身

青铜叶形剑（BRONZE LEAF-SHAPED SWORD）
直到公元前600年左右冶铁技术出现为止，青铜都是武器制造的最主要材料。这柄叶片形状的剑有着双刃剑身，其尺寸和造型都是青铜时代的典型代表。青铜难以磨砺，也难以保持锋利，所以这柄剑体现出了精湛的金属制造技术。

时间	约公元前1000年
起源	不列颠
长度	57.9厘米（22.75英寸）

- 整体铸造
- 木质、骨质或者兽角片
- 剑刃经过反复锻打
- 经过仔细擦拭的抛光面

日耳曼青铜剑（GERMANIC BRONZE SWORD）
这是一柄青铜时代的一体成型、叶片造型的剑，被设计用来砍击，通常比长矛或者更长的刺剑实用。这与凯尔特人喜爱的战斗方式相符合。

时间	公元前1000年
起源	德国
长度	66.5厘米（25.75英寸）

- 柄头上的雕刻
- 剑柄原本包覆皮革
- 未开锋的剑鞘卡榫延伸段

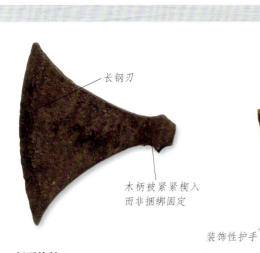

长钢刃

木柄被紧紧楔入而非捆绑固定

阔刃战斧（BROAD-BLADED BATTLE-AXE）

这把斧头的头部是用一块铁棒锤打而成的。将一根很长的木柄紧紧地楔入插孔里，就做成了一件非常有效的近战武器。

时间	未知
起源	欧洲北部

青铜不太适合制作刃具

中空的插孔

青铜斧头（BRONZE AXEHEAD）

带有木柄插孔的青铜战斧自古以来就与凯尔特人密切相关。它们可以作为工具使用，不过在近战的时候也是很有用的武器。假如它们是用铁制成的，将变得更加实用。

时间	公元前750—前650年
起源	未知

装饰性护手

拉坦诺（La Tène）风格（多以抽象的几何纹饰为主题的独特艺术风格）的装饰

带有青铜条的木剑鞘

系带孔

剑鞘里的铁器时代匕首（IRON-AGE DAGGER IN SHEATH）

这把精致的铁制匕首装在青铜剑鞘里，可能属于某位部落首领。在那个时代，铁器是地位的象征，也用于日常生活，不过只有在特殊情况下，才会在战场上使用铁剑或者铁矛。

时间	公元前550—前450年
起源	不列颠

叶形矛尖

青铜矛尖（BRONZE SPEARHEAD）

长矛和投枪在凯尔特人的战法中扮演着重要角色。当冲向敌军的时候，步兵会在30米（90英尺）开外投掷投枪，以期将敌人的队伍击散并进行单兵战斗。步兵和骑兵都将长矛用作投掷武器。

时间	公元前900—前800年
起源	未知
长度	50厘米（20英寸）

巴特西盾牌（THE BATTERSEA SHIELD）

这面用青铜饰面覆盖的木制盾牌是1857年从伦敦泰晤士河上的巴特西桥下打捞出来的。几乎可以肯定这是一面阅兵用的盾牌，因为它看上去太过精美了，不太可能用于实战。凯尔特人的盾牌最早是圆形的，在铁器时代他们开始使用更长的全身护盾。

时间	公元前350—前50年
起源	不列颠
长度	77.7厘米（30.5英寸）

全视图

凸饰用以保护盾牌背后中空的手柄

盾牌上有27个红玻璃饰钮

盎格鲁-撒克逊与法兰克的武器和护具

◀ 16—17 古希腊的武器和护具 ◀ 20—21 古罗马的武器和护具 ◀ 24—25 青铜和铁器时代的武器和护具

步兵是盎格鲁-撒克逊和法兰克军队的主力,他们手持盾牌,佩带撒克逊刀,通常戴头盔,用长矛、斧头和撒克逊大砍刀等各种单刃重武器作战。在职业军人中,贵族和他们的随从有更为精美的盔甲和武器:锁子甲、能够较好保护颈部和面部的斯潘金头盔(星形盔)、法兰克投枪(类似于罗马投枪的投掷武器),当然还有刀与剑。

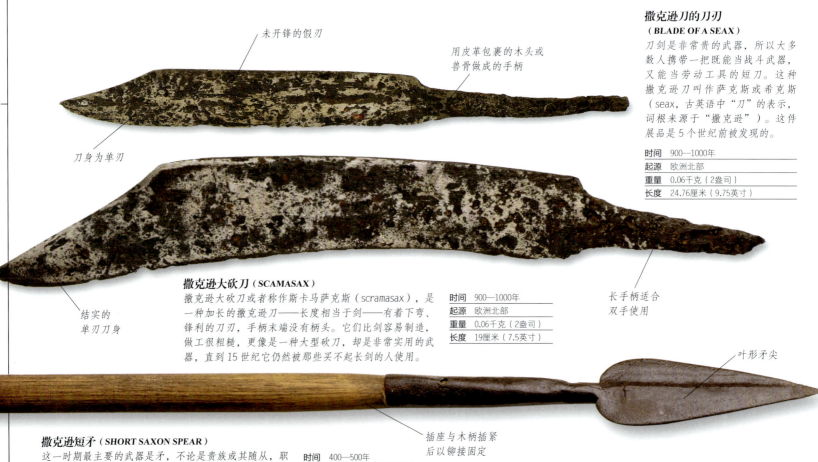

撒克逊刀的刀刃(BLADE OF A SEAX)
刀剑是非常贵的武器,所以大多数人携带一把既能当战斗武器,又能当劳动工具的短刀。这种撒克逊刀叫作萨克斯或希克斯(seax,古英语中"刀"的表示,词根来源于"撒克逊")。这件展品是5个世纪前被发现的。

时间	900—1000年
起源	欧洲北部
重量	0.06千克(2盎司)
长度	24.76厘米(9.75英寸)

撒克逊大砍刀(SCAMASAX)
撒克逊大砍刀或者称作斯卡马萨克斯(scramasax),是一种加长的撒克逊刀——长度相当于剑——有着下弯、锋利的刀刃,手柄末端没有柄头。它们比剑容易制造,做工很粗糙,更像是一种大型砍刀,却是非常实用的武器,直到15世纪它仍然被那些买不起长剑的人使用。

时间	900—1000年
起源	欧洲北部
重量	0.06千克(2盎司)
长度	19厘米(7.5英寸)

撒克逊短矛(SHORT SAXON SPEAR)
这一时期最主要的武器是矛,不论是贵族或其随从,职业军人,还是大规模的军队,大多都装备矛。矛有两种类型,一种用来格斗,另一种用来在接敌之前向敌人投掷,后者比较轻。不过法兰克人使用的投枪(angon)同罗马的投枪很像。

时间	400—500年
起源	欧洲北部
长度	21.5厘米(8.5英寸)

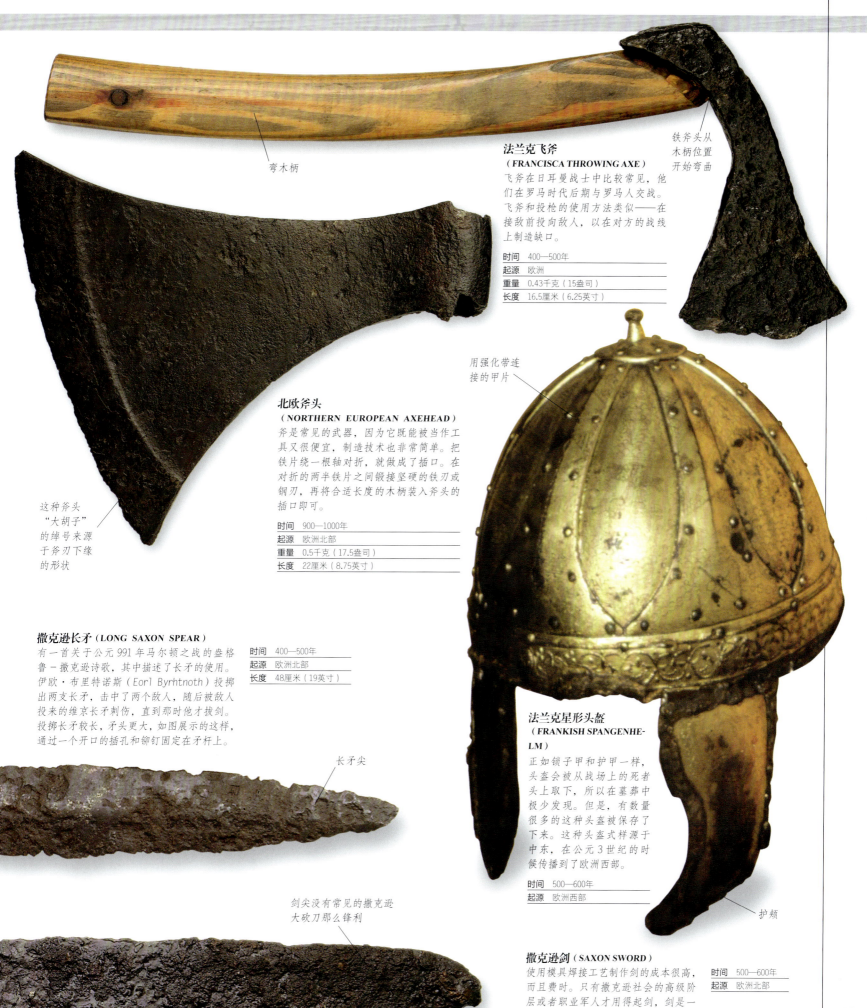

法兰克飞斧 (FRANCISCA THROWING AXE)

飞斧在日耳曼战士中比较常见，他们在罗马时代后期与罗马人交战。飞斧和投枪的使用方法类似——在接敌前投向敌人，以在对方的战线上制造缺口。

时间	400—500年
起源	欧洲
重量	0.43千克（15盎司）
长度	16.5厘米（6.25英寸）

北欧斧头 (NORTHERN EUROPEAN AXEHEAD)

斧是常见的武器，因为它既能被当作工具又很便宜，制造技术也非常简单。把铁片绕一根轴对折，就做成了插口。在对折的两半铁片之间锻接坚硬的铁刃或钢刃，再将合适长度的木柄装入斧头的插口即可。

时间	900—1000年
起源	欧洲北部
重量	0.5千克（17.5盎司）
长度	22厘米（8.75英寸）

撒克逊长矛 (LONG SAXON SPEAR)

有一首关于公元991年马尔顿之战的盎格鲁-撒克逊诗歌，其中描述了长矛的使用。伊欧·布里特诺斯（Eorl Byrhtnoth）投掷出两支长矛，击中了两个敌人，随后被敌人投来的维京长矛刺伤，直到那时他才拔剑。投掷长矛较长，矛头更大，如图展示的这样，通过一个开口的插孔和铆钉固定在矛杆上。

时间	400—500年
起源	欧洲北部
长度	48厘米（19英寸）

法兰克星形头盔 (FRANKISH SPANGENHELM)

正如锁子甲和护甲一样，头盔会被从战场上的死者头上取下，所以在墓葬中极少发现。但是，有数量很多的这种头盔被保存了下来。这种头盔式样源于中东，在公元3世纪的时候传播到了欧洲西部。

时间	500—600年
起源	欧洲西部

撒克逊剑 (SAXON SWORD)

使用模具焊接工艺制作剑的成本很高，而且费时。只有撒克逊社会的高级阶层或者职业军人才用得起剑，剑是一种很受尊崇的物品。

时间	500—600年
起源	欧洲北部

维京的武器和护具

擅长航海的斯堪的纳维亚人以古代挪威人或者维京人之名被世人所熟知，他们在欧洲历史上有着特殊的地位。从不列颠群岛到基辅罗斯的瓦兰吉卫队，他们就是黑暗时代武士的典型代表。他们驾驶着长舟破浪而来，掠夺欧洲的海岸，最远可能在加拿大的斯科舍（Novia Scotia）殖民和定居。这支军队装备精良，特别善于用剑和战斧，不过也使用长矛、投枪和弓箭。他们持圆盾，大都戴头盔，很多人也穿链甲。

带有饰片的锁子甲
（MAIL SHIRT WITH DAGGED POINTS）

这种叫作布莱恩甲（brynja）或林思勒（hring serle）的锁子甲只有权贵才能穿，但在11、12世纪它们变得比较常见。

时间	900—1000年（复制品）
起源	未知

- 金属环是铆接、焊接的，或者交叠在一起
- 早期的锁子甲，例如这件无袖外套的复制品，都是长及大腿的，后来逐渐达到小腿中部

雕花铁斧头
（ENGRAVED IRON AXEHEAD）

在日德兰半岛的玛门（Mammen）发现了这件漂亮的雕花斧头，且其因为这种雕花形式而得名。

时间	约970年
起源	丹麦
长度	16.5厘米（6.5英寸）

- 装饰一直延伸到插口
- 插口上的凸起可以防止斧头转动
- 银线镶饰

- 边缘是皮革或者铁皮的封边
- 基督教传入后常见的色彩鲜亮的十字架图案

全视图

彩绘木盾
（PAINTED WOODEN SHIELD）

盾牌是维京战场装备的重要组成部分。它由木头做成，表面蒙有皮革。这里展示的是一件仿制品。

时间	900—1000年
起源	欧洲北部
重量	未知
长度	70—100厘米（30—40英寸）

特定形状的甲片制成的盔体

动物装饰图案

护鼻

瑞典头盔（SWEDISH HELMET）

这件圆锥形的头盔是在瑞典芬得尔（Vendel）的一处墓穴中发现的，与杰姆登布式头盔很像，都有眼镜形的面甲。大多数维京战士都拥有头盔，不过很少像这一件一样精美。

时间	800—900年
起源	瑞典

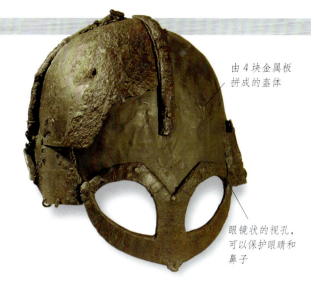

由4块金属板拼成的盔体

眼镜状的视孔，可以保护眼睛和鼻子

金属板盔（METAL-PLATED HELMET）

这顶头盔是根据在杰姆登布发现的一处墓穴中找到的碎片还原的。它由4片金属板拼成圆顶，盔顶十字交叉的两根条状物形成了箍带。

时间	约875年
起源	挪威

用中央脊棱加强盔体

带装饰的护鼻

圆锥形头盔（CONICAL HELMET）

这件头盔复制品是根据布拉格大教堂宝库中的温塞斯拉斯头盔（Wenceslas Helm）设计的，其特点是一体锻造而成，增加了额带和护鼻，均为银质，且带有纹饰。

时间	约900年
起源	捷克斯洛伐克

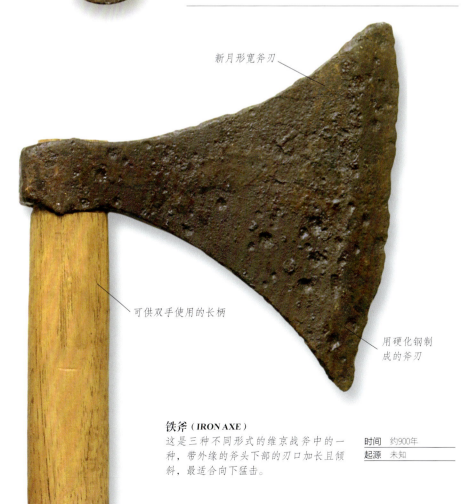

新月形宽斧刃

可供双手使用的长柄

用硬化钢制成的斧刃

铁斧（IRON AXE）

这是三种不同形式的维京战斧中的一种，带外缘的斧头下部的刃口加长且倾斜，最适合向下猛击。

时间	约900年
起源	未知

用中央脊棱加强盔体

眼镜状的视孔，可以保护面部

杰姆登布式头盔（GJERMUNDBU-STYLE HELMET）

另一顶杰姆登布式头盔。这件复制品有一个与箍带铆接在一起的眼镜形的护具，并用两根加强箍带将组成圆顶的4片金属板固定在一起。

时间	约900年
起源	挪威

维京的武器和护具

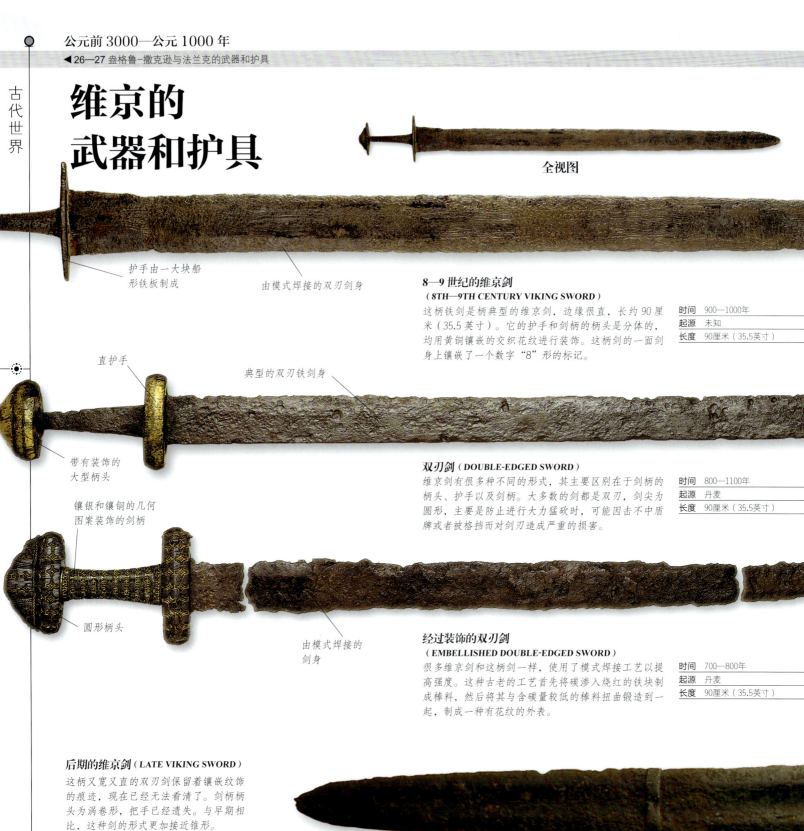

全视图

护手由一大块船形铁板制成

由模式焊接的双刃剑身

8—9世纪的维京剑
（8TH—9TH CENTURY VIKING SWORD）

这柄铁剑是柄典型的维京剑，边缘很直，长约90厘米（35.5英寸）。它的护手和剑柄的柄头是分体的，均用黄铜镶嵌的交织花纹进行装饰。这柄剑的一面剑身上镶嵌了一个数字"8"形的标记。

时间	900—1000年
起源	未知
长度	90厘米（35.5英寸）

直护手

典型的双刃铁剑身

带有装饰的大型柄头

双刃剑（DOUBLE-EDGED SWORD）

维京剑有很多种不同的形式，其主要区别在于剑柄的柄头、护手以及剑柄。大多数的剑都是双刃，剑尖为圆形，主要是防止进行大力猛砍时，可能因击不中盾牌或者被格挡而对剑刃造成严重的损害。

时间	800—1100年
起源	丹麦
长度	90厘米（35.5英寸）

镶银和镶铜的几何图案装饰的剑柄

圆形柄头

由模式焊接的剑身

经过装饰的双刃剑
（EMBELLISHED DOUBLE-EDGED SWORD）

很多维京剑和这柄剑一样，使用了模式焊接工艺以提高强度。这种古老的工艺首先将碳渗入烧红的铁块制成棒料，然后将其与含碳量较低的棒料扭曲锻造到一起，制成一种有花纹的外表。

时间	700—800年
起源	丹麦
长度	90厘米（35.5英寸）

后期的维京剑（LATE VIKING SWORD）

这柄又宽又直的双刃剑保留着镶嵌纹饰的痕迹，现在已经无法看清了。剑柄柄头为涡卷形，把手已经遗失。与早期相比，这种剑的形式更加接近锥形。

时间	900—1150年
起源	斯堪的纳维亚
长度	90厘米（35.5英寸）

维京剑刃（VIKING SWORD BLADE）

与发掘出的很多古物一样，这柄晚期维京剑的剑刃已经被严重腐蚀了。其木制剑鞘和剑柄已经全部腐蚀，使得剑上的古代北欧文字难以解读。

时间	900—1000年
起源	未知
长度	80—100厘米（31—39英寸）

剑柄

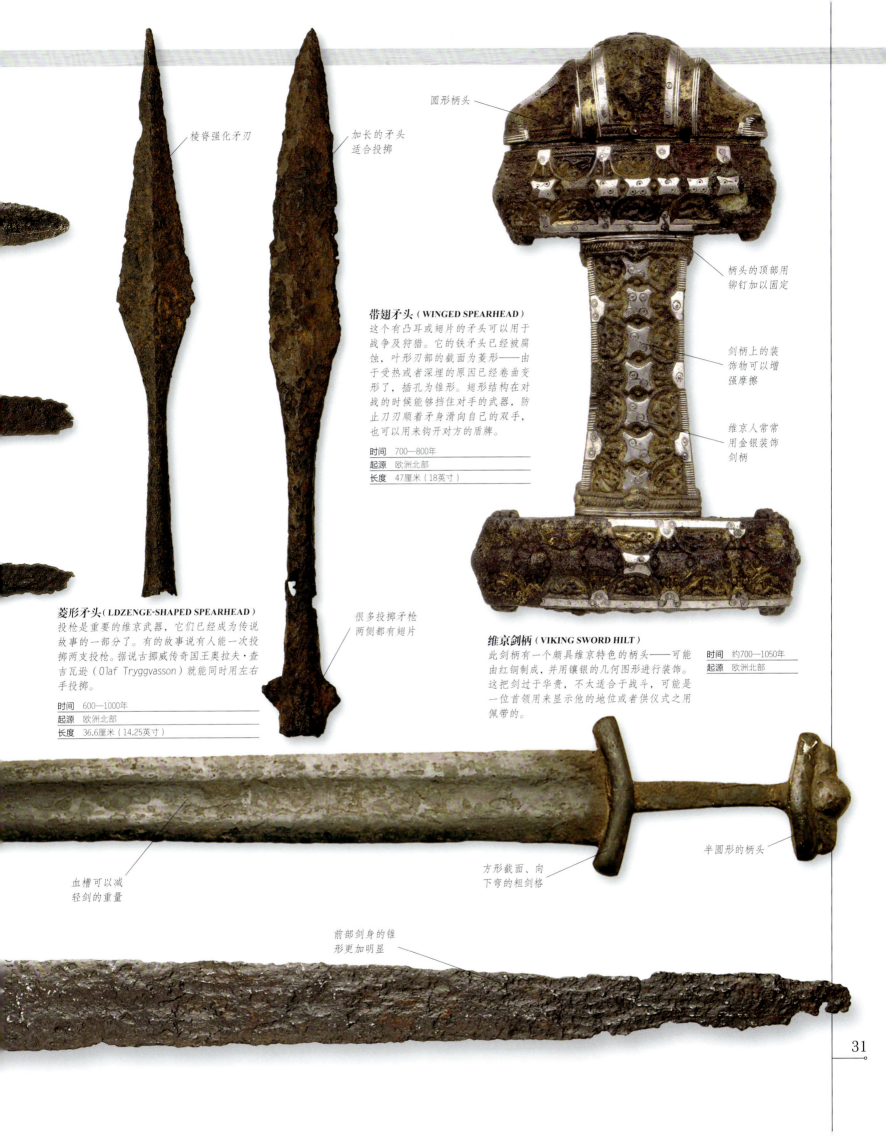

棱脊强化矛刃

加长的矛头适合投掷

圆形柄头

柄头的顶部用铆钉加以固定

带翅矛头（WINGED SPEARHEAD）
这个有凸耳或翅片的矛头可以用于战争及狩猎。它的铁矛头已经被腐蚀，叶形刃部的截面为菱形——由于受热或者深埋的原因已经卷曲变形了，插孔为锥形。翅形结构在对战的时候能够挡住对手的武器，防止刀刃顺着矛身滑向自己的双手，也可以用来钩开对方的盾牌。

时间	700—800年
起源	欧洲北部
长度	47厘米（18英寸）

剑柄上的装饰物可以增强摩擦

维京人常常用金银装饰剑柄

菱形矛头（LDZENGE-SHAPED SPEARHEAD）
投枪是重要的维京武器，它们已经成为传说故事的一部分了。有的故事说有人能一次投掷两支投枪。据说古挪威传奇国王奥拉夫·查吉瓦逊（Olaf Tryggvasson）就能同时用左右手投掷。

时间	600—1000年
起源	欧洲北部
长度	36.6厘米（14.25英寸）

很多投掷矛枪两侧都有翅片

维京剑柄（VIKING SWORD HILT）
此剑柄有一个颇具维京特色的柄头——可能由红铜制成，并用镶银的几何图形进行装饰。这把剑过于华贵，不太适合于战斗，可能是一位首领用来显示他的地位或者供仪式之用佩带的。

时间	约700—1050年
起源	欧洲北部

半圆形的柄头

方形截面、向下弯的粗剑格

血槽可以减轻剑的重量

前部剑身的锥形更加明显

中世纪时期

公元 1000—1500 年

中世纪时期

许多具有中世纪时代特色的武器、战术和一般社会组织形式，实际上在晚古时期已经略见端倪了。重骑兵、以兵役换土地、宗教战争、城市文明与入侵的游牧民族之间的战争等都是新出现的事物。中世纪末期出现的大的改变包括国家维持中央集权统治的能力和火药武器的出现——这是变革来临的有力征兆。

自从955年德国奥托一世的重骑兵在莱希费尔德战役（Battle of Lechfeld）中击败了匈牙利人，欧洲便进入了一段相对和平的时期。然而那也是一段政治分崩离析的时期，尤其在法国和德国，9世纪时期的中央集权国家分裂成了一群小国，这些国家通常并不比一个想要扩张实力的地方军阀更强大，或者比其维持的时间更长久。因为国家组织大规模军队的能力下降了，一套封建系统开始崛起，以填补缺失。（见第36页）

骑兵的出现

封建军队的主力是由骑马的士兵组成的——他们并不都是骑士。在8世纪的时候，随着马镫在欧洲的出现，骑马作战的能力——与之相对的是仅能骑马到达战场，或者在一箭之地以外和敌人交手——得到了极大的提升，它提供给骑兵一个更稳定的作战平台，便于使用剑或者长矛。在1181年英格兰亨利二世颁布的武备条例中，对11世纪及12世纪士兵的典型着装进行了总结，其中说道："每名骑士都需拥有一件锁子甲（链甲外衣）、一顶头盔、一面盾牌和一支长矛。"

这种军队的维持费用昂贵且缺乏灵活

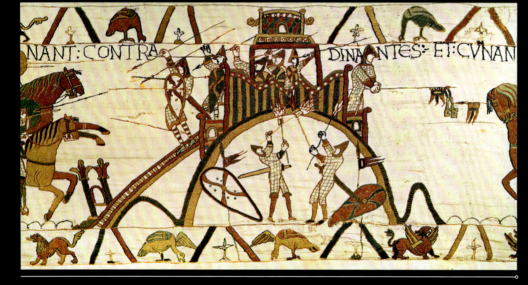

诺曼的进攻
诺曼公爵威廉的士兵们身穿盔甲，正在进攻迪南的布雷顿镇。守军依靠城寨城堡要塞进行防御，其形式可能是从诺曼传入英格兰的。

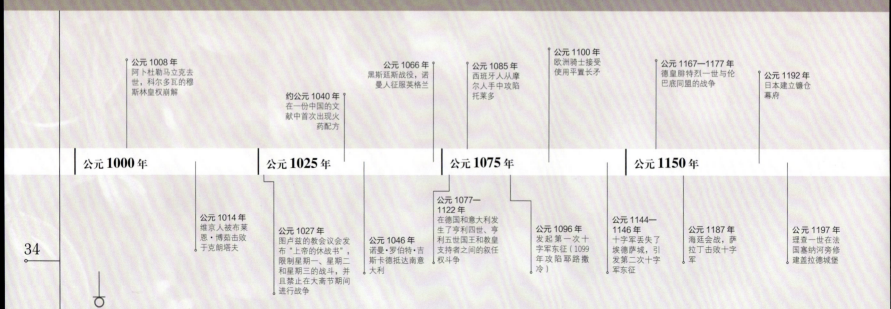

公元1008年
阿卜杜勒马立克去世，科尔多瓦的穆斯林皇权崩解

约公元1040年
在一份中国的文献中首次出现火药配方

公元1066年
黑斯廷斯战役，诺曼人征服英格兰

公元1085年
西班牙人从摩尔人手中攻陷托莱多

公元1100年
欧洲骑士接受使用平置长矛

公元1167—1177年
德皇腓特烈一世与伦巴底同盟的战争

公元1192年
日本建立镰仓幕府

公元1000年　　　公元1025年　　　公元1075年　　　公元1150年

公元1014年
维京人被布莱恩·博茹击败于克朗塔夫

公元1027年
图卢兹的教会议会发布"上帝的休战书"，限制星期一、星期二和星期三的战斗，并且禁止在大斋节期间进行战争

公元1046年
诺曼·罗伯特·吉斯卡德抵达南意大利

公元1077—1122年
在德国和意大利发生了亨利四世、亨利五世国王和教皇支持者之间的叙任权斗争

公元1096年
发起第一次十字军东征（1099年攻陷耶路撒冷）

公元1144—1146年
十字军丢失了埃德萨城，引发第二次十字军东征

公元1187年
海廷会战，萨拉丁击败十字军

公元1197年
理查一世在法国塞纳河旁修建盖拉德城堡

性，由于服兵役的时间很短，所以战役的时间也不会很长。同时为了避免损失那些难以替代的重骑兵，突袭或者骑兵的奇袭成了战争的标准形式。阵地战相对来说越来越少，虽然也有过一些大规模战斗，例如在1066年的黑斯廷斯之战中诺曼公爵威廉击败了英格兰国王哈罗德二世。

一张巴约挂毯上描绘了威廉的军队，他们身穿锁子甲，头戴圆锥形的头盔。实际上，诺曼公爵的部队中很大比例是使用短弓或者机械弩的箭手，在黑斯廷斯，通过大量的弓弩齐射，加之且战且走的骑兵突袭，战胜了由哈罗德的战斧兵组成的盾墙。这些战斧兵手持的双头斧，无疑是很有效的武器，然而他们缺乏机动性，对于诺曼人的战术无力还击。

修建城堡

与诺曼人在英格兰建立的统治相伴的是城堡的修建。这种防御要塞主要是由当地巨富而不是宫廷控制，快速发展成为西欧政治面貌的一种鲜明特征。在英格兰最早出现的是一种城寨城堡的形式，即在土丘上修建一座木头的防御塔楼。到了13世纪，它们发展成为更为复杂的石头建筑，有着同心圆的防御工事和圆形的塔楼，以防敌人潜挖攻击。以威尔士的哈利克古堡或者法国的盖拉德城堡为例，城堡只需要相对数量较少的骑兵就可以进行防御，如果供给充足的话，能够抵御相当长时间的围攻。战争就围绕着如何消耗这些坚固的要塞开展，通过暴风雨、外交手段，或者最常用的方法——等待饥饿或疾病击垮防御者。1138年苏格兰国王大卫能够攻克华克城堡，就是因为他鼓励守军逃跑，甚至还给他们提供马匹来代替已经被吃掉的那些坐骑。

十字军东征

军事建筑水平在进一步提升，例如城堡的使用，是在十字军东征期间从中东引入的。黎凡特的穆斯林军队大多数是轻装的骑射手，依靠他们的机动性和飘忽不定的行踪来消磨和消灭笨重的十字军骑士。这段时期西方的铠甲变得更加厚重，包括长度及膝的锁子甲和很长的风筝形盾，用以在马上提供最大限度的保护。大量手持长矛的十字军骑士的冲锋效果是毁灭性的，就像1191年在阿尔苏夫（Arsuf）的战役中那样，不过当萨拉丁在1187年用高温和饥渴消耗掉基督教军队时，一旦切断补给，这样一支重装部队将迅速变得不堪一击。

为了解决过度倚仗昂贵且不灵活的骑兵部队带来的问题，步兵的重要性逐渐得到加强。实际上骑兵也经常在地上战斗——在1097年第一次十字军东征中的多利留姆（Dorylaeum）之战中，一半的十字军战士下马进行步战。城邦对步兵的依赖逐渐增加，最初他们只是作为辅助角色，不过后来就成了军队中的主力。这大约是从13世纪，当城镇的经济实力增强到具备供给士兵的能力时开始的。1340年布鲁日的人口为35000人，就可以供养7000名士兵。中世纪后期的步兵装备杆类武器，比骑士需

蒙古武士
在平坦开阔之地，成吉思汗的蒙古骑兵几乎不可阻挡，他们能够击败任何强大的对手，比如鞑靼人。

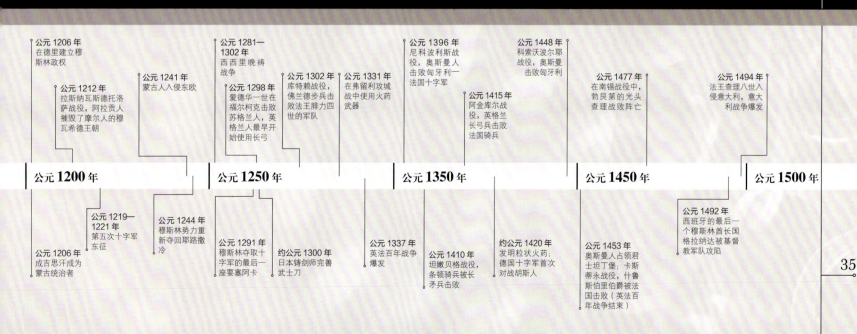

中世纪时期

封建主义

封建主义是用来描述中世纪土地所有权与军事义务关系复杂系统的一个现代术语。在其典型的形式下，封建主义指的是每个人都有一个封建领主，并且为他提供服务——通常是军事上的——来换取土地所有权（臣服）。当统治者需要供给土地以维持帝国防御所需的军事力量时，这种形式是非常适合的，不过当城市发展得越来越重要，统治者可以在封建义务之外直接购买士兵的服务时（包括雇佣兵），它就没那么必要了。

忠诚的誓言

要的训练少，他们传承了马其顿密集方阵的精神，依靠的是团结一致和密集阵形。1302 年的库特赖战役是一个决定性的转折点，当时一支用投枪和长矛武装起来的佛兰德市民队伍，在一块泥泞、崎岖起伏、充满沟渠陷阱的战场上击溃了法兰西骑士部队。

弩和长弓

步兵并不仅仅依靠静态的防御武器，如矛或者棍棒之类的近战武器。远程武器技术的发展使得弩和长弓在战场上变得非常突出，尤其是后者。在 1139 年的欧洲，弩的地位已经得到了凸显——拉特兰会议打算禁止对基督徒使用这种武器，因为其造成的伤害过于可怕。弩箭的穿透力很强，而且使用它不需要太多的技术，这意味着它可以被广泛使用。不过英格兰人喜欢用长弓，这种弓需要很大的力量——不论是对弓本身来说，还是对使用者来说——不过其射速差不多是弩的四倍。长弓首次出现是 1297 年在福尔柯克发生的对抗苏格兰人的战斗中，它在后来的百年战争中扮演了重要角色，例如在 1356 年普瓦捷战役和 1415 年的阿金库尔战役中击败法国人。在这两次战役中法国人都深受重骑兵冲锋战术之害，况且当时的地形减慢了他们的进攻速度，让他们在弓箭的火力下尤其脆弱。

对这个弱点的一种解决方法是继续加强骑士盔甲的保护能力。在 14 世纪，开放式的头盔被全封闭的"十字军头盔"所取代，在接下来的世纪里将会出现全身板甲，其制作极为复杂精美。虽然会按照使用者的身材来切割金属和铸造部件，使得他们可能没有看上去的那么沉重，不过这种盔甲仍然几乎属于奢侈品，只有贵族才能享用得起。它们一方面提供保护，一方面作为领导者的标志，同时更预示着以大量骑士作为军队主力的时代即将终结。

蒙古人

在 13 世纪中期，另一群轻骑兵又一次展示了密集骑射手部队的威力。蒙古人从中亚崛起，先征服了中国北部——于 1234

库特赖战役
库特赖战役的一幕（1302）。佛兰德步兵集结兵力对抗法兰西的骑兵冲锋。这场战役后来被称为"金马刺之战"，由从战场上被击败的法兰西骑士那里收集到大量马刺而得名。

中国锤
这柄锤有一条固定在使用者手臂上的带子。它是蒙古人在统治中原期间（1279—1368）使用的典型武器。

年夺取——然后是波斯和黎凡特地区的穆斯林国家,最后在 1240 年突袭了俄罗斯和东欧。依靠能够快速进行长途奔袭的轻骑射手,哪怕是在不利的情况下,蒙古人也能让敌人按他们的意愿进行战斗。他们使用的奇袭和恐吓战术收效显著,很多城市不愿冒被屠城的危险,就直接投降了。在 1241 年 4 月,短短几天之内他们就在波兰和匈牙利击溃了两支敢于反抗他们的欧洲军队。最后靠着蒙古王朝更替过程的反复无常才将西欧从将被彻底毁灭的命运中解救了出来。

早期的火器

在蒙古人征服中原的过程中,他们第一次遇到了一种新式武器——火枪。最早的火药配方记录在《武经总要》(1040)里,到了 1132 年中国人可能已经使用一种"火矛枪"与游牧的女真族作战。蒙古人在 1274 年和 1281 年两次未成功的远征日本过程中,也使用了原始的火枪。不过正是他们的继承者——大明王朝,最早发明了火枪。在欧洲,火药的名字就叫作"中国盐"(Chinese Salt)。实际上,明朝早在 1400 年就有一所军事学校专门教他们的士兵如何使用火枪,而且还使用了龙骑兵——骑兵中的火枪手。

虽然 1346 年英格兰在克雷西之战中使用了大炮,不过那已经是火器开始扮演重要角色很久以后的事情了。这一点在围城战中尤其值得注意,与野战相比,围城战的时候大炮的运输压力没有那么大。1453 年土耳其人攻克君士坦丁堡的时候使用了巨大的射石炮,这宣告了一个新时代的来临,坚固的堡垒再也不是可靠的防御力量了。铁炮弹的出现意味着大炮可以做的更小,颗粒状火药的出现(大约在 1420 年)给予大炮更大的威力,直到这时野战大炮才变为可能。1453 年法国在卡斯蒂永取得胜利,让·比罗(Jean Bureau)的大炮扫平了英格兰军队并迫使其撤退,这可能是通过使用大炮取胜的首个实例。

最早的手枪大约出现在 15 世纪早期——1421 年,据说勃艮第的"无畏的约翰"的军队中有 4000 支手枪。然而火绳钩枪直到 1450 年才出现,这种枪在战斗中可能——仅仅是可能——可以重新装填,此后手枪才开始在战场上占有了一席之地。即使如此,15 世纪末期仍然是一个充满变革的时代:在 1494 年入侵意大利的法国军队中,一半都是重装骑兵,然而与此相对应,1477 年瑞士雇佣兵在南锡打败了勃艮第人,他们是由长矛兵和火枪手混编而成的。勃艮第人无法穿透瑞士人的方阵,他们在火枪手的齐射之下变得不堪一击。

到了 16 世纪,西欧那种用兵役换土地的思想逐渐淡化,与此同时,像大明王朝和奥斯曼土耳其王朝这样的政权开始巩固发展,资源的集中意味着可以再次征召大规模的军队,并且在战场上长期驻留。世界又一次站在了军事革命的边缘。

文艺复兴时期的战斗
在 1432 年的圣罗马诺战役中,从佛罗伦萨和锡耶纳而来的一排排手持长矛的密集重甲骑士驰骋于战场——这是一种很快就要被淘汰的战斗形式。

欧洲的剑

公元 1000—1500 年
▶ 78—79 双手剑　▶ 80—83 欧洲的步兵和骑兵刀剑　▶ 160—163 欧洲的刀剑

在中世纪的欧洲，剑是最受尊崇的武器。它不仅仅是一件华丽的战争武器——常常被作为传家之宝——而且还是地位和特权的象征；人们得在身上佩带一把剑，才能称得上骑士。中世纪早期的剑是一种沉重的砍削武器，用来劈开锁子甲。高质量板甲的发展使得带有锐利尖头的刺剑出现了，且其剑身逐渐变得越来越长。

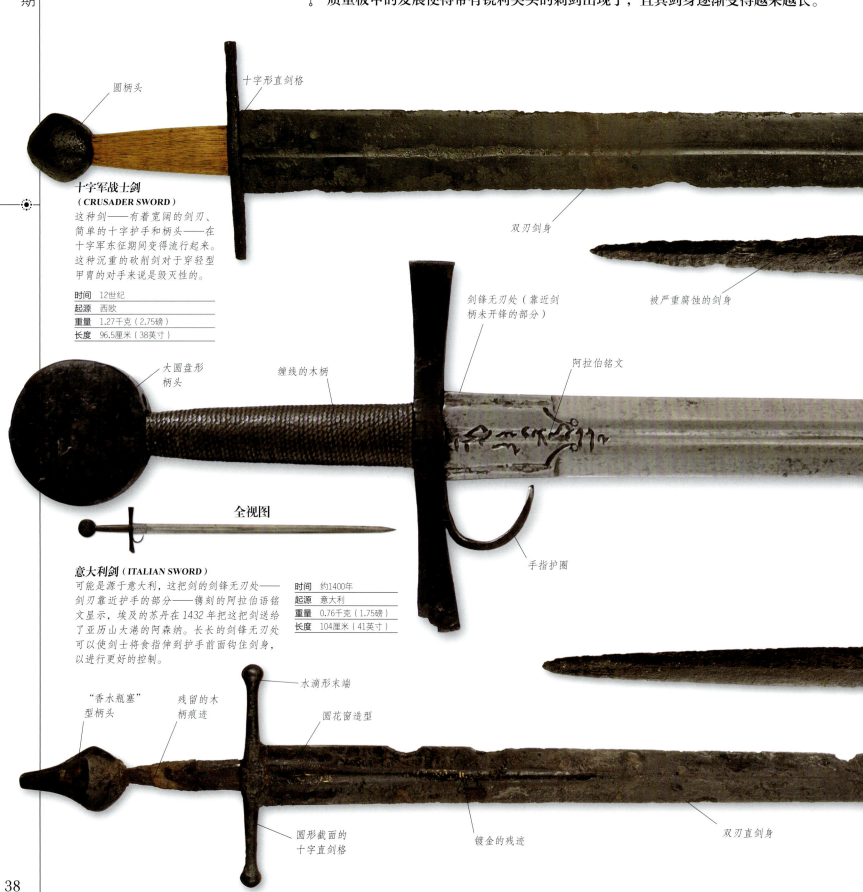

十字军战士剑
（CRUSADER SWORD）
这种剑——有着宽阔的剑刃、简单的十字护手和柄头——在十字军东征期间变得流行起来。这种沉重的砍削剑对于穿轻型甲胄的对手来说是毁灭性的。

时间	12世纪
起源	西欧
重量	1.27千克（2.75磅）
长度	96.5厘米（38英寸）

圆柄头
十字形直剑格
双刃剑身
被严重腐蚀的剑身

全视图

大圆盘形柄头
缠线的木柄
剑锋无刃处（靠近剑柄未开锋的部分）
阿拉伯铭文
手指护圈

意大利剑（ITALIAN SWORD）
可能是源于意大利，这把剑的剑锋无刃处——剑刃靠近护手的部分——镌刻的阿拉伯语铭文显示，埃及的苏丹在1432年把这把剑送给了亚历山大港的阿森纳。长长的剑锋无刃处可以使剑士将食指伸到护手前面钩住剑身，以进行更好的控制。

时间	约1400年
起源	意大利
重量	0.76千克（1.75磅）
长度	104厘米（41英寸）

"香水瓶塞"型柄头
残留的木柄痕迹
水滴形末端
圆花窗造型
圆形截面的十字直剑格
镀金的残迹
双刃直剑身

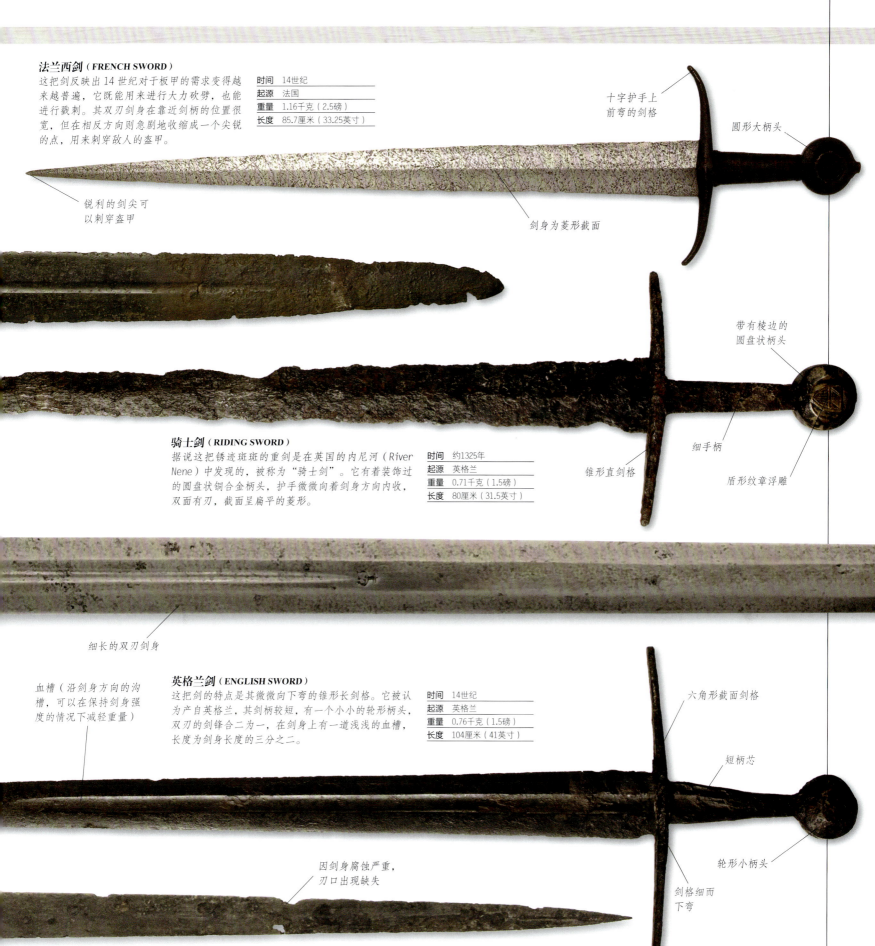

法兰西剑（FRENCH SWORD）

这把剑反映出14世纪对于板甲的需求变得越来越普遍，它既能用来进行大力砍劈，也能进行戳刺。其双刃剑身在靠近剑柄的位置很宽，但在相反方向则急剧地收缩成一个尖锐的点，用来刺穿敌人的盔甲。

时间	14世纪
起源	法国
重量	1.16千克（2.5磅）
长度	85.7厘米（33.25英寸）

- 十字护手上前弯的剑格
- 圆形大柄头
- 剑身为菱形截面
- 锐利的剑尖可以刺穿盔甲

骑士剑（RIDING SWORD）

据说这把锈迹斑斑的重剑是在英国的内尼河（River Nene）中发现的，被称为"骑士剑"。它有着装饰过的圆盘状铜合金柄头，护手微微向着剑身方向内收，双面有刃，截面呈扁平的菱形。

时间	约1325年
起源	英格兰
重量	0.71千克（1.5磅）
长度	80厘米（31.5英寸）

- 带有棱边的圆盘状柄头
- 细手柄
- 锥形直剑格
- 盾形纹章浮雕

英格兰剑（ENGLISH SWORD）

这把剑的特点是其微微向下弯的锥形长剑格。它被认为产自英格兰，其剑柄较短，有一个小小的轮形柄头，双刃的剑锋合二为一，在剑身上有一道浅浅的血槽，长度为剑身长度的三分之二。

时间	14世纪
起源	英格兰
重量	0.76千克（1.5磅）
长度	104厘米（41英寸）

- 细长的双刃剑身
- 血槽（沿剑身方向的沟槽，可以在保持剑身强度的情况下减轻重量）
- 六角形截面剑格
- 短柄芯
- 轮形小柄头
- 剑格细而下弯

卡斯蒂永剑（CASTILLON SWORD）

在法国卡斯蒂永的一处发掘点出土了至少80把剑，这是其中之一。那里曾在1453年发生过一场英法间的战争。铁剑柄上有一个"香水瓶塞"型柄头，以及一个带有水滴形末端的十字形直剑格。上面还残留着原来木质手柄和镀金装饰的痕迹。

时间	15世纪中期
起源	英格兰
重量	1千克（2.25磅）
长度	109.2厘米（43英寸）

- 因剑身腐蚀严重，刃口出现缺失

公元 1000—1500 年

▶ 78—79 双手剑　▶ 80—83 欧洲的步兵和骑兵刀剑　▶ 160—163 欧洲的刀剑

欧洲的剑

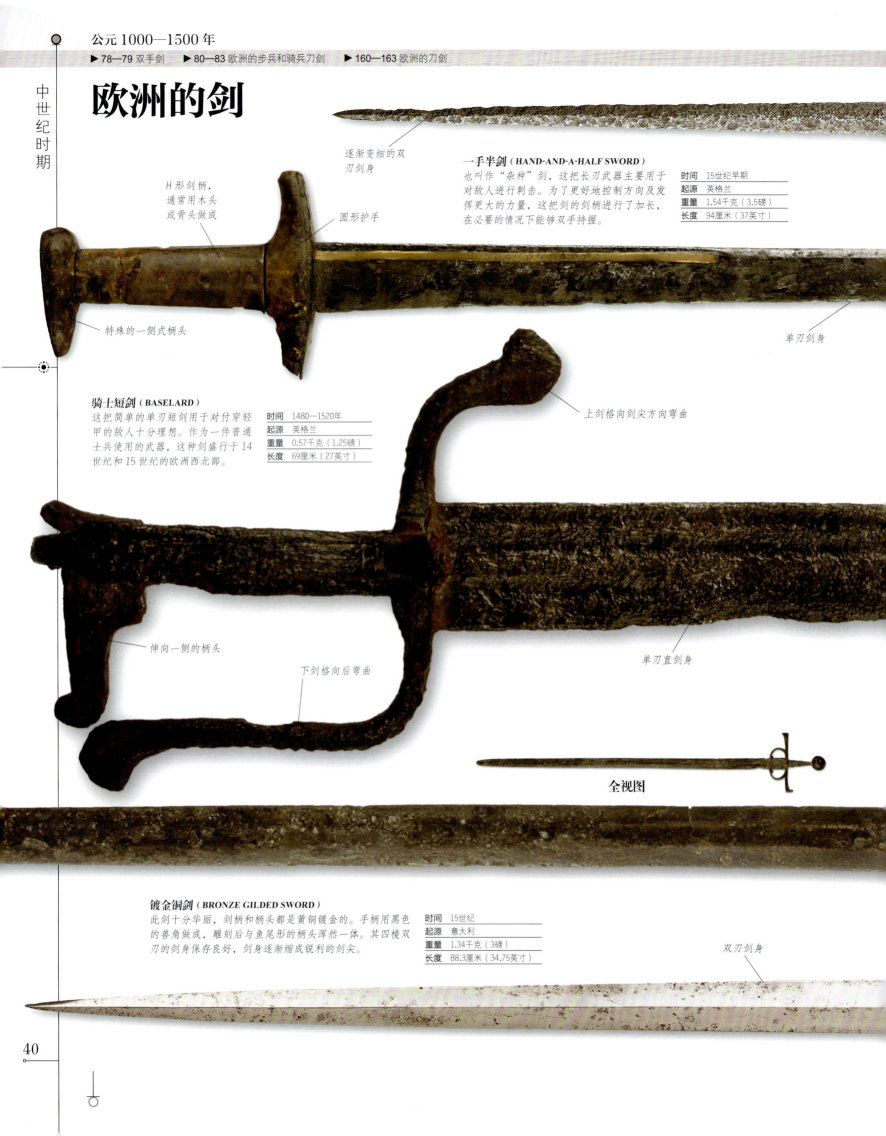

逐渐变细的双刃剑身

一手半剑（HAND-AND-A-HALF SWORD）
也叫作"杂种"剑，这把长刃武器主要用于对敌人进行刺击。为了更好地控制方向及发挥更大的力量，这把剑的剑柄进行了加长，在必要的情况下能够双手持握。

时间	15世纪早期
起源	英格兰
重量	1.54千克（3.5磅）
长度	94厘米（37英寸）

H形剑柄，通常用木头或骨头做成

圆形护手

特殊的一侧式柄头

单刃剑身

骑士短剑（BASELARD）
这把简单的单刃短剑用于对付穿轻甲的敌人十分理想。作为一件普通士兵使用的武器，这种剑盛行于14世纪和15世纪的欧洲西北部。

时间	1480—1520年
起源	英格兰
重量	0.57千克（1.25磅）
长度	69厘米（27英寸）

上剑格向剑尖方向弯曲

伸向一侧的柄头

下剑格向后弯曲

单刃直剑身

全视图

镀金铜剑（BRONZE GILDED SWORD）
此剑十分华丽，剑柄和柄头都是黄铜镀金的。手柄用黑色的兽角做成，雕刻后与鱼尾形的柄头浑然一体。其四棱双刃的剑身保存良好，剑身逐渐缩成锐利的剑尖。

时间	15世纪
起源	意大利
重量	1.34千克（3磅）
长度	88.3厘米（34.75英寸）

双刃剑身

双刃剑（DOUBLE-EDGED SWORD）

这是一把生锈了的中世纪骑士用阔剑，其特点是宽阔的剑刃和圆形的剑尖。其他的明显特点还包括简单的十字形护手、短柄、巨大的椭圆形柄头。它可能主要用作重力砍削。

时间	1150—1200年
起源	德国
重量	1.95千克（4.25磅）
长度	82.2厘米（32.25英寸）

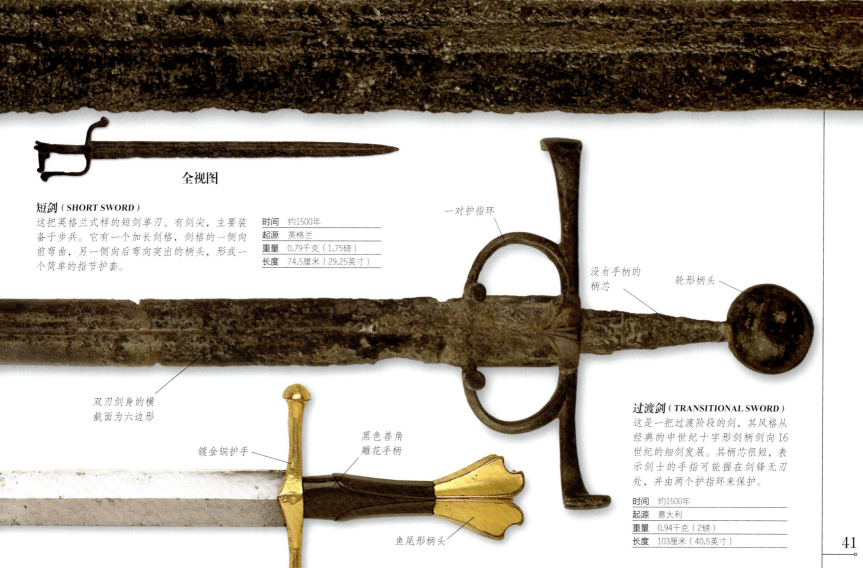

全视图

短剑（SHORT SWORD）

这把英格兰式样的短剑单刃、有剑尖，主要装备于步兵。它有一个加长剑格，剑格的一侧向前弯曲，另一侧向后弯向突出的柄头，形成一个简单的指节护套。

时间	约1500年
起源	英格兰
重量	0.79千克（1.75磅）
长度	74.5厘米（29.25英寸）

过渡剑（TRANSITIONAL SWORD）

这是一把过渡阶段的剑，其风格从经典的中世纪十字形剑柄剑向16世纪的细剑发展。其柄芯很短，表示剑士的手指可能握在剑锋无刃处，并由两个护指环来保护。

时间	约1500年
起源	意大利
重量	0.94千克（2磅）
长度	103厘米（40.5英寸）

公元 1000—1500 年

▶ 96—99 日本武士刀　　▶ 100—101 武器展示：胁差　　▶ 168—169 中国的刀剑

日本刀和中国剑

日本武士用的刀属最为上乘的砍切武器之列。日本的刀剑大师都是杰出的手工艺人，他们用熔炼、锻造、折叠、锤炼等一整套工序，来制造极为坚韧而又不脆的弯刀。这些刀只有刀刃部分的钢口用水淬火，以得到最大的硬度；稍软的刀身背部（栋）用来抵御敌人的攻击——日本武士不用盾牌。中国的刀剑有些是直的，并没有日本刀那种表面上的传奇性的声誉。

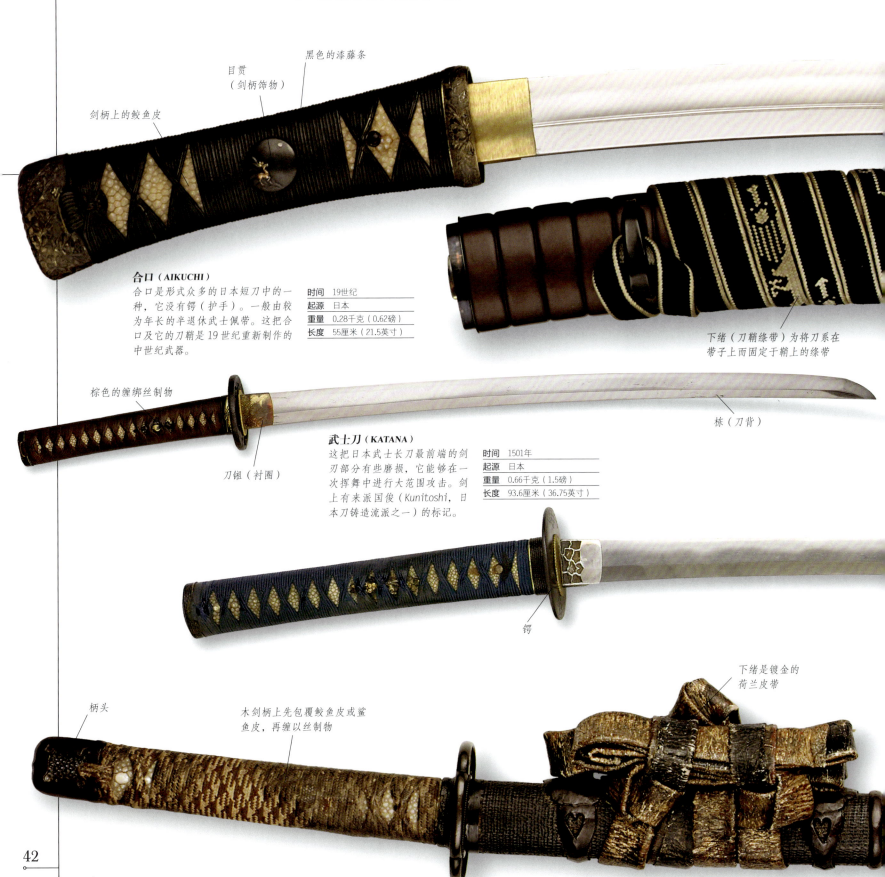

合口（AIKUCHI）
合口是形式众多的日本短刀中的一种，它没有锷（护手）。一般由较为年长的半退休武士佩带。这把合口及它的刀鞘是19世纪重新制作的中世纪武器。

时间	19世纪
起源	日本
重量	0.28千克（0.62磅）
长度	55厘米（21.5英寸）

武士刀（KATANA）
这把日本武士长刀最前端的剑刃部分有些磨损，它能够在一次挥舞中进行大范围攻击。剑上有来派国俊（Kunitoshi，日本刀铸造流派之一）的标记。

时间	1501年
起源	日本
重量	0.66千克（1.5磅）
长度	93.6厘米（36.75英寸）

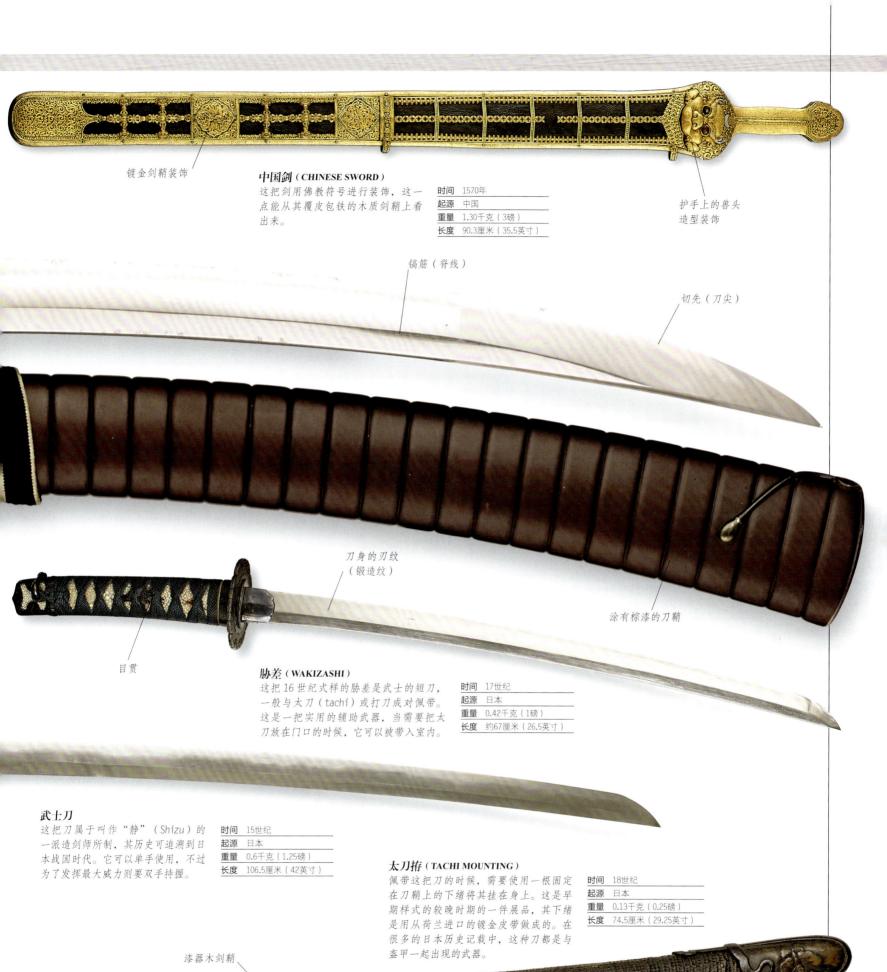

镀金剑鞘装饰

中国剑（CHINESE SWORD）
这把剑用佛教符号进行装饰，这一点能从其覆皮包铁的木质剑鞘上看出来。

时间	1570年
起源	中国
重量	1.30千克（3磅）
长度	90.3厘米（35.5英寸）

护手上的兽头造型装饰

镐筋（脊线）

切先（刀尖）

刀身的刃纹（锻造纹）

涂有棕漆的刀鞘

目贯

胁差（WAKIZASHI）
这把16世纪式样的胁差是武士的短刀，一般与太刀（tachi）或打刀成对佩带。这是一把实用的辅助武器，当需要把太刀放在门口的时候，它可以被带入室内。

时间	17世纪
起源	日本
重量	0.42千克（1磅）
长度	约67厘米（26.5英寸）

武士刀
这把刀属于叫作"静"（Shizu）的一派造剑师所制，其历史可追溯到日本战国时代。它可以单手使用，不过为了发挥最大威力则要双手持握。

时间	15世纪
起源	日本
重量	0.6千克（1.25磅）
长度	106.5厘米（42英寸）

太刀拵（TACHI MOUNTING）
佩带这把刀的时候，需要使用一根固定在刀鞘上的下绪将其挂在身上。这是早期样式的较晚时期的一件展品，其下绪是用从荷兰进口的镀金皮带做成的。在很多的日本历史记载中，这种刀都是与盔甲一起出现的武器。

时间	18世纪
起源	日本
重量	0.13千克（0.25磅）
长度	74.5厘米（29.25英寸）

漆器木剑鞘

鞘尾（刀鞘末端）

欧洲短剑

公元 1000—1500 年

▶106—109 欧洲短剑　▶110—111 亚洲短剑　▶172—173 印度和尼泊尔的匕首

中世纪的短剑形式非常之多，主要用于行刺与自卫，以及在长剑过于笨重不便使用的情况下用其近身格斗。短剑传统上被认为是一种低等武器，不过在14世纪，士兵和骑士也开始佩带短剑，它们一般被悬挂在臀部右侧位置。

柄头以铆钉为中心向后卷曲　柄芯呈锥形　卷曲的剑格

奎林短剑（QUILLON DAGGER）
这样命名是因为它类似于一把缩小版的长剑，有着向剑刃方向卷曲的突出护手。这件展品的柄头很有特色——是护手的镜像——柄头以一枚铆钉为中心卷曲。短剑一般由地位较高的人佩带，特别是在其不穿盔甲的时候。

时间	14世纪
起源	英格兰
重量	0.11千克（0.25磅）
长度	30.8厘米（12英寸）

双刃剑身

雕刻的几何图形　剑锋无刃处中央的镶铜标记

奎林短剑
这把短剑有着与众不同的铜柄头和护手，上面有镶嵌的几何图形作为装饰。剑身有一段较短的剑锋无刃处，其中央有个镶铜标记，柄芯上原有的把手已经遗失。

时间	约1400年
起源	英格兰
重量	0.14千克（0.25磅）
长度	27.94厘米（11英寸）

多面体剑尖

柄头突出成锤头形　S形剑格　单刃剑身

奎林短剑
这是中世纪后期被广泛使用的较为简易的短剑，其做工粗糙，供普通士兵使用。这把短剑的不同之处是它锤头型的柄头和水平方向S形的护手。

时间	15世纪
起源	英格兰
重量	0.29千克（0.5磅）
长度	40厘米（15.75英寸）

骑士短剑
其名称可能来自于瑞士的城市巴塞尔（Basel）。它在14和15世纪的西欧都有使用。这件展品有一个重新制作的H形剑格——用骨头制成，与原有的宽剑身组合在一起，剑刃则逐渐缩为剑尖。

时间	15世纪
起源	欧洲
重量	0.14千克（0.25磅）
长度	30.5厘米（12英寸）

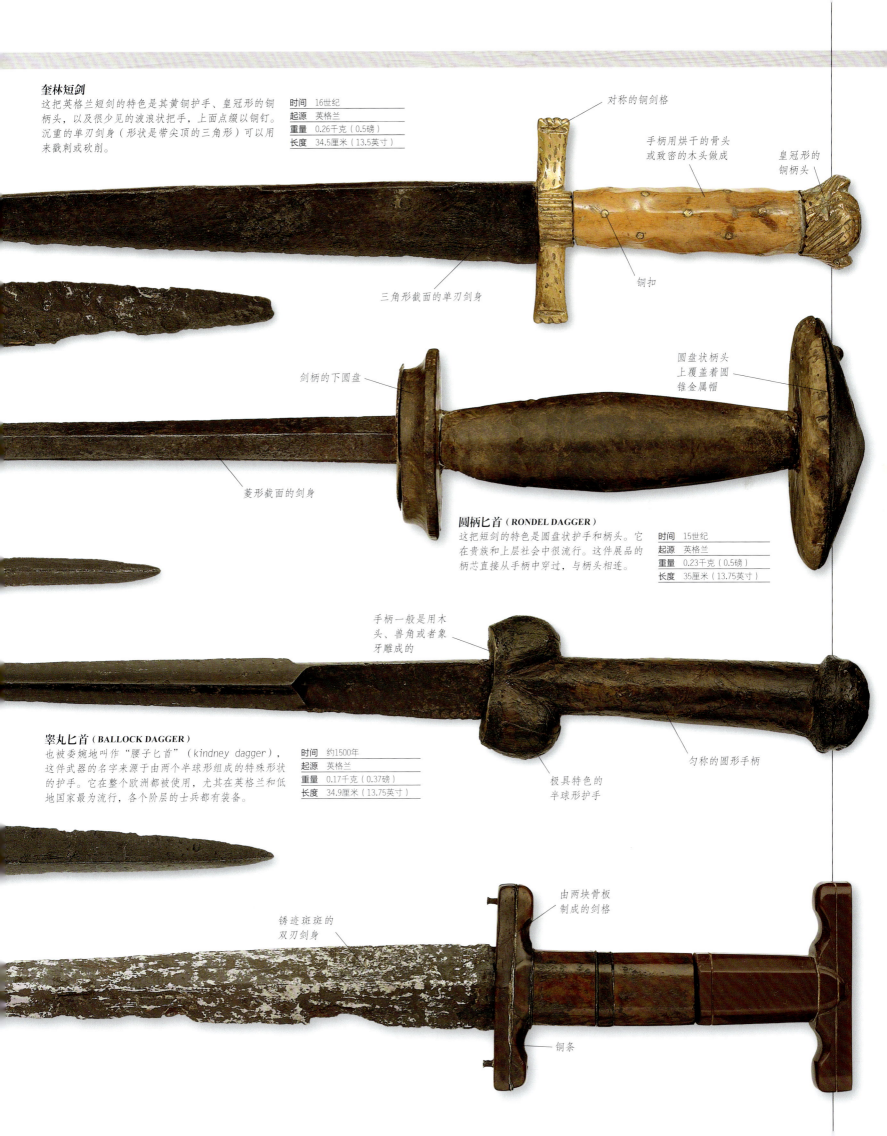

奎林短剑

这把英格兰短剑的特色是其黄铜护手、皇冠形的铜柄头，以及很少见的波浪状把手，上面点缀以铜钉。沉重的单刃剑身（形状是带尖顶的三角形）可以用来戳刺或砍削。

时间	16世纪
起源	英格兰
重量	0.26千克（0.5磅）
长度	34.5厘米（13.5英寸）

- 对称的铜剑格
- 手柄用烘干的骨头或致密的木头做成
- 皇冠形的铜柄头
- 三角形截面的单刃剑身
- 铜扣

圆柄匕首（RONDEL DAGGER）

这把短剑的特色是圆盘状护手和柄头。它在贵族和上层社会中很流行。这件展品的柄芯直接从手柄中穿过，与柄头相连。

时间	15世纪
起源	英格兰
重量	0.23千克（0.5磅）
长度	35厘米（13.75英寸）

- 剑柄的下圆盘
- 圆盘状柄头上覆盖着圆锥金属帽
- 菱形截面的剑身

睾丸匕首（BALLOCK DAGGER）

也被委婉地叫作"腰子匕首"（kindney dagger），这件武器的名字来源于由两个半球形组成的特殊形状的护手。它在整个欧洲都被使用，尤其在英格兰和低地国家最为流行，各个阶层的士兵都有装备。

时间	约1500年
起源	英格兰
重量	0.17千克（0.37磅）
长度	34.9厘米（13.75英寸）

- 手柄一般是用木头、兽角或者象牙雕成的
- 匀称的圆形手柄
- 极具特色的半球形护手
- 锈迹斑斑的双刃剑身
- 由两块骨板制成的剑格
- 铜条

哈丁战役

1187年，萨拉丁和他的军队使用弩、弓箭、剑和杖类长武器，凭借沙漠的高温，在巴基斯坦南部靠近太巴列湖的哈丁角（Horns of Hattin）击败了基督教的十字军。对于耶路撒冷王国来说，这场战争的失败是灾难性的，它直接导致了王国的崩溃。

欧洲的长兵器

公元 1000—1500 年

▶ 112—113 欧洲的单手长兵器　▶ 116—117 欧洲的双手长兵器

中世纪时期的双头杆棒类长兵器主要装备于步兵，供其针对所向披靡的骑士进行防御。在1302年的库特赖战役中，一群佛兰德的普通农民和市民使用长斧之类的武器战胜了一支全副武装的法国骑兵部队，那些武器就是长戟的前身。骑兵也装备长兵器，虽然是一些单手使用的武器，例如战锤和钉头锤。它们可以在骑马时使用，并且即使敌人使用最好的护具，也能对其造成严重伤害。

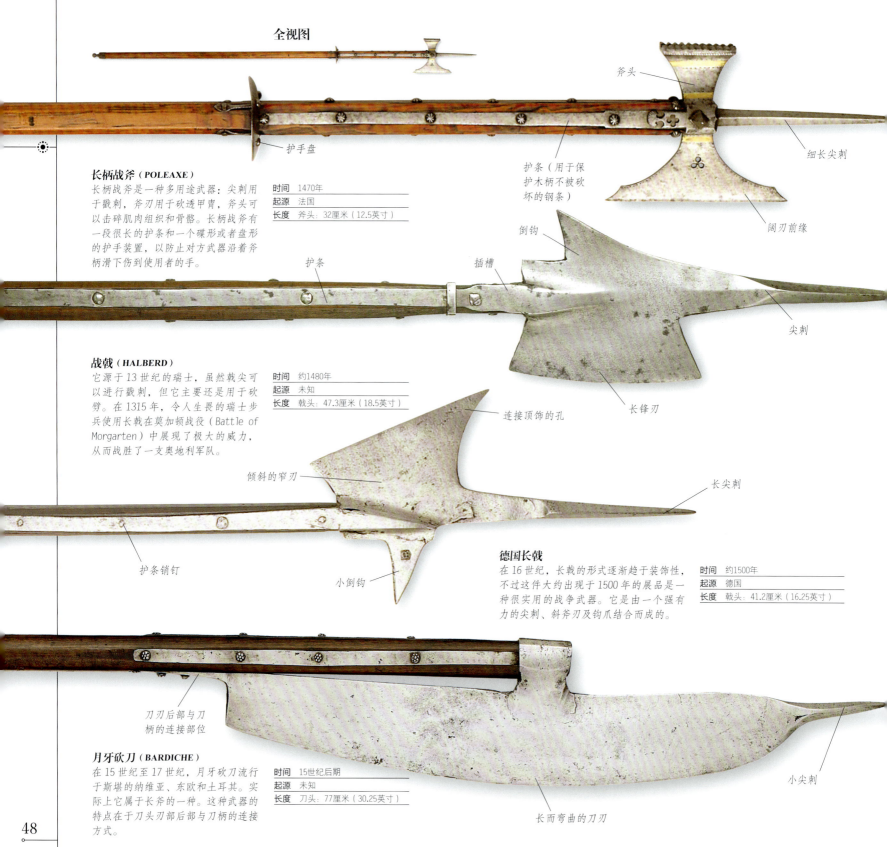

全视图

长柄战斧（POLEAXE）

长柄战斧是一种多用途武器：尖刺用于戳刺，斧刃用于砍透甲胄，斧头可以击碎肌肉组织和骨骼。长柄战斧有一段很长的护条和一个碟形或者盘形的护手装置，以防止对方武器沿着斧柄滑下伤到使用者的手。

- 时间　1470年
- 起源　法国
- 长度　斧头：32厘米（12.5英寸）

标注：护手盘、护条（用于保护木柄不被砍坏的钢条）、斧头、细长尖刺、阔刃前缘

战戟（HALBERD）

它源于13世纪的瑞士，虽然戟尖可以进行戳刺，但它主要还是用于砍劈。在1315年，令人生畏的瑞士步兵使用长戟在莫加顿战役（Battle of Morgarten）中展现了极大的威力，从而战胜了一支奥地利军队。

- 时间　约1480年
- 起源　未知
- 长度　戟头：47.3厘米（18.5英寸）

标注：护条、倒钩、插槽、尖刺、长锋刃

德国长戟

在16世纪，长戟的形式逐渐趋于装饰性，不过这件大约出现于1500年的展品是一种很实用的战争武器。它是由一个强有力的尖刺、斜斧刃及钩爪结合而成的。

- 时间　约1500年
- 起源　德国
- 长度　戟头：41.2厘米（16.25英寸）

标注：护条销钉、倾斜的窄刃、连接顶饰的孔、长尖刺、小倒钩

月牙砍刀（BARDICHE）

在15世纪至17世纪，月牙砍刀流行于斯堪的纳维亚、东欧和土耳其。实际上它属于长斧的一种。这种武器的特点在于刀头刃部后部与刀柄的连接方式。

- 时间　15世纪后期
- 起源　未知
- 长度　刀头：77厘米（30.25英寸）

标注：刀刃后部与刀柄的连接部位、长而弯曲的刀刃、小尖刺

战锤（WAR HAMMER）

单手战锤的前面通常是一个平头锤或者一组钩爪，背后是尖利的鹤嘴锄。尽管战锤在13世纪才投入使用，但它在英法百年战争（1337—1453）期间已经变得越来越流行。

时间	15世纪后期
起源	意大利
长度	69.5厘米（27.25英寸）

雕花斧头（ENGRAVED AXEHEAD）

斧头是维京人最喜爱的武器，一直被这些武士沿用到中世纪，它们通常被用于投掷，并且有着致命的准确性。巴约挂毯上展示了几名步兵使用斧头的画面，单手和双手皆有。

时间	中世纪
起源	德国

铜钉头锤（BRONZE MACE）

钉头锤是一种类似于棍棒的武器，通常整体用金属制成，或者至少头部是金属的。这件展品由圆形的铜制锤头（带有竖直的棱边）和一根粗木柄组成。与战锤一样，钉头锤也多用于骑兵。

时间	14世纪
起源	欧洲
长度	8厘米（3.25英寸）

钉头锤锤头（MACE HEAD）

这件用铜合金铸成的锤头最早被认为是青铜时代的产物，不过现在认为它产于12—13世纪。带插座的锤头是中空的，上面有一些短刺。

时间	12—13世纪
起源	欧洲
长度	8厘米（3.25英寸）

矛头（LANCE HEAD）

长矛是中世纪骑士的标志性武器，骑士在马上使用的时候有致命威力。典型的长矛长度为430厘米（169英寸），矛杆用白蜡木之类的木头制成，带有一个铁的或钢的矛头。

时间	中世纪
起源	欧洲
长度	19.4厘米（7.5英寸）

长柄斧（LONG-HANDLED AXE）

11世纪，斧头被英格兰的撒克逊人和斯堪的纳维亚战士所使用，不过在接下来的两个世纪里，战斧在整个欧洲大陆都盛行了起来。这把长柄斧应该是双手使用的。

时间	13世纪
起源	欧洲

短斧（SHORT AXE）

虽然腐蚀严重，不过还是能清晰地看到这把单手短斧高度弯曲的斧刃。通常做法是把斧柄插入斧头的插口，而这把斧头的结构不同，它有一个延长至斧柄的类似于柄脚的突出物。另一个显著的特点是斧头背面的长尖刺。

时间	14世纪
起源	欧洲

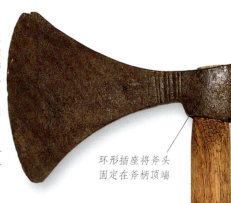

公元 1000—1500 年

◀48—49 欧洲的长兵器　▶112—113 欧洲的单手长兵器　▶116—117 欧洲的双手长兵器　▶118—119 印度和斯里兰卡的长兵器

中世纪时期

亚洲的长兵器

中世纪期间，亚洲军队使用的杆棒类长兵器种类繁多，包括钉头锤、长柄战斧，以及其他带刃的或者带尖头的武器。杆棒类武器通常是从农业工具或者简单的棍棒发展而来的，不过它们在肉搏战中极为实用。虽然随着火药的革命性发现，这些武器逐渐趋于没落，不过直到18世纪甚至19世纪，在一些亚洲军队中仍然有大量的这类武器在使用，而实际上它们也确实无可替代。

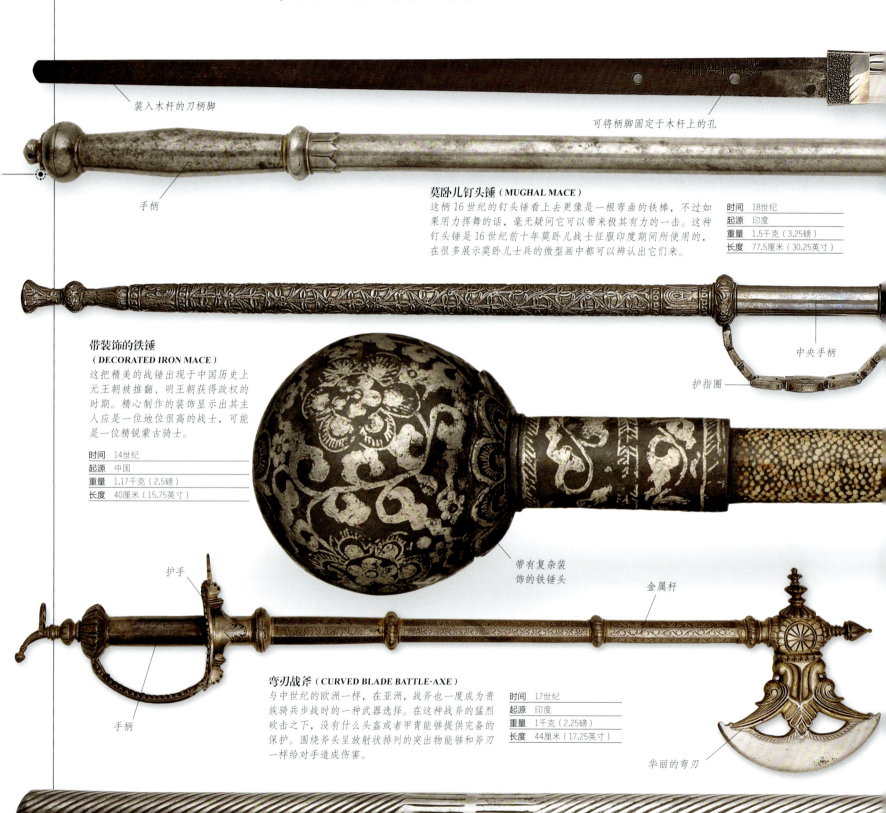

装入木杆的刀柄脚

可将柄脚固定于木杆上的孔

手柄

莫卧儿钉头锤（MUGHAL MACE）
这柄16世纪的钉头锤看上去更像是一根弯曲的铁棒，不过如果用力挥舞的话，毫无疑问它可以带来极其有力的一击。这种钉头锤是16世纪前十年莫卧儿战士征服印度期间所使用的，在很多展示莫卧儿士兵的微型画中都可以辨认出它们来。

时间	18世纪
起源	印度
重量	1.5千克（3.25磅）
长度	77.5厘米（30.25英寸）

中央手柄

带装饰的铁锤（DECORATED IRON MACE）
这把精美的战锤出现于中国历史上元王朝被推翻、明王朝获得政权的时期。精心制作的装饰显示出其主人应是一位地位很高的战士，可能是一位精锐蒙古骑士。

时间	14世纪
起源	中国
重量	1.17千克（2.5磅）
长度	40厘米（15.75英寸）

护指圈

带有复杂装饰的铁锤头

护手

手柄

金属杆

弯刃战斧（CURVED BLADE BATTLE-AXE）
与中世纪的欧洲一样，在亚洲，战斧也一度成为贵族骑兵步战时的一种武器选择。在这种战斧的猛烈砍击之下，没有什么头盔或者甲胄能够提供完备的保护。围绕斧头呈放射状排列的突出物能够和斧刃一样给对手造成伤害。

时间	17世纪
起源	印度
重量	1千克（2.25磅）
长度	44厘米（17.25英寸）

华丽的弯刃

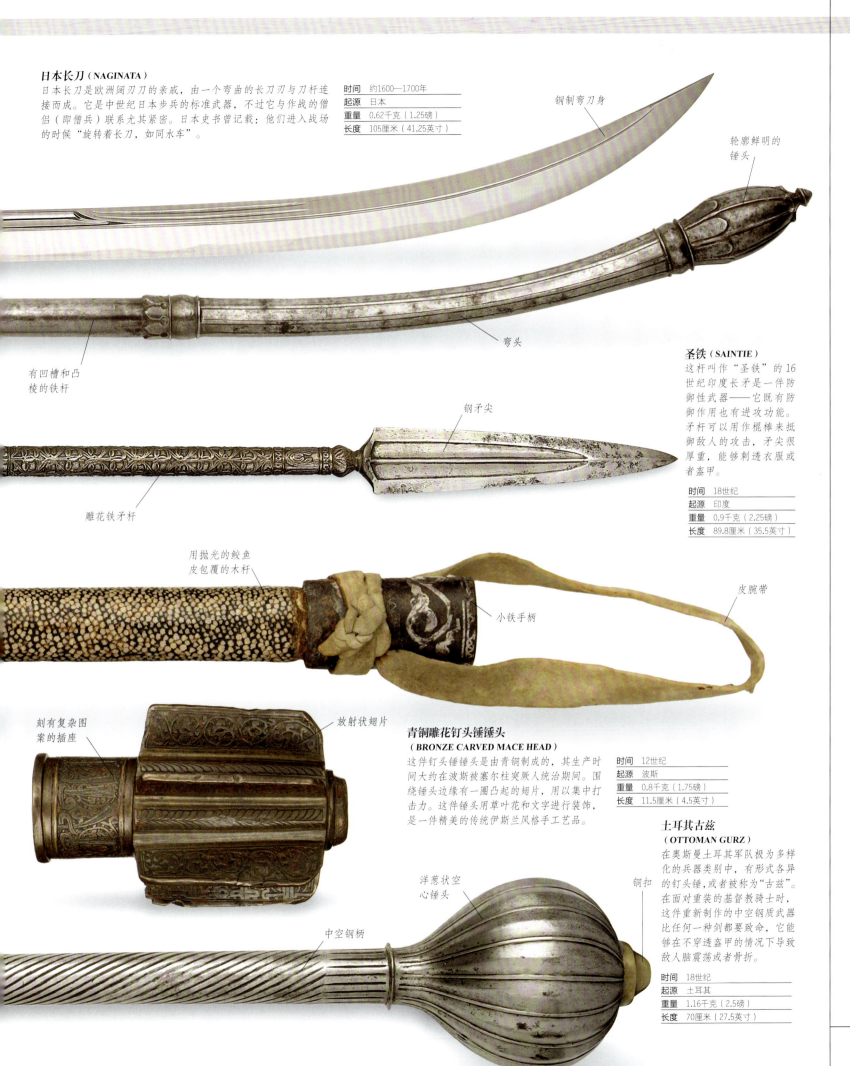

日本长刀（NAGINATA）

日本长刀是欧洲阔刃刀的亲戚，由一个弯曲的长刀刃与刀杆连接而成。它是中世纪日本步兵的标准武器，不过它与作战的僧侣（即僧兵）联系尤其紧密。日本史书曾记载：他们进入战场的时候"旋转着长刀，如同水车"。

时间	约1600—1700年
起源	日本
重量	0.62千克（1.25磅）
长度	105厘米（41.25英寸）

- 钢制弯刀身
- 轮廓鲜明的锤头
- 弯头
- 有凹槽和凸棱的铁杆

圣铁（SAINTIE）

这杆叫作"圣铁"的16世纪印度长矛是一件防御性武器——它既有防御作用也有进攻功能。矛杆可以用作棍棒来抵御敌人的攻击，矛尖很厚重，能够刺透衣服或者盔甲。

时间	18世纪
起源	印度
重量	0.9千克（2.25磅）
长度	89.8厘米（35.5英寸）

- 钢矛尖
- 雕花铁矛杆
- 用抛光的鲛鱼皮包覆的木杆
- 小铁手柄
- 皮腕带

青铜雕花钉头锤锤头（BRONZE CARVED MACE HEAD）

这件钉头锤锤头是由青铜制成的，其生产时间大约在波斯被塞尔柱突厥人统治期间。围绕锤头边缘有一圈凸起的翅片，用以集中打击力。这件锤头用草叶花和文字进行装饰，是一件精美的传统伊斯兰风格手工艺品。

时间	12世纪
起源	波斯
重量	0.8千克（1.75磅）
长度	11.5厘米（4.5英寸）

- 刻有复杂图案的插座
- 放射状翅片

土耳其古兹（OTTOMAN GURZ）

在奥斯曼土耳其军队极为多样化的兵器类别中，有形式各异的钉头锤，或者被称为"古兹"。在面对重装的基督教骑士时，这件重新制作的中空钢质武器比任何一种剑都要致命，它能够在不穿透盔甲的情况下导致敌人脑震荡或者骨折。

时间	18世纪
起源	土耳其
重量	1.16千克（2.5磅）
长度	70厘米（27.5英寸）

- 洋葱状空心锤头
- 中空钢柄
- 铜扣

蒙古武士

小型蒙古短剑

在13世纪，来自亚洲大草原的蒙古骑兵是世界上最卓越的战士。在成吉思汗及其继承者的领导下，他们建立了一个从中国和朝鲜延伸到欧洲东部边界的庞大帝国。蒙古骑兵几乎毫无人类的情感，有着名副其实的屠夫声誉，通过恐怖的作战方式彻底地瓦解敌人的斗志。不过他们成功的基础还是其高质量的军事传统：快速机动，高度纪律性的战场调动，以及对胜利的彻底而坚定不移的追求。

强悍的骑士

每个蒙古族人都是战士。他们从孩童时代就早早开始学习如何射箭和骑马，这是在草原上战斗的两项必备技能。亚洲大草原上艰苦的生活教给了他们坚强和忍耐，而高效的战场调动所需要的纪律性是从部落的狩猎活动中学习到的。

以一万名强壮的士兵为一队，蒙古骑兵能够以每天100千米（60英里）的速度横扫欧亚大陆。他们每人都牵着一支马队，以便在必要的时候换马。这些马也是移动的食物来源——战士们喝它们的奶和血。蒙古人会派出侦察兵带路，主动搜索并歼灭敌人。

与其他的草原游牧民族一样，大多数蒙古骑兵都是射手，使用复合弓和且战且走的战术——靠近敌人进行齐射，在敌人接近之前逃之夭夭，对任何愚蠢到胆敢追击他们的敌人进行伏击。在弓箭手完成任务以后，装备着长矛、钉头锤和剑的蒙古精锐武士会接近并且彻底消灭已经被摧毁的敌人。随着时间的推移，借鉴被征服的穆斯林和中原王朝的技能，蒙古军队也适应了围攻战术，甚至学会了海战。不过他们的政治技巧从来不足以维护其凭借军事才能赢得的强大势力。

山地战
蒙古武士在陡峭的山地同中原士兵作战。双方都使用了经典的蒙古反曲弓和圆盾牌。

战士的盔甲
大多数蒙古武士是穿着皮甲的轻装骑兵，如果可能的话，里面会再穿一件丝质护甲——据说能够抵御弓箭。然而少数的重装骑兵会装备中式的金属盔甲。这是一件蒙古盔甲的复制品，身甲用互相交叠的甲片做成，通常固定在一件内衬的衣服上。这件战衣非常灵便，并且在近战的时候能够提供很好的保护。

- 设计用来弹开箭矢的圆形头盔
- 用交叠的钢片制成的鳞甲
- 颈部护甲
- 甲衣下衬着皮革
- 强有力的复合弓
- 双刃直剑
- 弓袋用皮条固定在肩上
- 箭袋

战争领袖

成吉思汗像

成吉思汗出生于1162年，是一位部落首领的儿子，其所属部落属于蒙古大草原上不断征战的众多游牧民族中的一员。作为一名很有进取心的战士和娴熟的外交家，成吉思汗在1206年就将所有的部落统一到了自己麾下。他带领部下在东线与中原的王朝作战，在中亚与花剌子模王国作战。成吉思汗于1227年去世，不过他的子孙继续进行着帝国的大业。

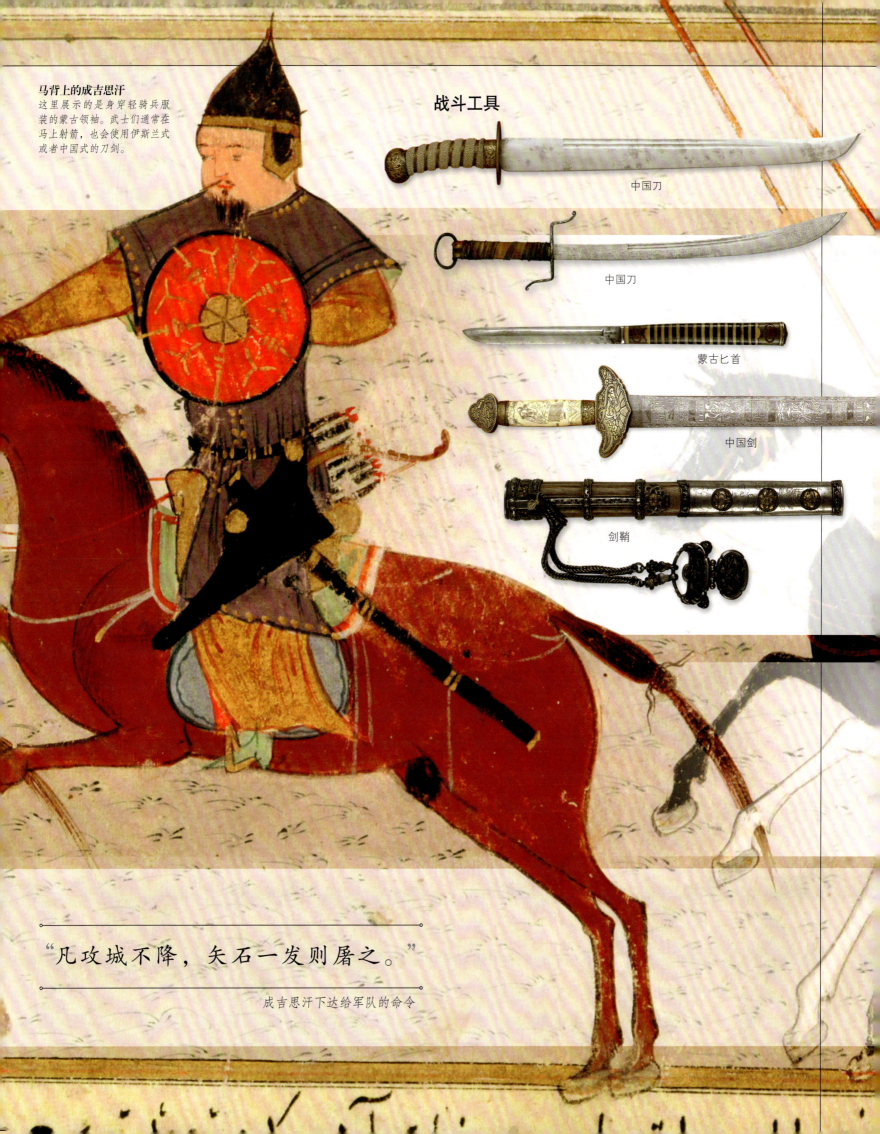

马背上的成吉思汗
这里展示的是身穿轻骑兵服装的蒙古领袖。武士们通常在马上射箭,也会使用伊斯兰式或者中国式的刀剑。

战斗工具

中国刀

中国刀

蒙古匕首

中国剑

剑鞘

> "凡攻城不降,矢石一发则屠之。"
>
> ——成吉思汗下达给军队的命令

长弓和弩

公元 1000—1500 年

▶ 56—57 武器展示：弩　　▶ 122—123 亚洲的弓　　▶ 188—189 北美猎弓

弩发明于中国，从12世纪开始在欧洲得到广泛传播。弩是抵肩发射的，既有威力又非常精准，在对付穿甲胄的骑士以及围攻战中十分有效。长弓最早出现于威尔士，在13世纪至16世纪期间的英格兰军队中被广泛使用。克雷西之战、普瓦捷之战和阿金库尔战役为长弓赢得了美誉。长弓的射速是弩的10倍，通常用于不瞄准的散射，靠大量的箭矢消灭敌人。

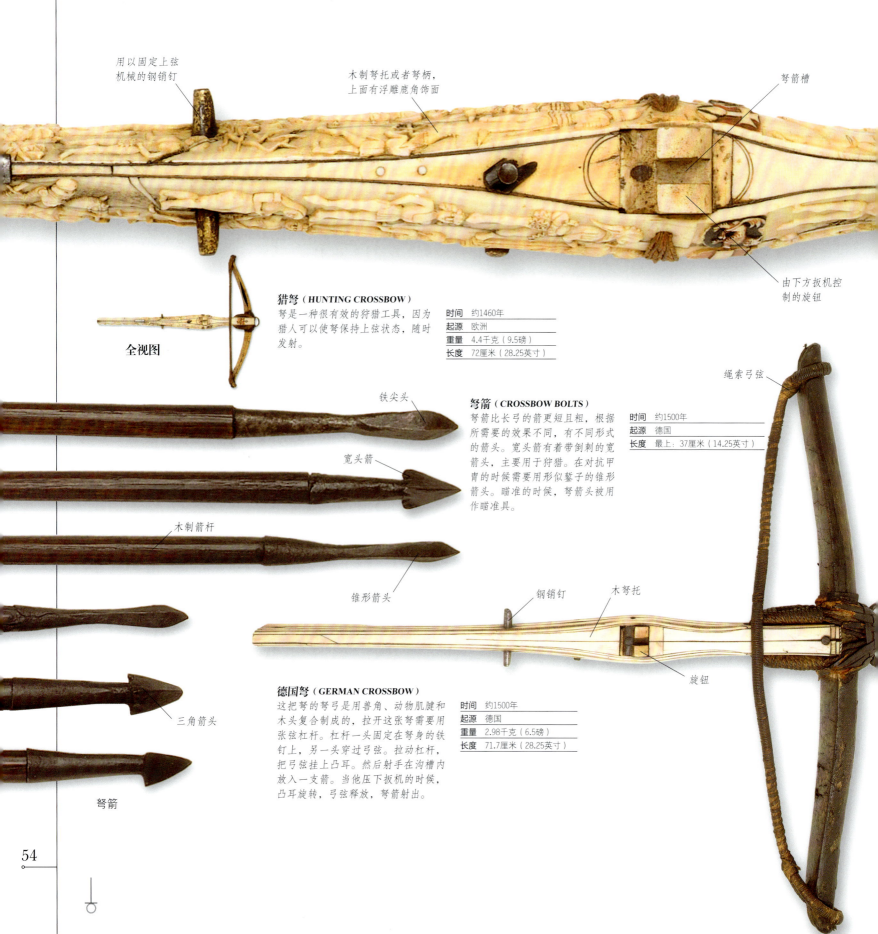

用以固定上弦机械的钢销钉

木制弩托或者弩柄，上面有浮雕鹿角饰面

弩箭槽

由下方扳机控制的旋钮

猎弩（HUNTING CROSSBOW）
弩是一种很有效的狩猎工具，因为猎人可以使弩保持上弦状态，随时发射。

全视图

时间	约1460年
起源	欧洲
重量	4.4千克（9.5磅）
长度	72厘米（28.25英寸）

铁尖头

宽头箭

木制箭杆

锥形箭头

弩箭（CROSSBOW BOLTS）
弩箭比长弓的箭更短且粗，根据所需要的效果不同，有不同形式的箭头。宽头箭有着带倒刺的宽箭头，主要用于狩猎。在对抗甲胄的时候需要用形似錾子的锥形箭头。瞄准的时候，弩箭头被用作瞄准具。

时间	约1500年
起源	德国
长度	最上：37厘米（14.25英寸）

绳索弓弦

钢销钉

木弩托

旋钮

三角箭头

弩箭

德国弩（GERMAN CROSSBOW）
这把弩的弩弓是用兽角、动物肌腱和木头复合制成的，拉开这张弩需要用张弦杠杆。杠杆一头固定在弩身的铁钉上，另一头穿过弓弦。拉动杠杆，把弓弦挂上凸耳。然后射手在沟槽内放入一支箭。当他压下扳机的时候，凸耳旋转，弓弦释放，弩箭射出。

时间	约1500年
起源	德国
重量	2.98千克（6.5磅）
长度	71.7厘米（28.25英寸）

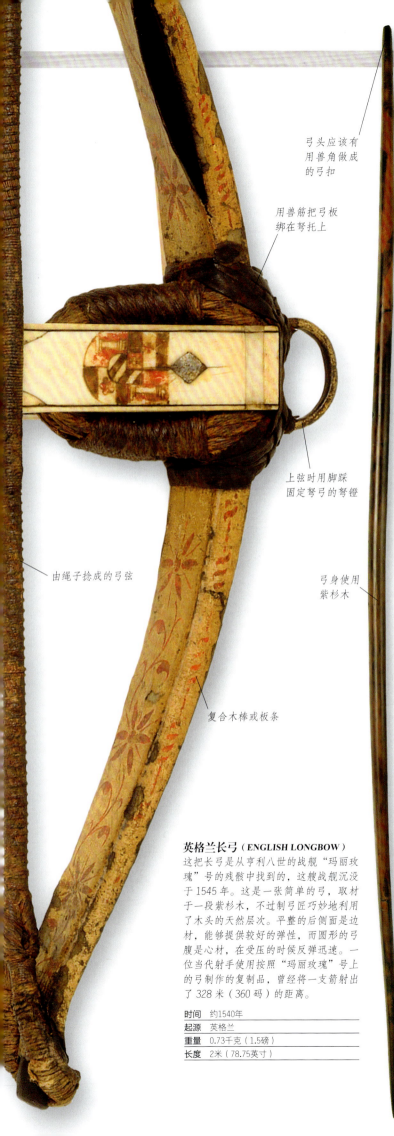

弓头应该有用兽角做成的弓扣

用兽筋把弓板绑在弩托上

上弦时用脚踩固定弩弓的弩镫

由绳子捻成的弓弦

复合木棒或板条

弓身使用紫杉木

英格兰长弓（ENGLISH LONGBOW）
这把长弓是从亨利八世的战舰"玛丽玫瑰"号的残骸中找到的，这艘战舰沉没于1545年。这是一张简单的弓，取材于一段紫杉木，不过制弓匠巧妙地利用了木头的天然层次。平整的后侧面是边材，能够提供较好的弹性，而圆形的弓腹是心材，在受压的时候反弹迅速。一位当代射手使用按照"玛丽玫瑰"号上的弓制作的复制品，曾经将一支箭射出了328米（360码）的距离。

时间	约1540年
起源	英格兰
重量	0.73千克（1.5磅）
长度	2米（78.75英寸）

作战中的弓箭手
弓箭手需要相当大的力量才能拉开弓——在已发现的中世纪弓箭手的遗骸中，大多左臂明显变大，还伴有其他畸形现象。因为他们必须能够在1分钟内进行6次瞄准射击或者12次不瞄准射击。

白蜡木或者桦木箭杆

与弓弦相匹配的凹槽

由鹅毛制成的三根箭羽

英格兰长弓使用的箭
中世纪时期英格兰大量生产"布玛"箭（clothyard arrow）以供国王的长弓兵使用。三根羽毛对于保持羽箭飞行的稳定性至关重要。

时间	约1520年
起源	英格兰
重量	42克（1.5盎司）
长度	75厘米（29.5英寸）

带刃尖头

倒钩

倒钩箭（BARBED ARROWHEADS）
带倒钩的宽箭头能造成又深又宽的伤口，而且极难取出。但这种箭头不适合洞穿盔甲，因此它们一般用于狩猎而不是战争。

时间	约1500年
起源	欧洲
重量	左图：28.3克（1盎司）
长度	左图：4.5厘米（1.75英寸）

弩

这种中世纪后期的典型欧洲猎弩能把箭射出大约300米（328码）远。其复合弓部分是用木材、动物肌腱和兽角制成的，张开弓弦所需要的拉力极大，绝非人力可以直接完成。射手使用一种叫作鹤形架（也叫齿条架）的齿条啮合装置将弓弦拉到凸耳上，弓弦将被固定住，直到压下位于弩身下方的扳机。当发射时，射手将弩托末端抵在自己的肩膀上，视线沿弩身方向看出去，用箭头作为瞄准具。

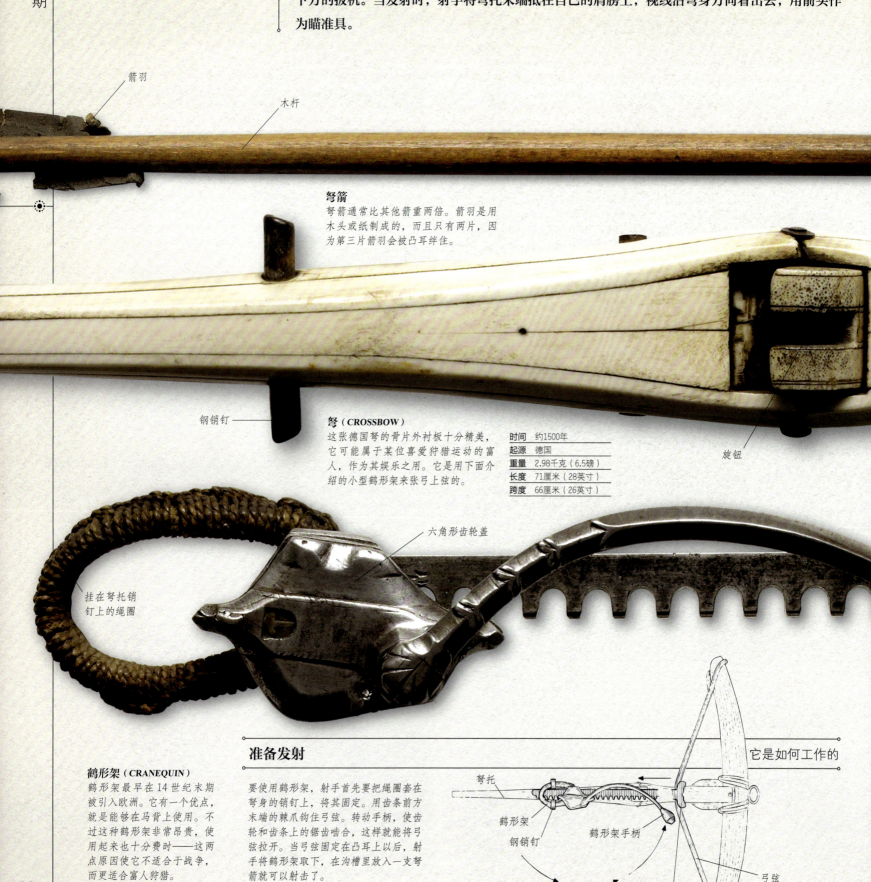

箭羽

木杆

弩箭
弩箭通常比其他箭重两倍。箭羽是用木头或纸制成的，而且只有两片，因为第三片箭羽会被凸耳绊住。

钢销钉

弩（CROSSBOW）
这张德国弩的骨片外衬板十分精美，它可能属于某位喜爱狩猎运动的富人，作为其娱乐之用。它是用下面介绍的小型鹤形架来张弓上弦的。

时间	约1500年
起源	德国
重量	2.98千克（6.5磅）
长度	71厘米（28英寸）
跨度	66厘米（26英寸）

旋钮

挂在弩托销钉上的绳圈

六角形齿轮盖

鹤形架（CRANEQUIN）
鹤形架最早在14世纪末期被引入欧洲。它有一个优点，就是能够在马背上使用。不过这种鹤形架非常昂贵，使用起来也十分费时——这两点原因使它不适合于战争，而更适合富人狩猎。

准备发射
要使用鹤形架，射手首先要把绳圈套在弩身的销钉上，将其固定。用齿条前方末端的棘爪钩住弓弦。转动手柄，使齿轮和齿条上的锯齿啮合，这样就能将弓弦拉开。当弓弦固定在凸耳上以后，射手将鹤形架取下，在沟槽里放入一支弩箭就可以射击了。

它是如何工作的

弩托 · 鹤形架 · 钢销钉 · 鹤形架手柄 · 棘爪 · 弓弦

武器展示

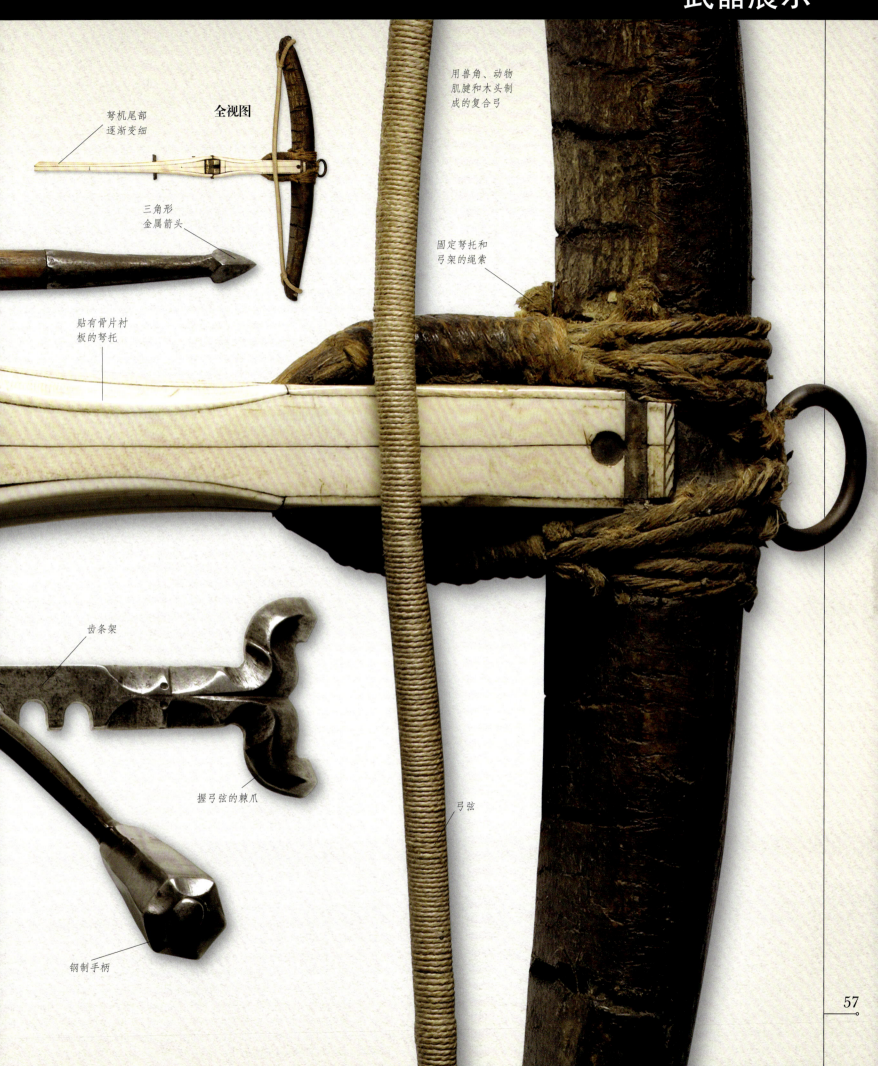

公元 1000—1500 年

▶ 182—183 大洋洲的杖棍和匕首　▶ 184—185 北美的刀和棒　▶ 262—263 非洲的盾牌　▶ 264—265 大洋洲的盾牌

阿兹特克的武器和盾牌

阿兹特克帝国位于现在的墨西哥大部分地区，那里常年需要用俘虏进行人祭，这正是其战争的动因。虽然阿兹特克人有弓箭、投石器以及投枪等武器，但他们更喜欢用近战武器来对付敌人，通常是对其腿部给予一击。不过"石器时代"的阿兹特克武器毕竟无法与西班牙入侵者的钢刀和火药相提并论，后者最终在16世纪征服了这片地区。

黑曜石刀（OBSIDIAN KNIFE）
阿兹特克人把人祭称为"用黑曜石刀赐予的盛开的死亡"。黑曜石是一种火山玻璃，可打磨出像剃刀一样锋利的刀刃，阿兹特克祭师用它们来进行相关的祭祀活动。

时间	约1500年
起源	阿兹特克帝国
长度	30厘米（11.75英寸）

燧石刀（FLINT KNIVES）
燧石刀很实用，而且用燧石制造比较容易，如图展示的两把燧石刀在阿兹特克社会有着广泛的用途。比起黑曜石刀，阿兹特克祭师更喜欢用它们来进行人祭，因为黑曜石刀虽然非常锋利，但质地过脆。

时间	约1500年
起源	阿兹特克帝国
长度	30厘米（11.75英寸）

贝壳与黑曜石或者赤铁矿石做的"眼睛"

贝壳做的齿形装饰

刀身有时会装饰成人祭的心脏所供奉之神的脸

有装饰的燧石刀
这把有装饰的燧石刀发现于阿兹特克首都特诺奇蒂特兰城中央的大神殿内。在1487年，超过两万名牺牲者在此被用于人祭。

时间	约1500年
起源	阿兹特克帝国
长度	30厘米（11.75英寸）

锯齿状的边缘

棒头和柄是用木头制成的

黑曜石的刀刃安在沿棒边缘开的沟槽内

华丽的玉髓刀
（ORNATE CHALCEDONY KNIFE）

这把人祭用刀的刀柄是一个雄鹰武士的形象，他在阿兹特克武士中极具声望。刀身用玉髓做成。玉髓属于石英的一种。

时间	约1500年
起源	阿兹特克帝国
长度	31.7厘米（12.5英寸）

- 用绿松石、贝壳和孔雀石制成的马赛克状镶嵌
- 雕刻成伏卧形状的木制刀柄
- 由玉髓制成的刀刃

投掷矛枪（THROWING SPEAR）

阿兹特克人的石质投枪通常是通过投掷棒，或者叫梭镖投射器进行投射的。这是一件复制品。它们能造成严重的伤害——即使对全副武装的西班牙士兵也是如此。

时间	约1500年
起源	阿兹特克帝国

- 石片
- 全视图

奇莫里（盾牌）
[CHIMALLI（SHIELD）]

这面奇莫里盾牌，或者叫作阿兹特克圆盾，是一件复制品。它装饰精美——部分目的是恐吓敌人。阿兹特克盾牌有木制或竹制的框架，上面包覆皮革和羽毛。盾牌是由羽毛匠人制作的，他们同时还生产扇子和头饰。

时间	约1500年
起源	阿兹特克帝国

- 覆盖的豹皮
- 羽毛做的装饰带
- 羽毛流苏
- 全视图

俘获敌人

这幅墨西哥古抄本中的图画展示了一名阿兹特克战士抓获了一名敌方战俘的情形。这名战士手持奇莫里盾牌，背后背着一个用羽毛装饰的笨重的架子，表示他属于军官阶层。一名武士俘获的敌人越多，其地位就越高。

马夸威特（棒）
[MAQUAHUITL（CLUB）]

阿兹特克人最主要的近战武器就是镶嵌有黑曜石刀刃的木棒。正如这件复制品一样，马夸威特的用法和剑类似，其猛力的一击能够斩下马头。

时间	约1500年
起源	阿兹特克帝国
长度	75厘米（29.5英寸）

西班牙的征服

在16世纪的墨西哥地区，阿兹特克人和身穿板甲的西班牙征服者之间的战争爆发了。在这场战争中，一方是使用盾牌和斧头战斗的没有钢铁的落后社会，而另一方则是拥有钢枪和钢剑的西班牙帝国。

公元 1000—1500 年

▶ 64—65 欧洲的决斗头盔，开面盔和轻盔　　▶ 148—149 欧洲的决斗头盔　　▶ 354—355 头盔（1900年以后）

欧洲的头盔和轻盔

在12世纪末期，诺曼人带有护鼻的星形头盔被一种更圆的头盔所取代，最终覆盖了整个面部，并且发展成为十字军头盔（也被称为桶盔、巨盔）。虽然能提供很好的保护，不过十字军头盔非常笨重，戴上以后很难转动，并且视野受限。到了14世纪，它基本上已经被轻盔所取代，只在决斗比赛的时候使用。轻盔能够在保护性、灵活性和视野方面取得很好的平衡。

钩孔

大轻盔
（GREAT BASINET）

轻盔来源于十字军头盔里锁子甲头巾下的金属帽。轻盔的帽檐延伸下来，保护头的侧面和后面。这顶轻盔没有面甲，不过可以看到用来固定护面具的钩孔。

时间	约1370年
起源	意大利北部
重量	3千克（6.75磅）

尖盔顶

圆形的壳体

十字军头盔
（GREAT HELM）

这顶十字军头盔是用三块钢板制成的，有一个尖盔顶以及用来防御攻击的壳体。外窥孔，或者叫作"视窗缝"，形成于头盔体和侧板之间的缝隙，头盔的下半部分开有很多透气孔。

时间	约1350年
起源	英格兰
重量	2.5千克（5.5磅）

将头盔与胸甲系牢的十字形栓扣开口

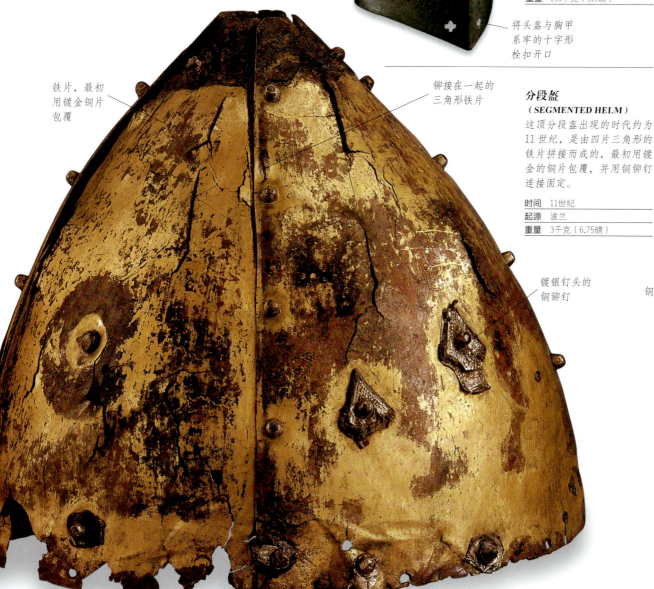

铁片，最初用镀金铜片包覆

铆接在一起的三角形铁片

分段盔
（SEGMENTED HELM）

这顶分段盔出现的时代约为11世纪，是由四片三角形的铁片拼接而成的，最初用镀金的铜片包覆，并用铜铆钉连接固定。

时间	11世纪
起源	波兰
重量	3千克（6.75磅）

镀银钉头的铜铆钉

铜扣

尖顶式的盔体
（像是尖形拱门）

铰链和轴

可取下的锁紧销钉，用来卸下面甲

狭窄的视孔

成排的呼吸孔（或者称为"透气孔"）

锥形面甲

用扭线花纹装饰的铜边

锁子甲护面具

全视图

大轻盔
这顶大轻盔的盔顶侧面延伸下来，比标准的轻盔延伸更长。锁子甲的护面具被后来的颈甲和面甲所取代。这顶头盔出自位于英国约克郡的约翰·梅尔莎爵士（Sir John Melsa）之墓。

时间	14世纪晚期
起源	英国
重量	3.06千克（6.75磅）

卵形的，脊部居中的连接结构

侧面向外展开

狗头盔
（HOUNSKULL BASINET）
这种很有特色的尖嘴面甲在很多轻盔上都出现过，被戏称为"狗头盔"，源自于德语 "hundsgugel"（狗头）。去掉锁紧销钉（图中可看出其与一根系链相连）以后，整个面甲很容易被取下。

时间	1350—1400年
起源	意大利
重量	7千克（15.5磅）

锁紧销钉

轻盔和护面具
这顶狗头盔有着尖顶式的盔体，是14世纪中后期欧洲骑士佩戴的典型头盔。锁子甲的护颈或者护面具的上边沿有一个皮圈，皮圈上的小孔与头盔边缘的铜扣刚好匹配。每个铜扣上都有一个小孔，皮绳从孔中穿过，把皮圈固定在头盔上。

时间	1350—1400年
起源	意大利北部
重量	7.12千克（15.75磅）

欧洲的决斗头盔，开面盔和轻盔

十字军头盔（在14世纪中期逐渐归于竞技决斗之用）后来演化成为蛙嘴头盔，其在决斗时使用最为理想。15世纪，一系列新设计的轻盔大为盛行。到了这个世纪末期，意大利北部和德国南部开始在盔甲发展领域取得领先，其他国家紧随其后。意大利的头盔为圆形，而德国（或者称为"哥特式"）风格的整套盔甲上都使用放射性线条和棱脊作为装饰。

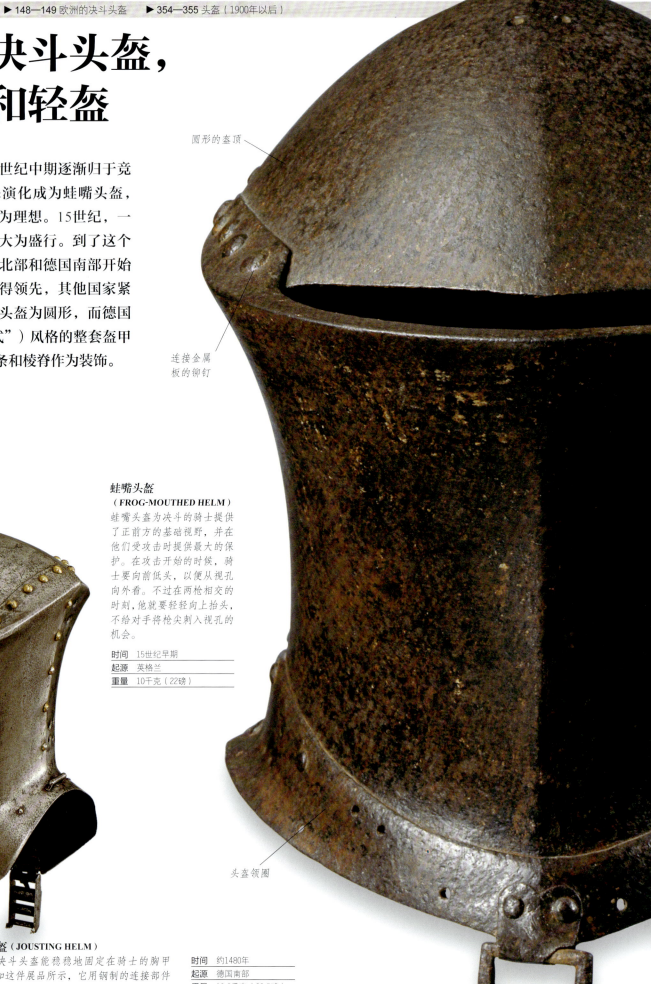

圆形的盔顶

连接金属板的铆钉

头盔领圈

蛙嘴头盔（FROG-MOUTHED HELM）

蛙嘴头盔为决斗的骑士提供了正前方的基础视野，并在他们受攻击时提供最大的保护。在攻击开始的时候，骑士要向前低头，以便从视孔向外看。不过在两枪相交的时刻，他就要轻轻向上抬头，不给对手将枪尖刺入视孔的机会。

时间	15世纪早期
起源	英格兰
重量	10千克（22磅）

决斗头盔（JOUSTING HELM）

蛙嘴形决斗头盔能稳稳地固定在骑士的胸甲上，正如这件展品所示，它用钢制的连接部件将头盔紧紧地锁定在胸甲和背甲上。头盔前方的特殊设计能够弹开对方来的长矛。

时间	约1480年
起源	德国南部
重量	10.2千克（22.5磅）

视孔或窥视缝

决斗头盔

蛙嘴形决斗头盔的结构很简单，因为它只是用两块钢板组成的：一块做成盔顶，另一块护住整个头部，在面部前方形成一个圆，边缘用一组铆钉固定。

时间　15世纪
起源　欧洲
重量　7.4千克（16.25磅）

开面盔（BARBUTE）

开面盔是一种封闭结构的及肩长盔，多数在面部有一个T形开口。这件展品还带有护鼻，由于它与经典的希腊头盔有类似之处，也被称为科林斯开面盔。通常情况下这种头盔由步兵佩戴。在整个15世纪，它都被广泛使用。

时间　约1445年
起源　意大利
重量　2.76千克（5.75磅）

短尾轻盔（SHORT-TAILED SALLET）

在15世纪的欧洲，轻盔是一种适合各阶层军人使用的头盔。这种头盔分为有面甲和无面甲两种。这顶不带面甲的头盔与头颅的形状很相似，其尾部比其他轻盔明显要短。

时间　约1440年
起源　意大利北部
重量　1.48千克（3.25磅）

轻盔的尾部，用于保护颈部

蛙嘴形的视孔

长尾轻盔（LONG-TAILED SALLET）

这是一种15世纪末期很典型的德国头盔，其特点是有用来保护脖颈的长尾以及单视窗的面甲。不论是骑士或武士，他们所戴的头盔通常都带有护颈，以保护喉咙、下巴和面部的下半部分。

时间　1480—1510年
起源　德国
重量　2.6千克（5.75磅）

单视窗的面甲

盔顶的火焰纹

彩绘轻盔（PAINTED SALLET）

用布料或皮革进行包覆，或者描绘有纹章的轻盔并不少见。这顶头盔上面有大量的小孔，用于固定包覆的织物，并在面甲和头盔下方用红色、白色和绿色描绘出格子花纹。

时间　1490年
起源　德国
重量　2.2千克（5磅）

有双视窗的面甲

带有星星和吊闸图案的几何设计

65

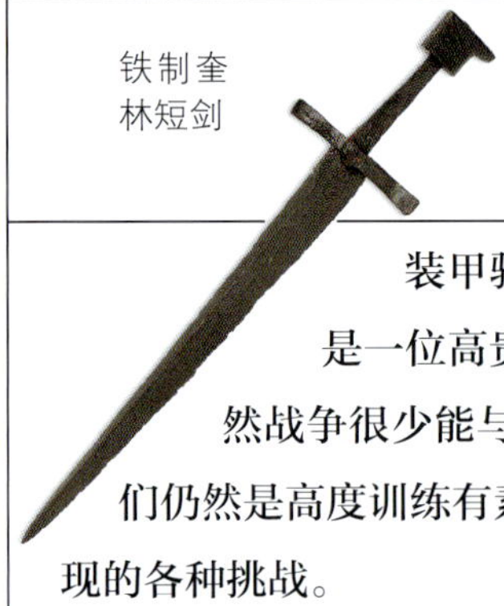

中世纪骑士

铁制奎林短剑

装甲骑士是中世纪欧洲的精英战士。马、盔甲、长矛与剑，既表明其所有者是一位高贵的骑士，也表示他属于极有教养的社会特权阶层。虽然战争很少能与骑士们理想中具有侠义精神的战斗相吻合，但他们仍然是高度训练有素的战士，能够适应中世纪时期的战场上不断出现的各种挑战。

剑与长矛

中世纪社会期望每一位年轻男性都去通过征战获得荣耀。训练被当作一件非常严肃的事情。孩子们会先在骑士家中充当侍者，然后做骑士的随从，以此来获得马术、剑术和枪术方面的教育。在骑士教育结束后，他们通过比赛以及不断地参加战争继续磨炼战斗技巧。如果在居住地附近没有战争，骑士们会外出寻找，在基督教世界的边缘与异教徒作战。骑士作战的经典形式是在马上用长矛进行冲锋，不过若使用剑、钉头锤或战斧进行步战也十分有效。他们信奉的骑士精神表达了基督教战争精英的信条，不过实际上，在掠夺战、遭遇战和攻城战中，理想主义早已经没有容身之处了。在相对少见的阵地战中，骑士们有时会被训练有素的步兵或者弓兵击败，不过直到16世纪，他们仍然是战场上的主力。

圣殿骑士

在12世纪，巴勒斯坦的基督教王国骑士们组建了军事修道会，称为圣殿骑士团。这些僧侣骑士们遵循严格的宗教信条，成为致力于与伊斯兰教徒战斗的精英力量。其名称来源于他们总部所在的耶路撒冷圣殿。圣殿骑士们积累了连国王都嫉妒的巨大财富。最终，骑士团被以所谓的异端为由定罪，并在1312年被镇压。

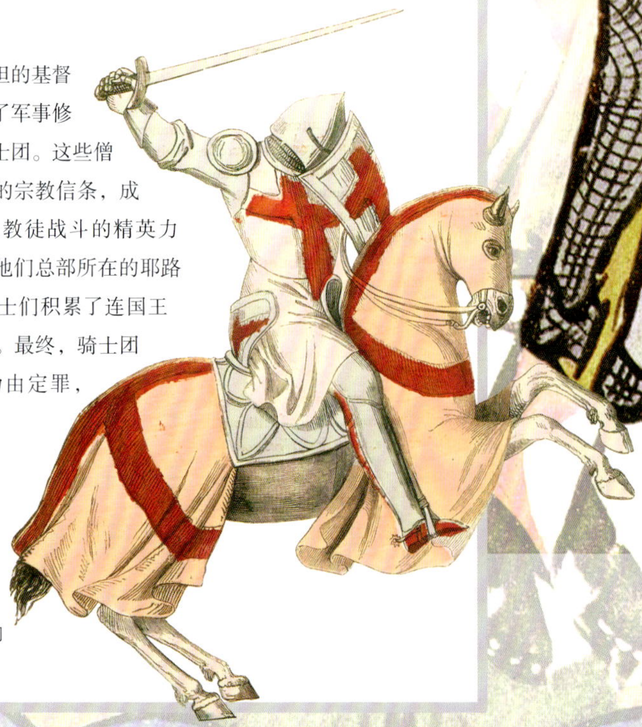

准备战斗的圣殿骑士

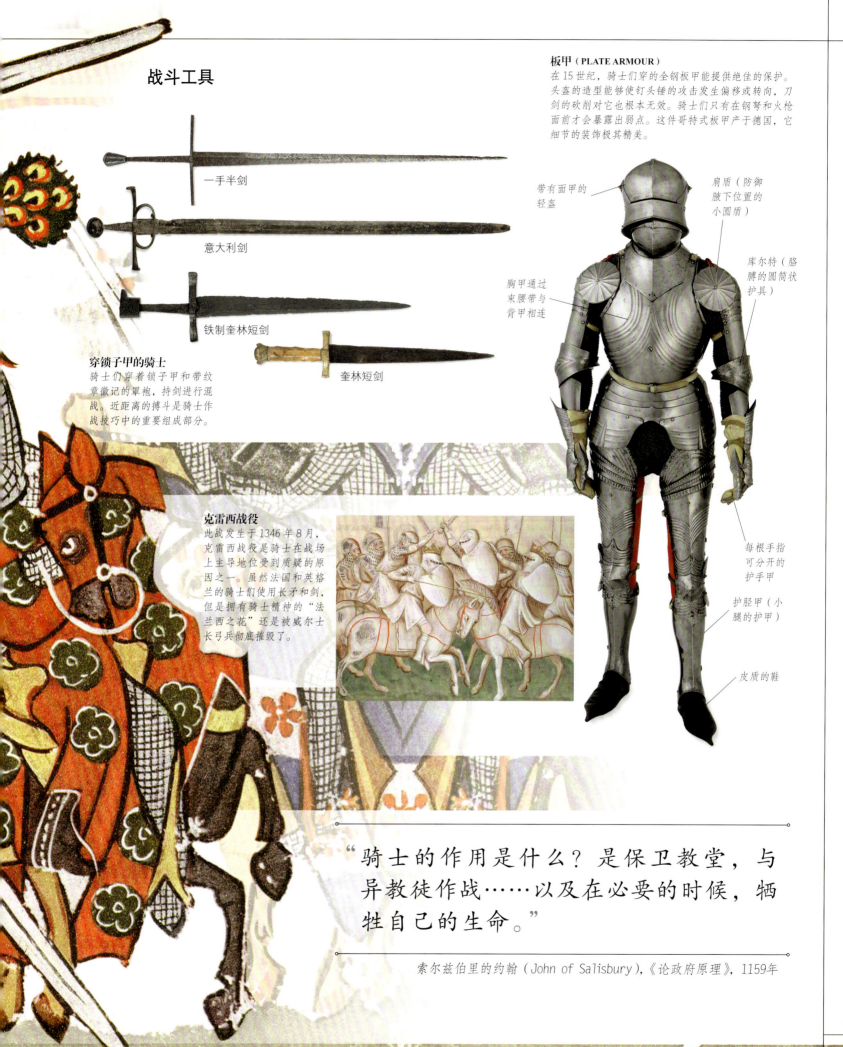

战斗工具

一手半剑

意大利剑

铁制奎林短剑

奎林短剑

穿锁子甲的骑士
骑士们穿着锁子甲和带纹章徽记的罩袍,持剑进行混战。近距离的搏斗是骑士作战技巧中的重要组成部分。

板甲(PLATE ARMOUR)
在15世纪,骑士们穿的全钢板甲能提供绝佳的保护。头盔的造型能够使钉头锤的攻击发生偏移或转向,刀剑的砍削对它也根本无效。骑士们只有在钢弩和火枪面前才会暴露出弱点。这件哥特式板甲产于德国,它细节的装饰极其精美。

- 带有面甲的轻盔
- 肩盾(防御腋下位置的小圆盾)
- 库尔特(胳膊的圆筒状护具)
- 胸甲通过束腰带与背甲相连
- 每根手指可分开的护手甲
- 护胫甲(小腿的护甲)
- 皮质的鞋

克雷西战役
此战发生于1346年8月,克雷西战役是骑士在战场上主导地位受到质疑的原因之一。虽然法国和英格兰的骑士们使用长矛和剑,但是拥有骑士精神的"法兰西之花"还是被威尔士长弓兵彻底摧毁了。

> "骑士的作用是什么?是保卫教堂,与异教徒作战……以及在必要的时候,牺牲自己的生命。"
>
> 索尔兹伯里的约翰(John of Salisbury),《论政府原理》,1159年

公元 1000—1500 年

▶ 70—71 欧洲的板甲　▶ 146—147 欧洲的决斗甲胄

中世纪时期

欧洲的锁子甲

锁子甲（由小铁环或者钢环连成的网状长衣）最早出现于公元前5世纪。在1066年诺曼人征服英格兰的时候，其长度为体长四分之三的锁子甲在骑士中已经很常见了。到了13世纪，锁子甲更是从头覆盖到了脚。制作锁子甲是个缓慢而又耗费劳力的过程，单单一件这样的铠甲就需要多达3万个独立的链环。

锁子甲（MAIL HAUBERK）
锁子甲，或者叫作"布莱尼甲"（byrnie，一种长度及膝的锁子外衣），曾是11至12世纪骑士和士兵甲胄的核心物件。为了防御钝器攻击，骑士还需要在这件锁子甲里面穿一件叫作"软铠"（gambeson）的用作衬垫的衣物。

时间　20世纪的复制品
起源　欧洲

盎格鲁–撒克逊风格的方形领

骑士的开裆，便于在马上活动

全视图

锁子兜帽（MAIL COIF）
虽然有些锁子甲中包括了一体式的兜帽，但也有些有着独立的头套或者兜帽，穿在板甲头盔下面。锁子甲一般是用熟铁打造而成的，虽然偶尔也会用软钢作为材料。

战斗的时候要拉起兜帽的下垂护住面孔

时间　20世纪的复制品
起源　欧洲

短袖设计便于活动

锻接的铁环

锁子衫（MAIL SHIRT）
这件锁子衫——也叫"无袖衣"（haubergeon）——是按最早的式样制作的。所有的链环都是通过锻接形成整圈，然而在西方，通常的做法是交替使用锻接或铆接的链环。

时间　20世纪的复制品
起源　欧洲

布汶战役

这是与1214年发生的布汶战役（Battle of Bouvines）同时期的作品，描绘了英格兰军队及其盟军被法国击败的场景。图画显示，不论骑兵还是步兵都穿着全套的锁子甲。

锁子甲的细节

链环一般用四扣一的结构互相连接，即每个链环都与旁边的四个环相连。在欧洲，制作锁子甲最常见的方法是交替使用一列锻接环和一列铆接环。自从14世纪开始，全部都使用铆接环了。

锁子甲和护面具

这件长袖锁子甲和护面具——锁子甲的领子直接挂在头盔上——被认为属于奥地利的哈布斯堡公爵鲁道夫四世。虽然在这个时期板甲已经比较普遍，但是欧洲对锁子甲的需求在随后的100年里仍然存在。

时间	14世纪中期
起源	奥地利
重量	13.83千克（30.5磅）

- 仿制的轻盔
- 与头盔相连的护面具
- 紧密相连的铆接环交替排列
- 袖口用铜环镶边
- 锁子甲长度及膝

69

公元 1000—1500 年

◀ 68—69 欧洲的锁子甲　▶ 146—147 欧洲的决斗甲胄

欧洲的板甲

在14世纪，锁子甲逐渐被板甲所取代，后者的灵活性令人惊叹，能够给穿戴者提供很好的机动性。到了15世纪中期，骑士穿全套的板甲，锁子甲只用来覆盖板甲的接合处保护不到的部位。从15世纪末期到16世纪早期，板甲的发展水平达到了巅峰，通过对这套16世纪中期制作的意大利板甲进行拆解，可以看到它的基本组成部分。

意大利盔甲
（ITALIAN ARMOUR）

时间	16世纪中期
起源	意大利

封闭式的头盔能够牢牢地护住整个头部。其可旋转的面甲分为两个部分：本身的面甲和上层护面甲。覆盖躯干的胸甲通过皮带同背甲（没有展示）相连。胸甲的延伸部分是裙甲和腿甲，用以保护腹部和大腿上部。从脖子、手臂到腿，做到了从头到脚的全面保护。

- 纵向的鸡冠形盔顶
- 可挂住抬起的上面甲所用的挂钉
- 面甲的视孔
- 呼吸孔
- 处于抬起状态的上层护面甲
- 封闭式头盔
- 下层护面甲
- 铰链及枢轴销
- 固定上下层护面甲的钩子
- 与颈甲交叠的颈甲板
- 颈甲（用于保护颈部，以及将头盔与胸甲进行固定）
- 连接胸甲和背甲的皮带
- 保护胸部的胸甲
- 板甲的胸甲部分
- 铰接的钢腿甲片，为腰部增加灵活性

中世纪时期

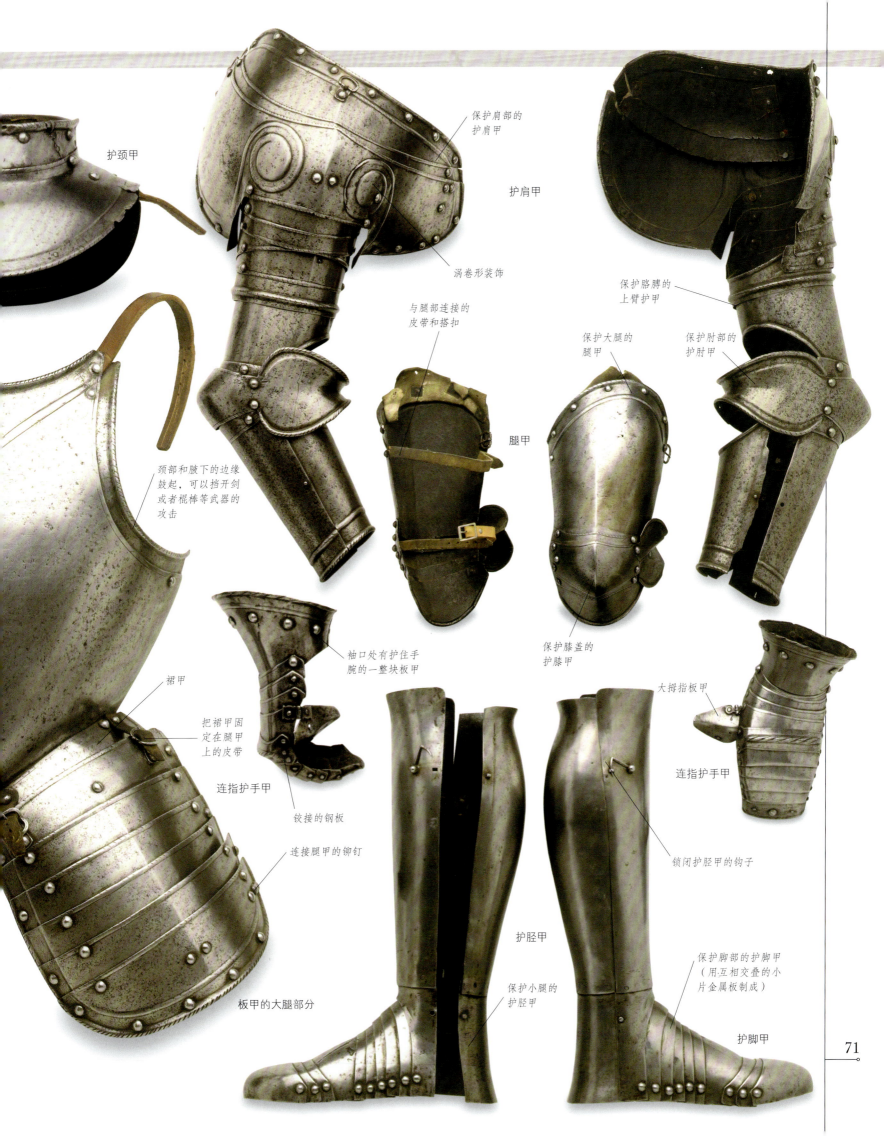

早期近代世界

公元 1500—1775 年

早期近代世界

无论在欧洲还是欧洲以外的世界，16世纪和17世纪都是火器快速发展的时期。为了应对新科技的出现所带来的影响，军事和政治策略都进行了调整和改进。精英战士不再生来就是为军事服务的，而是需要通过操练和演习来培养，再加上国家实力的普遍提升——在较小程度上提高赋税及更有效的费用支出，这也意味着军队和他们使用的武器都变得更具杀伤力。

在16世纪早期，火炮的威力已经得到了验证。一些新技术的发展预示了这一点，例如耳轴（炮耳）的出现——水平方向的突缘，可以使火炮的升降更加有效。在中世纪末期的一小段时期，人们喜欢躲在坚固的要塞后方，战役总是以攻城战和突袭为主。后来士兵们发现坚守要塞变得越来越困难，于是他们逐渐更愿意去冒险作战了。

攻城战

在意大利战争（1495—1509）中，野战大炮和火枪在战场上的威力首次得到大范围展示。在切里尼奥拉战役（1503）中，西班牙人隐蔽在一道土沟和土墙后面进行战斗，逼迫法国骑兵退兵。在拉文纳战役（1512）一开始，双方就进行了长达两个小时的互相炮轰，这在有记录以来尚属首次。然而野战的新纪元很快就被以攻城战为主要战争形式的时期所取代。星形要塞（见第76页）的发展意味着攻城战变得更加漫长且消耗巨大，而躲在城墙后面的守军的优势越发明显。

火绳钩枪是在15至17世纪被广泛使用的原始火器。大约在16世纪20年代，一种新武器出现了——滑膛枪。这种枪重达9千克（20磅）——比火绳钩枪重多了——需要一个带叉的安放支架才能发射，不过在发射大威力弹丸方面确实具有优势。滑膛枪的笨重不便意味着它最适合于攻坚战。火器的出现并未使得步兵的主力过时，例如长矛兵。在16世纪的战争中，瑞士的长矛兵方阵仍然很常见，他们的进攻战术令人恐惧，例如在诺瓦拉战役（1513）中向躲进壕沟的火绳钩枪手发起的冲锋。然

野外战斗
在帕维亚战役（1525）中，战斗由神圣罗马帝国的火绳枪兵和长矛兵在开阔地进行，没有防御工事。法国军队被击溃，他们的国王弗朗索瓦一世被神圣罗马帝国皇帝查理五世抓获。

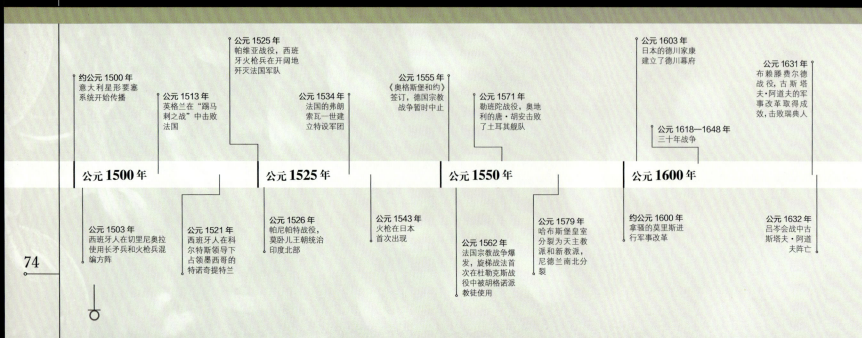

- 约公元1500年 意大利星形要塞系统开始传播
- 公元1503年 西班牙人在切里尼奥拉使用长矛兵和火枪兵混编方阵
- 公元1513年 英格兰在"踢马刺之战"中击败法国
- 公元1521年 西班牙人在科尔特斯领导下占领墨西哥的特诺奇提特兰
- 公元1525年 帕维亚战役，西班牙火枪兵在开阔地歼灭法国军队
- 公元1526年 帕尼帕特战役，莫卧儿王朝统治印度北部
- 公元1534年 法国的弗朗索瓦一世建立特设军团
- 公元1543年 火枪在日本首次出现
- 公元1555年 《奥格斯堡和约》签订，德国宗教战争暂时中止
- 公元1562年 法国宗教战争爆发，旋梯战法首次在杜勒克斯战役中被胡格诺派教徒使用
- 公元1571年 勒班陀战役，奥地利的唐·胡安击败了土耳其舰队
- 公元1579年 哈布斯堡皇室分裂为天主教派和新教派，尼德兰南北分裂
- 约公元1600年 拿骚的莫里斯进行军事改革
- 公元1603年 日本的德川家康建立了德川幕府
- 公元1618—1648年 三十年战争
- 公元1631年 布赖滕费尔德战役，古斯塔夫·阿道夫的军事改革取得成效，击败瑞典人
- 公元1632年 吕岑会战中古斯塔夫·阿道夫阵亡

而长矛兵在军队中的比例持续下降，到17世纪中期仅剩下五分之一。

长矛兵的保留体现了欧洲军队对古代经典战术理论（就像是对文艺复兴时期的建筑一样）的一种自我意识的倾向，例如使用长矛的希腊重装步兵或者纪律严明的罗马军团。1534年法国的弗朗索瓦一世建立了7个特设军团，每个军团6000人，就是模仿古罗马军团的做法。同时期的意大利理论还提出一种256人的标准步兵团，正好是一个16乘16的方阵。

欧洲军队的发展

意大利诗人弗尔维奥·特斯蒂（Fulvio Testi）在1640年写道"这是军人的世纪"，这既与战争伤亡数字的增长有关——1544年的切雷索莱战役，25000名战士中死亡了7000人——也与军队规模的迅速扩大有关。"大胆的查理"在15世纪70年代的时候认为15000人是一个大数字了，而一个世纪以后，西班牙的腓力二世在荷兰派86000名精兵还觉得太少。强化城镇和供养大规模军队的高额费用使得欧洲的领导势力倍感压力。

直到15世纪末期，欧洲战争的主要原因还是王朝更替，不过在16世纪早期出现的宗教改革运动为战争增加了信仰和意识形态方面的因素。法国的宗教战争结束于1589年，不过尼德兰革命的时间更长——到1648年才停止——而哈布斯堡皇室的资源在查理五世和之后的腓力二世统治下扩张到了极限。这也是军事策略大发展中的严峻考验。

火枪的出现改变了战场形式，因为它最适合以一条战线的形式使用，而不是传统的方阵。从16世纪到17世纪，军队的队列变得越来越少，而行列的长度增加了。不过以行列形式战斗所需要的纪律性更强——尤其是敌军经常在只有50米（164英尺）的距离开火。荷兰的新教领导人拿骚的莫里斯（Maurice of Nassau），在16世纪90年代开始对他的部队进行"操练"，训练他们并在演习中指导他们基本战术。他的兄弟威廉·路易斯（William Louis）首创了一种连续射击的系统，火枪手轮流射击后返回重新装填弹药，以维持连续的火力。

当旧世界遇到新世界

16世纪，欧洲力量第一次真正在海外取得了成功。在美洲，西班牙人遇到了印加帝国和阿兹特克帝国，这两个国家都没有发展出铁器。木棒和石斧无法洞穿西班牙人的盔甲，只有阿兹特克人的铜尖箭头对他们的敌人产生了一些威胁。在1536年的库斯科城围攻战中，190名西班牙士兵击败了20万名印加战士，他们大多只有石器武器。西班牙人用分化对手的方法得到的利益不比他们的先进科技少。在墨西哥，他们利用特拉斯卡拉人对阿兹特克的反感来获取情报；在秘鲁，他们挑起了两个印加皇族继承人竞争者之间的内战。不过原住民们学习得很快。在北美，马萨诸塞州的印第安人在17世纪70年代就会制造火炮了，于是，虽然早期的战斗中很少有欧洲人伤亡，然而在1675—1676年的菲利普国王战争期间却有3000名英国人受伤。

西班牙大方阵

西班牙是最早将长矛兵和火绳枪兵混编为叫作"大方阵"这种阵形的国家之一。这幅作品展示了在对抗荷兰人的八十年战争（1568—1648）中所使用的几个大方阵。

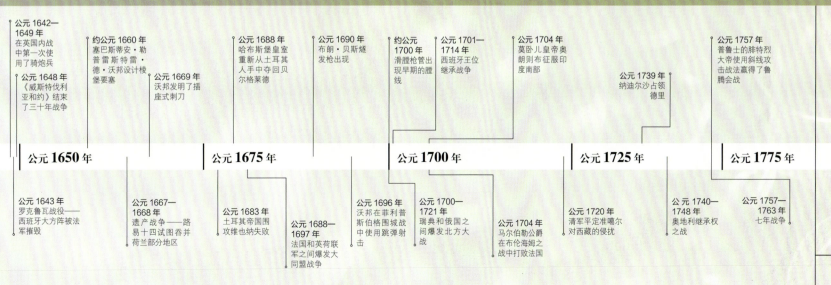

训练火枪兵

滑膛枪是一种复杂的武器,需要多达 20 个独立的步骤才能确保正确开火。如此处展示的这本 17 世纪中期荷兰的训练手册一样,绘有标准姿势的训练手册成为军事装备中十分重要的一部分。

要塞

攻城大炮的发展推动了军事堡垒的改善。其改进办法就是使用多边形和带尖角的堡垒,当火绳枪手在其中守卫的时候,这种堡垒能形成交叉火力和对进攻者的有效杀伤区域。因为它最早出现在意大利,这种新型的要塞被称作"意大利星形要塞"(trace italienne)。到了 17 世纪晚期,法国工程师沃邦(Vauban)将要塞的复杂程度提升了一个层次,他通过采用同心圆形的外部堡垒以及对地势的有效利用将防御火力最大化,建造了里尔防线这样的工程。

火药的发展

由于欧洲与奥斯曼帝国在亚洲的力量对抗,印度的莫卧儿王朝、日本的德川幕府以及中国的明朝和清朝,相对而言较少受到欧洲的军事侵袭。直到第二次围攻维也纳(1683)失败,奥斯曼帝国承受巨大压力,不断与奥地利的哈布斯堡皇室进行小规模的战争。在 16 世纪,曾为土耳其带来巨大胜利的步兵军团作为一支军事力量开始萎缩,不过他们仍然拥有一支在欧洲无与匹敌的骑兵部队。

虽然中国的火器发展较早,但欧洲在 16 世纪开始技术领先。中国在 16 世纪 20 年代能制造葡萄牙大炮,不过仅仅是对国外技术的模仿。在 16 世纪,中国人还发明了一种"连续发射枪",这是一种原始的机枪。1598 年的一本军事手册上确切记载了枪管的测量结果,精确到了厘米的分数位。中国的枪上都有序号标记,说明在当时的中国,火枪的生产受到严格的中央管控。

在日本,1467—1477 年的应仁之乱引发了一系列的政治分裂,当时各地的军阀,也叫作"大名",纷纷划分出自己的势力范围。日本在 1542 年得到了火枪——从一艘偏离航线的葡萄牙海盗船上——并得到了快速的传播。火绳枪手在织田信长统一日本的过程中扮演了决定性角色。织田信长在 1568 年占领了皇家都城京都,并在 1582 年去世前征服了日本大部分地区。

日本在这一时期发生的战役与欧洲军队的遭遇战比较类似,而不是像以前战争那样进行标志性的武将挑战与应战。日本军队的技术不断发展,战术不断创新。1576 年在大阪,织田信长命人建造了 7 艘铁甲战船,装备有大炮和火枪,创建了早期的装甲舰雏形;而 1575 年在长筱,信长的火枪兵排成队列轮流射击,这种战法更早于欧洲出现。1600 年日本最终被德川家族统一,意味着军事冲突以及随之而来的技术发展都将衰落。日本在 1588 年颁布了《刀狩令》之后,命令没收所有私人拥有的包括火枪在内的武器,这推进了日本的非军事化。不过等到 19 世纪面对西方入侵时,他们将会发现自己的装备水平极差。

三十年战争

三十年战争(1618—1648)是一场复杂的斗争,它令天主教的哈布斯堡皇室陷入了一场与大部分新教敌人的联盟对抗之中,也见证了军队和战术复杂性方面的进

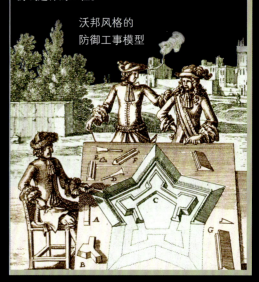

沃邦风格的防御工事模型

一步变革。更多的军队开始穿制服,或者至少穿着一些特定颜色的服装——哈布斯堡皇室喜欢红色服装,而他们的法国敌人则穿蓝色服装。古斯塔夫·阿道夫领导下的瑞典军队进行的改革最为深入。古斯塔夫在 1620 年颁布《个人军事条例》,采用了征兵制度,并且成立了战争委员会对军事管理进行监督。这些改革的成果就是瑞

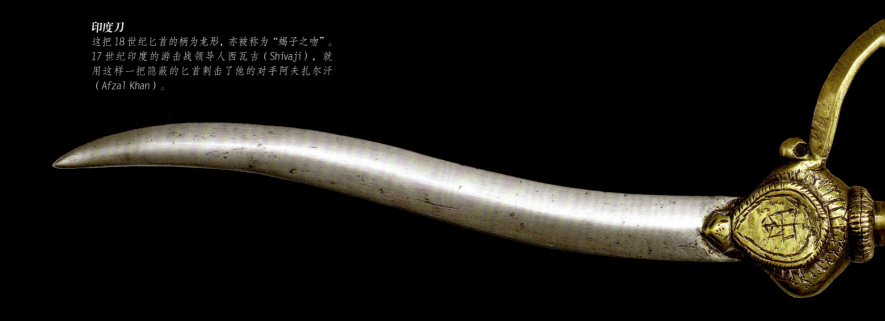

印度刀

这把 18 世纪匕首的柄为龙形,亦被称为"蝎子之吻"。17 世纪印度的游击战领导人西瓦吉(Shivaji),就用这样一把隐藏的匕首刺击了他的对手阿夫扎尔汗(Afzal Khan)。

典在战场上取得了一系列惊人的胜利。在布赖滕费尔德战役（1631）中，一支瑞典军队以 6 行的队形面对一支排成纵 30 人、横 50 人方阵的哈布斯堡军队，获得了压倒性的胜利，消灭了将近 8000 名敌人。

在三十年战争期间，很多国家被迫依赖雇佣兵补充军力。佣兵公司得到了蓬勃发展，例如阿尔布里奇·冯·沃伦斯坦因（Abrecht von Wallenseein），他能够提供多达 2.5 万人的军事服务。不过在《威斯特伐利亚和约》（1648）签订之后，这些国家迅速建立常备军，在一场战役之后亦不解散。1659 年法国的军队达到 12.5 万人（到 1690 年大约为 40 万），即使是德国的小州尤利希伯格都保有一支 5000 人的永久性部队。

这个时期战争的总花费十分巨大：1679 到 1725 年间，俄国军队在和平时期要花掉国家总收入的百分之六十，而在战争时期几乎要花掉国家全部收入。在法国路易十四时期，要在东北前线建造一条防御要塞，这种要塞多由沃邦设计（见左框），其昂贵程度是灾难性的——花费了 5 年时间和 500 万里弗（livre，古时的法国货币单位及其银币）才建造完。战争的核心再一次变成攻城战——在九年战争期间（1688—1697），法国想要向东推进国界，结果仅攻占一个菲利普斯伯格堡垒就用了两个月。

滑膛枪和刺刀的应用

在 17 世纪末期，长矛终于彻底消失了，代替它的是刺刀。插入式刺刀没有流行起来，因为这种刺刀会堵住枪口，在准备开枪的时候还需要将其取出。然而在 1669 年发明了插座式刺刀后，则没有了那种不便。到了 1689 年，插座式刺刀已经成为法国步兵的标准装备。在 17 世纪后期，燧发枪得到了大力发展，这种枪比火绳枪轻，而且射程是其两倍。预装式的弹药筒能够提前备好火药量，也提高了射击速度（在 1738 年也成为法国军队的普遍装备）。

全球战争的开端

在 17 世纪的一段时期，军队使用了一种叫作"旋梯"（caracole）的骑兵战术，骑兵使用簧轮手枪冲入射程之内进行齐射，然后撤退。不过燧发枪和插座式刺刀的组合让骑兵容易受到攻击，到了 18 世纪晚期，他们在法国军队中的比例只占百分之十六了，主要用于对抗其他骑兵或者追击已经溃败的步兵。

然而在这个时期的末期，骑兵又经历了一次复兴。他们大量放弃使用火枪，转而依赖其速度进行果断的冲锋——在西班牙王位继承战争期间，英国将军马尔伯勒的骑兵中队在布伦海姆之战（1704）的胜利中便扮演了关键角色。

在腓特烈大帝统治下（1740—1786）的普鲁士建立了欧洲最强的军事力量，其基础是严格的纪律和不断的训练。战术的创新，例如斜线攻击战法为其他国家建立了标准——俄国在 1755 年颁布的《步兵准则》基本上就是照搬了普鲁士的模式。在七年战争期间（1756—1763），普鲁士和他们的英格兰同盟一起面对法国、奥地利和俄国的联军，后者试图阻挡普鲁士进军欧洲中部的脚步。这场战争最值得注意之处就是，随着法国和英格兰的对抗发展到了北美和印度次大陆上，这是第一次真正意义上的全球冲突。从 1720 年开始，普鲁士为他们的滑膛枪配备了铁制推弹杆，使得每分钟能发射多达 3 轮，在移动中开枪——这是一种相对较新的战术——为腓特烈大帝带来了多次胜利，例如在鲁腾会战（1757）中，有的普鲁士滑膛枪手发射了多达 180 轮。

随着 18 世纪向前推进，野战大炮逐渐成为军队的重要组成部分。在 1748 年的佛兰德战役中，法国炮兵部队拥有的大炮不少于 150 门，需要将近 3000 匹马来拖拉。从 1739 年开始，炮筒能够一体浇铸然后钻孔而成，提高了精度，在相同尺寸下能够提供更大威力。除此之外还建立了炮兵学校，例如在 1679 年建立的法国皇家炮兵部队，当时的炮兵军官通常来自欧洲最训练有素的军队。所以由拿破仑·波拿巴这位法国的炮兵军官来结束古代君主制的政体，并对战争进行革新就不足为奇了。

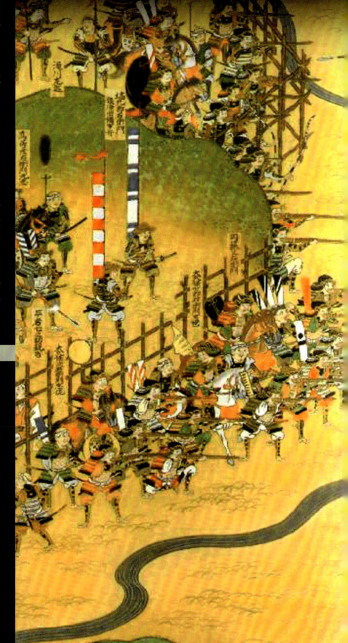

日本火器

在 1575 年的长筱合战中，织田信长的火绳枪队轮流齐射，歼灭了大量进攻的武田信玄的士兵。那些冲向信长战线前的武田家骑兵被长矛阻挡，这便是此类欧洲战术在这一时期的重演。

公元1500—1775年

▶ 80—83 欧洲的步兵和骑兵刀剑　▶ 84—85 雇佣步兵

双手剑

在中世纪，大部分的步兵剑都比较轻且易于使用。不过到了15世纪后期，一批更长更重的武器变得流行起来，尤其是在德国。双手剑是一种很特别的武器，使用双手剑（也叫作"两手剑"）的德国雇佣步兵被称作"双手剑士"（doppelsöldner），他们是最精锐的勇士，并且收取双倍报酬。不过那也物有所值，因为他们要在敌人的长矛兵中杀出一条血路。这种令人印象深刻而又笨重的武器也用于仪式或者行刑。

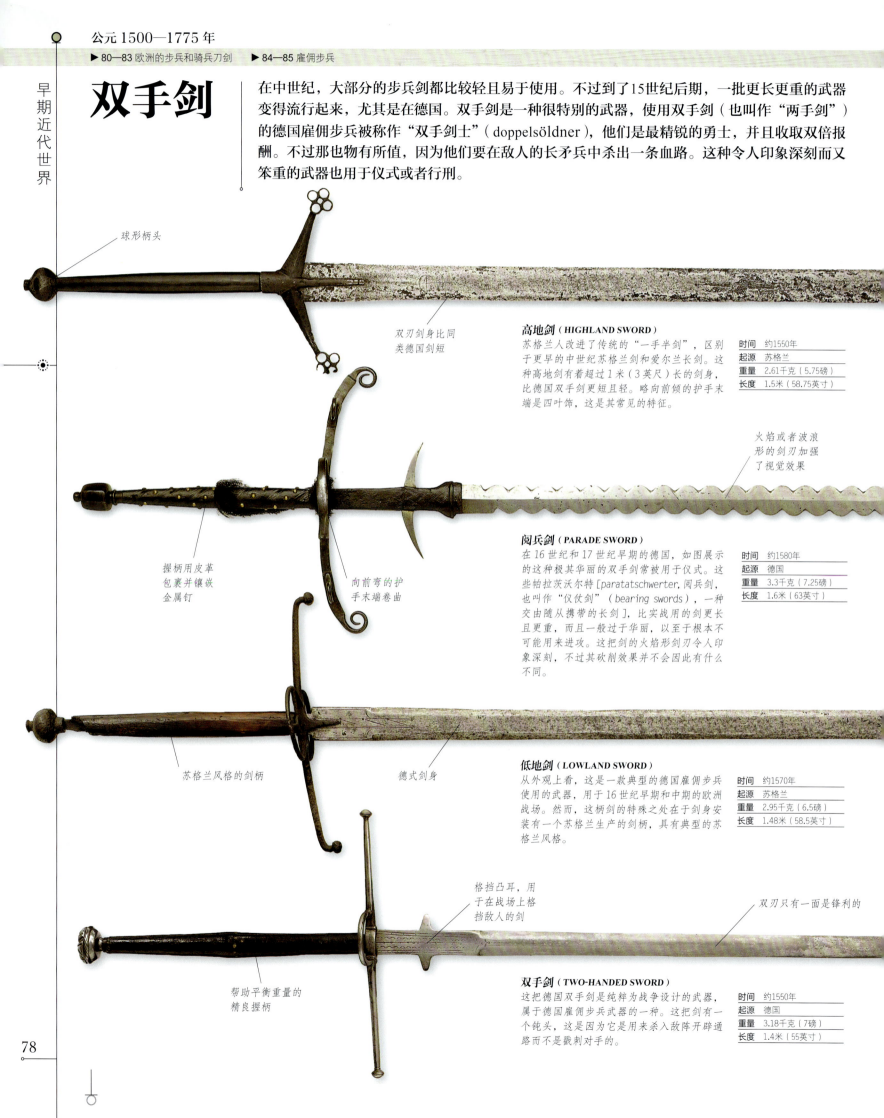

- 球形柄头
- 双刃剑身比同类德国剑短

高地剑（HIGHLAND SWORD）
苏格兰人改进了传统的"一手半剑"，区别于更早的中世纪苏格兰剑和爱尔兰长剑。这种高地剑有着超过1米（3英尺）长的剑身，比德国双手剑更短且轻。略向前倾的护手末端是四叶饰，这是其常见的特征。

时间	约1550年
起源	苏格兰
重量	2.61千克（5.75磅）
长度	1.5米（58.75英寸）

- 握柄用皮革包裹并镶嵌金属钉
- 向前弯的护手末端卷曲
- 火焰或者波浪形的剑刃加强了视觉效果

阅兵剑（PARADE SWORD）
在16世纪和17世纪早期的德国，如图展示的这种极其华丽的双手剑常被用于仪式。这些帕拉茨沃尔特[paratatschwerter，阅兵剑，也叫作"仪仗剑"（bearing swords），一种交由随从携带的长剑]，比实战用的剑更长且更重，而且一般过于华丽，以至于根本不可能用来进攻。这把剑的火焰形剑刃令人印象深刻，不过其砍削效果并不会因此有什么不同。

时间	约1580年
起源	德国
重量	3.3千克（7.25磅）
长度	1.6米（63英寸）

- 苏格兰风格的剑柄
- 德式剑身

低地剑（LOWLAND SWORD）
从外观上看，这是一款典型的德国雇佣步兵使用的武器，用于16世纪早期和中期的欧洲战场。然而，这柄剑的特殊之处在于剑身安装有一个苏格兰生产的剑柄，具有典型的苏格兰风格。

时间	约1570年
起源	苏格兰
重量	2.95千克（6.5磅）
长度	1.48米（58.5英寸）

- 帮助平衡重量的精良握柄
- 格挡凸耳，用于在战场上格挡敌人的剑
- 双刃只有一面是锋利的

双手剑（TWO-HANDED SWORD）
这把德国双手剑是纯粹为战争设计的武器，属于德国雇佣步兵武器的一种。这把剑有一个钝头，这是因为它是用来杀入敌阵开辟通路而不是戳刺对手的。

时间	约1550年
起源	德国
重量	3.18千克（7磅）
长度	1.4米（55英寸）

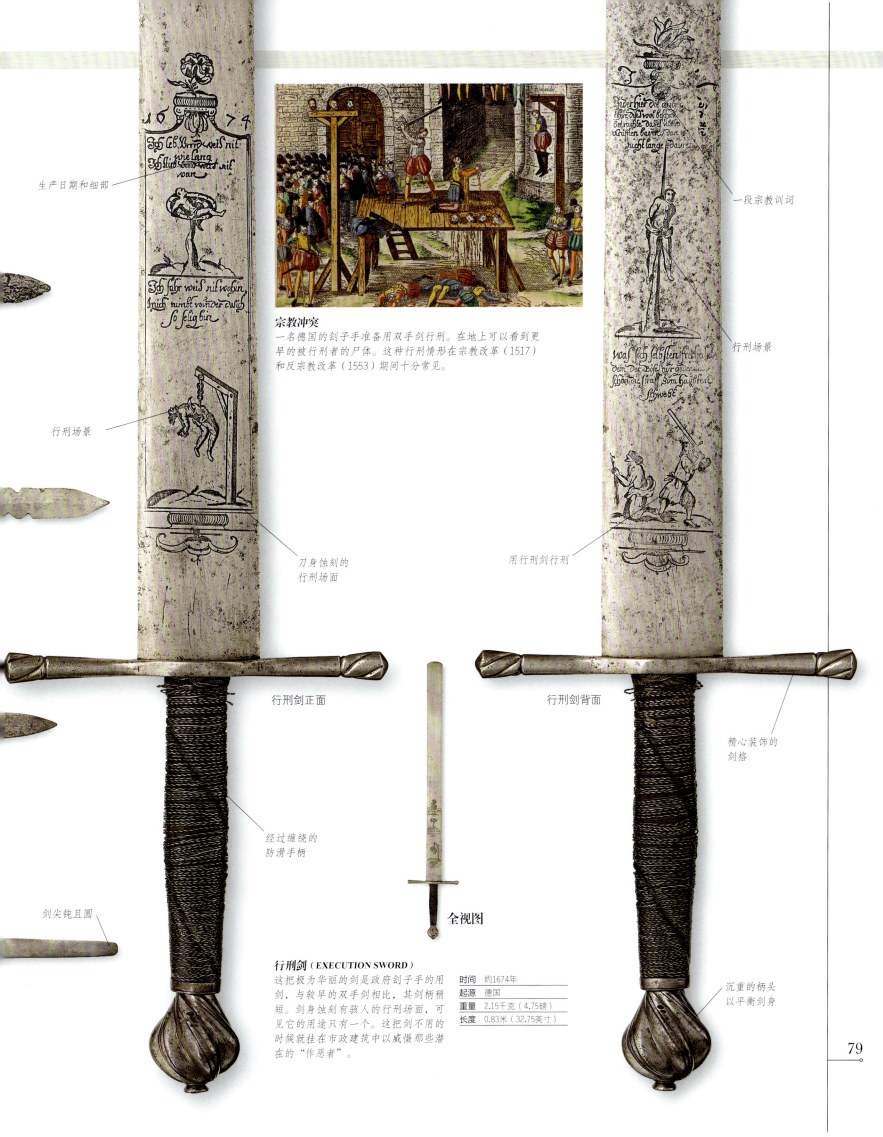

宗教冲突
一名德国的刽子手准备用双手剑行刑。在地上可以看到更早的被行刑者的尸体。这种行刑情形在宗教改革（1517）和反宗教改革（1553）期间十分常见。

生产日期和细部

行刑场景

刀身蚀刻的行刑场面

行刑剑正面

经过缠绕的防滑手柄

剑尖钝且圆

一段宗教训词

行刑场景

用行刑剑行刑

行刑剑背面

精心装饰的剑格

沉重的柄头以平衡剑身

全视图

行刑剑（EXECUTION SWORD）
这把极为华丽的剑是政府刽子手的用剑，与较早的双手剑相比，其剑柄稍短。剑身蚀刻有骇人的行刑场面，可见它的用途只有一个。这把剑不用的时候就挂在市政建筑中以威慑那些潜在的"作恶者"。

时间	约1674年
起源	德国
重量	2.15千克（4.75磅）
长度	0.83米（32.75英寸）

公元 1500—1775 年

◀ 38—41 欧洲的剑　▶ 160—163 欧洲的刀剑

欧洲的步兵和骑兵刀剑

虽然伴随文艺复兴而来的军事改革意味着军队火力变得越来越重要，但长矛或刀剑（冷兵器）仍然是战场上的制胜武器，对骑兵而言尤其如此。从16世纪开始，大多数的步兵剑变成了戳刺武器，不过骑兵仍然需要向下砍击，所以他们更喜欢用大的双刃剑，这样能够同时对付敌方的骑兵或者步兵。然而，标准化的军用剑在强调实用性的同时也强调形式，它们或许更加精美了，不过仍然同样致命。

文艺复兴时期的武器上经常用宗教画像做装饰

简单的木制握把，可以单手或者双手握持

弯曲的剑格可以绞住对方的剑

步兵剑（INFANTRY SWORD）
与本页展示的其他剑不同，这把装饰精美且结构简单的剑并不能给剑士提供很好的保护，不过它既可以单手使用也可以双手使用。

时间	约1500年
起源	瑞士
重量	0.91千克（2磅）
长度	90厘米（35.25英寸）

剑身比剑柄晚了一个世纪

镶银的剑柄

全视图

笼柄剑（BASKET-HILTED SWORD）
这把剑是由17世纪早期德国索林根（Solingen，著名的德国"刀城"）制作的剑身，与比剑身早一个世纪的英格兰笼形剑柄相连而成的。

时间	约1540年
起源	英格兰
重量	1.36千克（3磅）
长度	1.04米（41.25英寸）

精美的蔓叶花形装饰反映了当时的审美观

单边的血槽增加了剑身强度

制作者的标识

骑兵剑（CAVALRY SWORD）
到了18世纪中期，骑兵剑发展成为两种形式：轻骑兵使用的轻而弯曲的马刀（弧刃的骑兵军刀），以及重骑兵使用的更长、更重、直刃的剑。这件展品是欧洲重骑兵使用了一个世纪的代表性武器。其单边的血槽（沿剑刃背部的沟槽）意味着这是件单刃武器。

时间	1750年
起源	英格兰
重量	1.36千克（3磅）
长度	1米（39.5英寸）

全视图

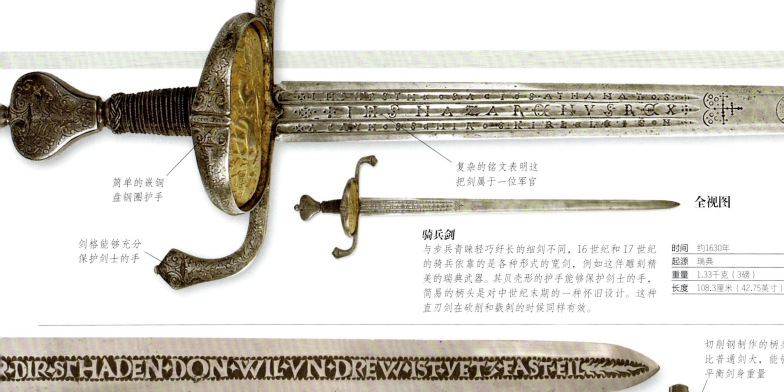

- 简单的嵌铜盘钢圈护手
- 复杂的铭文表明这把剑属于一位军官
- 剑格能够充分保护剑士的手

全视图

骑兵剑

与步兵青睐轻巧纤长的细剑不同，16世纪和17世纪的骑兵依靠的是各种形式的宽剑，例如这件雕刻精美的瑞典武器。其贝壳形的护手能够保护剑士的手，简易的柄头是对中世纪末期的一种怀旧设计。这种直刃剑在砍削和戳刺的时候同样有效。

时间	约1630年
起源	瑞典
重量	1.33千克（3磅）
长度	108.3厘米（42.75英寸）

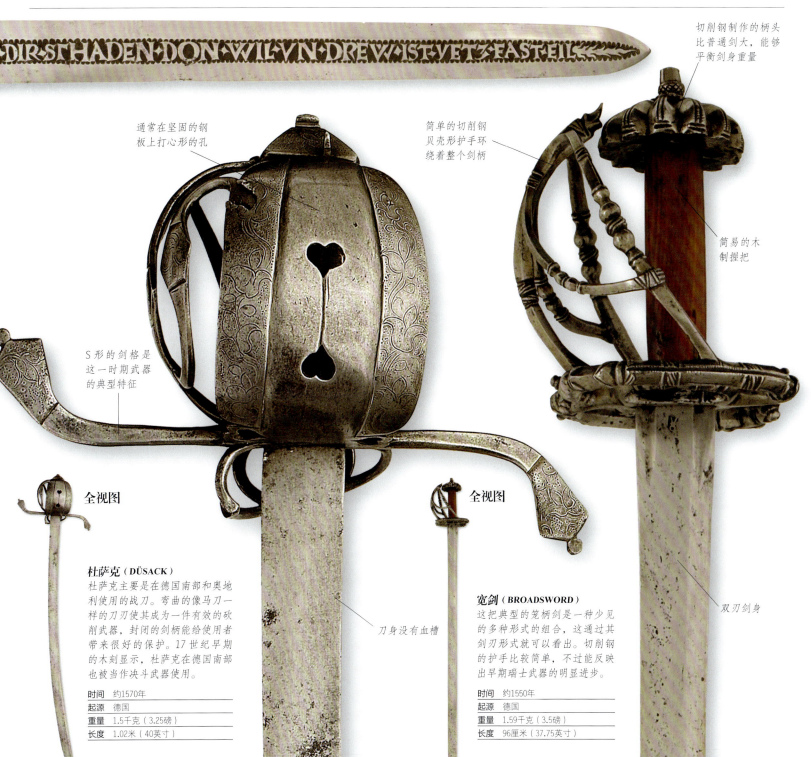

- 通常在坚固的钢板上打心形的孔
- 简单的切削钢贝壳形护手环绕着整个剑柄
- 切削钢制作的柄头比普通剑大，能够平衡剑身重量
- 简易的木制握把
- S形的剑格是这一时期武器的典型特征
- 刀身没有血槽
- 双刃剑身

全视图　　全视图

杜萨克（DÜSACK）

杜萨克主要是在德国南部和奥地利使用的战刀。弯曲的像马刀一样的刀刃使其成为一件有效的砍削武器，封闭的剑柄能给使用者带来很好的保护。17世纪早期的木刻显示，杜萨克在德国南部也被当作决斗武器使用。

时间	约1570年
起源	德国
重量	1.5千克（3.25磅）
长度	1.02米（40英寸）

宽剑（BROADSWORD）

这把典型的笼柄剑是一种少见的多种形式的组合，这通过其剑刃形式就可以看出。切削钢的护手比较简单，不过能反映出早期瑞士武器的明显进步。

时间	约1550年
起源	德国
重量	1.59千克（3.5磅）
长度	96厘米（37.75英寸）

81

公元 1500—1775 年

◀ 38—41 欧洲的剑　▶ 160—163 欧洲的刀剑

欧洲的步兵和骑兵刀剑

命运的冲锋

在吕岑会战（1632）中，瑞典国王古斯塔夫·阿道夫持剑在手，带领一队骑兵冲向德军。国王远离了他的护卫队，结果发现自己被敌军的骑兵包围了，随即骑兵们毫不犹豫地将其砍于马下。

- 柄头用复杂的镶铜花纹进行装饰
- 笼柄能提供绝佳的保护
- 笼柄内部垫有覆有毛毡的皮革
- 宽阔的双刃剑身适用于砍削和戳刺

全视图

宽剑

尽管在16世纪中期整个欧洲都使用笼柄剑，不过它们与18世纪苏格兰高地人的关系最为密切。这些剑大多数制造于低地，如格拉斯哥或斯特灵，而很多剑刃是从德国进口的。这把剑使用极具特色的苏格兰笼柄护手来保护手部。

时间	约1750年
起源	苏格兰
重量	1.36千克（3磅）
长度	91厘米（35.75英寸）

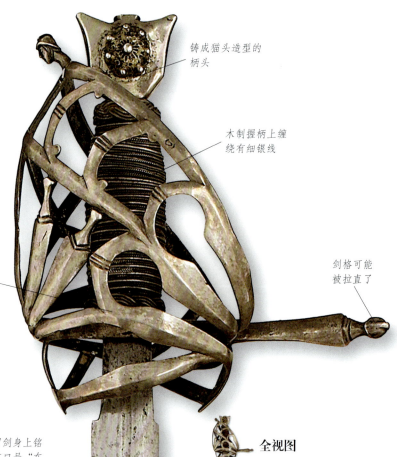

- 铸成猫头造型的柄头
- 木制握柄上缠绕有细银线
- 剑格可能被拉直了
- 高品质的银制品表明这可能是一位军官的武器
- 双刃剑身上铭刻有口号"在心中"

全视图

斯拉夫阔剑
（SCHIAVONA SWORD）

这把更为精美、极具特色的威尼斯展品被称作"schiavona"，意为斯拉夫人，它亦叫作双刃斗剑。其笼柄造型奇特，而且柄头总是做成猫头造型，象征着敏捷与隐形。这些剑主要是达尔马尼亚军队为威尼斯共和国效力时使用的。

时间	约1780年
起源	意大利
重量	1.02千克（2.25磅）
长度	1.05米（41.5英寸）

护手和握柄一般用铜制成

只有军官的武器才用简单的双杆护手进行装饰

单刃剑身比常规的骑兵剑短

全视图

步兵短刀（INFANTRY HANGER）

虽然大部分步兵在近战时信赖刺刀，不过仍有很多军队装备步兵短刀，这是一种由短猎刀演变来的武器。这种刀多为直刃刀，或者略微弯曲。在较差的地形条件下，步兵短刀比一般的长刀更具实用性。

时间	约1760—1820年
起源	英格兰
重量	0.84千克（1.75磅）
长度	79.7厘米（31.25英寸）

钢剑柄上装饰着简单的蔓叶花形

这种护手一般被称为"半笼形柄"

双刃剑身上有两道血槽，可以减轻整体重量

全视图

亡者剑（MORTUARY SWORD）

这把剑之所以如此命名，是因为其中一些展品的剑柄上刻有明显的查理一世的国王像，在这位国王1649年被处决之前的英国内战期间，这种剑被骑兵广泛使用。虽然其剑刃是在德国制造的，但剑柄却具有独特的英格兰风格。

时间	1640—1660年
起源	英格兰
重量	0.91千克（2磅）
长度	91厘米（36英寸）

刀柄的样式表明这把刀属于一位军官

护手是当时的洛可可风格

全视图

骑兵刀（CAVALRY SWORD）

这把典型的单刃刀是18世纪很多重骑兵携带的武器。虽然骑兵仍然用他们的马刀作战，但对于重骑兵来说，刀尖比刀刃更为有效。这件武器兼有砍击和刺击的双重功用，而并非特别适用于其中哪一种。在1780年以后，大部分的英军用刀都采用固定样式来设计。

时间	约1775年
起源	英格兰
重量	0.85千克（1.75磅）
长度	83.8厘米（33英寸）

柄头也可以当作武器使用

复杂的弧形护手

钝剑刃

全视图

弧柄细剑（SWEPT-HILT RAPIER）

这把经典的17世纪步兵剑纯粹是一件戳刺用武器，"聚焦剑尖"（at the point）的剑术被认为是绅士的艺术。这把细剑除了作为战争武器，还是决斗者可以选择的武器之一，直到17世纪末期它才被手枪所取代。

时间	1600—1660年
起源	欧洲
重量	1.27千克（2.75磅）
长度	1.27米（50英寸）

雇佣步兵

被称作雇佣步兵（Landsknecht）的佣兵部队衣着华丽，趾高气扬，他们是1486年由神圣罗马帝国皇帝马克西米利安一世成立的。他希望他的步兵能够与瑞士的长矛兵相匹敌，后者在1476至1477年间的穆尔腾战役和南锡战役中都取得了胜利。理论上说雇佣兵应该效力于国王，不过在酬劳和战利品的诱惑下，他们中的很多人转而寻找其他的雇主。雇佣兵既令人生畏又受到尊敬，是16世纪上半叶欧洲战场上的一支独特力量。

16世纪德国宽剑

雇佣兵

每位雇佣兵队长都可以通过招募、训练和组织来成立拥有多达4000名战士的军团。成员中的大多数来自于德语地区，尽管也有从远至苏格兰地区招募来的。他们每月可以赚取4个荷兰盾，在当时属于很高的收入，不过需要自己解决装备。只有条件较好的战士才能负担起全套的盔甲或者火绳钩枪。绝大多数人使用的武器是长矛，5米或6米（15英尺或20英尺）长，价值大约1荷兰盾。雇佣兵的主要战场队形是长矛兵密集方阵，辅以装备有弩和火绳钩枪的散兵，最前方是军团中最优秀的战士，他们装备有双手剑。在战场上，雇佣兵纪律严明且富有勇气，不过一旦他们的酬劳没有兑现，就会引发暴乱和劫掠。

骑马的队长
雇佣兵队长的特征就是华美的服装。队长是私人承包商，雇用手下的士兵并且将他们的服务卖给国王以赚取丰厚的利润。

- 戟
- 又宽又平的有檐软帽，用长羽毛进行装饰
- 长矛
- 队长的护卫
- 布带式服装

帕维亚战役
1525年在帕维亚，法国国王弗朗索瓦一世雇用的雇佣步兵"黑团"（Black Band），在其他法国军队逃离战场之后一直坚持战斗到最后一人。

罗马劫掠

1527年，雇佣步兵和神圣罗马帝国皇帝查理五世的帝国军队占领了罗马。作为路德教会信徒，雇佣步兵仇恨天主教会。一名雇佣兵记录道："我们夺走了6000人的性命，抢走了教堂里能找到的一切东西，烧掉了城市的很大一部分……"占领持续了9个月，因为在未收到被欠的酬金之前，雇佣步兵们拒绝离开。

神圣罗马帝国军队进入罗马

> "我们有1800名德国人，受到15000个瑞典农民的进攻……我们干掉了他们中的大部分。"
>
> 为丹麦国王效力的雇佣步兵保尔·多尔斯特因（Paul Dolstein），1502年7月

战斗工具

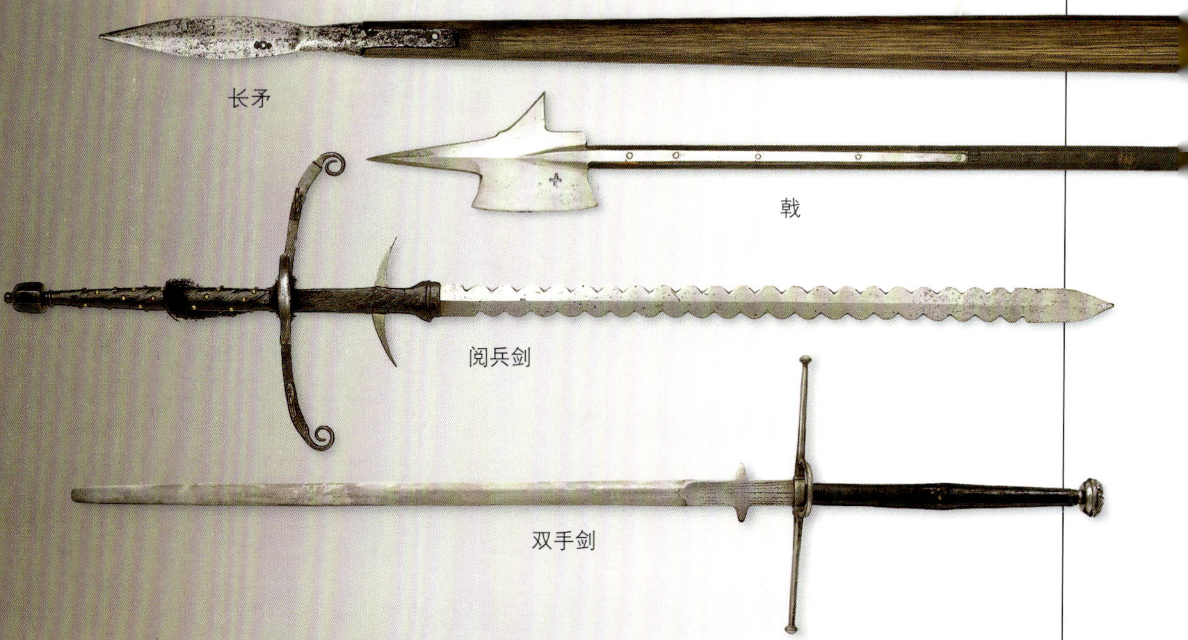

长矛

戟

阅兵剑

双手剑

收取双份酬劳的人

这些雇佣步兵亦被称为"双酬佣兵"，他们是收取双倍报酬的精锐勇士，主要通过在最前线战斗获得额外的佣金。他们装备双手剑，攻击敌人的长矛兵，意在对方的阵势中撕开缺口。雇佣步兵穿的服装非常奇特——有很多造型夸张的布条，加上各种帽饰——表现出一种极富攻击性的精神，这使得他们对于雇主有着双倍的忠诚，而对于平民来说则是更加可怕的威胁。

欧洲细剑

▶ 88—89 欧洲小剑　▶ 92—93 欧洲的狩猎剑

在16世纪，细剑（rapier）成为一种绅士的武器，是一个人拥有财富及社会地位的象征，并且表明所有者还懂得击剑。这一称谓来源于15世纪的西班牙语"espada ropera"（绳剑），意思是"绅士的武器"。到了1500年，细剑传遍了整个欧洲，直到17世纪末期它仍然是绅士们的首选武器。细剑无疑能用在战场上，不过它更容易让人联想起宫廷、决斗以及时尚，因此其发展更趋向于精致华美的设计风格。

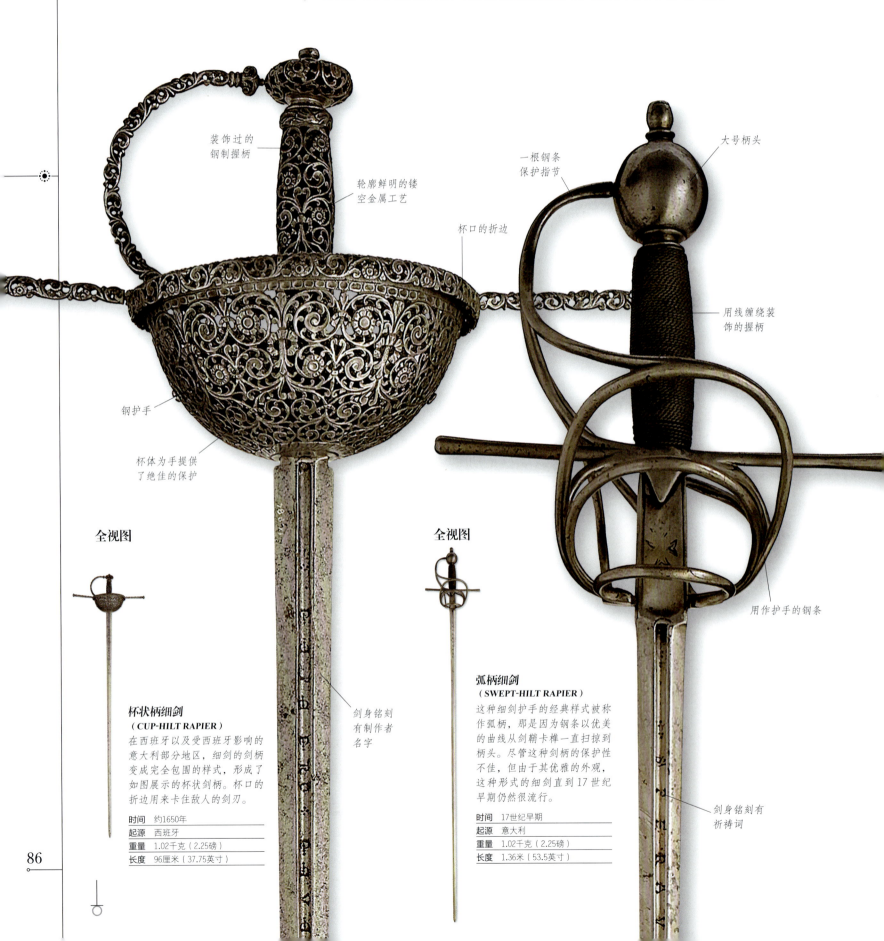

全视图

杯状柄细剑
（CUP-HILT RAPIER）

在西班牙以及受西班牙影响的意大利部分地区，细剑的剑柄变成完全包围的样式，形成了如图展示的杯状剑柄。杯口的折边用来卡住敌人的剑刃。

时间	约1650年
起源	西班牙
重量	1.02千克（2.25磅）
长度	96厘米（37.75英寸）

全视图

弧柄细剑
（SWEPT-HILT RAPIER）

这种细剑护手的经典样式被称作弧柄，那是因为钢条以优美的曲线从剑鞘卡榫一直扫掠到柄头。尽管这种剑柄的保护性不佳，但由于其优雅的外观，这种形式的细剑直到17世纪早期仍然很流行。

时间	17世纪早期
起源	意大利
重量	1.02千克（2.25磅）
长度	1.36米（53.5英寸）

水壶造型的柄头

一对有钻孔的贝壳形护手

菱形截面的剑身

全视图

帕彭海姆细剑（PAPPENHEIM-HILT RAPIER）

这种样式的细剑是从帕彭海姆伯爵（Count Pappenheim）开始流行的，他是三十年战争期间的一位皇家将军。这种式样很快传遍整个欧洲，因为它的两个有钻孔的贝壳形护手能给剑士提供很好的保护。帕彭海姆细剑的设计主要用于军事用途。

时间	1630年
起源	德国
重量	1.25千克（2.75磅）
长度	139厘米（54.75英寸）

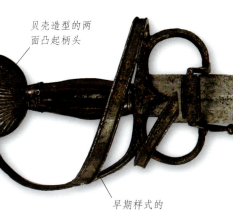

贝壳造型的两面凸起柄头

直的双刃剑身

早期样式的细剑护手

全视图

早期的细剑

与后期设计精美的细剑相比，早期的细剑比较笨重，看起来更像是同时期的军事武器而不适合一般百姓佩带。从这件展品上可以看到修复的痕迹，显示这件武器的剑刃可能被更换过。不过，其护手的设计多少有些后期弧柄细剑的优雅感。

时间	1520—1530年
起源	意大利
重量	1.21千克（2.75磅）
长度	111.5厘米（44英寸）

剑柄的设计是为了提供额外的保护

加厚的剑身

轮廓鲜明的铁制弧柄

全视图

弧柄细剑

弧柄细剑的另一种设计。这把剑与左侧的同类型剑相比可能没有那么精致，不过它较小而多孔的贝壳形护手能够提供更好的保护。这件展品的握柄上有交织缠绕的线，表明它是用作佩剑而非军事用途的。

时间	1590年
起源	英格兰
重量	1.39千克（3磅）
长度	128厘米（50.5英寸）

简易的杯状护手

简单的剑鞘卡榫

浅菱形截面的剑身

方形截面的剑身

环形的阻隔圈铆接在杯体上

全视图

杯状柄细剑

与其他的细剑不同，这种后期的细剑是用于剑术刺击而非体现绅士地位的武器。它的剑身极细，断面为菱形，有着简单且未经装饰的杯状护手和剑柄。

时间	约1680年
起源	意大利
重量	0.9千克（2磅）
长度	119.8厘米（47英寸）

欧洲小剑

公元 1500—1775 年

◀ 80—83 欧洲的步兵和骑兵刀剑　◀ 86—87 欧洲细剑　▶ 160—163 欧洲的刀剑

小剑是细剑的一种发展形式，到了17世纪末期在欧洲得到了普遍的应用。这是一种民用的武器：对于任何一位绅士而言，它都是着装中不可或缺的一部分，同时也可以作为决斗武器。因为只用来戳刺，小剑一般有着坚硬的三角形剑身，没有锋利的剑刃，在拥有娴熟剑术的剑士手中是一件致命武器。虽然整体设计简单——护手由一个小的杯状体和指节护套组成——许多小剑的装饰却极其华丽，能够反映出其主人的社会地位。

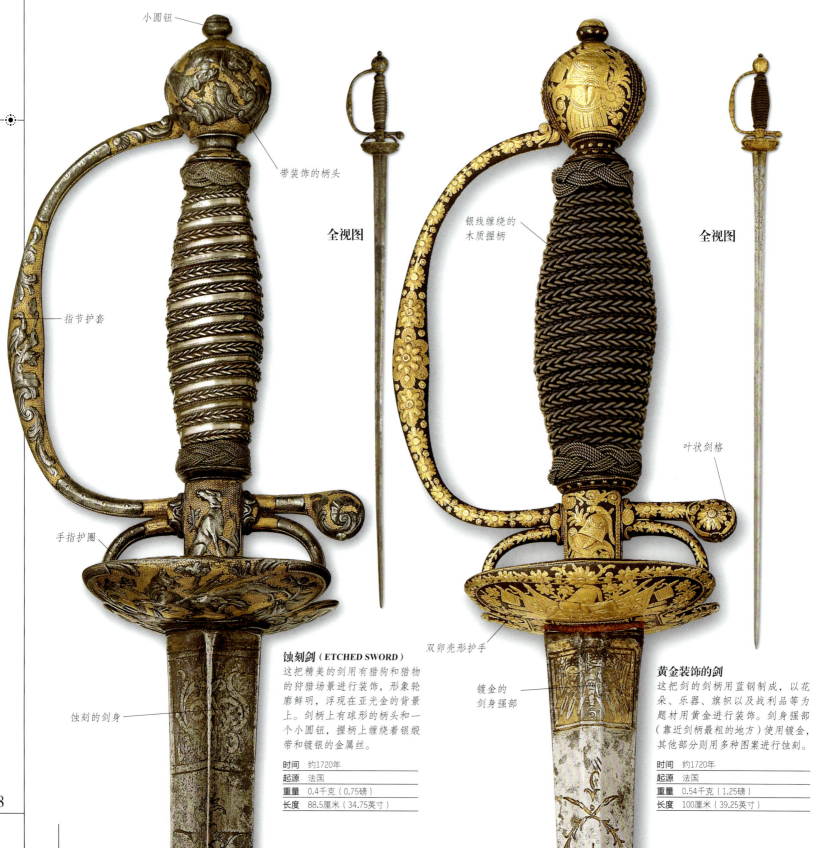

（左）小圆钮・带装饰的柄头・指节护套・手指护圈・蚀刻的剑身

蚀刻剑（ETCHED SWORD）
这把精美的剑用有猎狗和猎物的狩猎场景进行装饰，形象轮廓鲜明，浮现在亚光金的背景上。剑柄上有球形的柄头和一个小圆钮，握柄上缠绕着银缎带和镀银的金属丝。

时间	约1720年
起源	法国
重量	0.4千克（0.75磅）
长度	88.5厘米（34.75英寸）

全视图

（右）银线缠绕的木质握柄・叶状剑格・双卵壳形护手・镀金的剑身强部

黄金装饰的剑
这把剑的剑柄用蓝钢制成，以花朵、乐器、旗帜以及战利品等为题材用黄金进行装饰。剑身强部（靠近剑柄最粗的地方）使用镀金，其他部分则用多种图案进行蚀刻。

时间	约1720年
起源	法国
重量	0.54千克（1.25磅）
长度	100厘米（39.25英寸）

全视图

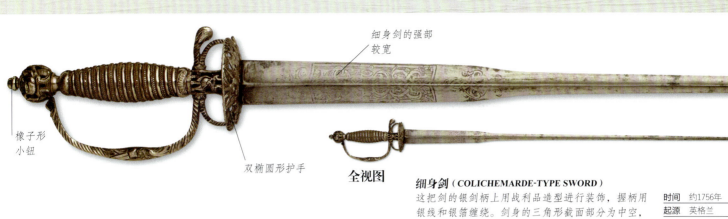

橡子形小钮 — 细身剑的强部较宽
双椭圆形护手
全视图

细身剑（COLICHEMARDE-TYPE SWORD）
这把剑的银剑柄上用战利品造型进行装饰，握柄用银线和银箔缠绕。剑身的三角形截面部分为中空，这一段剑身强部特别宽。加粗的强部用来格挡对手的剑，而剑尖部分很轻，可以提高速度且易于控制。

时间	约1756年
起源	英格兰
重量	0.45千克（1磅）
长度	99.5厘米（39.25英寸）

直剑格 — 蓝化过的剑身
水壶形柄头
线形的指节护具
椭圆形护手

全视图

带链状指节护套的剑
这把剑的特点是水壶形的柄头、用钢球串成的指节护具，以及一个有三行三角形小孔作为装饰的椭圆形护手。剑身的大部分经过蓝化处理，上面装饰有黄金。

时间	约1825年
起源	英格兰
重量	0.45千克（1磅）
长度	99厘米（39英寸）

蓝化和镀金过的强部
球形柄头
双椭圆形护手

全视图

带金握柄的剑（SWORD GILDED GRIP）
这把小剑有球形柄头和镀金握柄，加上叶形的剑格和两个对称的椭圆形护手。剑身的强部经过蓝化处理，装饰有黄金。

时间	约1770年
起源	法国
重量	0.43千克（15盎司）
长度	39.5厘米（15.5英寸）

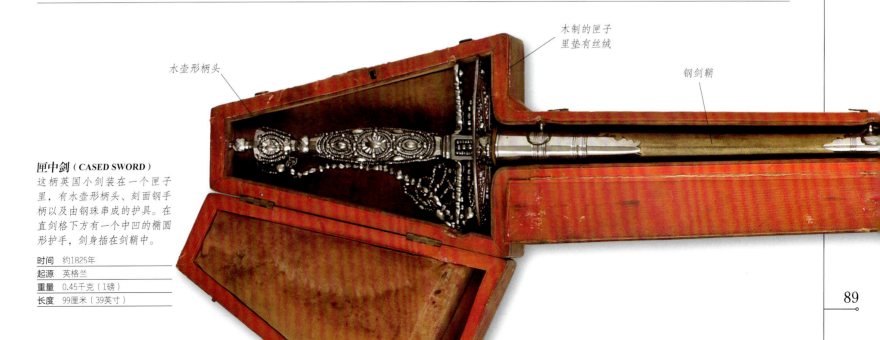

水壶形柄头 — 木制的匣子里垫有丝绒 — 钢剑鞘

匣中剑（CASED SWORD）
这柄英国小剑装在一个匣子里，有水壶形柄头、刻面钢手柄以及由钢珠串成的护具。在直剑格下方有一个中凹的椭圆形护手，剑身插在剑鞘中。

时间	约1825年
起源	英格兰
重量	0.45千克（1磅）
长度	99厘米（39英寸）

马里尼亚诺战役

1515年夏天,法国国王弗朗索瓦一世在马里尼亚诺战役中与瑞士长矛兵进行近战。地点位于现在靠近米兰的马里尼亚诺。国王墓地的浮雕上描绘的是国王与他的雇佣步兵军队。

欧洲的狩猎剑

公元 1500—1775 年

▶ 94—95 武器展示：狩猎工具袋

在16世纪，欧洲贵族开始广泛使用专用的狩猎用剑。这种剑的长度较短，常常有一点弧度，单面开刃。大多数情况下，狩猎剑用来给已经被长矛或者火枪打伤的猎物最后一击，不过有一种野猪剑也被用作主要的武器。从很多实例可以看出，狩猎剑的装饰复杂精美，经常雕刻有狩猎追逐的场景。到了18世纪，悬挂式的狩猎剑成为普通士兵格斗用剑的标准形式。

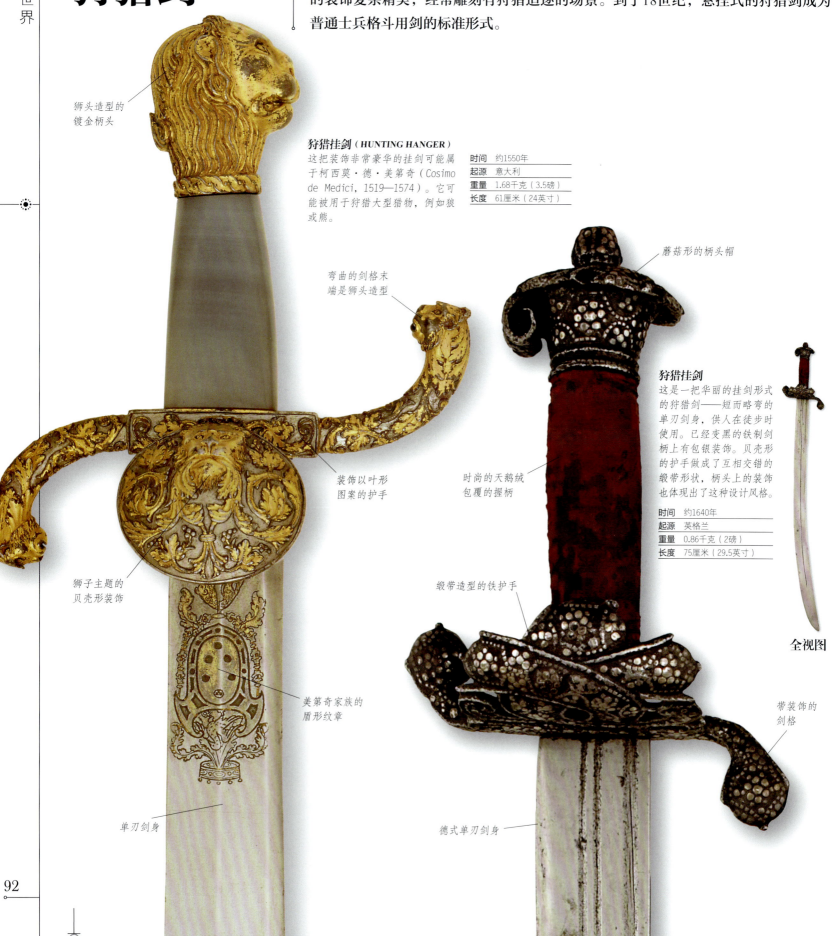

狩猎挂剑（HUNTING HANGER）
这把装饰非常豪华的挂剑可能属于柯西莫·德·美第奇（Cosimo de Medici, 1519—1574）。它可能被用于狩猎大型猎物，例如狼或熊。

时间	约1550年
起源	意大利
重量	1.68千克（3.5磅）
长度	61厘米（24英寸）

- 狮头造型的镀金柄头
- 弯曲的剑格末端是狮头造型
- 装饰以叶形图案的护手
- 狮子主题的贝壳形装饰
- 美第奇家族的盾形纹章
- 单刃剑身

狩猎挂剑
这是一把华丽的挂剑形式的狩猎剑——短而略弯的单刃剑身，供人在徒步时使用。已经变黑的铁制剑柄上有包银装饰。贝壳形的护手做成了互相交错的缎带形状，柄头上的装饰也体现出了这种设计风格。

时间	约1640年
起源	英格兰
重量	0.86千克（2磅）
长度	75厘米（29.5英寸）

- 蘑菇形的柄头帽
- 时尚的天鹅绒包覆的握柄
- 缎带造型的铁护手
- 带装饰的剑格
- 德式单刃剑身

全视图

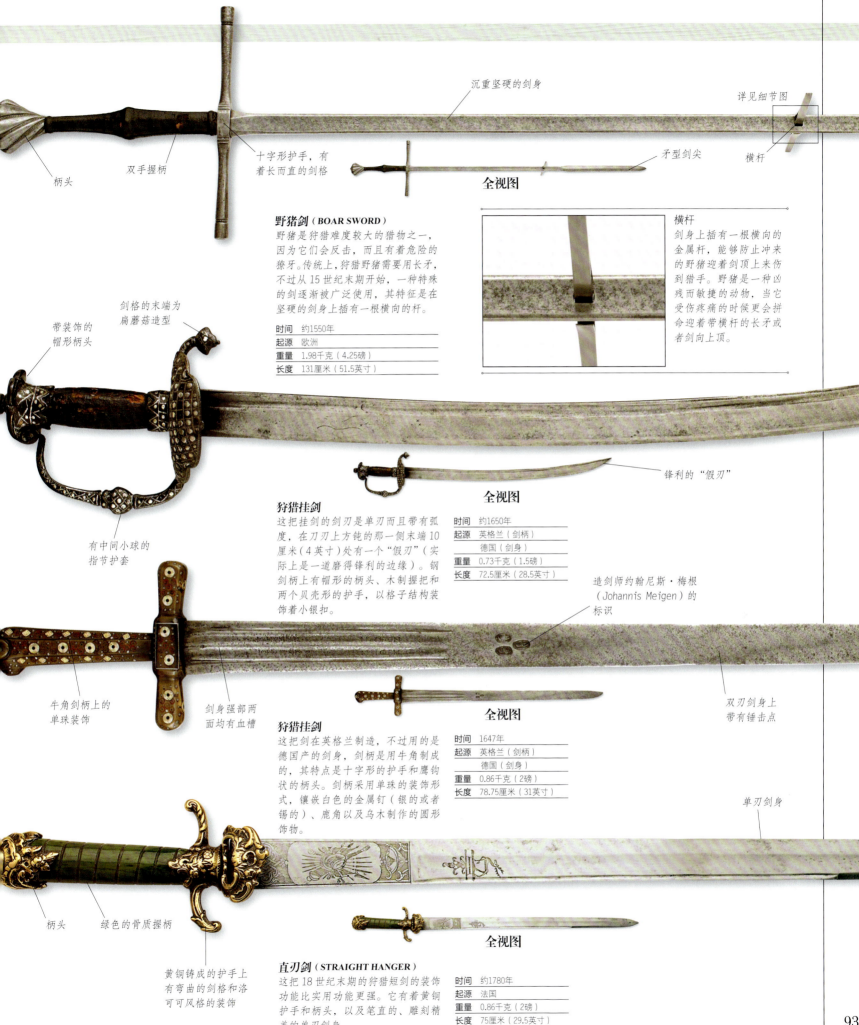

野猪剑（BOAR SWORD）
野猪是狩猎难度较大的猎物之一，因为它们会反击，而且有着危险的獠牙。传统上，狩猎野猪需要用长矛，不过从15世纪末期开始，一种特殊的剑逐渐被广泛使用，其特征是在坚硬的剑身上插有一根横向的杆。

时间	约1550年
起源	欧洲
重量	1.98千克（4.25磅）
长度	131厘米（51.5英寸）

横杆
剑身上插有一根横向的金属杆，能够防止冲来的野猪迎着剑顶上来伤到猎手。野猪是一种凶残而敏捷的动物，当它受伤疼痛的时候更会拼命迎着带横杆的长矛或者剑向上顶。

狩猎挂剑
这把挂剑的剑刃是单刃而且带有弧度，在刀刃上方钝的那一侧末端10厘米（4英寸）处有一个"假刃"（实际上是一道磨得锋利的边缘）。钢剑柄上有帽形的柄头、木制握把和两个贝壳形的护手，以格子结构装饰着小银扣。

时间	约1650年
起源	英格兰（剑柄） 德国（剑身）
重量	0.73千克（1.5磅）
长度	72.5厘米（28.5英寸）

狩猎挂剑
这把剑在英格兰制造，不过用的是德国产的剑身，剑柄是用牛角制成的，其特点是十字形的护手和鹰钩状的柄头。剑柄采用单珠的装饰形式，镶嵌白色的金属钉（银的或者锡的）、鹿角以及乌木制作的圆形饰物。

时间	1647年
起源	英格兰（剑柄） 德国（剑身）
重量	0.86千克（2磅）
长度	78.75厘米（31英寸）

直刃剑（STRAIGHT HANGER）
这把18世纪末期的狩猎短剑的装饰功能比实用功能更强。它有着黄铜护手和柄头，以及笔直的、雕刻精美的单刃剑身。

时间	约1780年
起源	法国
重量	0.86千克（2磅）
长度	75厘米（29.5英寸）

93

狩猎工具袋

在中世纪和文艺复兴时期,打猎不仅意味着将猎物摆上餐桌,同时还是一种战争的训练方式。出发前猎人们需要装备好工具袋,并将一套切割工具和用餐工具装在袋子里。一般的典型工具包括一把微型锯、小切肉刀,以及用于屠宰、处理和最后食用猎物的切肉刀。由于德国人一贯具有狩猎的传统,他们制作了许多精美的狩猎武器,这里展示的这套剑和切肉刀可能曾经属于一位17世纪后期的撒克逊猎人。

狩猎挂剑

作为狩猎剑来说这把剑比较长,其特点是有一个有趣的护手,它是用直剑格和一个S形的剑格组合而成的,靠下的剑格弯成了简单的指节护套。所有的四件工具都用叶子形的尖顶饰物进行装饰。

时间	1662年
起源	德国
重量	2.2千克(12磅)
长度	90厘米(35.2英寸)

用铜钉装饰的鹿角把手

交叉护手

叶子形的尖顶饰物

直剑格

指节护套

工具袋 (TROUSSE SCABBARD)

这个工具袋用皮革制成,用于装厚刃切刀,并且还装有四件食肉用的餐具。

其主人约翰·乔治二世(John-Geroge II)的名字缩写

狩猎砍刀 (HUNTING CLEAVER)

当用剑给受伤的猎物致命一击后,就要用这把刀来将其进行处理。这把锋利而沉重的砍刀在切开动物关节的时候会有些困难,包括野猪和鹿这类大型动物。

时间	约1662年
起源	德国
重量	1千克(2.25磅)
长度	46厘米(18英寸)

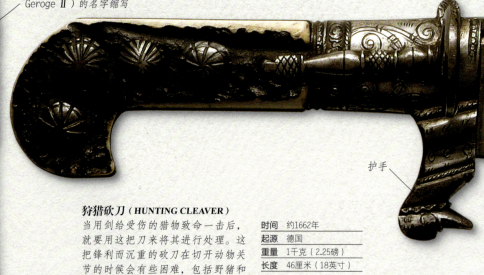

护手

制作者的标识

切肉刀

武器展示

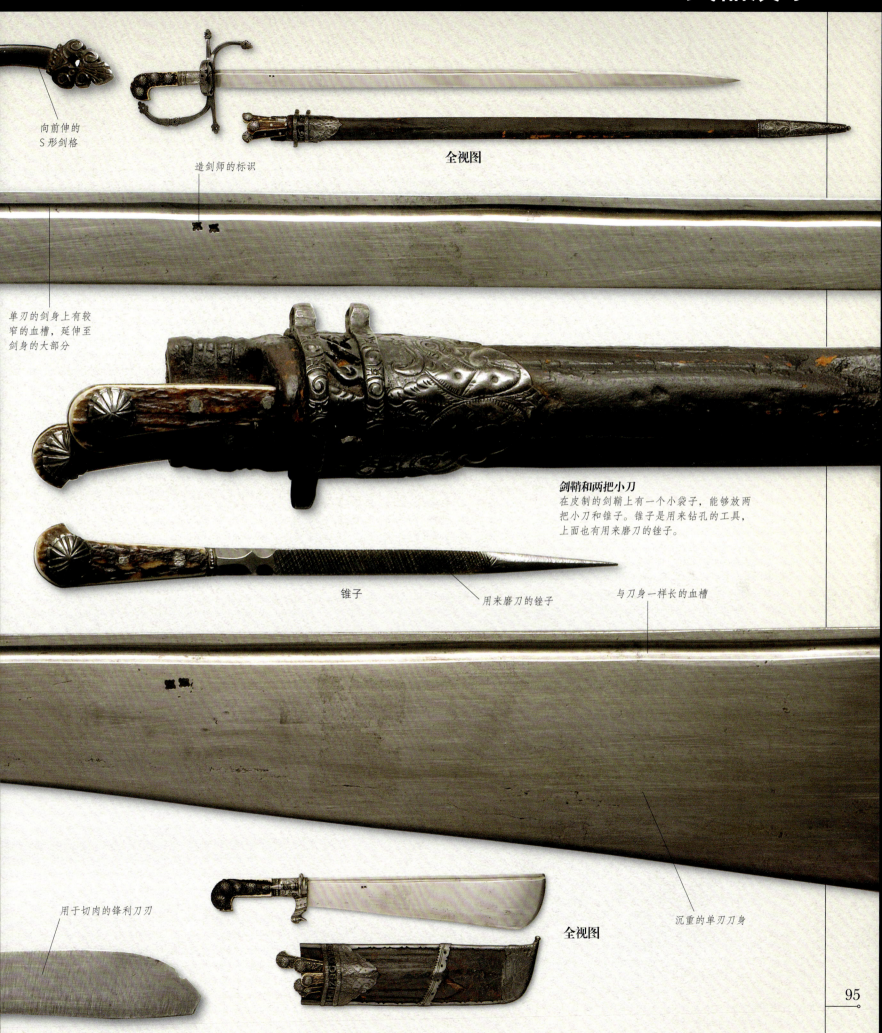

全视图

向前伸的 S 形剑格

造剑师的标识

单刃的剑身上有较窄的血槽，延伸至剑身的大部分

剑鞘和两把小刀
在皮制的剑鞘上有一个小袋子，能够放两把小刀和锥子。锥子是用来钻孔的工具，上面也有用来磨刀的锉子。

锥子

用来磨刀的锉子

与刀身一样长的血槽

沉重的单刃刀身

用于切肉的锋利刀刃

全视图

日本武士刀

日本刀的刀刃被公认是史上最上乘的制造品之一。它们的成功之处在于将坚硬的刀刃和较软的、富有弹性的芯部以及刀背巧妙地结合起来。铸剑师先用一系列复杂的工艺制造出内部的软芯，外面包覆坚硬的钢壳，然后用泥土把刀刃包起来，只将最后打算做成刀锋的薄薄的一层露出来。经过迅速的降温冷却以后这一部分变得非常坚硬，而刀身的后部冷却较慢，质地就比较软。日本刀形成了一套自己的审美观。例如，在15世纪制造锷成为独立的职业，而且这些物品凭借它们本身的魅力也成了现代的收藏品。

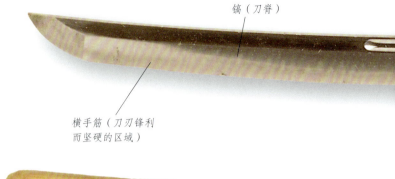

镐（刀脊）

横手筋（刀刃锋利而坚硬的区域）

缘（刀柄口的金属配件）

柄

柄头（柄头帽）

刀鞘上的棱纹装饰

武士统治者
这幅画的名字是"静山之月"，画面表现的是日本大名（军阀）丰臣秀吉（1536—1598）在战胜柴田胜家的著名战役贱岳合战（1583）爆发之前，迎着朝阳吹响了号角。这一战使他成为无可争辩的日本统治者。丰臣秀吉腰带上插着一把太刀和一把短刀（tanto）。

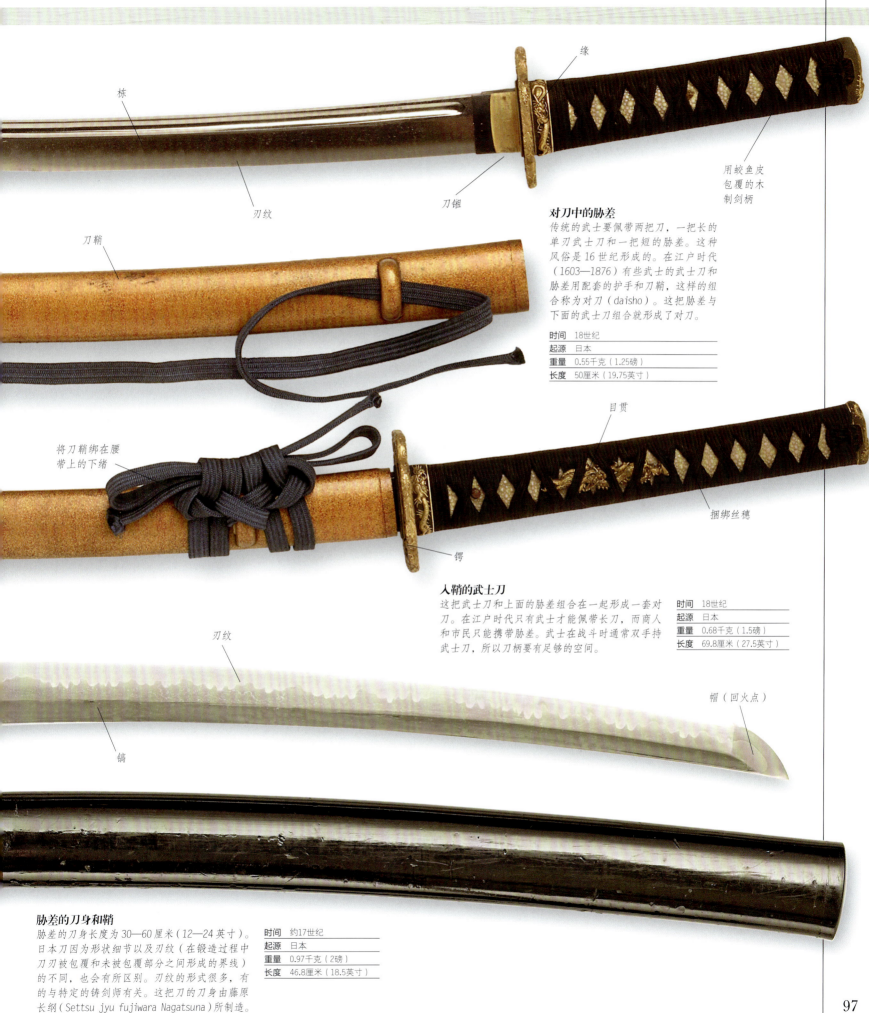

对刀中的胁差

传统的武士要佩带两把刀,一把长的单刃武士刀和一把短的胁差。这种风俗是16世纪形成的。在江户时代(1603—1876)有些武士的武士刀和胁差用配套的护手和刀鞘,这样的组合称为对刀(daisho)。这把胁差与下面的武士刀组合就形成了对刀。

时间	18世纪
起源	日本
重量	0.55千克(1.25磅)
长度	50厘米(19.75英寸)

入鞘的武士刀

这把武士刀和上面的胁差组合在一起形成一套对刀。在江户时代只有武士才能佩带长刀,而商人和市民只能携带胁差。武士在战斗时通常双手持武士刀,所以刀柄要有足够的空间。

时间	18世纪
起源	日本
重量	0.68千克(1.5磅)
长度	69.8厘米(27.5英寸)

胁差的刀身和鞘

胁差的刀身长度为30—60厘米(12—24英寸)。日本刀因为形状细节以及刃纹(在锻造过程中刀刃被包覆和未被包覆部分之间形成的界线)的不同,也会有所区别。刃纹的形式很多,有的与特定的铸剑师有关。这把刀的刀身由藤原长纲(Settsu jyu fujiwara Nagatsuna)所制造。

时间	约17世纪
起源	日本
重量	0.97千克(2磅)
长度	46.8厘米(18.5英寸)

公元1500—1775年

◀ 42—43 日本刀和中国剑　▶ 100—101 武器展示：胁差　▶ 102—103 日本武士

日本武士刀

目贯将刀柄和刀身固定起来

胁差和鞘
胁差是武士随时携带的武器，从早上醒来一直带到睡觉，甚至晚上也要放在离手很近的地方。胁差从效果上来说是一件辅助武器，但它不仅仅是武士刀以外的另一件格斗武器，还通常是旧时武士用来自决的工具。

时间	17世纪
起源	日本
重量	0.42千克（1磅）
长度	48.5厘米（19英寸）

小容器

柄头

丝线织物

在金刀鞘中的太刀
太刀的刀身长度一般超过60厘米（24英寸），比野战用的野太刀（nodachi）要短，后者一般会被扛在武士的肩膀上。太刀的刀柄与末端缠绕成传统式样的柄头相搭配。

时间	18世纪晚期
起源	日本
重量	0.68千克（1.5磅）
长度	71.5厘米（28.25英寸）

鲛鱼皮

目贯

精美的漆器刀鞘

下绪

华丽的胁差
这是一把装饰华丽的胁差复制品。真品无疑是在典礼仪式等场合作为身份的象征佩带的。刀鞘的侧面带有小刀和笄（整理头发的工具），与胁差相连。

时间	20世纪
起源	日本
重量	0.42千克（1磅）
长度	50厘米（20英寸）

在刀鞘中的军刀

在20世纪30年代的军国主义时期，日本在传统太刀的基础上为军官们生产了一种军刀。这种军刀大多数所用的是批量生产的刀身，不过其接口也可以安装传统的刀身。

时间	1933年
起源	日本
重量	0.72千克（1.5磅）
长度	68.9厘米（27英寸）

胁差

这种日本短刀（胁差）的刀柄和护手是江户时代流行的样式。它可以供武士穿便装时与长刀（太刀）配对使用，或者供商人和市民单独使用。武士需要把长刀留在门口的架子上，不过在室内仍然可以佩带胁差。刀的配件（刀柄及护手）和刀刃是互相独立的。富人可能会给一个刀身配备多套配件，根据不同的场合选择最为合适的样式。配件的多少是佩带者是否富裕的外在表现。

木刀（SUNAGI）
当配件没有装在刀身上的时候，它们会被装在一个木制的刀身和刀柄的复制品上，称为木刀。木刀与配件分开时会被装在一个简易的木制剑鞘里，称为白鞘（shirasaya）。

时间	17世纪
起源	日本
重量	0.49千克（1磅）
长度	53.4厘米（21英寸）

目钉（MEKUGI）
目钉是一个销钉，用于穿过刀柄和茎（柄脚）上相对应的孔，把刀柄固定在茎上。目钉一般是用竹子做成的，不过有时候也用兽角或者象牙制成。

刀身
刀身是刀的核心部分。将其坚硬、锋利的刀刃和较软、有弹性的芯部以及背部制造出来是一件复杂的但颇具技巧性的工作。刀刃的延伸部分一般都刻有制造师的签名，这把刀上的签名是九州岛肥前国的藤原忠广。

柄脚　目钉穴　刃区（刃部的凹口）

栋区（背部的凹口）

柄头　鲛鱼皮　目贯

刀锔（HABAKI）
刀锔与其说是一种配件，倒不如说是刀身的一部分。它从茎上穿过，卡在刀刃的凹槽上。

柄（TSUKA）
柄是用木兰木制成的，内部的凹槽与茎的形状完全吻合。其上覆盖的鲛鱼皮十分昂贵，所以或许设计丝穗上的菱形开口就是为了能够看到它。装饰的目贯也有一定的实用性，能够在握刀的时候帮助填满手心。

丝穗带　目钉穴　缘

锷和切羽
金属护手或者锷的中央有孔供茎穿过，侧面也有孔供小刀和笄穿过。铜制的护柄垫片（seppa，切羽）在锷两侧各有一个。锷上以镶金或镶银进行装饰。

切羽（在锔和锷、锷和缘之间的金属垫片）

锷

小刀穿过的孔　茎穿过的孔

笄穿过的孔

武器展示

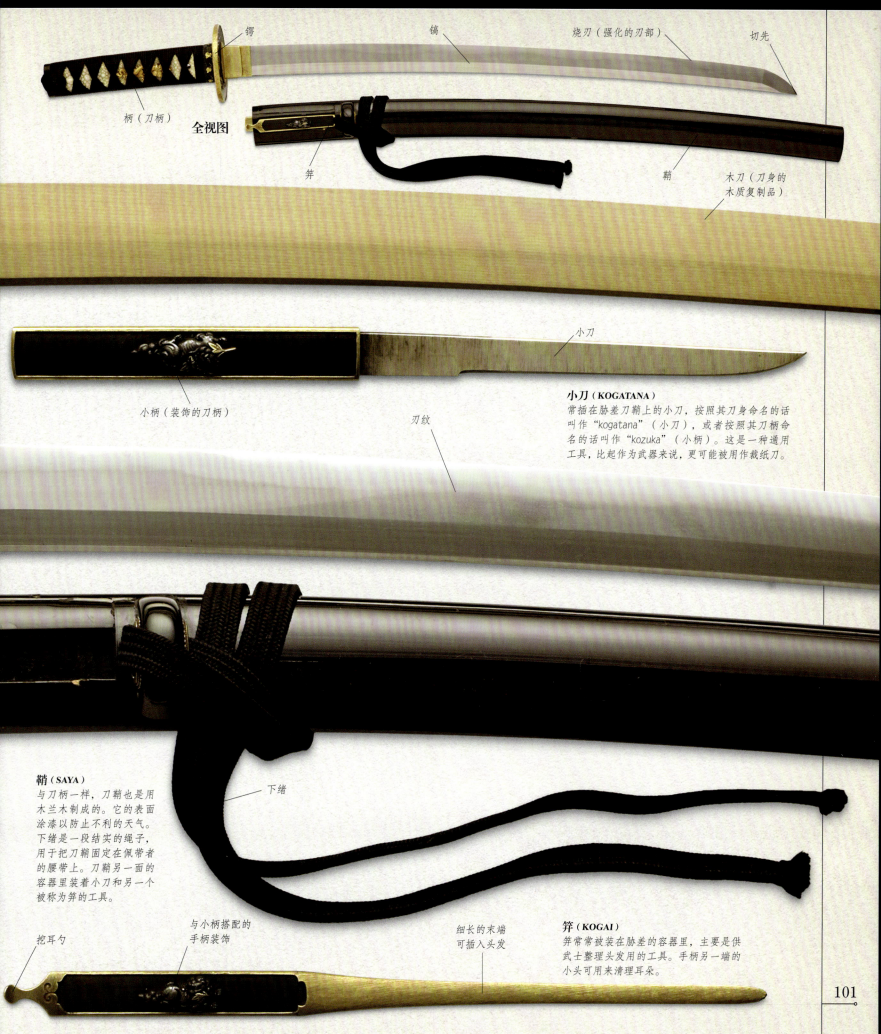

锷　　镐　　烧刃（强化的刃部）　　切先

柄（刀柄）　全视图　　笄　　鞘　　木刀（刀身的木质复制品）

小刀

小刀（KOGATANA）
常插在胁差刀鞘上的小刀，按照其刀身命名的话叫作"kogatana"（小刀），或者按照其刀柄命名的话叫作"kozuka"（小柄）。这是一种通用工具，比起作为武器来说，更可能被用作裁纸刀。

小柄（装饰的刀柄）　　刃纹

鞘（SAYA）
与刀柄一样，刀鞘也是用木兰木制成的。它的表面涂漆以防止不利的天气。下绪是一段结实的绳子，用于把刀鞘固定在佩带者的腰带上。刀鞘另一面的容器里装着小刀和另一个被称为笄的工具。

下绪

挖耳勺　　与小柄搭配的手柄装饰　　细长的末端可插入头发

笄（KOGAI）
笄常常被装在胁差的容器里，主要是供武士整理头发用的工具。手柄另一端的小头可用来清理耳朵。

日本武士

武士最初是为天皇或贵族而战的,到了12世纪已经发展成为统治日本社会的精英战士。幕府时代开始于1185年,标志着日本出现了武士统治者,而天皇变成了名义上的国家元首。在武士集团和大名之间发生了长达数个世纪的内战,直到17世纪初德川幕府的建立为日本带来了和平,武士集团才开始减少——精英战士们已经无仗可打了。

进化的战士们

总的来说,早期的武士都是弓箭手。直到13世纪刀才取代弓成为武士的主要武器。日本早期的武士战争通常体现的是个人主义,而且十分程式化。当列好战线以后,带队的武将向主要的敌人发起挑战,使用很长且华丽的辞藻进行骂阵,然后向前飞驰射箭。采用这种战斗模式的原因是基于这样的事实,即除了1274年和1281年蒙古人的两次登陆,日本中世纪的武士只能互相进行战斗。武士们通过程式化的战斗,程式化地战死。因为作为一种传统,战败的武士必须自决,比起战场上的胜利,一个光荣的死亡更为可贵。

从1467年到1615年的战国时期,武士的战斗变得越来越实用、有组织且极具个性。由于大名之间持续地发生战争,武士在大军中作战,有时是作为步兵,有时是骑兵,由从平民中挑选出的有纪律的足轻(即步兵)作为支援。武士们集体放弃了弓箭,转而依赖他们的刀和长矛,弓箭则变成了足轻使用的武器。

命运的射手

源义平(Minamoto Yoshihira)拉满他的弓,那是早期武士的主要武器。1160年的平治之乱失败后,源义平被他的对手平氏俘获并处决。

源赖政

人们认为源赖政(Minamoto Yorimasa)是武士自决形式的始作俑者。在1180年,他已是一位70多岁的老将了,带领着源氏军团在源平合战(1180—1185)的开始阶段对抗平氏。源赖政在宇治川之战中被打败并退守到一座神庙中,在那里他在扇子的背面写了一首优美的诗,然后用短刀自决了。

穿着礼服的源赖政

武士的盔甲

这件武士盔甲是12至14世纪占主导地位的大铠（o-yoroi）的式样。日本的盔甲在保护功能之外，同样给人留下深刻的印象。

- 锹形（带角的冠饰）
- 吹返（护颊）
- 面颊（华丽的面具）
- 袖（护肩）
- 涂漆的甲片，边缘装饰丝和皮革
- 鞋的形式反映了武士的等级
- 胴当

精英力量

随着火器的出现，武士在战场上的统治地位受到了挑战——织田信长将军为他的足轻装备了火绳钩枪，在1575年的长筱合战中发挥了巨大的作用。不过武士仍然是一支精英力量，战国时期他们的职业化并不禁止决斗，个人刀术可以成为传奇性的技艺。他们中的许多人成为浪人，也就是没有主人的流浪武士，其指导手册《五轮书》（*The Book of Five Rings*）将武士刀术的奥秘代代相传了下来。

在德川家族取得决定性胜利之后，日本迎来了长期的和平，但武士阶层仍然是一个特权阶层，拥有携带武器的权力。武士的行为准则就是在这个时期变成了武士道精神，强调忠诚与美德，以及将牺牲和死亡看作是生命的最高价值。明治维新之后，武士阶层在1876年被正式解散。

集团战斗
在源平合战中，源氏和平氏的军队在一场战役中用刀混战。最终源氏获得胜利，建立了镰仓幕府。

> "武士绝不能被羞辱，或者害怕死亡……
> 我将把全国的军力挡在这里，光荣地迎接
> 死亡。"

武士鸟居元忠（Torii Mototada），伏见城围攻战，1600年

战斗工具

- 太刀和鞘
- 胁差短刀和鞘
- 后期的武士长矛

公元 1500—1775 年

▶ 110—111 亚洲短剑　▶ 170—171 印度的刀剑　▶ 172—173 印度和尼泊尔的匕首

印度和斯里兰卡的刀剑

16世纪从印度北部建立的莫卧儿帝国传出的雕刻精美的刀剑，在整个伊斯兰地区都有发现。这些塔瓦和舍施尔都是极好的砍切工具，从形式上和功能上都堪称完美。虽然许多印度王子使用塔瓦，可传统的印度直刃剑（坎达剑）仍然在生产。到了18世纪，印度的许多剑身都从欧洲进口，那里的制造商按照印度的设计风格进行生产。

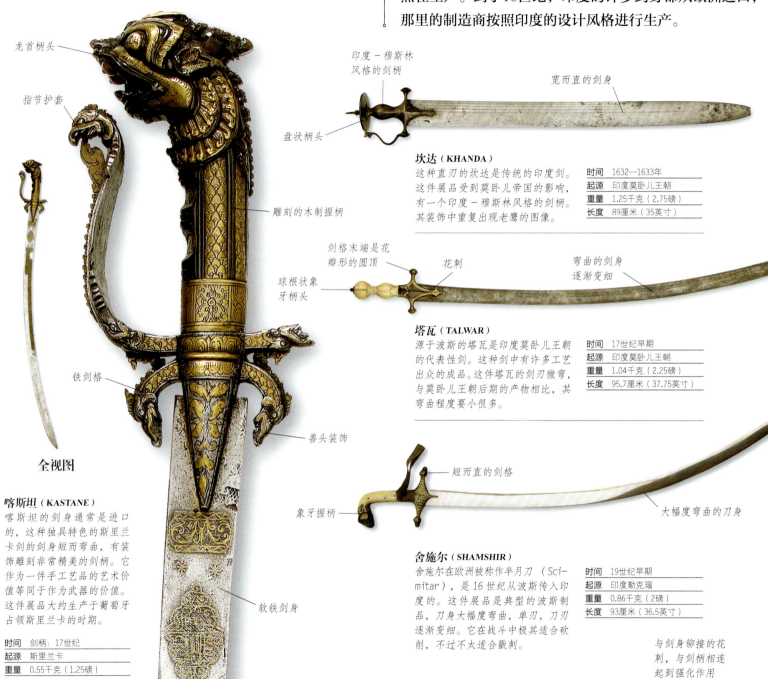

- 龙首柄头
- 指节护套
- 印度-穆斯林风格的剑柄
- 盘状柄头
- 宽而直的剑身

坎达（KHANDA）
这种直刃的坎达是传统的印度剑。这件展品受到莫卧儿帝国的影响，有一个印度-穆斯林风格的剑柄。其装饰中重复出现老鹰的图像。

时间	1632—1633年
起源	印度莫卧儿王朝
重量	1.25千克（2.75磅）
长度	89厘米（35英寸）

- 雕刻的木制握柄
- 剑格末端是花瓣形的圆顶
- 花刺
- 弯曲的剑身逐渐变细
- 球根状象牙柄头

塔瓦（TALWAR）
源于波斯的塔瓦是印度莫卧儿王朝的代表性剑。这种剑中有许多工艺出众的成品。这件塔瓦的剑刃微弯，与莫卧儿王朝后期的产物相比，其弯曲程度要小很多。

时间	17世纪早期
起源	印度莫卧儿王朝
重量	1.04千克（2.25磅）
长度	95.7厘米（37.75英寸）

- 铁剑格
- 兽头装饰
- 短而直的剑格
- 象牙握柄
- 大幅度弯曲的刀身

全视图

喀斯坦（KASTANE）
喀斯坦的剑身通常是进口的，这种独具特色的斯里兰卡剑的剑身短而弯曲，有装饰雕刻非常精美的剑柄。它作为一件手工艺品的艺术价值等同于作为武器的价值。这件展品大约生产于葡萄牙占领斯里兰卡的时期。

时间	剑柄：17世纪
起源	斯里兰卡
重量	0.55千克（1.25磅）
长度	92厘米（36.25英寸）

舍施尔（SHAMSHIR）
舍施尔在欧洲被称作半月刀（Scimitar），是16世纪从波斯传入印度的。这件展品是典型的波斯制品，刀身大幅度弯曲，单刃，刀刃逐渐变细。它在战斗中极其适合砍削，不过不太适合戳刺。

时间	19世纪早期
起源	印度勒克瑙
重量	0.86千克（2磅）
长度	93厘米（36.5英寸）

- 软铁剑身
- 双刃剑身
- 镶铜线的装饰
- 与剑身铆接的花刺，与剑柄相连起到强化作用

全视图

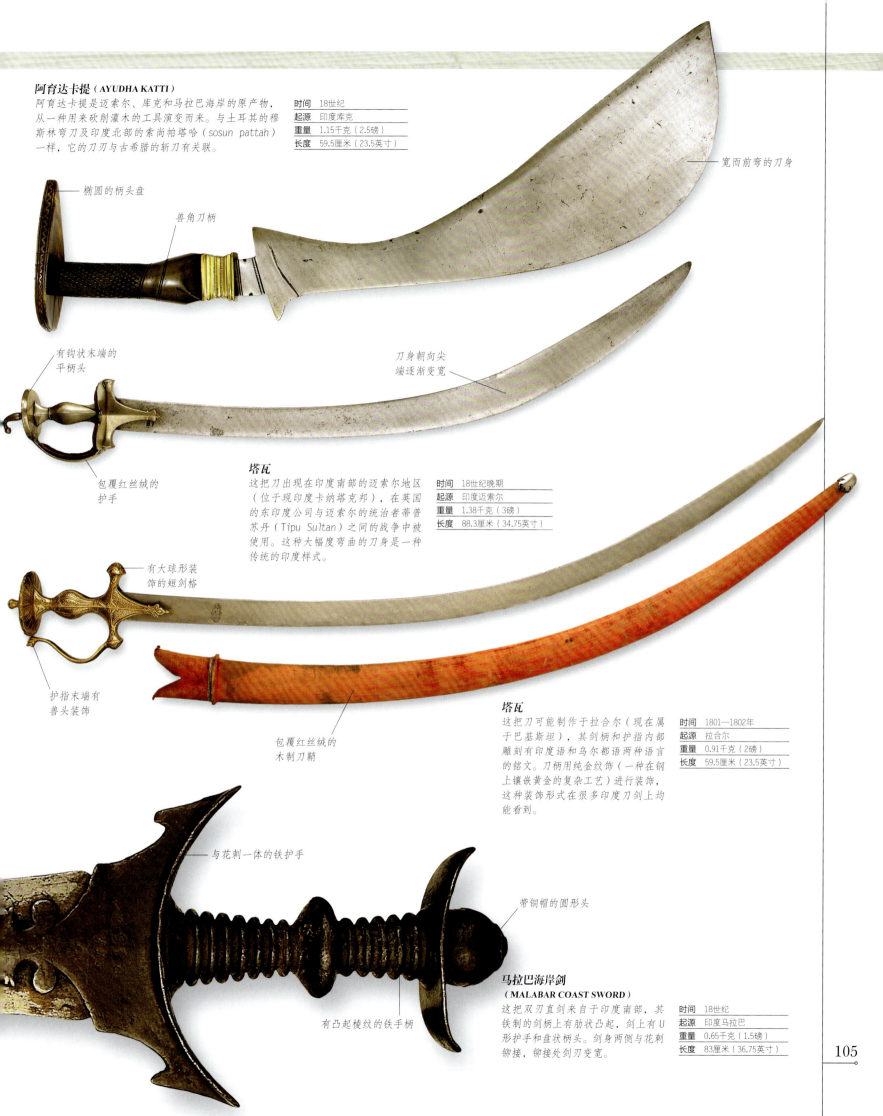

阿育达卡提（AYUDHA KATTI）

阿育达卡提是迈索尔、库克和马拉巴海岸的原产物，从一种用来砍削灌木的工具演变而来。与土耳其的穆斯林弯刀及印度北部的索尚帕塔哈（sosun pattah）一样，它的刀刃与古希腊的斩刀有关联。

时间	18世纪
起源	印度库克
重量	1.15千克（2.5磅）
长度	59.5厘米（23.5英寸）

- 椭圆的柄头盘
- 兽角刀柄
- 宽而前弯的刀身

- 有钩状末端的平柄头
- 刀身朝向尖端逐渐变宽
- 包覆红丝绒的护手

塔瓦

这把刀出现在印度南部的迈索尔地区（位于现印度卡纳塔克邦），在英国的东印度公司与迈索尔的统治者蒂普苏丹（Tipu Sultan）之间的战争中被使用。这种大幅度弯曲的刀身是一种传统的印度样式。

时间	18世纪晚期
起源	印度迈索尔
重量	1.38千克（3磅）
长度	88.3厘米（34.75英寸）

- 有大球形装饰的短剑格
- 护指末端有兽头装饰
- 包覆红丝绒的木制刀鞘

塔瓦

这把刀可能制作于拉合尔（现在属于巴基斯坦），其剑柄和护指内部雕刻有印度语和乌尔都语两种语言的铭文。刀柄用纯金纹饰（一种在钢上镶嵌黄金的复杂工艺）进行装饰，这种装饰形式在很多印度刀剑上均能看到。

时间	1801—1802年
起源	拉合尔
重量	0.91千克（2磅）
长度	59.5厘米（23.5英寸）

- 与花刺一体的铁护手
- 带铜帽的圆形头
- 有凸起棱纹的铁手柄

马拉巴海岸剑（MALABAR COAST SWORD）

这把双刃直剑来自于印度南部，其铁制的剑柄上有肋状凸起，剑上有U形护手和盘状柄头。剑身两侧与花刺铆接，铆接处剑刃变宽。

时间	18世纪
起源	印度马拉巴
重量	0.65千克（1.5磅）
长度	83厘米（36.75英寸）

欧洲短剑

从16世纪至17世纪，短剑的主要作用是作为防身武器。后来演变出了一些新的样式，例如左手剑（也称作挡剑短剑、左手短剑、左手刺剑）。正如其名所示，这种短剑是用左手握持的攻击性武器，与右手使用的长剑或细剑相配合。左手短剑可以挡住对手刀剑的戳刺和砍削，其单独使用时也是极具攻击性的武器。刺刀是短剑的另一种改型，直到今天仍然在使用。

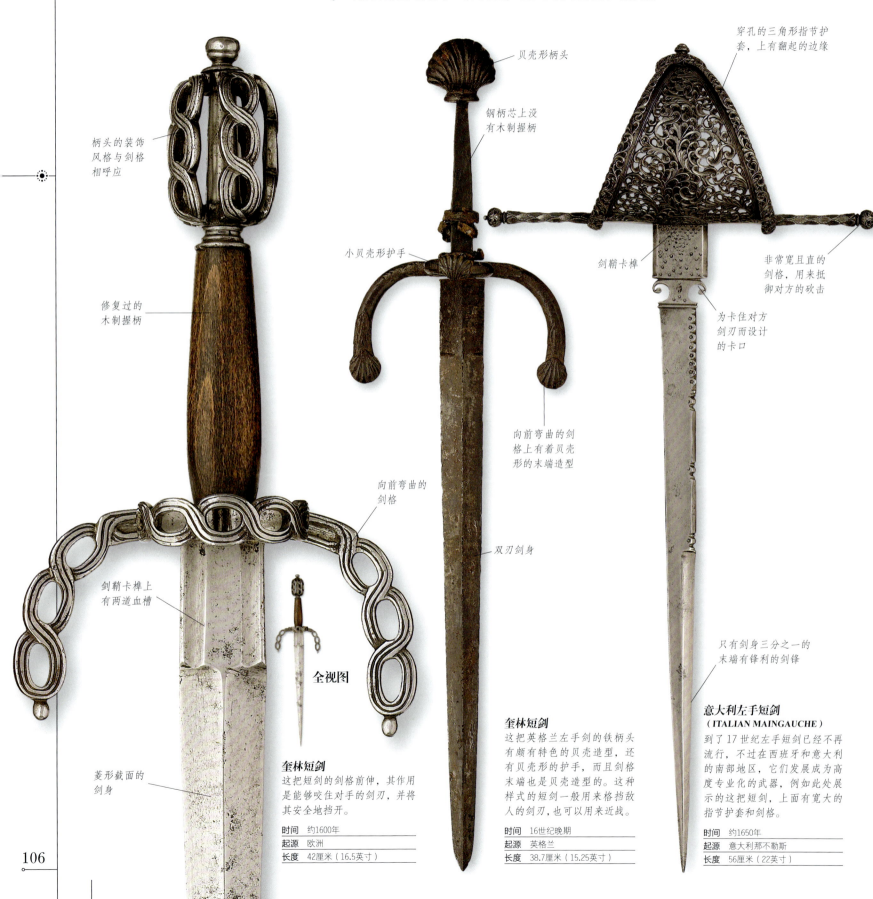

奎林短剑
这把短剑的剑格前伸，其作用是能够咬住对手的剑刃，并将其安全地挡开。
时间　约1600年
起源　欧洲
长度　42厘米（16.5英寸）

奎林短剑
这把英格兰左手剑的铁柄头有颇有特色的贝壳造型，还有贝壳形的护手，而且剑格末端也是贝壳造型的。这种样式的短剑一般用来格挡敌人的剑刃，也可以用来近战。
时间　16世纪晚期
起源　英格兰
长度　38.7厘米（15.25英寸）

意大利左手短剑
（ITALIAN MAINGAUCHE）
到了17世纪左手短剑已经不再流行，不过在西班牙和意大利的南部地区，它们发展成为高度专业化的武器，例如此处展示的这把短剑，上面有宽大的指节护套和剑格。
时间　约1650年
起源　意大利那不勒斯
长度　56厘米（22英寸）

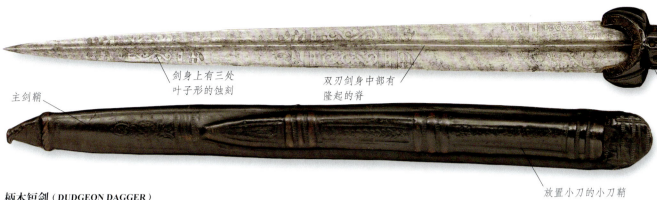

柄木短剑（DUDGEON DAGGER）

柄木短剑是中世纪时期巴洛克短剑的后代，其设计在16世纪末期越来越趋向于苏格兰风格。它的标志性特点是木制握柄和剑身上的叶状装饰。其主剑鞘上通常有个小刀鞘，用来放置小刀。

时间	约1603年
起源	苏格兰
长度	35.4厘米（14英寸）

高地短剑（HIGHLAND DIRK）

在16世纪至17世纪，苏格兰高地人用未经装饰的朴素短剑武装自己。与柄木短剑类似，这种短剑也是从巴洛克短剑发展而来的。到了18世纪晚期，短剑在形式上变得更加讲究，常用银柄头帽和银箍进行装饰。

时间	18世纪早期
起源	苏格兰
长度	30—45厘米（12—18英寸）

奎林短剑

这件剑格向前弯的武器是一把典型的左手短剑。除了剑格以外，其主要特征包括带有垂直凹槽的桶形柄头，缠绕铁线的木质握柄，以及从十字形护手上突出的环形结构，用以保护使用者的手。

时间	16世纪晚期
起源	欧洲
长度	48.1厘米（19英寸）

锥子剑（STILETTO）

锥子剑是一种著名的"刺客武器"，在16至17世纪的意大利很流行。因为它既长又细，易于隐藏，三棱或者四棱剑刃能够轻易穿透人体。尖细的顶端甚至能够刺透锁子甲，洞穿板甲的缝隙。

时间	16世纪晚期
起源	意大利
长度	30厘米（11.75英寸）

欧洲短剑

◀ 44—45 欧洲短剑　▶ 174—175 欧洲和美国的刺刀　▶ 276—277 刺刀和刀（1914—1945）

公元1500—1775年

破刃剑（SWORD-BREAKER）

有一种非常特殊的左手短剑，名为"破刃剑"。其梳子形的剑身专门设计用来咬住敌人的剑，然后转动手腕将其从敌人手中夺下，这种剑甚至可以用来折断剑刃。

时间	约1660年
起源	意大利
重量	0.81千克（1.75磅）
长度	50.8厘米（20英寸）

赠品短剑

这把装饰极为华贵的短剑是巴黎市送给法国国王亨利四世的礼物，以庆贺他与玛丽·德·美第奇（Marie de Medici）的婚礼。这把剑通体覆盖椭圆形的珍珠母小片，并镶以金线。

时间	1598—1600年
起源	法国
重量	0.81千克（1.75磅）
长度	50.8厘米（20英寸）

奎林短剑

这把德国短剑有直剑格和锯齿形剑刃，剑身上有穿孔的血槽。它主要用来格挡对手的剑。

时间	约1600年
起源	德国
重量	0.75千克（1.5磅）
长度	50厘米（19.5英寸）

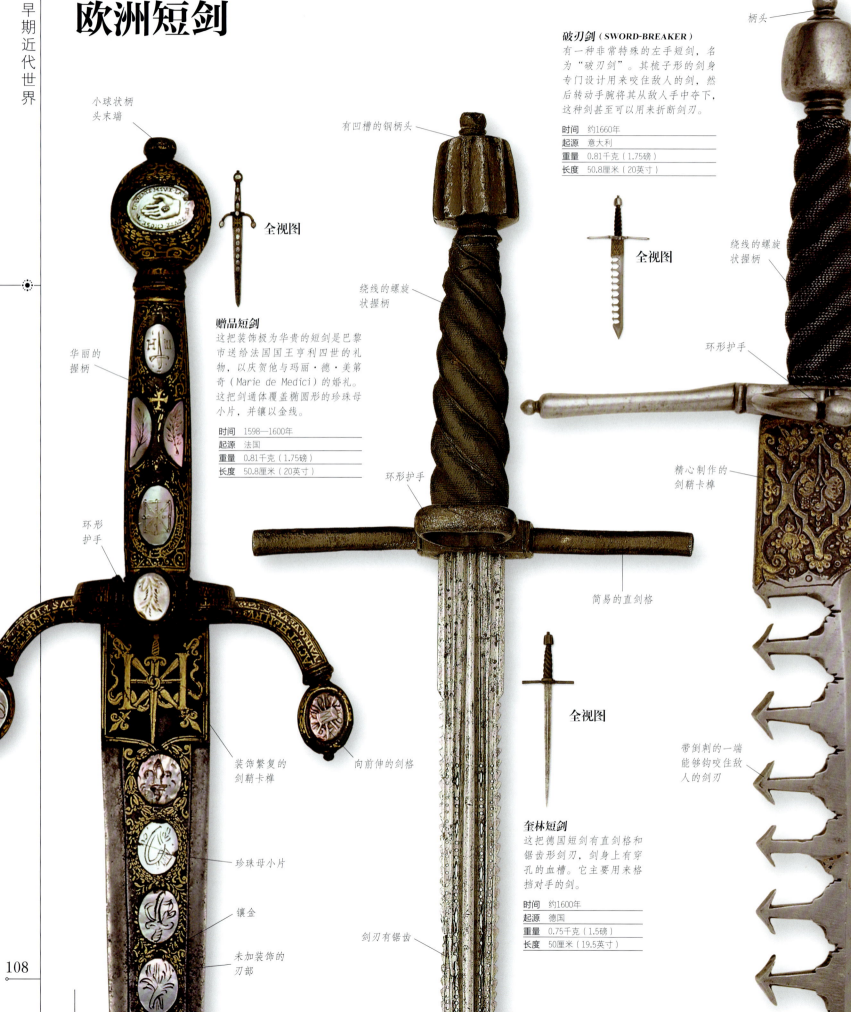

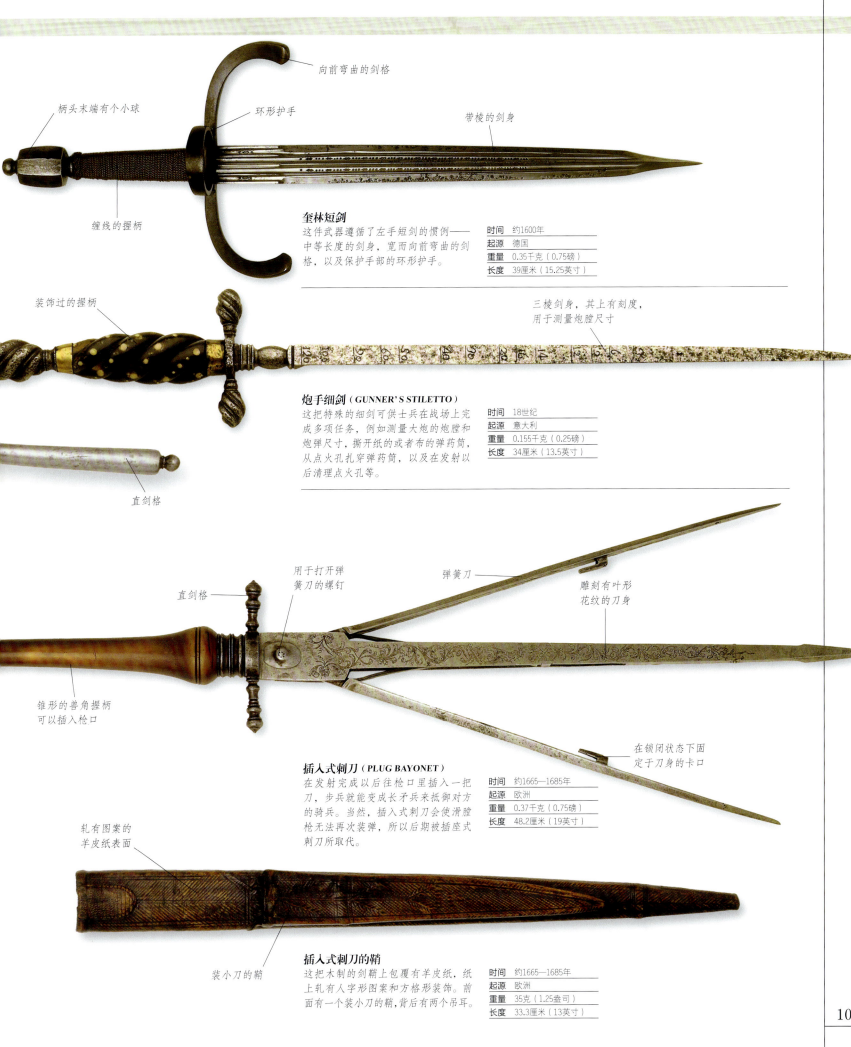

奎林短剑

这件武器遵循了左手短剑的惯例——中等长度的剑身，宽而向前弯曲的剑格，以及保护手部的环形护手。

时间	约1600年
起源	德国
重量	0.35千克（0.75磅）
长度	39厘米（15.25英寸）

炮手细剑（GUNNER'S STILETTO）

这把特殊的细剑可供士兵在战场上完成多项任务，例如测量大炮的炮膛和炮弹尺寸，撕开纸的或者布的弹药筒，从点火孔扎穿弹药筒，以及在发射以后清理点火孔等。

时间	18世纪
起源	意大利
重量	0.155千克（0.25磅）
长度	34厘米（13.5英寸）

插入式刺刀（PLUG BAYONET）

在发射完成以后往枪口里插入一把刀，步兵就能变成长矛兵来抵御对方的骑兵。当然，插入式刺刀会使滑膛枪无法再次装弹，所以后期被插座式刺刀所取代。

时间	约1665—1685年
起源	欧洲
重量	0.37千克（0.75磅）
长度	48.2厘米（19英寸）

插入式刺刀的鞘

这把木制的剑鞘上包覆有羊皮纸，纸上轧有人字形图案和方格形装饰。前面有一个装小刀的鞘，背后有两个吊耳。

时间	约1665—1685年
起源	欧洲
重量	35克（1.25盎司）
长度	33.3厘米（13英寸）

亚洲短剑

公元1500—1775年

◀ 106—109 欧洲短剑　▶ 172—173 印度和尼泊尔的匕首　▶ 276—277 刺刀和刀（1914—1945）

从16世纪至18世纪早期，印度大部分地区处于莫卧儿帝国的统治之下。印度次大陆的短剑以其精良的制作工艺、精美的装饰以及别具一格的形式引人注目。有些短剑是从伊斯兰地区进口的，例如卡德；另外的一些，包括卡塔尔，都有着独特的印度血统。短剑一般是印度的王子贵族们携带用于防身、打猎以及对外夸示的武器，它们在战斗中主要用于近身格斗，能够刺穿印度武士穿的锁子甲。

印度卡德（INDIAN KARD）

这种直刃的单刃武器源于波斯，在18世纪大部分的伊斯兰地区，从奥斯曼土耳其帝国到印度莫卧儿王朝都有使用。它主要用作戳刺。这件展品上刻有制作者的名字：穆罕默德·巴其尔（Muhammad Baqir）。

时间	1710—1711年
起源	印度
重量	0.34千克（0.75磅）
长度	38.5厘米（15.25英寸）

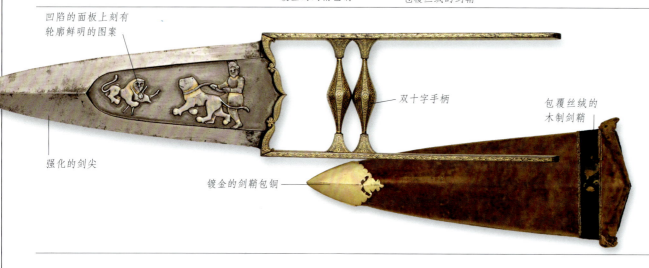

印度卡塔尔（INDIAN KATAR）

武士们使用这把印度短剑时要先抓住十字手柄，然后握拳，让剑柄两侧的框条位于他的手和前臂两侧。然后将刀刃置于水平状态，就可以用出拳的姿势进行戳刺。卡塔尔的外形在几百年里没有大的变化，这件展品产自于19世纪。

时间	19世纪早期
起源	印度
重量	0.57千克（1.25磅）
长度	42.1厘米（16.75英寸）

印度卡塔尔

这把卡塔尔及其剑鞘都用精美的动物图案进行装饰，是一件夸示财富的奢侈品。尽管装饰华丽，不过它仍然是一件实用的近战武器。使用这把双刃剑用力一击可以刺穿锁子甲。

时间	1759—1760年
起源	印度
重量	0.5千克（1磅）
长度	44.6厘米（17.5英寸）

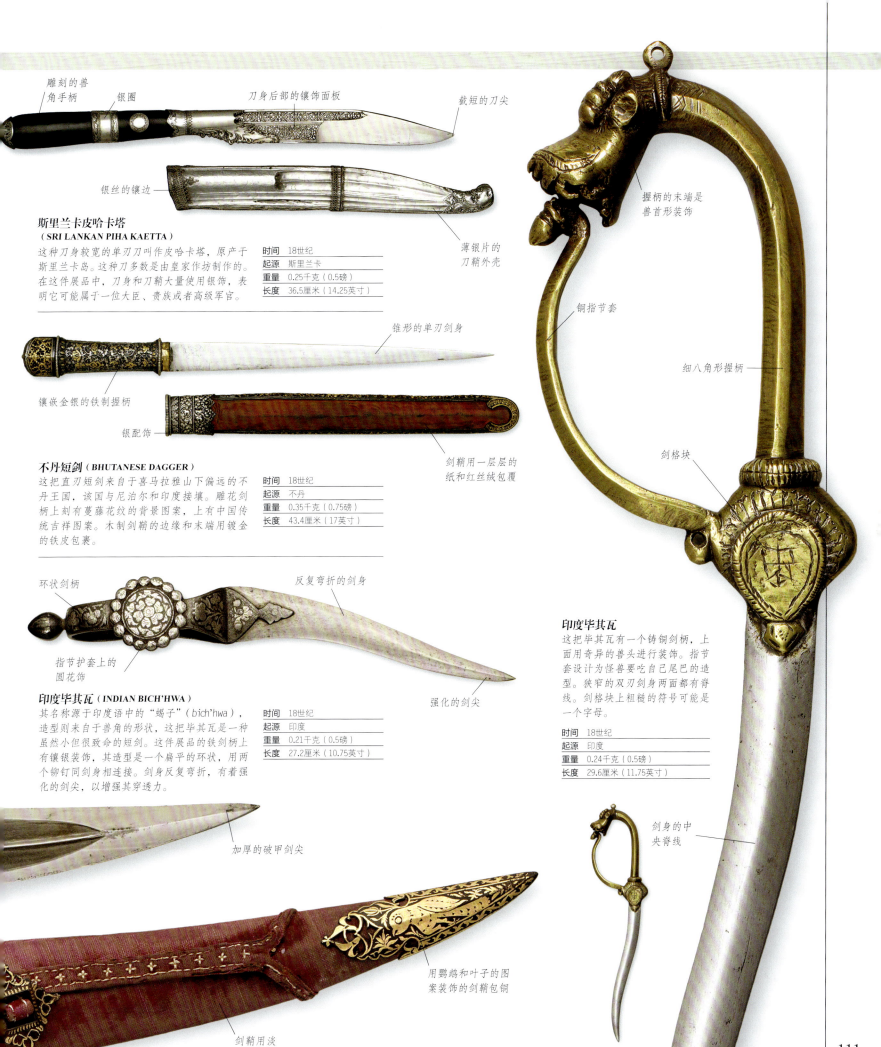

斯里兰卡皮哈卡塔（SRI LANKAN PIHA KAETTA）

这种刀身较宽的单刃刀叫作皮哈卡塔，原产于斯里兰卡岛。这种刀多数是由皇家作坊制作的。在这件展品中，刀身和刀鞘大量使用银饰，表明它可能属于一位大臣、贵族或者高级军官。

时间	18世纪
起源	斯里兰卡
重量	0.25千克（0.5磅）
长度	36.5厘米（14.25英寸）

不丹短剑（BHUTANESE DAGGER）

这把直刃短剑来自于喜马拉雅山下偏远的不丹王国，该国与尼泊尔和印度接壤。雕花剑柄上刻有蔓藤花纹的背景图案，上有中国传统吉祥图案。木制剑鞘的边缘和末端用镀金的铁皮包裹。

时间	18世纪
起源	不丹
重量	0.35千克（0.75磅）
长度	43.4厘米（17英寸）

印度毕其瓦（INDIAN BICH'HWA）

其名称源于印度语中的"蝎子"（bich'hwa），造型则来自于兽角的形状，这把毕其瓦是一种虽然小但很致命的短剑。这件展品的铁剑柄上有镶银装饰，其造型是一个扁平的环状，用两个铆钉同剑身相连接。剑身反复弯折，有着强化的剑尖，以增强其穿透力。

时间	18世纪
起源	印度
重量	0.21千克（0.5磅）
长度	27.2厘米（10.75英寸）

印度毕其瓦

这把毕其瓦有一个铸铜剑柄，上面用奇异的兽头进行装饰。指节套设计为怪兽要吃自己尾巴的造型。狭窄的双刃剑身两面都有脊线。剑格块上粗糙的符号可能是一个字母。

时间	18世纪
起源	印度
重量	0.24千克（0.5磅）
长度	29.6厘米（11.75英寸）

全视图

公元 1500—1775 年

◀ 48—49 欧洲的长兵器　　◀ 50—51 亚洲的长兵器　　▶ 116—117 欧洲的双手长兵器

欧洲的单手长兵器

单手杖类武器主要是骑兵使用的，它们的作用是破坏敌人的板甲或者给敌人造成内部伤害。虽然战锤的尖端可以穿透盔甲的缝隙，但它们仍然是一种简单而残忍的武器。尽管本质上和棍棒类似，可许多这类武器都属于贵族所有，还被精心加上了复杂的装饰。

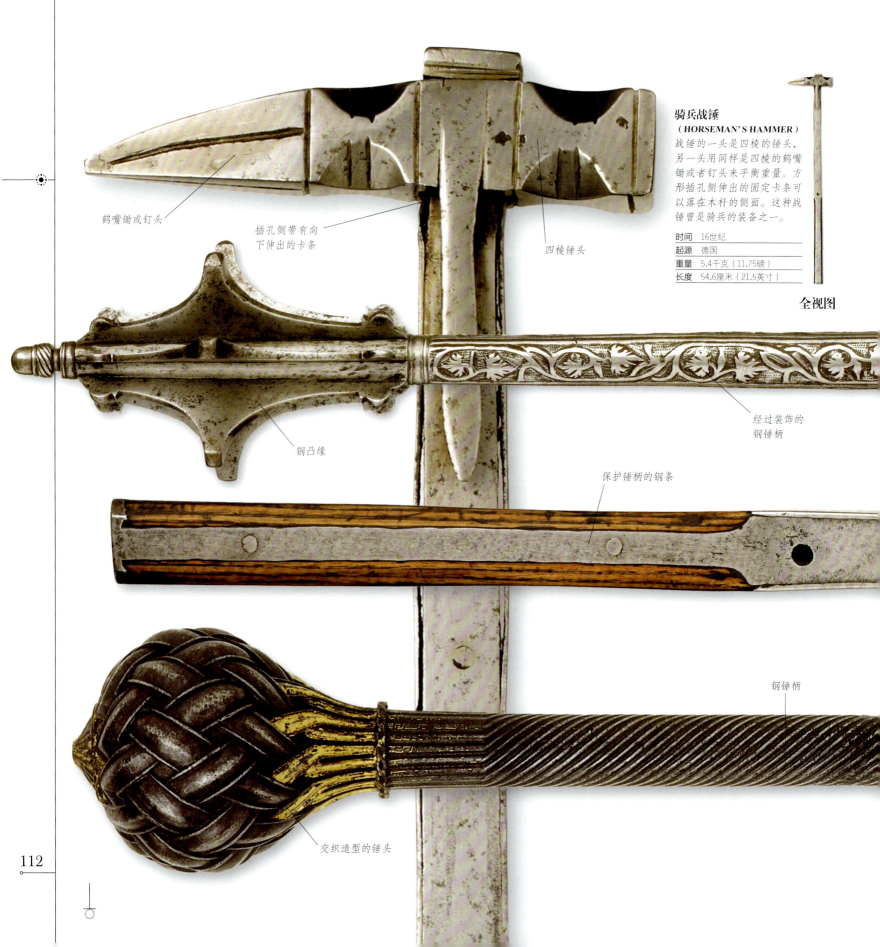

骑兵战锤
（HORSEMAN'S HAMMER）
战锤的一头是四棱的锤头，另一头用同样是四棱的鹤嘴锄或者钉头来平衡重量。方形插孔侧伸出的固定卡条可以落在木杆的侧面。这种战锤曾是骑兵的装备之一。

时间	16世纪
起源	德国
重量	5.4千克（11.75磅）
长度	54.6厘米（21.5英寸）

全视图

- 鹤嘴锄或钉头
- 插孔侧带有向下伸出的卡条
- 四棱锤头
- 钢凸缘
- 经过装饰的钢锤柄
- 保护锤柄的钢条
- 钢锤柄
- 交织造型的锤头

钢制末梢

铜焊在中央杆子上的凸缘

有黑色握柄的杆

带有凸缘的钉头锤
从15世纪晚期开始，大部分的钉头锤全部用钢制成，头部做成一定数量的凸缘（一般是7个）这样一种样式复杂的凸出物。每个凸缘都绕着中央的杆子被用铜焊进行固定。

时间	16世纪
起源	欧洲
重量	1.56千克（3.5磅）
长度	62.9厘米（24.75英寸）

锥形的尖端

带有叶饰的杆

带有锥形尖的钉头锤
这把钉头锤用钢制成，在7个凸缘之上有一个圆锥形的尖端，每个凸缘都是由两个凹面相交而成。杆上装饰着藤蔓和叶子形的涡卷形浮雕。带有凸缘的钉头锤是16世纪使用最广泛的一种武器。

时间	16世纪
起源	欧洲
重量	1.56千克（3.5磅）
长度	60厘米（23英寸）

固定腕套的孔

钢钉头

装饰精美的钉头锤
这把钉头锤的整个锤柄都用叶子形图案进行装饰，末端有一个橡果形的柄头。在杆长的一半位置可以看到一个小孔，主要用来栓腕套。这对骑兵十分重要，有腕套的话，如果钉头锤脱手就很容易收回。

时间	16世纪
起源	欧洲
重量	1.56千克（3.5磅）
长度	63厘米（25英寸）

截短了的四棱锤头

骑兵战锤
骑兵常用战锤来击碎敌人盔甲，它们也被用于地面上的决斗。在16世纪，钉头的尺寸增大了，相对而言锤头的部分变小了，这表明在战场上钉头的作用性变得更为重要。

时间	16世纪
起源	欧洲
重量	0.82千克（1.75磅）
长度	21.5厘米（8.5英寸）

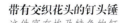

带有交织花头的钉头锤
这件富有埃及特色的钉头锤非同一般，它有一个带交织图案的球根形头部，而且其制造者用黄金做了标记。钉头锤在16至17世纪逐渐变成了仪式性的物品——英国的下议院至今仍然使用钉头锤作为其权力的象征。

时间	15世纪
起源	埃及
重量	1.56千克（3.5磅）
长度	60厘米（23.5英寸）

帕维亚战役

1525年，哈布斯堡皇室在帕维亚战役中击败法国。这件同时期的挂毯上展示的正是那场战役。这场战役证明了意大利的皇家长矛兵和火绳枪兵对付法国的重装骑士十分有效。

公元 1500—1775 年

欧洲的双手长兵器

在中世纪，杖类武器已经被证明在对抗骑兵方面非常有效，尤其是与弓箭配合的时候。滑膛枪在16世纪替代了弓箭，但杖类武器仍然是步兵战士最有效的武器。瑞士雇佣兵常常使用战戟，这种战戟如果让一个孔武有力的人挥舞起来能够切开敌人的板甲，而战斧是重装骑士在地面作战时候最喜爱的武器。到了17世纪早期，这些武器被长矛所取代，仅剩下了仪仗功能。

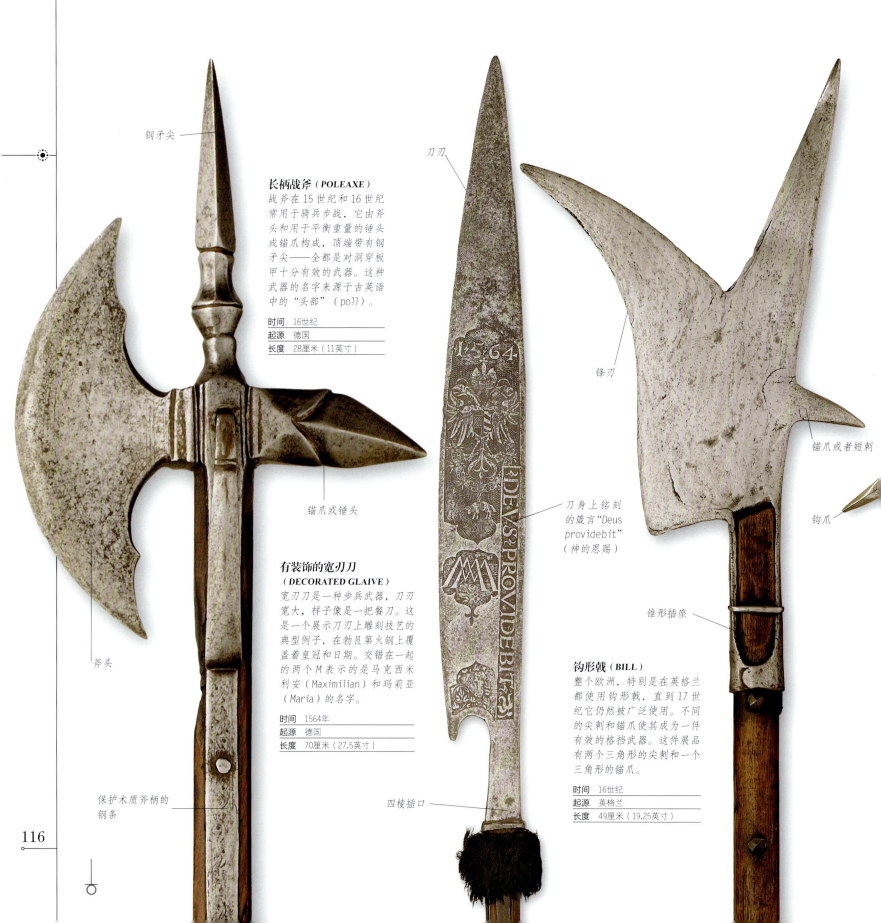

长柄战斧（POLEAXE）
战斧在15世纪和16世纪常用于骑兵步战，它由斧头和用于平衡重量的锤头或锚爪构成，顶端带有钢矛尖——全都是对洞穿板甲十分有效的武器。这种武器的名字来源于古英语中的"头部"（poll）。

时间	16世纪
起源	德国
长度	28厘米（11英寸）

有装饰的宽刃刀（DECORATED GLAIVE）
宽刃刀是一种步兵武器，刀刃宽大，样子像是一把餐刀。这是一个展示刀刃上雕刻技艺的典型例子，在勃艮第火钢上覆盖着皇冠和日期。交错在一起的两个M表示的是马克西米利安（Maximilian）和玛莉亚（Maria）的名字。

时间	1564年
起源	德国
长度	70厘米（27.5英寸）

钩形戟（BILL）
整个欧洲，特别是在英格兰都使用钩形戟，直到17世纪它仍然被广泛使用。不同的尖刺和锚爪使其成为一件有效的格挡武器。这件展品有两个三角形的尖刺和一个三角形的锚爪。

时间	16世纪
起源	英格兰
长度	49厘米（19.25英寸）

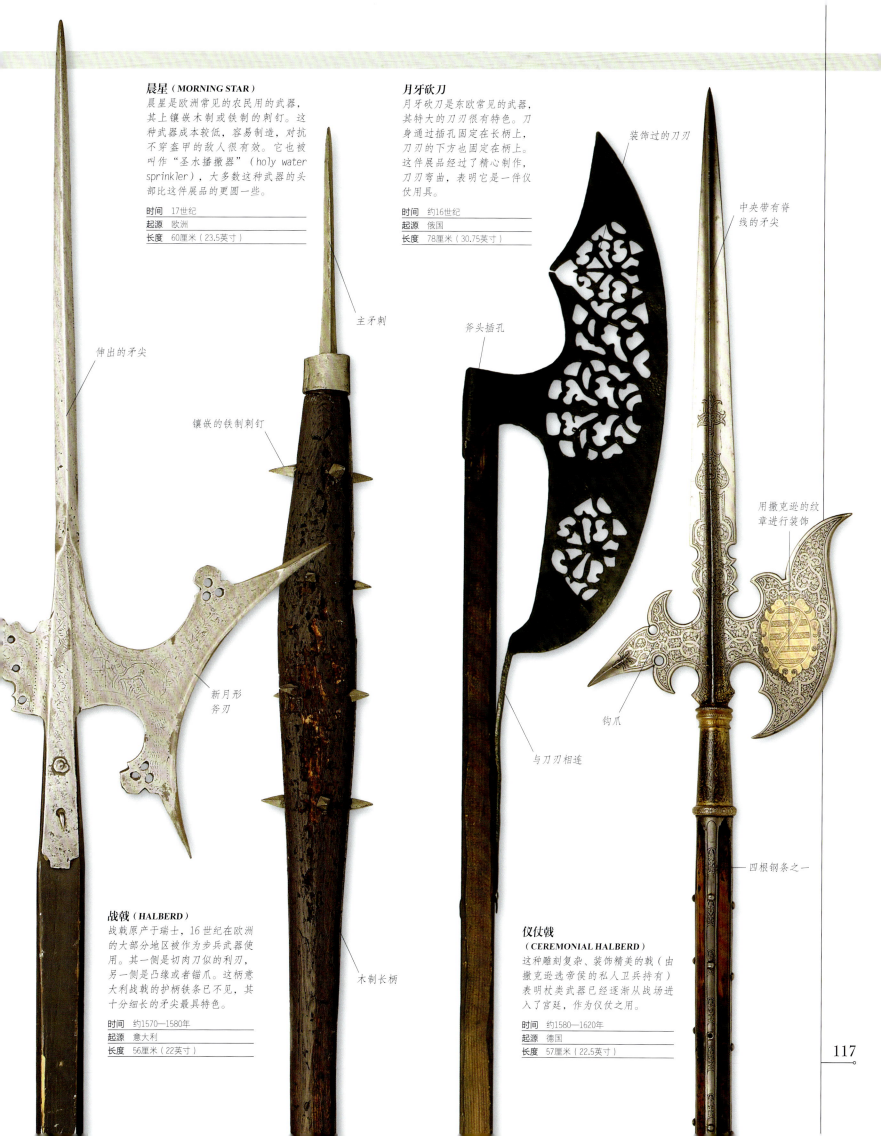

晨星（MORNING STAR）

晨星是欧洲常见的农民用的武器，其上镶嵌木制或铁制的刺钉。这种武器成本较低，容易制造，对抗不穿盔甲的敌人很有效。它也被叫作"圣水播撒器"（holy water sprinkler），大多数这种武器的头部比这件展品的更圆一些。

时间	17世纪
起源	欧洲
长度	60厘米（23.5英寸）

月牙砍刀

月牙砍刀是东欧常见的武器，其特大的刀刃很有特色。刀身通过插孔固定在长柄上，刀刃的下方也固定在柄上。这件展品经过了精心制作，刀刃弯曲，表明它是一件仪仗用具。

时间	约16世纪
起源	俄国
长度	78厘米（30.75英寸）

伸出的矛尖

主矛刺

装饰过的刀刃

中央带有脊线的矛尖

镶嵌的铁制刺钉

斧头插孔

用撒克逊的纹章进行装饰

新月形斧刃

钩爪

与刀刃相连

木制长柄

四根钢条之一

战戟（HALBERD）

战戟原产于瑞士，16世纪在欧洲的大部分地区被作为步兵武器使用。其一侧是切肉刀似的利刃，另一侧是凸缘或者锚爪。这柄意大利战戟的护柄铁条已不见，其十分细长的矛尖最具特色。

时间	约1570—1580年
起源	意大利
长度	56厘米（22英寸）

仪仗戟
（CEREMONIAL HALBERD）

这种雕刻复杂、装饰精美的戟（由撒克逊选帝侯的私人卫兵持有）表明杖类武器已经逐渐从战场进入了宫廷，作为仪仗之用。

时间	约1580—1620年
起源	德国
长度	57厘米（22.5英寸）

印度和斯里兰卡的长兵器

到17世纪为止，杖类武器在印度次大陆上的发展轨迹与其在欧洲的发展轨迹类似，不过因为受到印度传统以及穆斯林入侵者的影响，在设计和装饰风格上与欧洲有明显的差异。尽管印度的统治者也接受了西方的火枪，但因为印度武士仍然穿盔甲，所以在欧洲人已经放弃使用钉头锤和战斧很长时间以后，这种武器仍然活跃在印度军队中。

管状铁杆

拧下把手可以取出藏在斧柄内的刀

斧柄和斧头用银箔装饰

塔巴尔（TABAR）
这种可挂在马鞍上的马鞍战斧，或者叫作"塔巴尔"，是印度军队的标准武器。这件展品来自信德（现在属于巴基斯坦）。其弯曲的斧刃可以把一击的力量集中在一个小点上。拧开斧柄末端的球形把手可以取出一把长54厘米（21.25英寸）的刀，它平时就藏在中空的斧柄内。

时间	18世纪
起源	信德
重量	1.29千克（2.75磅）
长度	71.3厘米（28英寸）

圆形的凸缘末端有鸟头形装饰

铁杆

儿童用钉头锤（CHILD'S MACE）
这把小号的钉头锤重量只有普通钉头锤的十分之一，长度只有三分之一，是专供儿童使用的。可能是用于早期的军事训练。其头部有8个圆形的凸缘，顶端有一个小小的有棱线的球形突起。

时间	18世纪
起源	印度北部
重量	0.22千克（0.5磅）
长度	32.8厘米（13英寸）

盘形柄头，带有一个刻凹槽的小球

类似剑的手柄的"笼形"手柄

铁杆

凸缘钉头锤（FLANGED MACE）
这把钉头锤有一个"印度笼柄"样式的护手，这种样式在坎达剑上也常常能看到。头部的8个螺旋形凸缘都磨出了锋利的边缘。凸缘集中了这件沉重武器的攻击力量，使其甚至在对付敌人盔甲的时候也很有效。

时间	18世纪
起源	印度拉贾斯坦邦
重量	2.55千克（5.5磅）
长度	84.2厘米（33.25英寸）

护手

藤手柄

尖刺钉头锤（SPIKED MACE）
这件武器类似于16世纪欧洲"晨星"钉头锤的精良制作版。握持这样一把布满钉刺的钉头锤，可以攻击刺穿对手的铠甲。它装饰精美，除了战斗以外也可用于夸示其主人的财富和地位。

时间	18世纪早期
起源	印度德里
重量	2.5千克（5.5磅）
长度	85厘米（33.5英寸）

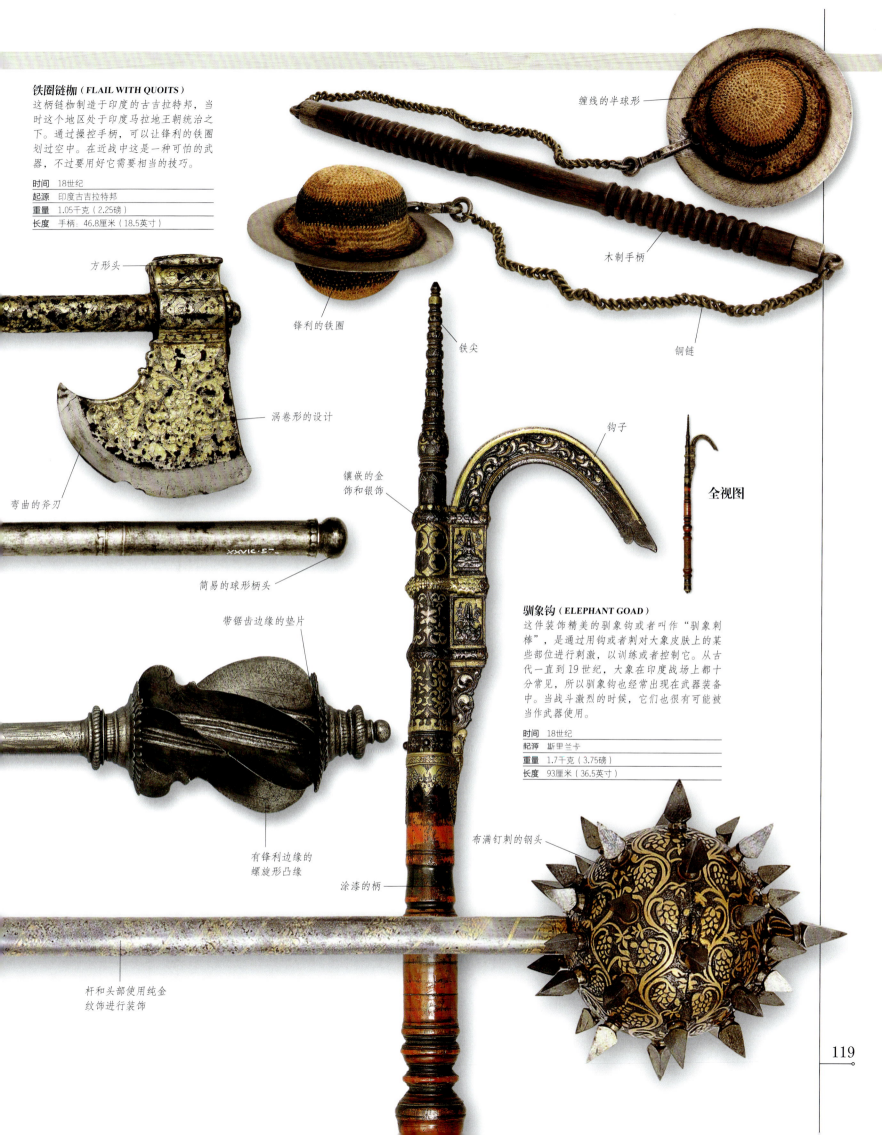

铁圈链枷（FLAIL WITH QUOITS）

这柄链枷制造于印度的古吉拉特邦，当时这个地区处于印度马拉地王朝统治之下。通过操控手柄，可以让锋利的铁圈划过空中。在近战中这是一种可怕的武器，不过要用好它需要相当的技巧。

时间	18世纪
起源	印度古吉拉特邦
重量	1.05千克（2.25磅）
长度	手柄：46.8厘米（18.5英寸）

- 方形头
- 缠线的半球形
- 木制手柄
- 锋利的铁圈
- 铜链
- 弯曲的斧刃
- 涡卷形的设计
- 铁尖
- 镶嵌的金饰和银饰
- 钩子
- 全视图
- 简易的球形柄头
- 带锯齿边缘的垫片

驯象钩（ELEPHANT GOAD）

这件装饰精美的驯象钩或者叫作"驯象刺棒"，是通过用钩或者刺对大象皮肤上的某些部位进行刺激，以训练或者控制它。从古代一直到19世纪，大象在印度战场上都十分常见，所以驯象钩也经常出现在武器装备中。当战斗激烈的时候，它们也很有可能被当作武器使用。

时间	18世纪
起源	斯里兰卡
重量	1.7千克（3.75磅）
长度	93厘米（36.5英寸）

- 有锋利边缘的螺旋形凸缘
- 涂漆的柄
- 布满钉刺的钢头
- 杆和头部使用纯金纹饰进行装饰

欧洲的弩

◀ 54—55 长弓和弩　▶ 122—123 亚洲的弓

在16世纪期间，弩从欧洲战场上消失了，它们被火药武器所取代，不过仍然被广泛应用于狩猎和射击比赛中。弹簧钢板条变得极为普遍，钢制的弩弓比复合弓易于制造，而且能达到令人惊叹的效果。一体化的上弦装置使得射手不必使用鹤形架或者羊脚杆，而且还增加了瞄准具，扳机的设计也有很大的提升。弩不再用来射箭而是发射石子或弹丸，这在狩猎中变得越来越常见。

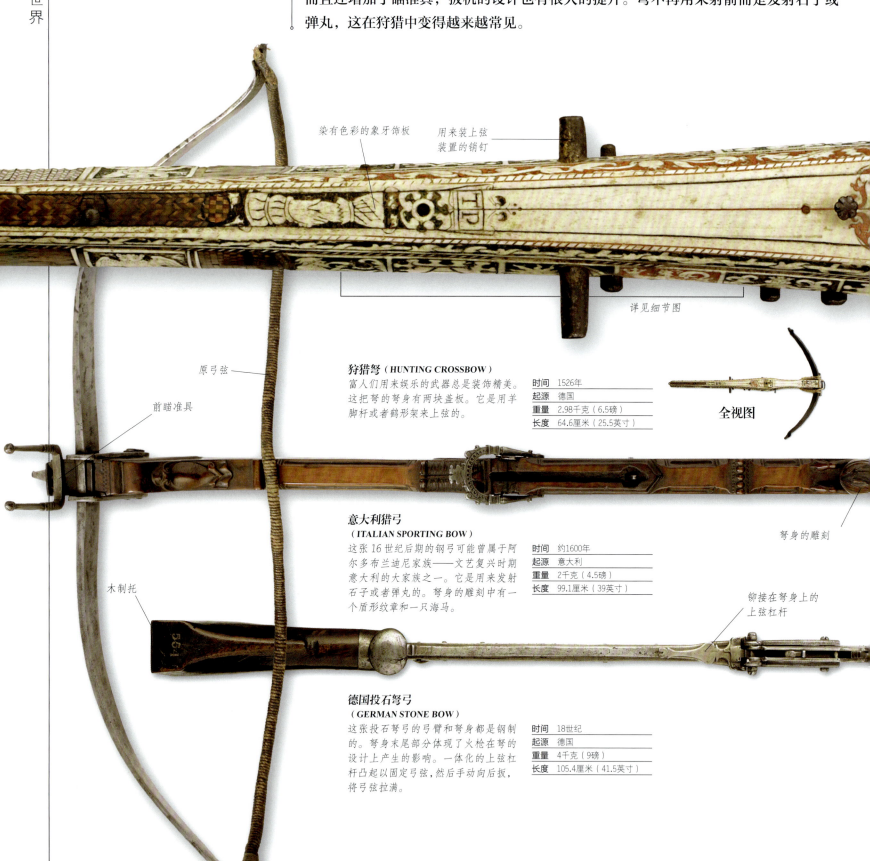

染有色彩的象牙饰板
用来装上弦装置的销钉
详见细节图
原弓弦
前瞄准具
木制托
铆接在弩身上的上弦杠杆
弩身的雕刻

狩猎弩（HUNTING CROSSBOW）
富人们用来娱乐的武器总是装饰精美。这把弩的弩身有两块盖板。它是用羊脚杆或者鹤形架来上弦的。

时间	1526年
起源	德国
重量	2.98千克（6.5磅）
长度	64.6厘米（25.5英寸）

全视图

意大利猎弓（ITALIAN SPORTING BOW）
这张16世纪后期的钢弓可能曾属于阿尔多布兰迪尼家族——文艺复兴时期意大利的大家族之一。它是用来发射石子或者弹丸的。弩身的雕刻中有一个盾形纹章和一只海马。

时间	约1600年
起源	意大利
重量	2千克（4.5磅）
长度	99.1厘米（39英寸）

德国投石弩弓（GERMAN STONE BOW）
这张投石弩弓的弓臂和弩身都是钢制的。弩身末尾部分体现了火枪在弩的设计上产生的影响。一体化的上弦杠杆凸起以固定弓弦，然后手动向后扳，将弓弦拉满。

时间	18世纪
起源	德国
重量	4千克（9磅）
长度	105.4厘米（41.5英寸）

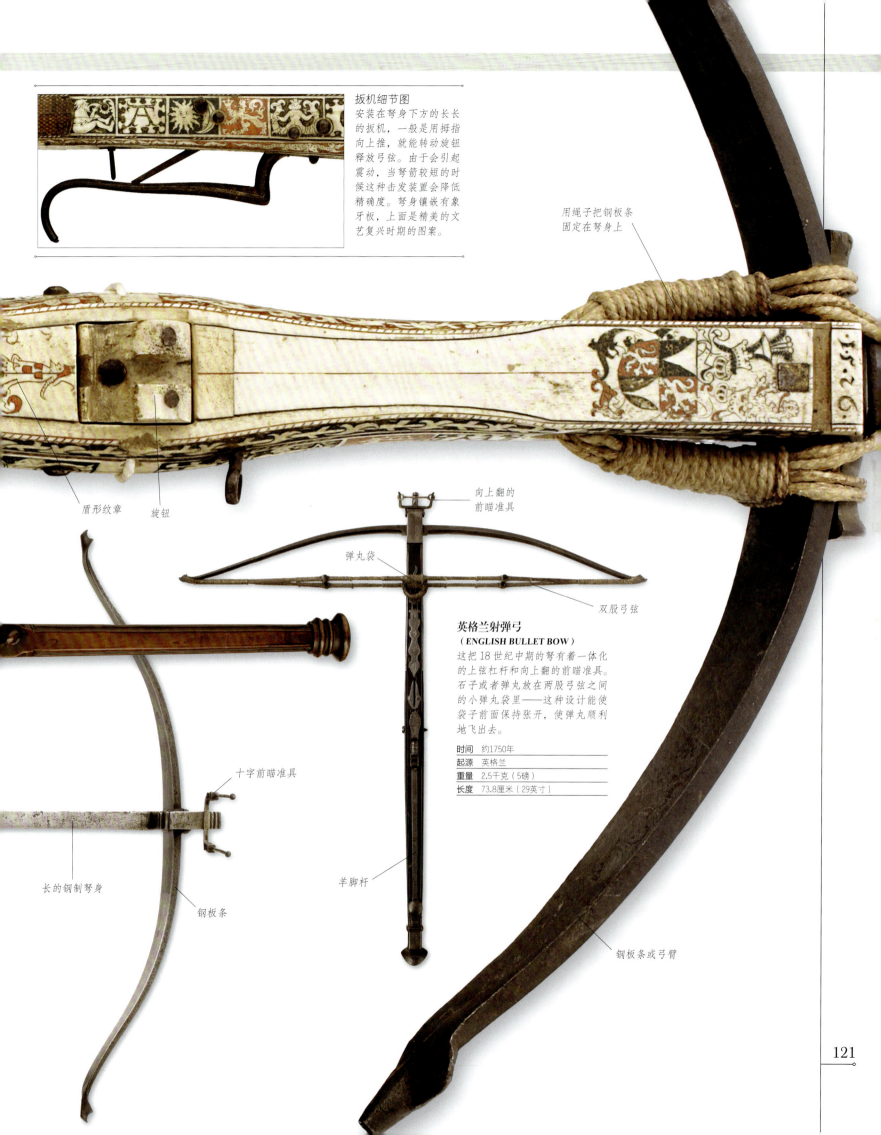

扳机细节图

安装在弩身下方的长长的扳机，一般是用拇指向上推，就能转动旋钮释放弓弦。由于会引起震动，当弩箭较短的时候这种击发装置会降低精确度。弩身镶嵌有象牙板，上面是精美的文艺复兴时期的图案。

用绳子把钢板条固定在弩身上

盾形纹章

旋钮

向上翻的前瞄准具

弹丸袋

双股弓弦

英格兰射弹弓
（ENGLISH BULLET BOW）

这把18世纪中期的弩有着一体化的上弦杠杆和向上翻的前瞄准具。石子或者弹丸放在两股弓弦之间的小弹丸袋里——这种设计能使袋子前面保持张开，使弹丸顺利地飞出去。

时间	约1750年
起源	英格兰
重量	2.5千克（5磅）
长度	73.8厘米（29英寸）

十字前瞄准具

羊脚杆

长的钢制弩身

钢板条

钢板条或弓臂

亚洲的弓

弓是亚洲战争的核心元素，经常用于骑射。尽管中国人发明了弩，但多层弓和复合弓在使用中却占据着主导地位。多层弓是用多层木材胶合在一起制成的。而复合弓的不同层次使用的材料不同，一般包括兽角、木头和动物的筋腱。兽角条用作弓腹靠近射手的部位，筋腱用在背面，木质的核心居于两者之间。通过利用这些材料的不同性质，复合弓能够在相对较小的尺寸下发挥相当大的力量和威力。

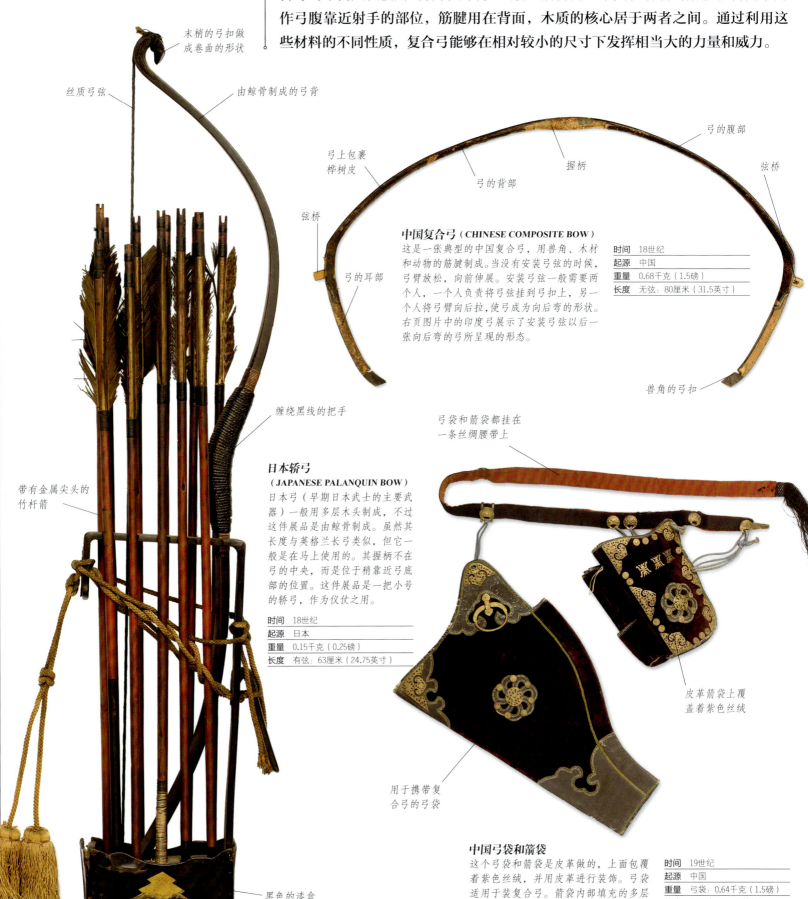

中国复合弓（CHINESE COMPOSITE BOW）

这是一张典型的中国复合弓，用兽角、木材和动物的筋腱制成。当没有安装弓弦的时候，弓臂放松，向前伸展。安装弓弦一般需要两个人，一个人负责将弓弦挂到弓扣上，另一个人将弓臂向后拉，使弓成为向后弯的形状。右页图片中的印度弓展示了安装弓弦以后一张向后弯的弓所呈现的形态。

时间	18世纪
起源	中国
重量	0.68千克（1.5磅）
长度	无弦：80厘米（31.5英寸）

日本轿弓（JAPANESE PALANQUIN BOW）

日本弓（早期日本武士的主要武器）一般用多层木头制成，不过这件展品是由鲸骨制成。虽然其长度与英格兰长弓类似，但它一般是在马上使用的。其握柄不在弓的中央，而是位于稍靠近弓底部的位置。这件展品是一把小号的轿弓，作为仪仗之用。

时间	18世纪
起源	日本
重量	0.15千克（0.25磅）
长度	有弦：63厘米（24.75英寸）

中国弓袋和箭袋

这个弓袋和箭袋是皮革做的，上面包覆着紫色丝绒，并用皮革进行装饰。弓袋适用于装复合弓。箭袋内部填充的多层厚红毡，能够帮助固定羽箭。

时间	19世纪
起源	中国
重量	弓袋：0.64千克（1.5磅）
长度	53厘米（20.75英寸）

全视图

- 弓的耳部
- 详见细节图
- 涂以绿色和金色的握柄
- 弓弦
- 弓臂

弓扣细节
固定弓弦的弓扣一般是由兽角所制。丝质弓弦与动物筋腱相接。拉弓的时候要用坚硬的耳部作为杠杆，以使弓更容易拉开。射箭的时候，耳部的惯性会在箭离开弓弦的时候将弓弦拉回。

印度复合弓
这把来自于印度北部的弓是将兽角条粘贴到木芯上做成的，背部通体粘贴动物的筋腱。制成弓腹的兽角用来抵抗压力，而弓背部的筋腱则加强弹力。极度弯曲的弓臂上有长而反曲的耳部。

时间	18世纪
起源	印度北部
重量	0.55千克（1磅）
长度	有弦：95厘米（37.5英寸）

- 系着丝绦的丝绒箭筒
- 一组箭
- 箭羽
- 圆筒状的芦苇箭杆
- 三角形箭头

印度箭筒和箭
这件18世纪的马拉地箭筒上包覆有红丝绒，用金丝银线刺绣的花叶造型作为装饰。上面悬挂两组各四根丝绦。能够容纳28支箭，均为芦苇箭杆、断面为三角形的箭头，箭尾凹槽与弓弦相匹配，配有灰色或者米白色的箭羽。

时间	18世纪
起源	印度
重量	箭筒：0.44千克（1磅）
长度	箭筒：65.5厘米（25.75英寸）

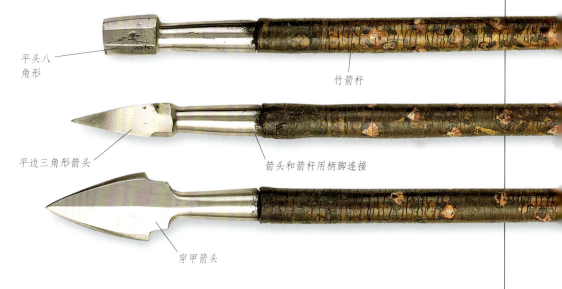

- 平头八角形
- 竹箭杆
- 平边三角形箭头
- 箭头和箭杆用柄脚连接
- 穿甲箭头

印度箭
这些箭主要是由竹子做成。箭杆镀金，并且绘有粉红色的玫瑰花，箭头有不同的形式：平头八角形（最上），平边三角形（中间），大号平边三角形（下方）。

时间	18世纪
起源	印度北部
重量	箭头：35克（10盎司）
长度	73.5厘米（30英寸）

印度拇指环（INDIAN THUMB RING）
亚洲的弓箭手一般是用拇指拉弓。为了帮助减轻手指上的压力，大多数弓箭手要戴拇指环。指环一般是用兽角制成，不过有时也用玉石，例如这里展示的莫卧儿印度指环。指环的伸长段戴在拇指内侧，用于扣住弓弦。

时间	18世纪
起源	印度
重量	16克（0.5盎司）
长度	3.5厘米（1.25英寸）

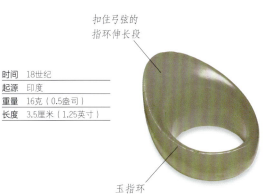

- 扣住弓弦的指环伸长段
- 玉指环

火绳枪和燧发长枪

公元 1500—1775 年

▶ 126—127 武器展示：火绳滑膛枪　▶ 128—129 欧洲猎枪（1600—1700）　▶ 130—131 欧洲猎枪（1700年以后）

火绳机是手持枪支上的一种早期发火装置，也叫作枪机。扣动扳机，就会将无火焰状态下缓慢燃烧的火绳拉入装有少量火药的火药池（也叫作引火器）。引火器内的火药被点燃以后，火焰通过枪管上的一个小孔进入枪膛，引爆主火药。火绳发火装置比转轮发火装置简单得多，后者是通过用转轮摩擦一块黄铁矿石产生火花，进而点燃引火装置。燧石击发装置是通过钢条击打燧石来发出火花的，随着它的不断发展，火绳枪逐渐不再流行。

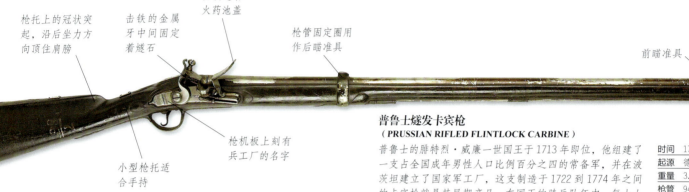

普鲁士燧发卡宾枪
（PRUSSIAN RIFLED FLINTLOCK CARBINE）

普鲁士的腓特烈·威廉一世国王于1713年即位，他组建了一支占全国成年男性人口比例百分之四的常备军，并在波茨坦建立了国家军工厂，这支制造于1722到1774年之间的卡宾枪就是其早期产品。在国王的骑兵队伍中，每十人就拥有一支这种枪。

时间	1722年
起源	德国
重量	3.37千克（7.5磅）
枪管	94厘米（37英寸）
口径	15-bore（15号口径）

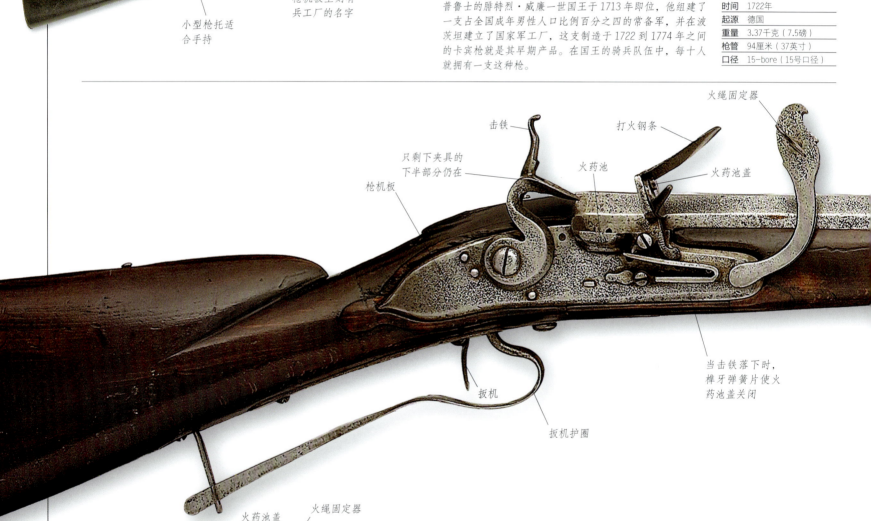

英国火绳滑膛枪（ENGLISH MATCHLOCK MUSKET）

这种滑膛枪在英国内战期间表现出色。1642年在边山（Edgehill）发生了保皇派和议员派的第一场战役，英国内战从此开始，直到1651年的伍斯特战役才结束。因为火绳枪装填需要的时间太长，滑膛枪手尤其是骑兵极易受到攻击，所以必须用长矛兵来对其进行保护。

时间	约1640年
起源	英格兰
重量	4.2千克（9.25磅）
枪管	115.5厘米（45.5英寸）
口径	11-bore

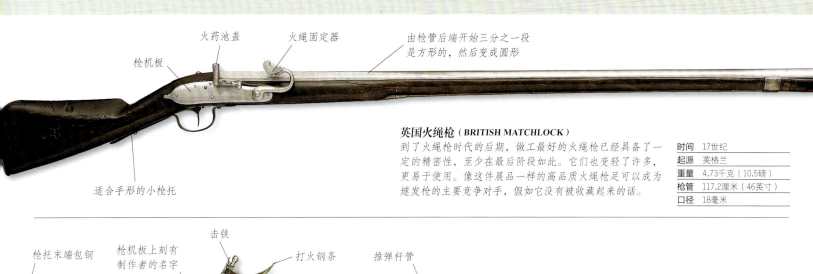

英国火绳枪（BRITISH MATCHLOCK）

到了火绳枪时代的后期，做工最好的火绳枪已经具备了一定的精密性，至少在最后阶段如此。它们也变轻了许多，更易于使用。像这件展品一样的高品质火绳枪足以成为燧发枪的主要竞争对手，假如它没有被收藏起来的话。

时间	17世纪
起源	英格兰
重量	4.73千克（10.5磅）
枪管	117.2厘米（46英寸）
口径	18毫米

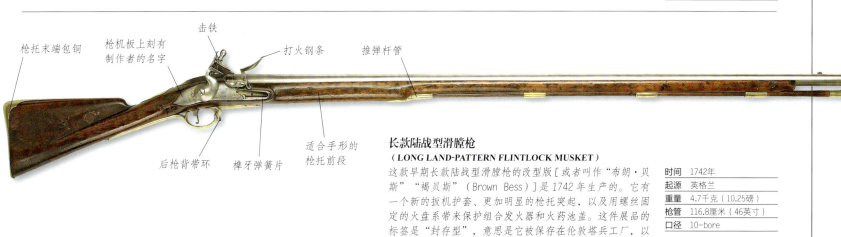

长款陆战型滑膛枪（LONG LAND-PATTERN FLINTLOCK MUSKET）

这款早期长款陆战型滑膛枪的改型版[或者叫作"布朗·贝斯""褐贝斯"（Brown Bess）]是1742年生产的。它有一个新的扳机护套、更加明显的枪托突起，以及用螺丝固定的火盘系带来保护组合发火器和火药池盖。这件展品的标签是"封存型"，意思是它被保存在伦敦塔兵工厂，以作为其他制枪者生产这种枪时的模型。

时间	1742年
起源	英格兰
重量	4.7千克（10.25磅）
枪管	116.8厘米（46英寸）
口径	10-bore

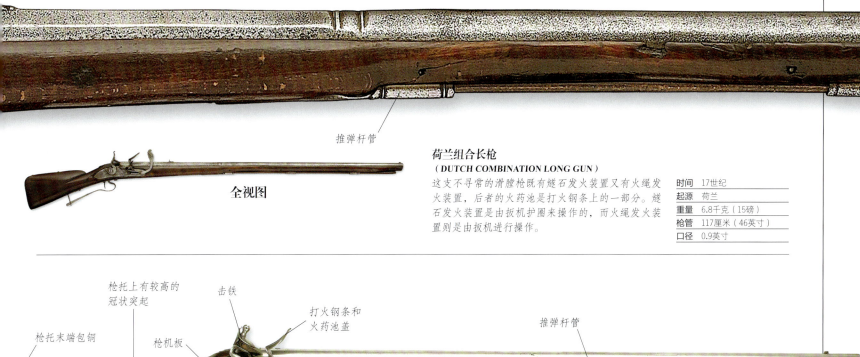

荷兰组合长枪（DUTCH COMBINATION LONG GUN）

这支不寻常的滑膛枪既有燧石发火装置又有火绳发火装置，后者的火药池是打火钢条上的一部分。燧石发火装置是由扳机护圈来操作的，而火绳发火装置则是由扳机进行操作。

时间	17世纪
起源	荷兰
重量	6.8千克（15磅）
枪管	117厘米（46英寸）
口径	0.9英寸

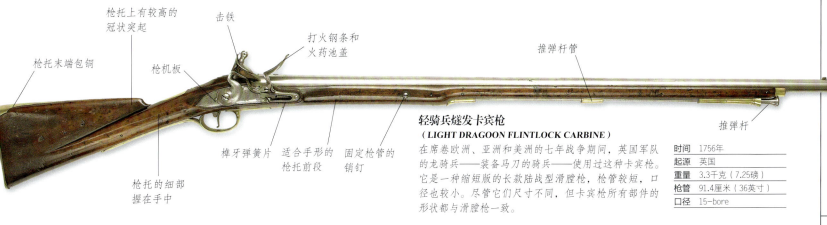

轻骑兵燧发卡宾枪（LIGHT DRAGOON FLINTLOCK CARBINE）

在席卷欧洲、亚洲和美洲的七年战争期间，英国军队的龙骑兵——装备马刀的骑兵——使用过这种卡宾枪。它是一种缩短版的长款陆战型滑膛枪，枪管较短，口径也较小。尽管它们尺寸不同，但卡宾枪所有部件的形状都与滑膛枪一致。

时间	1756年
起源	英国
重量	3.3千克（7.25磅）
枪管	91.4厘米（36英寸）
口径	15-bore

火绳滑膛枪

使用火绳发火装置的曲托枪（hackenbüsche），也叫作"火绳钩枪"或者"轻型火绳枪"（arquebus），其发明时间已经不可考了，不过有证据表明它可能是在1475年左右出现于德国。理论上说，火绳装置出现之后的16世纪紧跟着便发明了转轮发火装置，不过火绳枪一直到17世纪末期仍然在被使用，这很大程度上是因为其结构简单。

枪托上的冠状突起能将肩膀顶在后坐力的轴线上

铁枪机板

扳机

扳机护圈

只能简单地倒出火药，没有称量装置

挂索既有实用性，又能起到装饰作用

火绳滑膛枪（MATCHLOCK MUSKET）

尽管火绳枪是手持式火器的巨大进步，但它仍然是一种很笨重的武器。在干燥的天气，火绳可能会因燃烧太快而提前烧完，而在夜里它燃烧的末端则会泄漏军情。不过，这种枪型中的佼佼者精度很高，能够于100码（91米）以外射中敌人。

时间	17世纪中期
起源	英国
重量	6.05千克（13.25磅）
枪管	125.75厘米（49.5英寸）
口径	0.75英寸

铅弹（LEAD BALL）
铅的熔点低而密度大，不过直到1600年它才被当作制作枪弹的常用材料。在盔甲还十分普遍的更早时期，铁球常常被用来当作枪弹。

火药瓶（POWDER FLASK）
最早的火药瓶是用木头或者皮革为主制成的。通常上面会有一个用于清理点火孔的锥头，不过没有称量火药的装置。

滑膛枪架（MUSKET REST）
最早的军用火绳枪很重，需要使用支架。当然支架本身必须设计得十分稳固，而这又增加了射手的负担。到了大约1650年，枪的重量变得足够轻，已经不再需要支架了。

武器展示

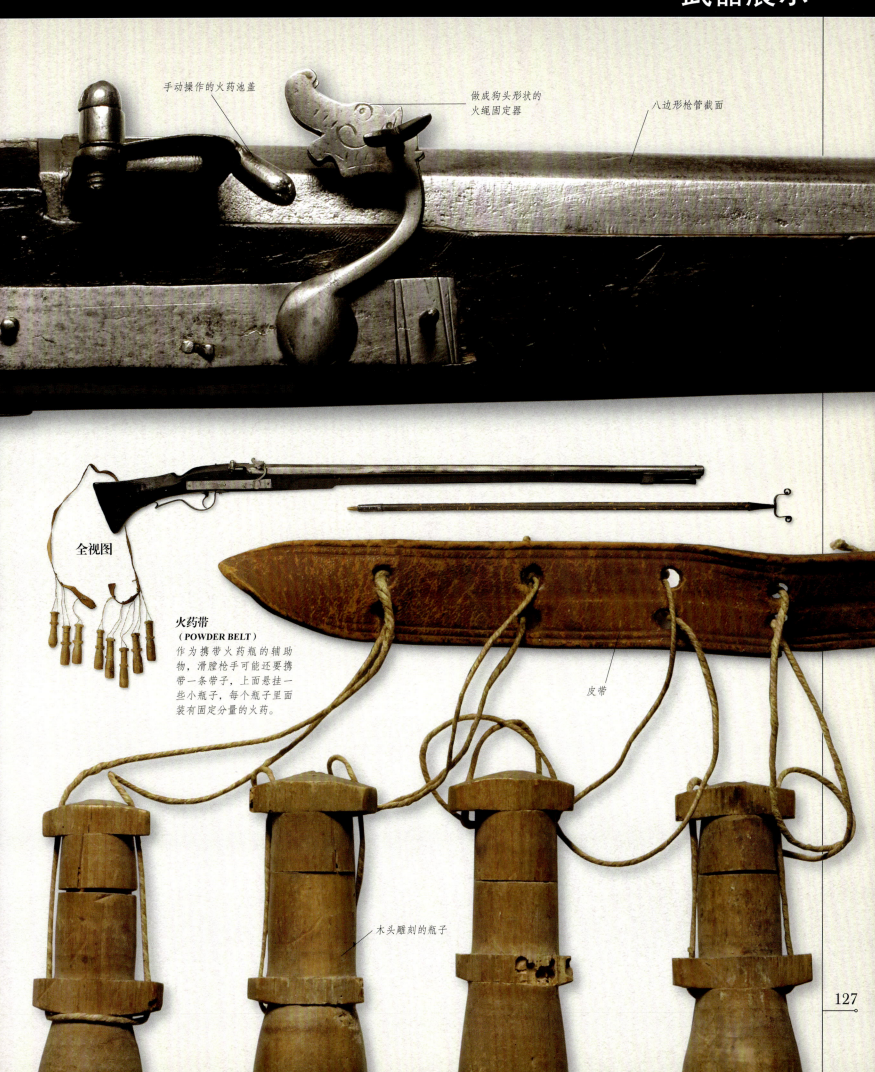

手动操作的火药池盖

做成狗头形状的火绳固定器

八边形枪管截面

全视图

火药带
（POWDER BELT）
作为携带火药瓶的辅助物，滑膛枪手可能还要携带一条带子，上面悬挂一些小瓶子，每个瓶子里面装有固定分量的火药。

皮带

木头雕刻的瓶子

欧洲猎枪（1600—1700）

▶ 130—131 欧洲猎枪（1700年以后）　▶ 230—231 猎枪　▶ 304—305 猎枪

随着火器的出现，狩猎变得更加安全可控，不论是为了娱乐还是获取食物。到了17世纪早期，簧轮步枪在贵族中间变得十分普遍，甚至在捕猎兔子这样的小型猎物时都十分有用。不过它装弹很慢，而且在射击30次以后就需要拆开进行清洁保养。

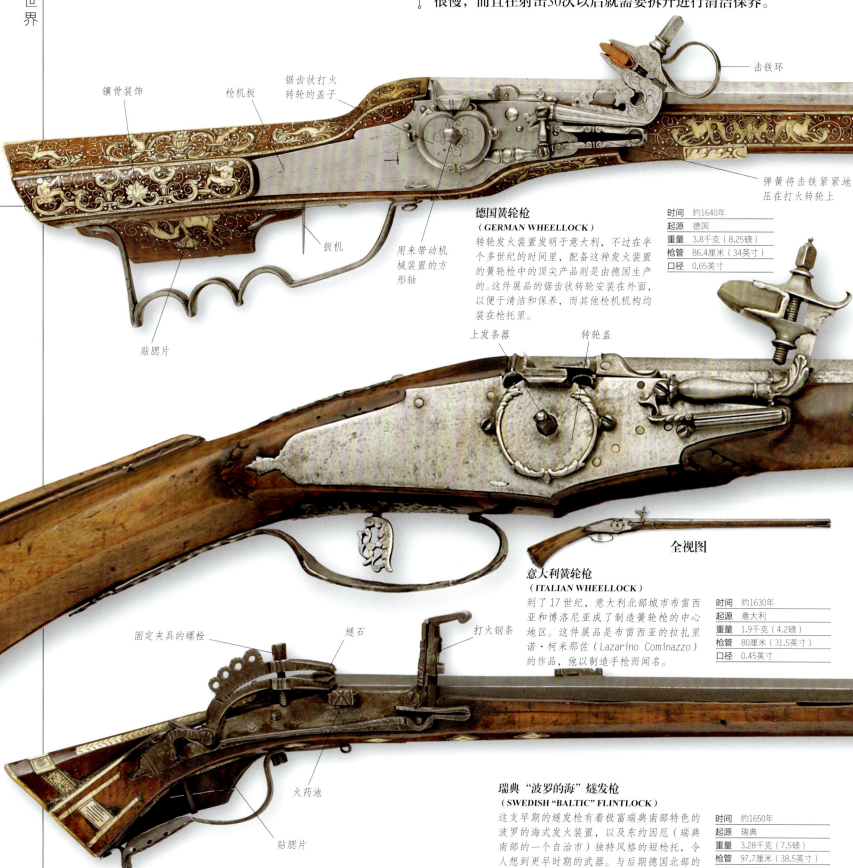

德国簧轮枪
（GERMAN WHEELLOCK）

转轮发火装置发明于意大利，不过在半个多世纪的时间里，配备这种发火装置的簧轮枪中的顶尖产品则是由德国生产的。这件展品的锯齿状转轮安装在外面，以便于清洁和保养，而其他枪机机构均装在枪托里。

时间	约1640年
起源	德国
重量	3.8千克（8.25磅）
枪管	86.4厘米（34英寸）
口径	0.65英寸

意大利簧轮枪
（ITALIAN WHEELLOCK）

到了17世纪，意大利北部城市布雷西亚和博洛尼亚成了制造簧轮枪的中心地区。这件展品是布雷西亚的拉扎里诺·柯米那佐（Lazarino Cominazzo）的作品，他以制造手枪而闻名。

时间	约1630年
起源	意大利
重量	1.9千克（4.2磅）
枪管	80厘米（31.5英寸）
口径	0.45英寸

瑞典"波罗的海"燧发枪
（SWEDISH "BALTIC" FLINTLOCK）

这支早期的燧发枪有着极富瑞典南部特色的波罗的海式发火装置，以及东约因厄（瑞典南部的一个自治市）独特风格的短枪托，令人想到更早时期的武器。与后期德国北部的产品相对比，可以看出这支枪的发火装置做工很粗糙。

时间	约1650年
起源	瑞典
重量	3.28千克（7.5磅）
枪管	97.7厘米（38.5英寸）
口径	0.4英寸

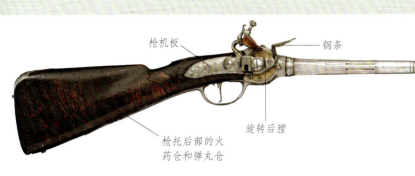

意大利连发燧发枪
（ITALIAN REPEATING FLINTLOCK）

意大利枪械制造师米歇尔·劳伦佐尼（Michele Lorenzoni）在1683年到1733年居住在佛罗伦萨，他发明了一种早期形式的后膛装填连燧发枪。在枪托后部有两个弹仓，一个装火药，一个装弹丸，在枪身左侧有一根杠杆，可以旋转后膛闭锁块以进行装弹。

时间	约1690年
起源	意大利
重量	3.95千克（8.5磅）
枪管	89厘米（35英寸）
口径	0.53英寸

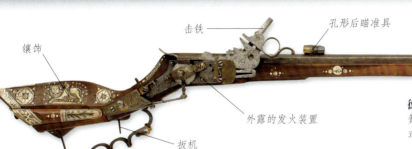

德国簧轮枪

簧轮枪的转轮发火装置有三种不同的形式：内藏式、转轮外露式和全外露式。最后一种形式也叫作"Tschinke"，得名于发明它的小镇的名字。全外露式更容易损坏，不过清洁和保养比较简单。这件展品制造于西里西亚，枪托用牛角和珍珠母进行了装饰。

时间	约1630年
起源	德国
重量	3.4千克（7.25磅）
枪管	94厘米（37英寸）
口径	0.33英寸

苏格兰斯纳普汉（SCOTTISH SNAPHAUNCE）

"斯纳普汉"这个名字来源于荷兰语"schnapphahn"，意思是"啄食的母鸡"，这个比喻十分形象。这种燧发枪是将转轮机构进行简化的首次尝试，使用黄铁矿石来打火。这件精美的展品属于敦提的艾利森（Alison of Dundee），曾经是詹姆斯六世送给法国皇帝路易十三的礼物。

时间	1614年
起源	苏格兰
重量	2千克（4.25磅）
枪管	96.5厘米（38英寸）
口径	0.45英寸

英国燧发枪（ENGLISH FLINTLOCK）

安德鲁·德勒普（Andrew Dolep）曾是一位居住在伦敦的荷兰枪械制造师，在靠近查令十字街的地方开店。他在职业生涯的末期制造了这款精美的燧发枪——它的胡桃木枪托上被用银线进行了大量复杂的镶饰。德勒普因为设计了"布朗·贝斯"滑膛枪而出名，这款枪与之类似。

时间	1690年
起源	英格兰
重量	3.2千克（7磅）
枪管	96.5厘米（38英寸）
口径	0.75英寸

欧洲猎枪（1700年以后）

◀ 128—129 欧洲猎枪（1600—1700） ▶ 230—231 猎枪 ▶ 304—305 猎枪

到了18世纪初，原本存在于英国造枪者和他们的欧洲同行之间的差距基本上消失了。配置燧石击发装置的燧发枪逐渐占据主导地位，只有欧洲南部地区还在广泛使用原始的弹簧锁燧发枪。这时出现了一种镶饰很少的更为简朴的风格，重点强调木头的自然品质，其余的装饰则变得越发复杂精密。

燧发猎枪（FLINTLOCK SPORTING GUN）
这支属于约翰·肖（John Shaw）的全枪托猎枪与当时的军用火枪非常相似。然而花在选择枪托木料上的心思立刻就能体现出两者的区别，对枪托的表面处理也同样花费了很多精力。

时间	1700年
起源	英格兰
重量	4.8千克（10.5磅）
枪管	139.5厘米（55英寸）
口径	0.75英寸

俄国燧发枪（RUSSIAN FLINTLOCK）
这支装饰精美的滑膛燧发枪是由俄国最著名的制枪师伊万·泼姆佳可夫（Ivan Permjakov）制造的。虽然这支枪明显是猎枪而不是军事武器，不过据信它是在阿尔马河战役结束后从战场上回收的，这次战役发生在1854年的克里米亚战争期间。

时间	1700年
起源	俄国
重量	2.2千克（5磅）
枪管	89.8厘米（35英寸）
口径	0.35英寸

英国燧发猎枪（ENGLISH FLINTLOCK SPORTING GUN）

制枪师本杰明·格里芬（Benjamin Griffin）于 1735 年到 1770 年期间在伦敦时尚的邦德大街工作，1750 年他的儿子约瑟夫也加入其中。这对父子都因制作出色的手枪和长枪而闻名，其中许多枪支都在金属部件上有精美的雕刻、铜饰及银丝镶饰。

时间	1760年
起源	英格兰
重量	2.84千克（6.25磅）
枪管	91.4厘米（36英寸）
口径	0.68英寸

双枪管燧发猎枪（DOUBLE-BARRELLED FLINTLOCK SHOTGUN）

这支有着并排双枪管的燧发猎枪属于哈德利（Hadley），是 18 世纪后期高品质鸟枪的典型代表。它不仅有着镶银的短枪托，而且火药池和点火孔上的镀金层也可以防锈。

时间	约1700年
起源	英格兰
重量	2.55千克（5.5磅）
枪管	90.2厘米（35.5英寸）
口径	0.6英寸

苏格兰双枪管燧发枪（SCOTTISH DOUBLE-BARRELLED FLINTLOCK）

到了 19 世纪早期，猎枪的形式和军用武器开始有所区别，猎枪普遍使用更短的枪托。这支双筒枪被认为是珀斯的莫里斯（Morris of Perth）为著名的运动家大卫·蒙特克利非爵士（Sir David Montcrieffe）制造的。

时间	1819年
起源	苏格兰
重量	3.4千克（7.5磅）
枪管	76厘米（30英寸）
口径	0.68英寸

意大利弹簧锁燧发猎枪（ITALIAN MIQUELET SPORTING GUN）

此猎枪的发火装置将打火钢条和火药池盖组合为一体，不过使用了外部的击发簧（不像是后来真正的燧发枪，它们的击发簧都在内部）。这支猎枪比较奇特。它是 1775 年左右由帕奇菲科（Pacifico）在那不勒斯制造的，不过显然使用了英国产的枪管，其制造年代大约是在滑铁卢战役期间（1815）。

时间	约1775年
起源	意大利
重量	3.75千克（8.25磅）
枪管	80厘米（31.5英寸）
口径	0.75英寸

公元 1500—1775 年

◀ 124—125 火绳枪和燧发长枪　　◀ 126—127 武器展示：火绳滑膛枪　　▶ 248—249 印度火枪　　▶ 250—251 亚洲的火枪

亚洲的火绳枪

1498年，葡萄牙人抵达印度次大陆，成为最早来到这里的欧洲人，45年后又到达了日本。他们携带有一些火枪，主要是火绳滑膛枪。在亚洲也存在着大量的军械师和技艺高超的手工艺人，他们很快开始仿造这些看到的武器，并加以改造使其适应本土的需求。他们在火枪上进行了与其他常规武器同等程度和风格的装饰，包括使用贵金属和其他昂贵的材料，以及（在日本）使用漆器工艺，很快便形成了独具特色的当地风格。

斯里兰卡火绳枪
（SRI LANKAN MATCHLOCK）

这支枪托沉重的滑膛枪制造于斯里兰卡岛，可能是 17 世纪末期的产物。其表面进行了雕刻装饰。如果不是经过精心装饰的话，在枪机损坏以后它很可能就被丢弃了。这支枪的枪机遗失了，不过一般来说它应该装在枪托的左侧。

时间	约1690年
起源	斯里兰卡
重量	4千克（9磅）
枪管	70厘米（27.5英寸）

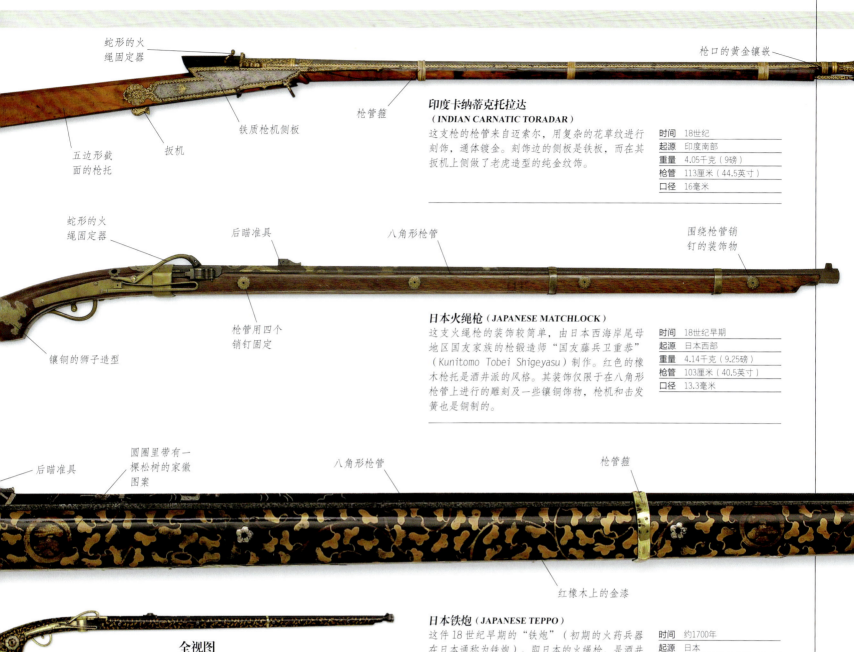

印度卡纳蒂克托拉达
（INDIAN CARNATIC TORADAR）

这支枪的枪管来自迈索尔，用复杂的花草纹进行刻饰，通体镀金。刻饰边的侧板是铁板，而在其扳机上侧做了老虎造型的纯金纹饰。

时间	18世纪
起源	印度南部
重量	4.05千克（9磅）
枪管	113厘米（44.5英寸）
口径	16毫米

日本火绳枪（JAPANESE MATCHLOCK）

这支火绳枪的装饰较简单，由日本西海岸尾母地区国友家族的枪锻造师"国友藤兵卫重恭"（Kunitomo Tobei Shigeyasu）制作。红色的橡木枪托是酒井派的风格。其装饰仅限于在八角形枪管上进行的雕刻及一些镶铜饰物，枪机和击发簧也是铜制的。

时间	18世纪早期
起源	日本西部
重量	4.14千克（9.25磅）
枪管	103厘米（40.5英寸）
口径	13.3毫米

日本铁炮（JAPANESE TEPPO）

这件18世纪早期的"铁炮"（初期的火药兵器在日本通称为铁炮），即日本的火绳枪，是酒井派榎并家族（Enamiya）的作品，这一家族是工业时代之前日本最高水平的制枪世家之一。其枪托用红橡木制成，通体用镶金的蔓藤花纹的涡卷形装饰，并辅助以镶铜和镶银装饰。这些装饰也有可能是后来添加的。

时间	约1700年
起源	日本
重量	2.77千克（6磅）
枪管	100厘米（39.5英寸）
口径	11.4毫米

全视图

印度火绳枪托拉达
（INDIAN MATCHLOCK TORADAR）

这支19世纪托拉达的枪托用抛光的红木制成，两侧都有圆形的镀金浮雕，并制作了纯金纹饰。枪管后膛部分有复杂精美的阿拉伯风格纯金纹饰，枪口则做成了虎头造型。

时间	19世纪
起源	印度中部讷尔沃尔
重量	4.9千克（10.75磅）
枪管	126.2厘米（49.75英寸）
口径	14毫米

全视图

公元 1500—1775 年

◀ 112—113 欧洲的单手长兵器　　◀ 116—117 欧洲的双手长兵器　　◀ 124—125 火绳枪和燧发长枪　　▶ 176—177 印度的杆棒类武器

组合武器

在16世纪，德国和意大利的军械师尤其擅长把火枪与其他钝兵器或者有刃武器组合起来。现存的这种武器可能大多只作展示之用，因为它们的外表常常极为华丽，至于是否有实质性的功用尚不明确。这个传统经久不变——在步枪或者手枪上安装刺刀就可以看作是一种组合武器——并且传播到了其他国家，尤其是在莫卧儿王朝统治后期的印度出现了很多更具实用价值的此类武器。

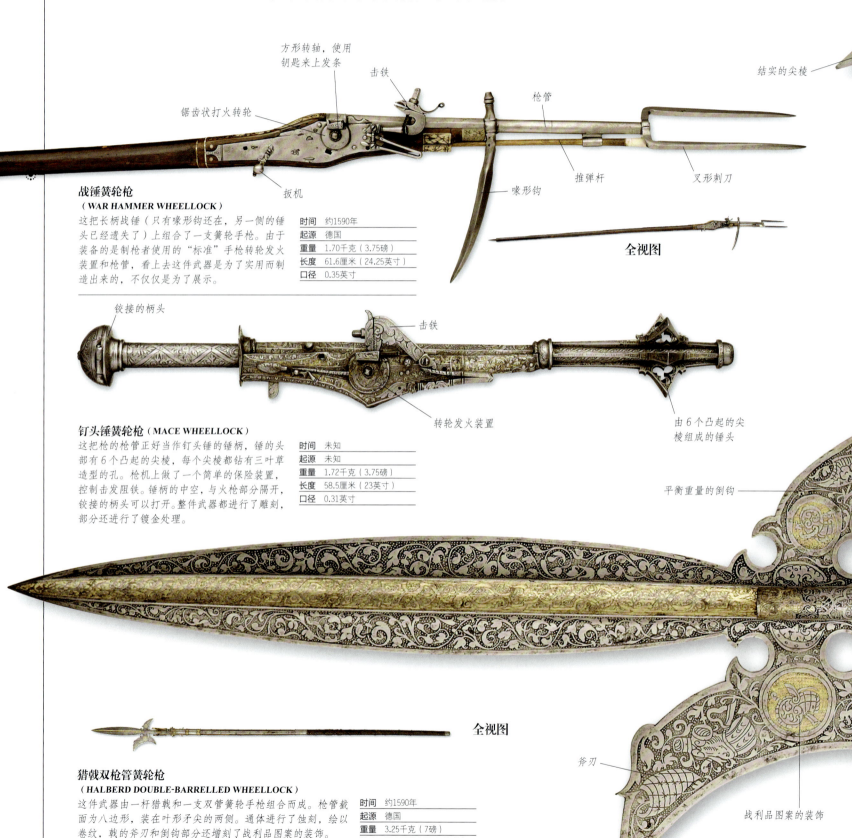

战锤簧轮枪（WAR HAMMER WHEELLOCK）

这把长柄战锤（只有喙形钩还在，另一侧的锤头已经遗失了）上组合了一支簧轮手枪。由于装备的是制枪者使用的"标准"手枪转轮发火装置和枪管，看上去这件武器是为了实用而制造出来的，不仅仅是为了展示。

时间	约1590年
起源	德国
重量	1.70千克（3.75磅）
长度	61.6厘米（24.25英寸）
口径	0.35英寸

钉头锤簧轮枪（MACE WHEELLOCK）

这把枪的枪管正好当作钉头锤的锤柄，锤的头部有6个凸起的尖棱，每个尖棱都钻有三叶草造型的孔。枪机上做了一个简单的保险装置，控制击发阻铁。锤柄的中空，与火枪部分隔开，铰接的柄头可以打开。整件武器都进行了雕刻，部分还进行了镀金处理。

时间	未知
起源	未知
重量	1.72千克（3.75磅）
长度	58.5厘米（23英寸）
口径	0.31英寸

猎戟双枪管簧轮枪（HALBERD DOUBLE-BARRELLED WHEELLOCK）

这件武器由一杆猎戟和一支双管簧轮手枪组合而成。枪管截面为八边形，装在叶形矛尖的两侧。通体进行了蚀刻，绘以卷纹，戟的斧刃和倒钩部分还增刻了战利品图案的装饰。

时间	约1590年
起源	德国
重量	3.25千克（7磅）
长度	69.1厘米（27.25英寸）
口径	0.33英寸

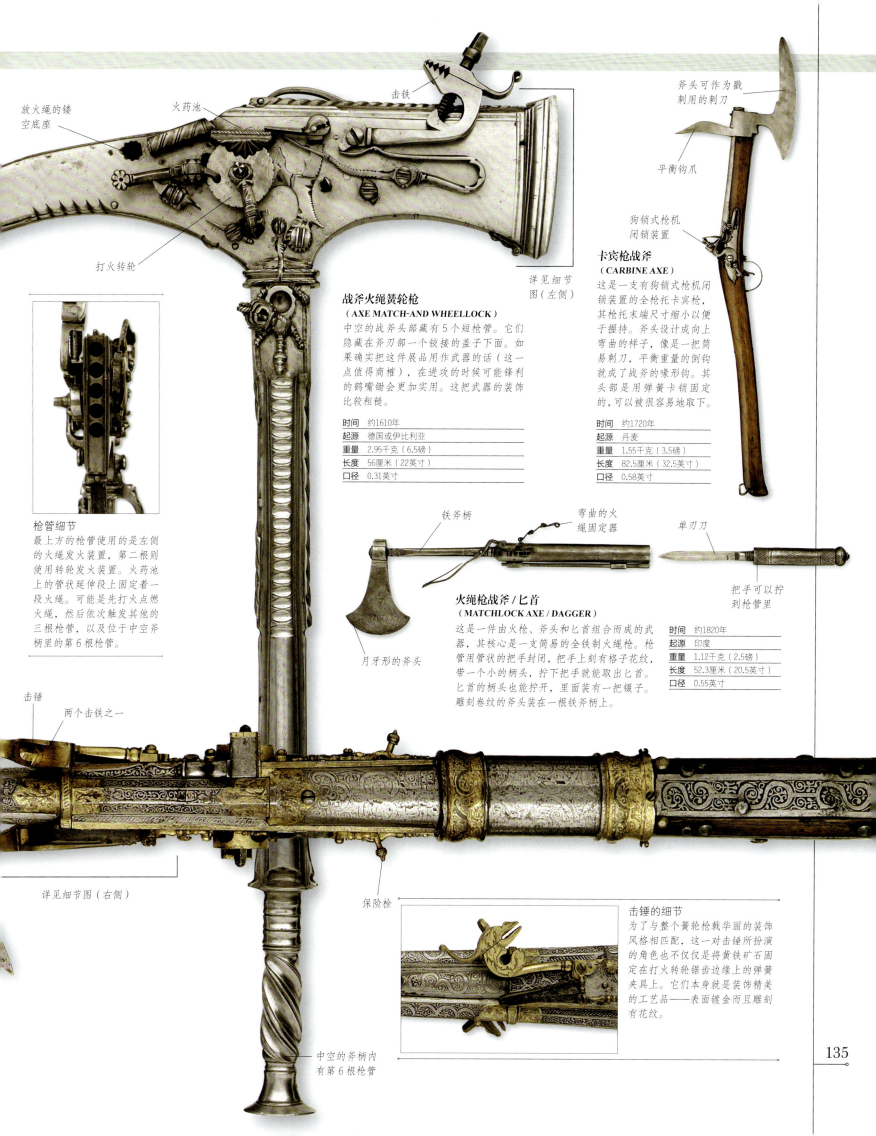

战斧火绳簧轮枪
（AXE MATCH-AND WHEELLOCK）
中空的战斧头部藏有5个短枪管。它们隐藏在斧刃部一个铰接的盖子下面。如果确实把这件展品用作武器的话（这一点值得商榷），在进攻的时候可能锋利的鹤嘴锄会更加实用。这把武器的装饰比较粗糙。

时间	约1610年
起源	德国或伊比利亚
重量	2.95千克（6.5磅）
长度	56厘米（22英寸）
口径	0.31英寸

卡宾枪战斧
（CARBINE AXE）
这是一支有狗锁式枪机闭锁装置的全枪托卡宾枪，其枪托末端尺寸缩小以便于握持。斧头设计成向上弯曲的样子，像是一把简易刺刀，平衡重量的倒钩就成了战斧的喙形钩。其头部是用弹簧卡锁固定的，可以被很容易地取下。

时间	约1720年
起源	丹麦
重量	1.55千克（3.5磅）
长度	82.5厘米（32.5英寸）
口径	0.58英寸

火绳枪战斧/匕首
（MATCHLOCK AXE / DAGGER）
这是一件由火枪、斧头和匕首组合而成的武器，其核心是一支简易的全铁制火绳枪。枪管用管状的把手封闭，把手上刻有格子花纹，带一个小的柄头，拧下把手就能取出匕首。匕首的柄头也能拧开，里面装有一把镊子。雕刻卷纹的斧头装在一根铁斧柄上。

时间	约1820年
起源	印度
重量	1.12千克（2.5磅）
长度	52.3厘米（20.5英寸）
口径	0.55英寸

枪管细节
最上方的枪管使用的是左侧的火绳发火装置，第二根则使用转轮发火装置。火药池上的管状延伸段上固定着一段火绳。可能是先打火点燃火绳，然后依次触发其他的三根枪管，以及位于中空斧柄里的第6根枪管。

击锤的细节
为了与整个簧轮枪枪载华丽的装饰风格相匹配，这一对击锤所扮演的角色也不仅仅是将黄铁矿石固定在打火转轮锯齿边缘上的弹簧夹具上。它们本身就是装饰精美的工艺品——表面镀金而且雕刻有花纹。

▶ 138—139 早期的大炮　　▶ 210—211 舰炮　　▶ 212—213 前膛装填火炮

早期的大炮

14世纪初期，欧洲出现了第一批火药武器，后者被证明是一种高效的攻城武器。其原因不仅是这种重型射石炮比抛石机和投石机等传统的攻城武器更有威力，而且在有效打击防御一方的士气方面更具有强烈的心理效果。到了1500年左右，火炮已经将传统的高墙城堡时代带入了尾声，这就迫使军队中的工程师要去修建更加坚固的要塞来抵御炮弹的打击。

堆叠的石头炮弹

炮弹
（CANNONBALLS）

在火炮出现的早期，最常见的炮弹形式是石球。尽管在16世纪，这种石球炮弹已经逐步被铁制炮弹所取代，但是使用最大口径的火炮发射的石球炮弹还是可以给城墙造成毁灭性的破坏。

时间	14—16世纪
起源	意大利
材质	石头

提环

铸铁炮管

佛兰德射石炮
（FLEMISH BOMBARD）

像射石炮这类中世纪大型攻城炮大多为前膛装填。佛兰德射石炮因其制造地佛兰德而被命名。佛兰德有着悠久的铸枪传统，尤其在勃艮第公爵大胆查理时期（1433—1477）。

时间	15世纪初期
起源	佛兰德
材质	环形铸铁
炮弹	石球炮弹

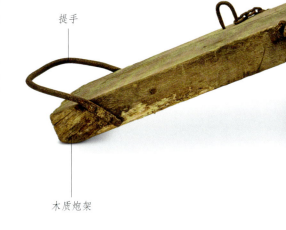

提手

木质炮架

芒斯蒙哥大炮
（MONS MEG）

1457年，这款著名的大型射石炮被作为礼物送给了苏格兰国王詹姆斯二世。芒斯蒙哥大炮虽然一天只能行进5千米（3英里），但是能够将重量为200千克（440磅）的石球炮弹发射到2.6千米（1.5英里）远的地方。

时间	1449年
起源	佛兰德
重量	5.08吨（5英吨）
长度	4米（13.25英尺）
口径	49.6厘米

火药室

15世纪射石炮
（15TH-CENTURY BOMBARD）

尽管这件武器看上去很原始，但是它却代表了15世纪后期火炮的未来。与仅仅用于围攻城池相比，其良好的机动性使得这款火炮可以与军队一同行动并在战场上使用。

时间	15世纪
起源	欧洲
长度	198厘米（78英寸）
口径	3.5英寸

木轮

运输用木质炮架

浇铸炮口

后膛部位

环形铁炮管

底座台

英式回旋炮
（ENGLISH SWIVEL GUN）

回旋炮经常被海军使用。这款炮当时被安装在一艘船的顶层甲板上，它的大射程使其能够轰扫敌军的军舰。与当时大多数回旋炮一样，这门火炮也是后膛装填。

时间	15世纪后期
起源	英格兰
长度	1.4米（4.5英尺）
口径	5.7厘米

短炮管

迫击炮
（MORTAR）

这种迫击炮可由位于炮管底部的引信点火，它被用来以一个陡峭的角度发射投掷物——石头，或者也可能是燃烧弹。它是在英国肯特郡博迪姆城堡的护城河中被发现的。

时间	15-16世纪
起源	英格兰
长度	1.2米（4英尺）
口径	36厘米

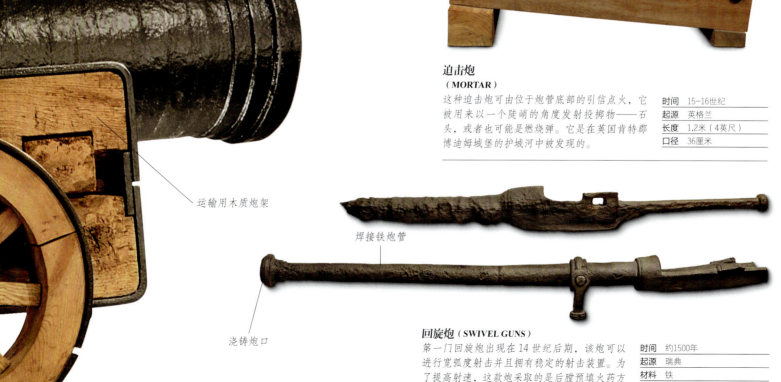

焊接铁炮管

回旋炮（SWIVEL GUNS）

第一门回旋炮出现在14世纪后期，该炮可以进行宽弧度射击并且拥有稳定的射击装置。为了提高射速，这款炮采取的是后膛预填火药方式。该装置被安放在船只或大型建筑物上面。

时间	约1500年
起源	瑞典
材料	铁
炮弹	球型炮弹或霰弹

早期的大炮

公元 1500—1775 年

▶ 210—211 舰炮　　▶ 212—213 前膛装填火炮　　▶ 214—215 后膛装填火炮

福尔肯（猎鹰）青铜炮
(BRONZE FALCON)

福尔肯是16世纪早期典型的轻型火炮。这款火炮可能是由英格兰国王亨利八世从佛兰德订购的。因为这一时期的英格兰还没有建立起自己的枪炮制造工业。

时间	约1520年
起源	佛兰德或法国
长度	2.54米（8.25英尺）
口径	6.3厘米
炮弹	约1.3千克（2.25磅）

— 青铜炮耳

— 广泛使用的喇叭状炮口

— 火炮尾钮

— 都铎王朝的玫瑰标志

萨克（猎隼）青铜炮
(BRONZE SAKER)

和许多早期的火炮一样，萨克是以一种猛禽的名字命名的，就像这门火炮的名字——猎隼一样。这件样品是从一名意大利大师级工匠获得的，它也属于扩充英格兰军械库枪炮数量的重要一部分。

时间	1529年
起源	英格兰
长度	2.23米（7.25英尺）
口径	9.5厘米
射程	2千米（1.5英里）

— 带有装饰的枪口

全视图

— 有翼美人鱼雕像（面朝外）

— 飞龙形状的提手

罗比内（知更鸟）青铜炮
(BRONZE ROBINET)

这款火炮的重量只有193千克（425.5磅），也是一款非常华丽的罗比内火炮版本。同时，它还是目前在16世纪火炮名单上可以找到的最小型号的火炮，能够作为一种杀伤性武器。

时间	1535年
起源	法国
长度	2.39米（7.75英尺）
口径	4.3厘米
炮弹	0.45千克（1磅）

— 装饰精巧的炮管

— 炮口外扩

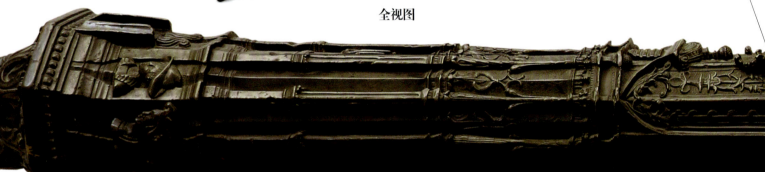

— 小口径炮管

"宠臣"青铜炮
(BRONZE MINION)

"宠臣"是英格兰都铎王朝时期流行的轻型火炮。这款火炮非常适合海上作战。在1588年与西班牙无敌舰队作战的时候，很多小型军舰上面就是装载着这款火炮参战的，包括弗朗西斯·德雷克爵士的"金鹿"号（Golden Hind）。

时间	1550年
起源	意大利
长度	2.5米（8.25英尺）
口径	7.6厘米
炮弹	1.5千克（3.25磅）

前装铸铁回旋炮
(IRON BREECH-LOADING SWIVEL GUN)

在16世纪，青铜已经成为制作炮管的常用金属，但是就像这款回旋炮一样，铁仍然被使用。这款火炮的炮管使用一系列锻铁箍进行加固。

时间	16世纪
起源	欧洲
长度	1.63米（5.25英尺）
口径	7.6厘米
炮弹	1.5千克（3.25磅）或霰弹

海豚型提手

青铜半蛇铳
（BRONZE DEMI-CULVERIN）

这款半蛇铳是一种中型火炮，因其适应性强而备受赞誉，可用于陆地和海上。图上的这款海军的半蛇铳是由红衣主教黎塞留（1585—1642）主持铸造的，他重新组建了法国舰队，并在勒阿弗尔海港建立了枪械铸造厂。

时间	1636年
起源	法国
长度	2.92米（9.5英尺）
口径	11厘米
炮弹	4千克（8.75磅）

青铜半鸦铳（半加农炮）
（BRONZE DEMI-CANNON）

作为一款中型火炮，这种半加农炮要比普通加农炮小一些。在17世纪，这款火炮通常被安装在战舰的下层甲板上。这款独特的火炮是在著名的佛兰德火炮铸造厂铸造的。

时间	1643年
起源	佛兰德
长度	3.12米（10.25英尺）
口径	15.2厘米
炮弹	12千克（26磅）

扑狮纹饰

马来西亚萨克（猎隼）青铜炮
（MALAYSIAN BRONZE SAKER）

萨克青铜炮是一种相对较小的火炮，通常被用于远距离攻击。图上的这款火炮是在荷兰旧殖民地马六甲（现在马来西亚的一个州名）铸造的，尽管该型火炮是基于荷兰的模板，但是它华丽的装饰清楚地反映了当地文化的影响。

时间	约1650年
起源	马来西亚
长度	2.29米（7.5英尺）
口径	8.9厘米
炮弹	2千克（4.5磅）

装饰性提手

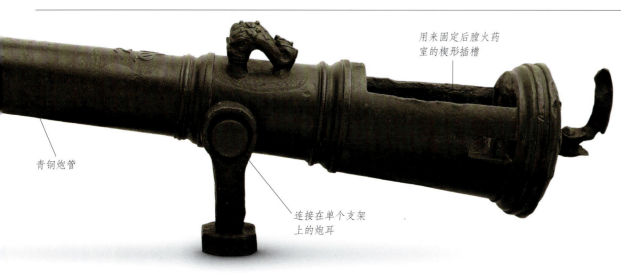

用来固定后膛火药室的楔形插槽

后膛装填青铜回旋炮
（BRONZE BREECH-LOADING SWIVEL GVN）

这款回旋炮属于荷属东印度公司所有，它用来保护船只在从东印度群岛到荷兰的远航中免受海盗的攻击。当距离目标非常近的时候，这款回旋炮的攻击能力最有效。

时间	约1670年
起源	尼德兰
长度	1.22米（4英尺）
口径	7.4厘米
炮弹	1.16千克（2.5磅）或霰弹

青铜炮管

连接在单个支架上的炮耳

欧洲手枪（1500—1700）

公元1500—1775年

▶142—143 欧洲手枪（1700—1775）　▶192—193 燧发手枪（1775年以后）　▶194—195 燧发手枪（1850年以前）

在转轮发火装置（第一个真正意义上的机械式点火装置）发明以前，几乎没有手枪。因为人们不可能把火绳枪装进口袋里或者插在皮套中。直到15世纪后期转轮发火装置（可能是由莱昂纳多·达·芬奇发明的）的出现才使得一手持枪的时候，另一手还能够空闲。转轮发火装置很昂贵、复杂、易于损坏——而且通常只有制造这把枪的人才能修复。到了1650年左右，它们就被不那么复杂的斯纳普汉发火装置（使用弹簧顶住的燧石来打火）取代了。这种装置最后成就了更简单的"真正的"燧发枪。

簧轮手枪
（WHEELLOCK PISTOL）
在欧洲北部，手枪直到16世纪后期都被称作"dag"（其名称来源已不可考）。"dag"的一个典型特征就是球形的柄头，这样设计是为了使手枪容易从口袋或者包里被掏出来，而不是将其作为击打武器。

时间	1590年
起源	德国
重量	1.77千克（4磅）
枪管	30.2厘米（12英寸）
口径	0.5英寸

西里西亚燧发手枪
（SILESIAN FLINTLOCK PISTOL）
这把大号的精心装饰的手枪制造于泰申公国（Teschen），不过明显受到了德国的影响。其装饰的量和质（镶嵌材料是鹿角）表明这把枪是作为赠送物品而制作的。

时间	约1680年
起源	西里西亚
重量	1.1千克（2.5磅）
枪管	35.5厘米（14英寸）
口径	29-bore

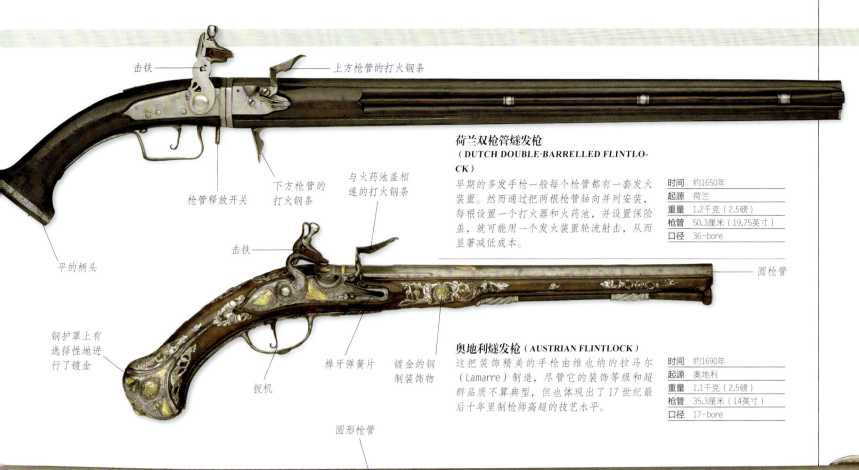

荷兰双枪管燧发枪
（DUTCH DOUBLE-BARRELLED FLINTLOCK）

早期的多发手枪一般每个枪管都有一套发火装置。然而通过把两根枪管轴向并列安装，每根设置一个打火器和火药池，并设置保险盖，就可能用一个发火装置轮流射击，从而显著减低成本。

时间	约1650年
起源	荷兰
重量	1.2千克（2.5磅）
枪管	50.3厘米（19.75英寸）
口径	36-bore

奥地利燧发枪（AUSTRIAN FLINTLOCK）

这把装饰精美的手枪由维也纳的拉马尔（Lamarre）制造，尽管它的装饰等级和超群品质不算典型，但也体现出了17世纪最后十年里制枪师高超的技艺水平。

时间	约1690年
起源	奥地利
重量	1.1千克（2.5磅）
枪管	35.3厘米（14英寸）
口径	17-bore

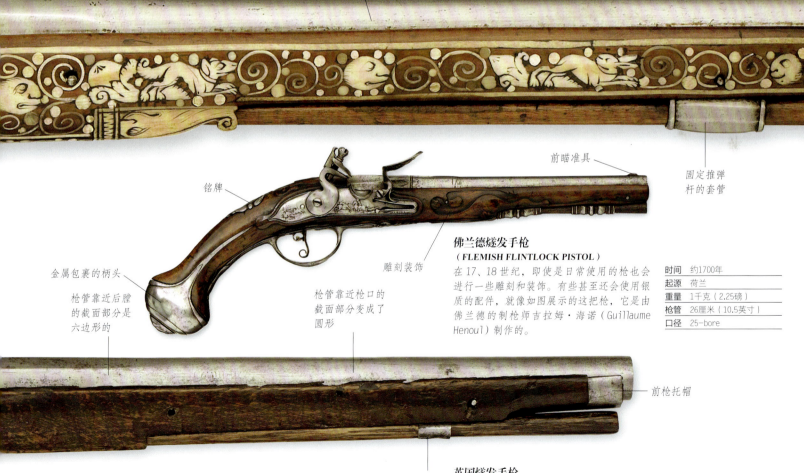

佛兰德燧发手枪
（FLEMISH FLINTLOCK PISTOL）

在17、18世纪，即使是日常使用的枪也会进行一些雕刻和装饰。有些甚至还会使用银质的配件，就像如图展示的这把枪，它是由佛兰德的制枪师吉拉姆·海诺（Guillaume Henoul）制作的。

时间	约1700年
起源	荷兰
重量	1千克（2.25磅）
枪管	26厘米（10.5英寸）
口径	25-bore

英国燧发手枪
（ENGLISH FLINTLOCK PISTOL）

直到18世纪，英国的制枪者们才迎来他们技术发展水平的鼎盛时期。在17世纪中期，也就是这把手枪的制造时期，他们还在追随欧洲同行的脚步。这把枪的制造者也不例外，他所使用的是法国的发火装置。

时间	约1650年
起源	英格兰
重量	1千克（2.25磅）
枪管	34.2厘米（14.25英寸）
口径	25-bore

欧洲手枪（1700—1775）

法国皇家制枪师马林·勒·布儒瓦在1610年左右发明了真正意义上的燧石发火装置，他把西班牙弹簧锁燧发枪上的打火钢条和火药池盖与斯纳普汉的内部机械结构进行组合，改造了击铁和扳机之间的击发阻铁，使其垂直运动而不是水平运动。然而西班牙弹簧锁燧发枪和斯纳普汉仍继续生产了很长时间，直到随着转轮发火装置和火绳发火装置的落伍，它们在技术上也被淘汰了。尽管全封闭的盒式击发装置是一个显著的进步，但直到出现撞击式击发装置为止，在接下来的二百多年里燧发枪几乎没有太多改进。

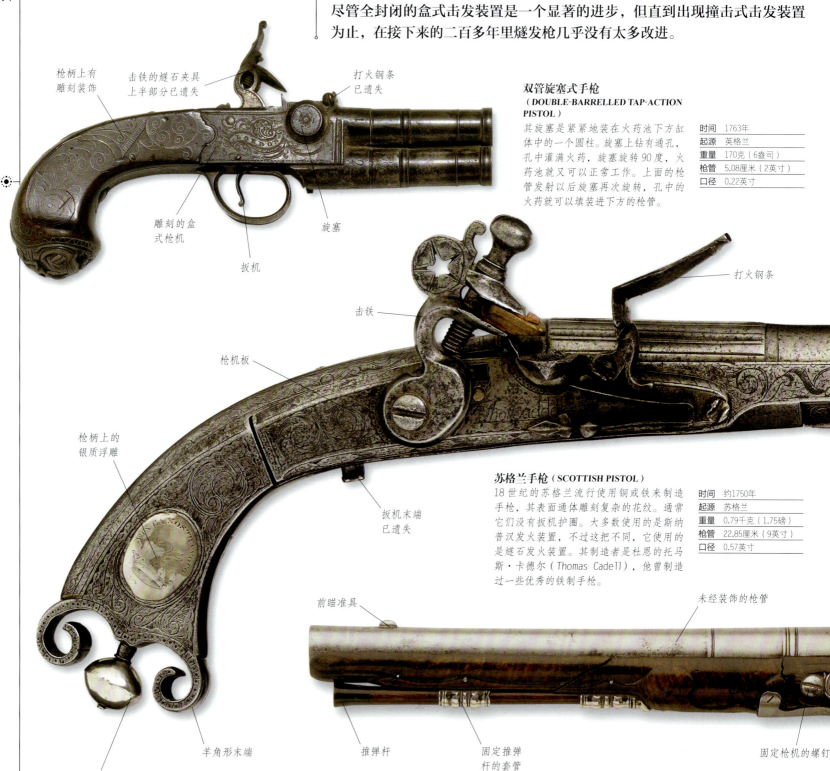

双管旋塞式手枪（DOUBLE-BARRELLED TAP-ACTION PISTOL）

其旋塞是紧紧地装在火药池下方缸体中的一个圆柱。旋塞上钻有通孔，孔中灌满火药，旋塞旋转90度，火药池就又可以正常工作。上面的枪管发射以后旋塞再次旋转，孔中的火药就可以填装进下方的枪管。

时间	1763年
起源	英格兰
重量	170克（6盎司）
枪管	5.08厘米（2英寸）
口径	0.22英寸

苏格兰手枪（SCOTTISH PISTOL）

18世纪的苏格兰流行使用铜或铁来制造手枪，其表面通体雕刻复杂的花纹。通常它们没有扳机护圈。大多数使用的是斯纳普汉发火装置，不过这把不同，它使用的是燧石发火装置。其制造者是杜恩的托马斯·卡德尔（Thomas Cadell），他曾制造过一些优秀的铁制手枪。

时间	约1750年
起源	苏格兰
重量	0.79千克（1.75磅）
枪管	22.85厘米（9英寸）
口径	0.57英寸

英国手枪（ENGLISH PISTOL）

如图展示的这种手枪可能是装在马鞍上的皮套中的（可佩带的手枪皮套是后来的发明）。装皮套的手枪很重，枪管长，而且在发射以后它们经常被当成棍棒使用——因此才要用金属包裹手枪柄头。

时间	约1720年
起源	英格兰
重量	0.88千克（2磅）
枪管	25.4厘米（10英寸）
口径	0.64英寸

双管手枪
（DOUBLE-BARRELLED PISTOL）

这是英国造的一对双枪机、双枪管的精美立式双筒手枪中的一支。它是由荷兰的制枪师安德鲁·德勒普于17世纪末期在伦敦制造的。其右侧的枪机和靠前的扳机用于发射上方的枪管。

时间	1700年
起源	英格兰
重量	1.41千克（3磅）
枪管	32.9厘米（13英寸）
口径	0.5英寸

西班牙后膛装填手枪
（SPANISH BREECH-LOADING PISTOL）

这支西班牙燧发手枪来自加泰罗尼亚的里波尔（Ripoll）——17至18世纪重要的制枪重镇。转动它的扳机护圈，与之相连的后膛闭锁块旋出，便可以塞入弹丸和火药。

时间	约1725年
起源	西班牙
重量	1.6千克（3.5磅）
枪管	25.4厘米（10英寸）
口径	0.55英寸

列日手枪（LIÈGE PISTOL）

这把配有枪套的手枪由列日市的M.德林斯（M.Delince）制成，从外观上看枪口被截短了，而且有长期使用的痕迹。奇怪的是，作为一支18世纪才制造出来的手枪，这件展品的枪机上居然没有强化条。

时间	1765年
起源	比利时
重量	0.88千克（2磅）
枪管	22.9厘米（9英寸）
口径	0.62英寸

三十年战争

1620年,白山战役标志着欧洲三十年战争的开始。在这场战争中,仅有中欧和西欧的少数地区未被波及。在这幅画中,波希米亚的新教徒们被使用长矛和滑膛枪的基督教帝国军队打败了。

公元 1500—1775 年

◀ 62—63 欧洲的头盔和轻盔　　◀ 64—65 欧洲的决斗头盔，开面盔和轻盔　　◀ 70—71 欧洲的板甲　　▶ 148—149 欧洲的决斗头盔

欧洲的决斗甲胄

15世纪出现了专门用于决斗的盔甲，而在接下来的几个世纪里这种盔甲发展到了巅峰。它们不仅仅是在特殊场合下使用的额外护具——例如强化了马上比武时易受攻击的身体左侧——而且护具本身也变得越来越豪华，由此可见极大的精力被用于最为复杂的装饰之中。实际上这些盔甲的做工十分精良，以至于有些盔甲过于昂贵，不能用于竞技比赛，只能作为仪仗盔甲来展示。一些仪仗用盔甲变得更加美轮美奂，盔甲制造者还模仿市民们当时的穿着，发明了动物造型的"异型头盔"。

步战盔甲
（FOOT COMBAT ARMOUR）

在步战的时候，决斗双方穿着一套特殊的盔甲，在比武场（竞技场）中使用长柄斧、长矛、钉头锤、剑和匕首进行格斗。步战在15世纪和16世纪兴起，是由"司法决斗"（一种用于解决司法争端的官方许可的决斗）发展而来的，经常会导致死亡。步战在所有的决斗中最为危险，盔甲要能够给使用者提供从头到脚的保护。

时间　1580年
起源　德国

呼吸孔开在右侧，远离可能受到对方长矛攻击的左侧

用可转动的上护面甲封闭整个头盔

颈甲

紧身上衣式的胸甲

上臂护甲

全视图

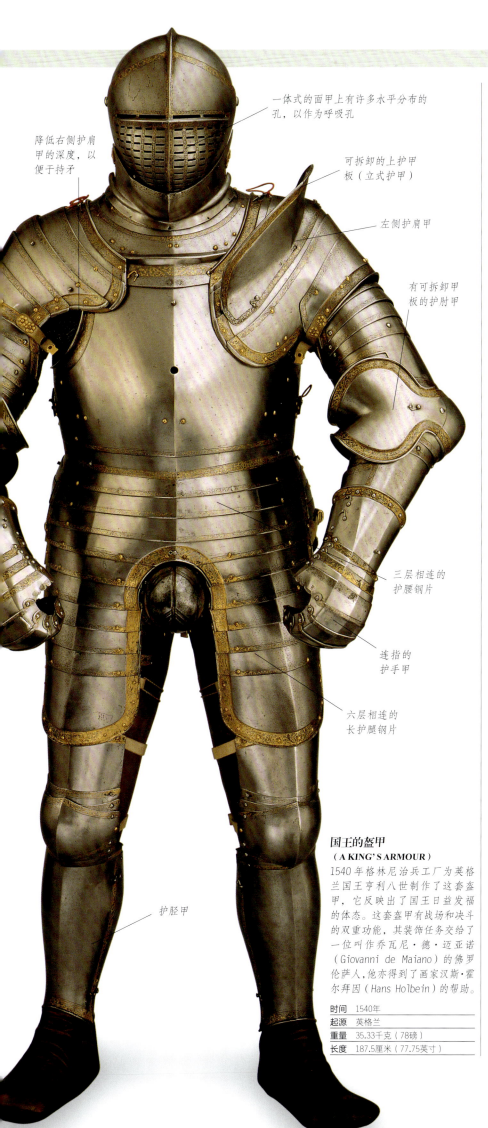

降低右侧护肩甲的深度，以便于持矛

一体式的面甲上有许多水平分布的孔，以作为呼吸孔

可拆卸的上护甲板（立式护甲）

左侧护肩甲

有可拆卸甲板的护肘甲

三层相连的护腰钢片

连指的护手甲

六层相连的长护腿钢片

护胫甲

国王的盔甲
（A KING'S ARMOUR）

1540年格林尼治兵工厂为英格兰国王亨利八世制作了这套盔甲，它反映出了国王日益发福的体态。这套盔甲有战场和决斗的双重功能，其装饰任务交给了一位叫作乔瓦尼·德·迈亚诺（Giovanni de Maiano）的佛罗伦萨人，他亦得到了画家汉斯·霍尔拜因（Hans Holbein）的帮助。

时间	1540年
起源	英格兰
重量	35.33千克（78磅）
长度	187.5厘米（77.75英寸）

镀金雕刻的放射状装饰

装饰性铁片护手
（DECORATED VAMPLATE）

铁片护手是一种漏斗形的圆圈，装在长矛上以保护手部。最早的铁片护手出现在14世纪的决斗中，到了16世纪它们变得更大，成了被仔细装饰过的圆锥形物件。

时间	16世纪
起源	意大利
重量	约0.6千克（1.25磅）
长度	约25厘米（10英寸）

保护手腕的袖口形板甲

锁紧式金属护手
（LOCKING GAUNTLET）

重装骑士会面临的危险之一就是长剑脱手或被敌人从手里打落。这种金属护手能把剑固定住，战斗结束后便可将其松开。

时间	16世纪
起源	意大利
重量	约1.14千克（2.5磅）
长度	约40厘米（16英寸）

与背甲相固定的皮带

长矛架

胸甲（BREASTPLATE）

这件轻而结实的胸甲产自意大利，是高级盔甲艺术的典型代表。其造型模仿了当时贴身的紧身上衣，并用象征神圣的图案进行镀金雕刻装饰。

时间	16世纪
起源	意大利
重量	约2.8千克（6.25磅）
长度	约48厘米（19英寸）

早期近代世界

公元 1500—1775 年

◀ 62—63 欧洲的头盔和轻盔　　◀ 64—65 欧洲的决斗头盔，开面盔和轻盔　　◀ 146—147 欧洲的决斗甲胄　　▶ 354—355 头盔（1900年以后）

欧洲的决斗头盔

16世纪阅兵和仪仗所用头盔的演变历程，与战场上所用的甲胄的发展过程相似。以持长矛冲刺头盔为例，它对防御在决斗时可能由长矛造成的致命头部伤害很有用。而面部开放的头盔，例如轻盔，就不太适用于这种场合。正是16世纪后期的封闭式头盔达到了仪仗盔发展水平的巅峰——这些头盔更大的表面保护区域也为工匠们提供了更多展示其雕刻技艺的空间。

绳状冠饰

小天使头部造型的装饰

固定羽饰的孔

面甲的枢轴与其他护面具在同一位置

用来抬起上（半）面甲的销钉

盔顶的两半部分在冠饰处结合

睡狮造型的装饰

下（半）面甲的上半部雕刻有罗马盔甲的图案

饰以浮雕的封闭式头盔
（EMBOSSED CLOSE HELMET）
这项封闭式头盔的表面全部覆盖了骑马竞技题材的亮钢浮雕，其图案包括经典的盔甲、战利品、狮子，还有小天使的头部造型。如此品质上乘、装饰精美的作品显然是作为炫耀夸示之用的。上半面甲的凸缘能够深入到下半面甲中，这是封闭式头盔的一种典型样式。

时间	约1575年
起源	法国
重量	2.6千克（5.75磅）

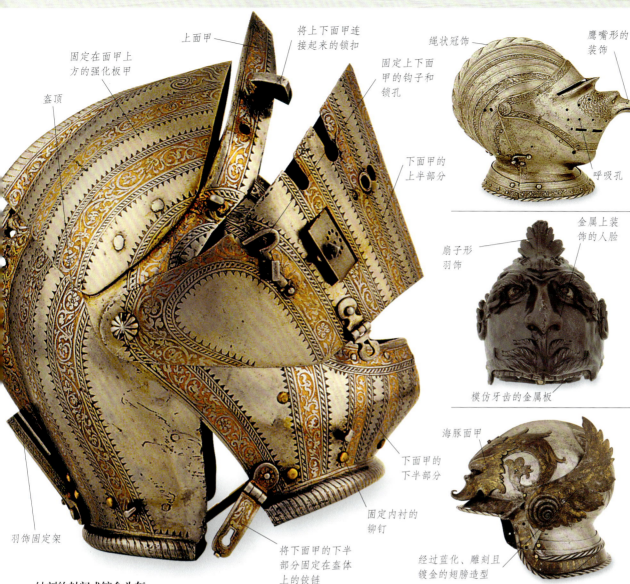

蚀刻的封闭式镀金头盔
这顶封闭式头盔的表面经过蚀刻和镀金处理，并用垂直的花叶形条纹进行装饰。在盔顶上方增加了一块结实的强化板甲来提供额外保护。头盔下缘是中空的绳子造型，颈甲上缘刚好可以嵌入其中。

时间	约1570年
起源	意大利
重量	2.8千克（6.25磅）

1559年亨利二世死于决斗
法国国王亨利二世热衷于打猎，并且参加决斗比赛。然而，在1559年7月1日，他死于自己的苏格兰卫队队长加布利尔·蒙哥马利（Gabriel Montgomery）的长矛之下。他的死是因为当时的封闭式头盔有一个致命弱点——对手的长矛矛尖击入了他上下面甲之间的缝隙，刺中他的眼睛并贯穿脑部。

鹰头造型封闭式头盔
（EAGLE'S-HEAD CLOSE HELMET）
这顶头盔眼部以下的部分显然是一个鹰头的造型。鹰头上的羽毛用刻在金属上的羽毛来表示。盔顶有一道绳状造型的低冠饰，盔顶每侧有7道槽纹，其中几道上面有华丽的花草纹装饰。

时间	约1540年
起源	德国
重量	2.7千克（7磅）

阅兵盔（PARADE CASQUE）
这顶造型奇特的头盔一定程度上继承了"异型头盔"的样式，主要用于阅兵或者假面剧，在16世纪期间最为流行。这件展品上雕刻着效果惊人的瞪着眼睛的人脸，以及夸张的羽毛样冠饰，它可能是一套戏装中的一件。

时间	约1530年
起源	意大利
重量	2.2千克（5磅）

面部开放的轻盔
（OPEN-FACE BURGONET）
这顶轻盔的盔体又扁又圆，向外只能覆盖到耳朵以下，脸颊的部分不受保护。盔顶前面是一个海豚形的面甲，豚身和鳍部分有黄金装饰。面甲两侧各有一个海豚尾巴，用可以转动的销钉固定。

时间	约1520年
起源	德国
重量	2.2千克（5磅）

活动头盔（ARMET）
活动头盔是封闭式头盔的一种改良形式。在上面甲枢轴之下有巨大的脸颊部护甲，后部开放部位用板甲进行遮盖，能够提供很好的保护。后部的突柄用于连接"包甲"——位于面甲左侧的一块高护甲，决斗的时候那个位置可能会被长矛刺中。

时间	约1535年
起源	德国
重量	2.2千克（5磅）

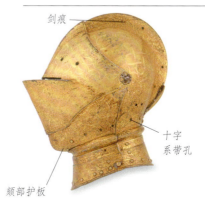

封闭式镀金头盔
（GILDED CLOSE HELMET）
这顶头盔通体镀金，表面镶嵌带状饰物，有很深的涡卷形雕刻花纹，装饰花叶造型、有翼的头像以及怪兽的图案。面甲的另外一侧钻有10个呼吸孔。冠饰的顶部有被剑砍过的痕迹，表明这顶头盔亲历过沙场。它是神圣罗马帝国皇帝斐迪南一世全套盔甲中的一部分。

时间	约1555年
起源	德国
重量	2.2千克（5磅）

亚洲的盔甲

公元1500—1775年

◀ 68—69 欧洲的锁子甲　　◀ 70—71 欧洲的板甲　　▶ 152—153 日本的武士盔甲　　▶ 260—261 印度的盔甲和盾牌

在16世纪和18世纪期间，从中东到印度以及亚洲中部的军队所使用的武器和盔甲大体上类似。其中包括链板结合的身体护甲和圆形盾，这种盾用皮革或者铁板制成，在印度叫作达哈尔（dhal），在波斯叫作斯帕（sipar）。文化差异较大的中国和朝鲜也多少受到了伊斯兰风格的影响。尽管在亚洲已经开始广泛使用火器了，但是盔甲和盾牌继续在这里使用的时间比欧洲要长。

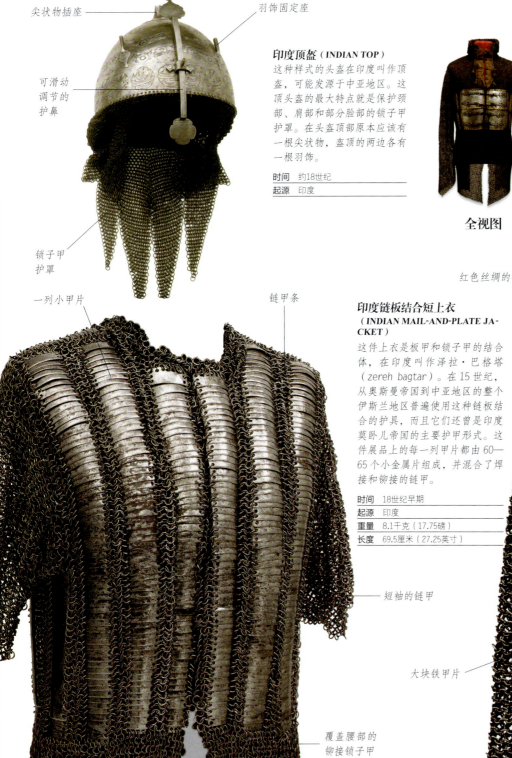

印度顶盔（INDIAN TOP）

这种样式的头盔在印度叫作顶盔，可能发源于中亚地区。这顶头盔的最大特点就是保护颈部、肩部和部分脸部的锁子甲护罩。在头盔顶部原本应该有一根尖状物，盔顶的两边各有一根羽饰。

时间	约18世纪
起源	印度

印度链板结合短上衣（INDIAN MAIL-AND-PLATE JACKET）

这件上衣是板甲和锁子甲的结合体，在印度叫作泽拉·巴格塔（zereh bagtar）。在15世纪，从奥斯曼帝国到中亚地区的整个伊斯兰地区普遍使用这种链板结合的护具，而且它们还曾是印度莫卧儿帝国的主要护甲形式。这件展品上的每一列甲片都由60—65个小金属片组成，并混合了焊接和铆接的链甲。

时间	18世纪早期
起源	印度
重量	8.1千克（17.75磅）
长度	69.5厘米（27.25英寸）

印度链板结合外衣（INDIAN MAIL-AND-PLATE COAT）

这种链板结合的甲胄前方有四片大板甲，侧面各有两片较小的，后面也有板甲。这种甲胄最受莫卧儿皇帝的喜爱，其中包括奥朗则布（Aurangzeb，1658—1707年在位）。它并不能提供毫无破绽的保护——远程武器以及戳刺武器都可能穿透锁子甲覆盖的部分。

时间	17世纪早期
起源	印度

全视图

— 银帽杯
— 铁的头盔框架
— 上漆的生皮
— 铜片
— 锁子甲的领口用板甲进行加强

朝鲜头盔（KOREAN HELMET）
这顶漆器皮盔应该曾属于一位富裕的朝鲜武士，证据在于盔帽和盔顶上精美的银饰物。有三个内嵌铁板的长帽沿用来保护颈部和脸颊。头盔顶端的小管子应该是插羽饰用的。

时间	16世纪晚期
起源	朝鲜
重量	2.4千克（2.25磅）
高度	33厘米（13英寸）

— 脸颊护具，用上面的铜头铆钉固定着内嵌的铁板
— 铆接的长袖锁子甲外套

— 镀金羽饰插管
— 珊瑚和绿松石的装饰物
— 连接盔顶两半部分的铆接缝
— 盔体底座的镀金镶边

中国的胄（CHINESE ZHOU）
这顶头盔，或者叫"胄"，是中国明朝的产物。盔顶由两部分组成，中间铆接固定。这是一件奢侈的物品，用宝石和珊瑚做了复杂的装饰，在头盔顶端还有一个镀金插管，里面可以插入羽饰。在盔体底座上还能看到残留的蓝丝绸的痕迹——可能是护颈的残迹。

时间	16世纪
起源	中国
高度	35厘米（13.75英寸）

印度达哈尔（INDIAN DHAL）
这是一面印度的圆盾，或者叫作"达哈尔"，用大马士革钢制成。使用的时候一只手穿过其背后的两个把手。把手是用圆形螺钉固定的，而螺钉则铆接在盾表面的四个座子上。盾牌给了印度手工艺人们无法抗拒的好机会，使他们得以展示在雕刻和镀金装饰方面的热情和技艺。

时间	约1800年
起源	印度
重量	3.8千克（8.5磅）
宽度	60厘米（24英寸）

全视图

— 与把手连接的铜螺栓盖
— 镀金装饰

公元 1500—1775 年

◀ 96—99 日本武士刀　　◀ 100—101 武器展示：胁差　　◀ 102—103 日本武士

日本的武士盔甲

日本的武士盔甲是从传统的亚洲鳞甲演变而来的，将涂漆的金属片或皮革用皮条或者丝带绑在一起制成。这种轻便的盔甲能在保证武士所需的灵活性和快速移动性的同时提供充分的保护。随着时间的推移，武士盔甲的复杂程度日益增加，16世纪的具足（日本的甲胄）达到其发展的顶峰。护甲和头盔除了用于战斗以外，同样也可用来夸示。它们在江户时代最为华丽，经过日本的和平年代以后，武士就不再作为活跃的战士出现了。

当世具足（现代盔甲）
TOSEI GUSOKU（MODERN ARMOUR）

这件质量上乘的盔甲与极富特色的头盔是一套，头盔顶部立有模仿水牛角的胁立（也常常会做成鹿角的样子）。黑漆的半护面甲上绘有皱纹和牙齿，不过却缺少一个常常会看到的特征物：胡须。护面具保护脸的下半部分，同时帮助把头盔固定在武士头上，并且使佩戴者看上去更令人恐惧。其他的细节都是为了增加模仿效果，例如装在头盔眉庇上画的眉毛等。通过使用金色的漆和红色的丝带，整体达到了一种具有美感的色彩搭配效果。

时间	19世纪
起源	日本
重量	头盔：2.75千克（6磅）

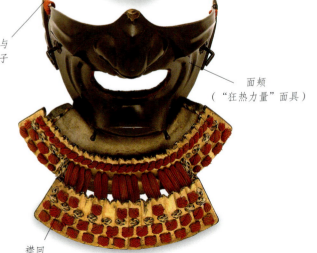

袖（当世袖）

笼手

手甲（护手）

绑绳

臑当

面颊

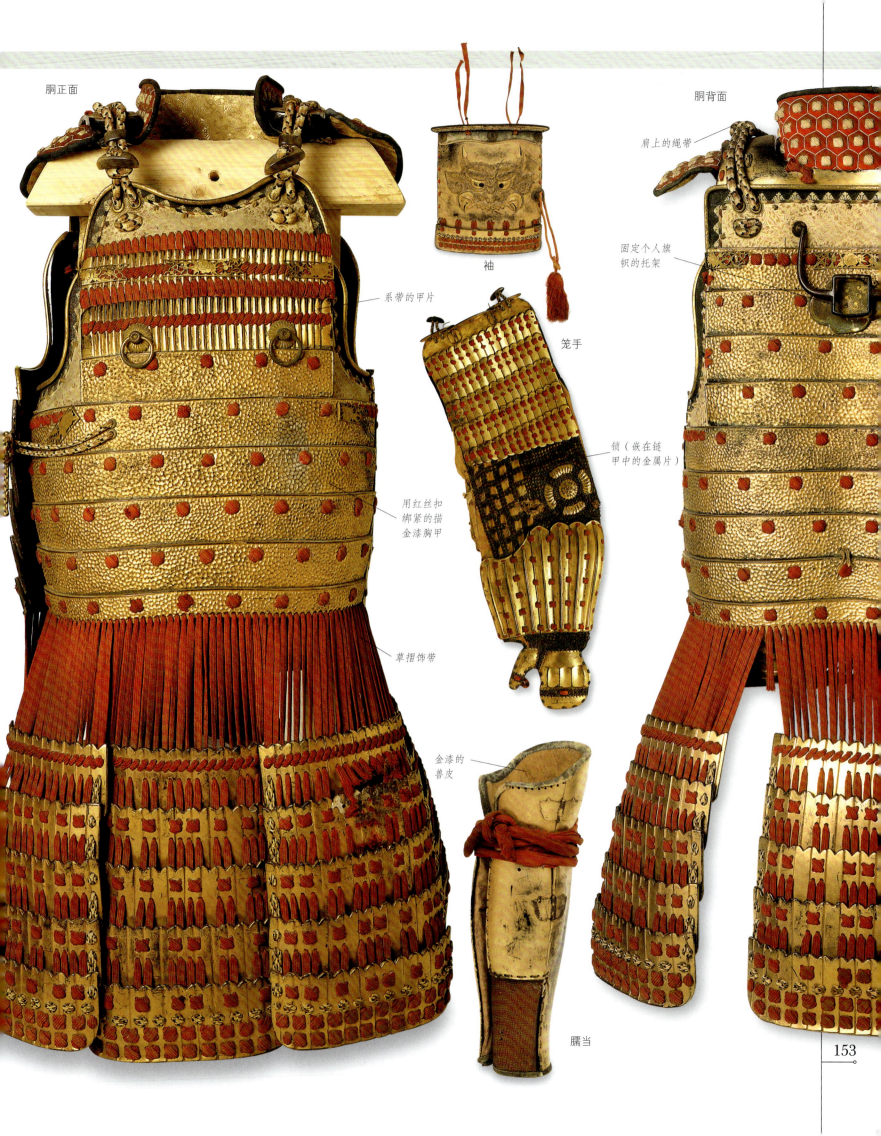

变革的世界

公元 1775—1900 年

变革的世界

在 1770 年，欧洲主要是由一些国王在统治，与两个世纪以前一样，他们在不断地制造政治和军事冲突。然而在经过接下来的这个变革世纪以后——不论在政治上还是工业上——战争的面貌彻底改变了，出现了新的科技，民族主义和民主主义思潮涌现，高效能的政治集团甚至比他们的主管政府拥有更高能力，它们不愿意再做政治上的无名小卒，或者它们管理的区域也不愿仅仅做别人的殖民地。

非正规军的战争
在美国独立战争期间（1775—1783），英国人低估了与他们作战的殖民地军队的实力。在这幅画中，本尼迪克特·阿诺德（Benedict Arnold）——坠于地上的受伤者——指挥了 1777 年 10 月发生在比米斯高地的进攻行动。他们使用剑、步枪和刺刀，逼退了英国的正规军。

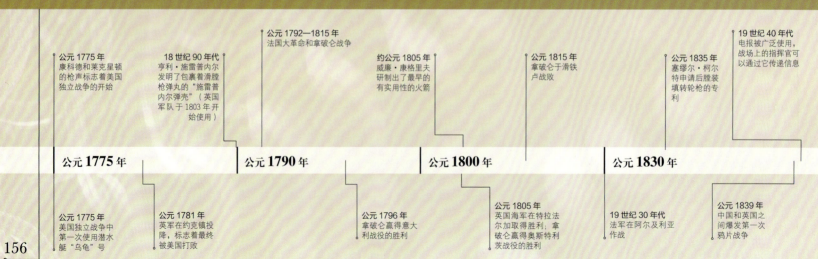

公元 1775 年
康科德和莱克星顿的枪声标志着美国独立战争的开始

18 世纪 90 年代
亨利·施雷普内尔发明了包裹着滑膛枪弹丸的"施雷普内尔弹壳"（英国军队于 1803 年开始使用）

公元 1792—1815 年
法国大革命和拿破仑战争

约公元 1805 年
威廉·康格里夫研制出了最早的有实用性的火箭

公元 1815 年
拿破仑于滑铁卢战败

公元 1835 年
塞缪尔·柯尔特申请后膛装填转轮枪的专利

19 世纪 40 年代
电报被广泛使用，战场上的指挥官可以通过它传递信息

公元 1775 年　　公元 1790 年　　公元 1800 年　　公元 1830 年

公元 1775 年
美国独立战争中第一次使用潜水艇"乌龟"号

公元 1781 年
英军在约克镇投降，标志着最终被美国打败

公元 1796 年
拿破仑赢得意大利战役的胜利

公元 1805 年
英国海军在特拉法尔加取得胜利，拿破仑赢得奥斯特利茨战役的胜利

19 世纪 30 年代
法军在阿尔及利亚作战

公元 1839 年
中国和英国之间爆发第一次鸦片战争

自美国独立战争开始，传统秩序受到了挑战，进而被推翻，然后被部分地重建。从1775年到1783年，英国同其在北美的殖民地打了一场苦涩的战争，后者不断要求英国政府给予更多的权力。反抗军的领袖乔治·华盛顿发现，他们的野战能力不可能短期提升到与英国相当的程度。不过英国人依赖通过海运输送补给品，当1778年法国介入这场战争时，英国人的补给线受到了威胁，他们在北美的统治岌岌可危。普鲁士军官奥古斯都·冯·施托伊本（Augustus von Steuben）设计出了一套简化的操练方法，在他的协助下美国人建立了自己的军队，其结果使得大英帝国颜面扫地，失去了大部分的北美殖民地。

法国革命战争

1789年在法国爆发了革命，部分原因是民众对失业以及供养军队导致的高税负的不满，并且路易十六显然对这些问题束手无策。大多数军官都逃离了法国或者辞去职务。当时法国正在与奥地利开战，几乎找不到有经验的军官可用。代替它们的人主要来自中下层阶级，于是到了1794年的时候，25名军官中只有1人是贵族。1793年，军事化的法国进行强制征兵，所有符合兵役年龄的男性全部都要服兵役。新建立的军队使用现代化的战术——自1792年开始，在步兵战斗中出现了侦察兵和狙击手。这些狙击手能够骚扰敌阵，掩护部队的军事行动。法兰西共和国取得的一系列胜利，尤其是拿破仑在1796年以后在意大利所取得的那些胜利，展示了通过使用改进的横排、纵队及接触战的组合所取得的良好效果，以及新型军队所拥有的力量。

在18世纪90年代，法国军队率先使用了师的编制，即由包括步兵、骑兵和炮兵在内的几个团组成的独立战斗单元。拿破仑把这个方法更进一步，建立了一个军团系统，每个军团都由几个师组成。这种军团系统意味着法国军队与其说依赖于固定补给，不如说是"靠山吃山，靠水吃水"。他们能够对目标采取独立的袭击行动，减少由于军队通过的地区补给能力不足而带来的风险。这种方法带来的灵活性以及法国军队的速度——在1805年发生的乌尔姆战役中，法国仅用了17天就从莱茵河打到了乌尔姆（超过500千米/311英里）——常常使得拿破仑的敌人显得非常迟钝。

拿破仑还对法国军队进行了扩充，到了1805年，他的军队拥有4500门重炮及7300门中型和轻型炮。一系列的胜利，尤其是马伦戈会战（1800）和奥斯特利茨战役（1805）的胜利，使得与他对抗的联盟军摇摇欲坠。拿破仑同时明智地意识到消灭敌人的野战力量应该是他的首要任务，而不能让自己被拖沓的攻坚战所拖累。

然而法国资源紧张的问题开始暴露。在1790年到1795年之间出生的法国人中约有20%死于战争。逐渐地，拿破仑的军队中越来越多的士兵是缺乏训练的外国人，他们不像法国人那样富有斗志。为了便于管理，在1808年以后一个标准的师由两个旅组成，每个营所拥有的连队数量也减少了。结果军队的灵活性降低，拿破仑后期的战争更加倾向于进行大型战役，用大量的人向敌军盲目地冲锋，很少出现军事智慧上的灵光一现。在1812年俄国发生的博罗季诺会战中，25万人挤在一个仅有8000米（5英里）长的狭窄战线上进行战斗，这为双方都带来了巨大的损失。

英国对抗拿破仑的战术

在这个阶段，拿破仑的敌人们也在不断学习新的战略战术并改编军队。英国在18世纪90年代开始尝试使用轻步兵，在1800年建立了一支装备新式来复枪的试验性军团，其来复枪精度高于之前的滑膛枪。英国军队更喜欢使用横排队列而不是纵队，并且更加注重后勤，而不仅仅依赖征集粮草。他们在大量存在游击战的西班牙山区大败法国军队。普鲁士于1813年建立了志愿枪手步兵团，专门对付法国军队的狙击手。与法国资源耗尽的情况相比，英国海军更具优势——尤其是在特拉法尔加战役（1805）中表现突出。拿破仑贪婪的战略导致了他在1814年的衰落，1815年滑铁卢战役的失败终结了"百日王朝"，他也迎来了被流放的结局。

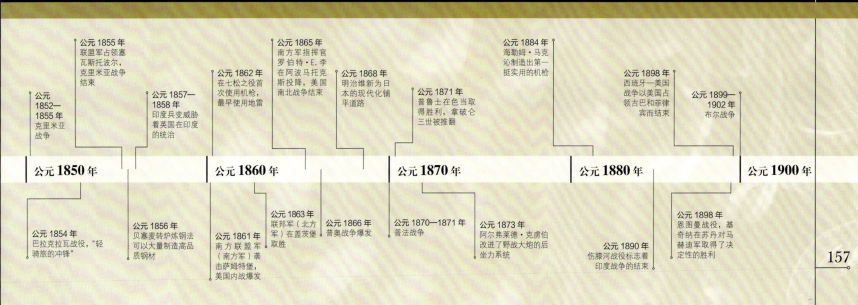

堑壕战

美国内战的最后阶段变成了堑壕和堡垒之间的艰难战争。图片上,联邦军士兵正躲在弗吉尼亚州彼得斯堡要塞前的堑壕中。

技术的发展

维也纳会议(1815)确保了几十年内没有再次发生革命战争,于是欧洲再次进入了一种战略上的麻木期。拿破仑的训练和战术基本上被保留了下来,不过也有重要的技术进步,包括圆柱—圆锥形子弹的出现。它在发射的时候会膨胀,与枪管内的膛线贴合更加紧密,使火枪的有效射程倍增,达到了约400—600米(440—650码)。经过1849年克劳德-艾蒂安·米涅(Claude-Etienne Minié)的改造,这种新型来复枪成了欧洲军队的主流武器。武器威力的增强以及大规模生产武器能力的提升,使得征召入伍的新兵都能用上这种武器,这让战争更加工业化。工厂的产能、铁路的铺设,以及战略上的计划,对于胜利的影响比战术上的灵光一现更加重大。新科技在克里米亚战争中第一次受到了实践的检验。在这场战争中,英国和法国入侵俄国,以阻止沙皇从衰落的奥斯曼帝国分一杯羹。在1854年的因克曼战役中,英国人使用恩菲尔德步枪对俄国军队展开了进攻,在联军损失3000人的情况下,后者损失了12000人。不过这次英国人出现了战略失误——他们的补给基地巴拉克拉瓦仅有一个30米(33码)大的码头,而且距前线15千米(9英里)远。战役在塞瓦斯托波尔的要塞陷入了僵持状态,这里的防御堑壕网预示了第一次世界大战中堑壕战的样子。

美国南北战争

美国南北战争(1861—1866)见证了战争工业化的全过程。在北方,战前人口的70%以及几乎全部的工业——93%的生铁以及97%的武器制造——都专心投入了战争,产量得到了巨大的提升。南方有着极具智慧的将军,即罗伯特·E.李(Robert E. Lee),以及一支渴望保护自己生活方式的富有斗志的队伍。尽管南方军在布尔溪战役(1861)和弗雷德里克斯堡战役(1862)取得了胜利,但在盖茨堡战役(1863)中功亏一篑,最终什么也未得到。北方联邦军的统帅尤利西斯·S.格兰特(Ulysses S. Grant)将军意识到,通过将南方联盟切为两块,消灭其刚刚建立的工业和铁路系统,他们的抵抗能力——不论在战场上多么的英勇——都将被消灭。美国南北战争中的士兵每分钟能够射击5至6次,与拿破仑时期的多重纵队相比,使用拉长的战线更为有效。战场上的矮墙和散兵坑等临时工事变得更加重要,斯普林菲尔德步枪的毁灭性火力说明,如果步兵在野外贸然进攻,正如在盖茨堡战役中的"皮克特的冲锋"那样,其结果只能是被消灭。

普鲁士的军队

与此同时,欧洲的普鲁士在冯·莫尔特克(von Moltke)——自1858年以后担任总参谋部的总参谋长——的带领之下建立了统一的教育系统,士兵在军队中的服役时间延长到5年,于是到了19世纪50年代后期,其部队拥有50.4万军人(包括预备役)。普鲁士还着重发展铁路,到1860年其铁路长度已经达到将近3万千米(1.9万英里)。他们的士兵装备着德莱塞针击枪,这是一种后膛装填步枪,可以采用俯卧姿势射击,其射击速度比前膛装填步枪提高了5倍。尽管这种枪容易哑火,不过它仍然给予普鲁士士兵一定的战争优势。加上他们高明的作战计划,普鲁士在1866年的克尼格雷茨战役中对奥地利获得了压倒性的胜利。这场战争让德国总理俾斯麦放手去追求他统一德国的目标。

法国皇帝拿破仑三世想要阻止俾斯麦的野心,于是引发了普法战争(1870—1871)。法国人装备的是后膛步枪,是德莱塞步枪的一种更加可靠的版本。普鲁士充分利用了他们的人数优势,发动了38万人——大部分是靠铁路运输——快速抵达前线。他们还使用阿尔弗雷德·克虏伯(Alfred Krupps)设计的后膛装填钢制加农炮,其射程达7000米(7600码),能够在

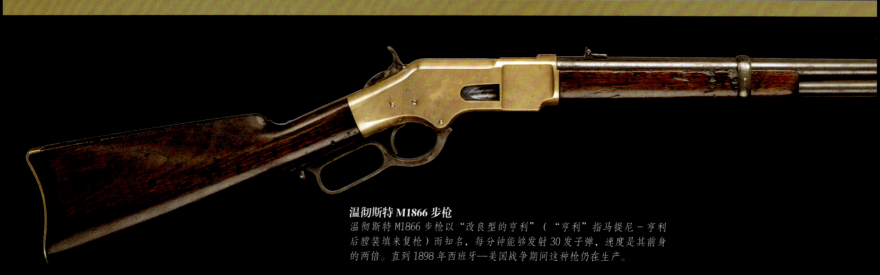

温彻斯特 M1866 步枪

温彻斯特 M1866 步枪以"改良型的亨利"("亨利"指马提尼-亨利后膛装填来复枪)而知名,每分钟能够发射30发子弹,速度是其前身的两倍。直到1898年西班牙—美国战争期间这种枪仍在生产。

远距离消灭法国的军队。法国人在谋略上输给了普鲁士,他们最后的野战部队在色当被围投降(1871),宣告了拿破仑三世统治的终结,任何反对俾斯麦计划的打算均宣告失败。

欧洲帝国主义的崛起

1871年以后,俾斯麦建立了统一的国家,在19世纪80年代他从纳米比亚、多哥以及坦桑尼亚开始,转而谋求在海外建立帝国。19世纪后期是欧洲帝国主义的巅峰时期,其发展远远超出了保护贸易以及镇压殖民地反抗所需要的程度。这个世纪后半段发生的许多战争都是帝国主义性质的,其中西方的科技优越性和组织性往往起到了决定性的作用。1898年在苏丹的恩图曼战役中,英国指挥官只是简单地将部队部署为紧密队形来抵御马赫迪军的冲锋,用机枪对其进行扫射,结果是苏丹损失了3万人,而英埃联军只损失了50人。

欧洲以外的部队确实也曾经,偶尔地,取得过胜利。在1896年的阿杜瓦,意大利军队曾经被一支装备了10万支步枪的埃塞俄比亚部队打败过,这些枪是索马里的法国殖民政府很友好地出售给他们的。在当地部队善于使用游击战术的地区,例如19世纪80年代和90年代西非索马里的图雷,欧洲人要打败他们也比较困难。然而顽强

民族主义

法国革命在欧洲释放出一种所谓的"政治病毒",其信号就是应该成立单一人种或者"民族"的完整的国家。因此,法国是法兰西人的国家,应该将他们全部纳入进来。当这种思潮引发政治和军事扩张的时候,多民族帝国就受到了威胁,例如奥地利的哈布斯堡王朝和奥斯曼土耳其帝国。

欧洲在1848年爆发了一波民族主义叛乱,横扫匈牙利的革命政府取得了权力,并且威胁要颠覆普鲁士和法国的政权。民族主义帮助意大利在1861年取得统

1861年发生的巴勒莫暴动,促成了意大利的统一。

一——加里波第(Garibaldi,图中左侧)扮演了引人注目的角色。德国在1867年取得统一。与此类似,通过让希腊在1821年宣布独立,民族主义者也促进了奥斯曼帝国的瓦解。所有这些举动都在呼吁一种理想化的民族主义思想,鼓吹狂热地忠诚于某个王朝或者皇权,但实际上却从来没能实现。

的抵抗最终还是会失败。欧美有着更强的工业和人口资源,能够经得起他们的敌人承受不起的失败。

德国人在1866年和1870年的胜利,使得德国政治家和平民大众都觉得快速地发展和使用新技术能解决他们担心的一切问题。到了19世纪末期,欧洲国家卷入了一场军备竞赛,耗资极其高昂,且将国际关系推到了互相极度不信任的可怕边缘。德国经济得到了快速发展,但其政治完善程度并没有随之发展,结果导致经济实力、民族主义以及高超的技术实力结成了"联盟",只需要一点火花便可引爆可怕的第一次世界大战。

布尔前哨部队

为了赢得布尔战争(1899—1902),英国花费了两年时间,派遣了45万人,阵亡了22000人。布尔人装备着致命而实用的滑膛枪,取得了一系列的胜利,例如斯皮恩山战役(1900)。甚至在其主力已经被打败的情况下,英国人仍然不得不采用一些非常规的手段,例如使用集中营,才迫使最后的一些游击队员投降。

公元 1775—1900 年

◀ 38—41 欧洲的剑　◀ 80—83 欧洲的步兵和骑兵刀剑　◀ 86—87 欧洲细剑　◀ 88—89 欧洲小剑

欧洲的刀剑

到了法国革命战争（1789—1799）以及拿破仑战争（1799—1815）时期，重骑兵使用的刀剑发展成为长而直的戳刺武器，而轻骑兵的武器则演变为专门用来砍削的弯刀。对于步兵来说，刀剑已经逐渐成为装饰性的武器，不过它们仍然继续被用作军衔的标志，被军官和高级士官佩带。既然已经不具备实用价值，步兵刀剑的装饰就变得更加华美，有些甚至回归到了古典时代的风格。

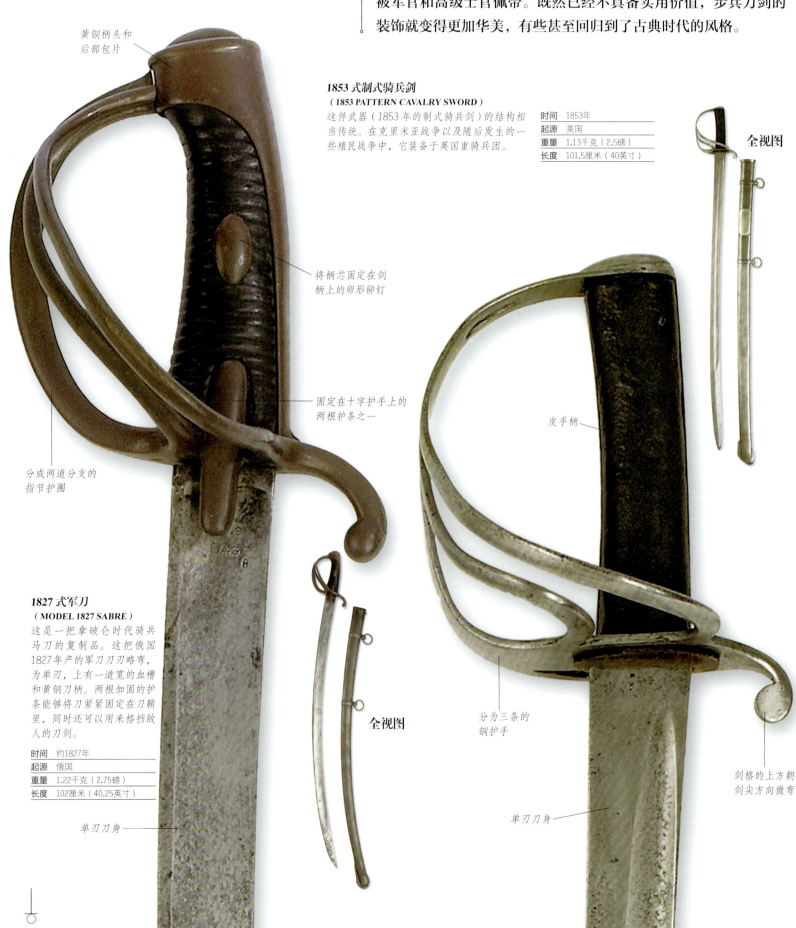

黄铜柄头和后部包片

1853 式制式骑兵剑
（1853 PATTERN CAVALRY SWORD）
这件武器（1853 年的制式骑兵剑）的结构相当传统。在克里米亚战争以及随后发生的一些殖民战争中，它装备于英国重骑兵团。

时间	1853年
起源	英国
重量	1.13千克（2.5磅）
长度	101.5厘米（40英寸）

全视图

将柄芯固定在剑柄上的卵形铆钉

固定在十字护手上的两根护条之一

皮手柄

分成两道分支的指节护圈

1827 式军刀
（MODEL 1827 SABRE）
这是一把拿破仑时代骑兵马刀的复制品。这把俄国 1827 年产的军刀刀刃略弯，为单刃，上有一道宽的血槽和黄铜刀柄。两根加固的护条能够将刀紧紧固定在刀鞘里，同时还可以用来格挡敌人的刀剑。

时间	约1827年
起源	俄国
重量	1.22千克（2.75磅）
长度	102厘米（40.25英寸）

全视图

分为三条的钢护手

剑格的上方朝剑尖方向微弯

单刃刀身

单刃刀身

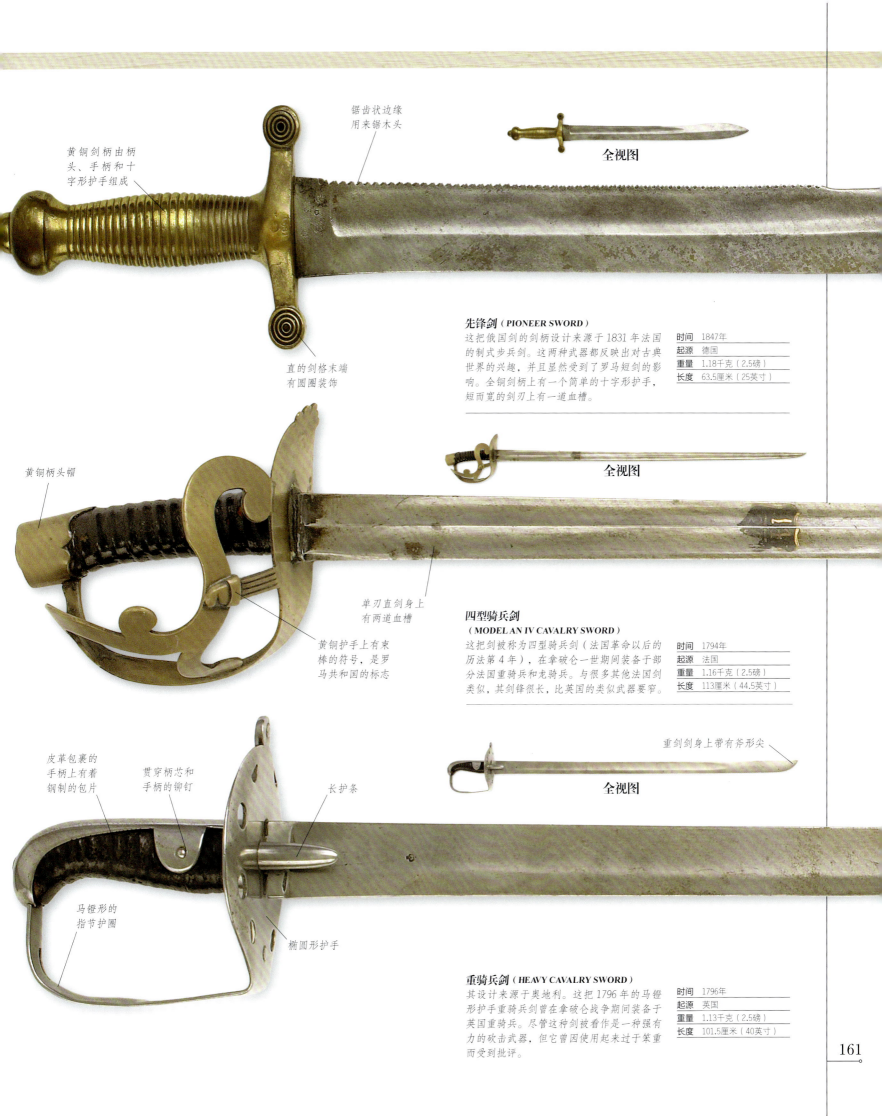

先锋剑（PIONEER SWORD）

这把俄国剑的剑柄设计来源于1831年法国的制式步兵剑。这两种武器都反映出对古典世界的兴趣，并且显然受到了罗马短剑的影响。全铜剑柄上有一个简单的十字形护手，短而宽的剑刃上有一道血槽。

时间	1847年
起源	德国
重量	1.18千克（2.5磅）
长度	63.5厘米（25英寸）

四型骑兵剑（MODEL AN IV CAVALRY SWORD）

这把剑被称为四型骑兵剑（法国革命以后的历法第4年），在拿破仑一世期间装备于部分法国重骑兵和龙骑兵。与很多其他法国剑类似，其剑锋很长，比英国的类似武器要窄。

时间	1794年
起源	法国
重量	1.16千克（2.5磅）
长度	113厘米（44.5英寸）

重骑兵剑（HEAVY CAVALRY SWORD）

其设计来源于奥地利。这把1796年的马镫形护手重骑兵剑曾在拿破仑战争期间装备于英国重骑兵。尽管这种剑被看作是一种强有力的砍击武器，但它曾因使用起来过于笨重而受到批评。

时间	1796年
起源	英国
重量	1.13千克（2.5磅）
长度	101.5厘米（40英寸）

欧洲的刀剑

1796 式轻骑兵马刀
（1796 LIGHT CAVALRY SWORD）

这种 1796 年的轻骑兵马刀被认为是最好的砍削武器之一，它与重骑兵剑出现的时期十分接近。其刀刃在靠近刀尖的地方进行了加宽，以便产生更大的冲击力。

时间	1796年
起源	英国
重量	1千克（2.25磅）
长度	96.5厘米（38英寸）

- D 形护条
- 弯曲的刀刃在刀尖位置比刀柄位置厚
- 马镫形护手
- 内衬木材的钢制刀鞘

拿破仑时期的步兵短刀
（NAPOLEONIC INFANTRY SWORD）

这把步兵短刀也叫作"短军刀""煤球刀"（briquet），有着简单的一体式铜护手和有弧度的钢刃。它在拿破仑战争期间由普通步兵佩带，也被海员所使用。

时间	19世纪早期
起源	法国
重量	0.9千克（2磅）
长度	74厘米（29英寸）

- 从指节护圈延伸而出的剑格向前弯曲
- 黄铜护手
- 带弧度的钢刃

1804 式制式海军短剑
（MODEL 1804 NAVAL CUTLASS）

这把 1804 年（特拉法尔加战役的前一年）的英国制式海军短剑是把实用的直刃剑，有一对圆形护手和带波纹的铁手柄，且为了防止腐蚀而被涂成了黑色。

时间	约1804年
起源	英国
重量	1.32千克（3磅）
长度	85.5厘米（33.5英寸）

- 护手由两片薄铁片做成，它有时也被叫作"8字形"护手

- 十字形护手，手柄和柄头用黄铜一体浇铸而成
- 带有弗里吉亚帽形徽章的护条——法国革命中自由的象征
- 装饰性的指节护圈
- 反向护卫剑格（过于脆弱，不具备实用性）

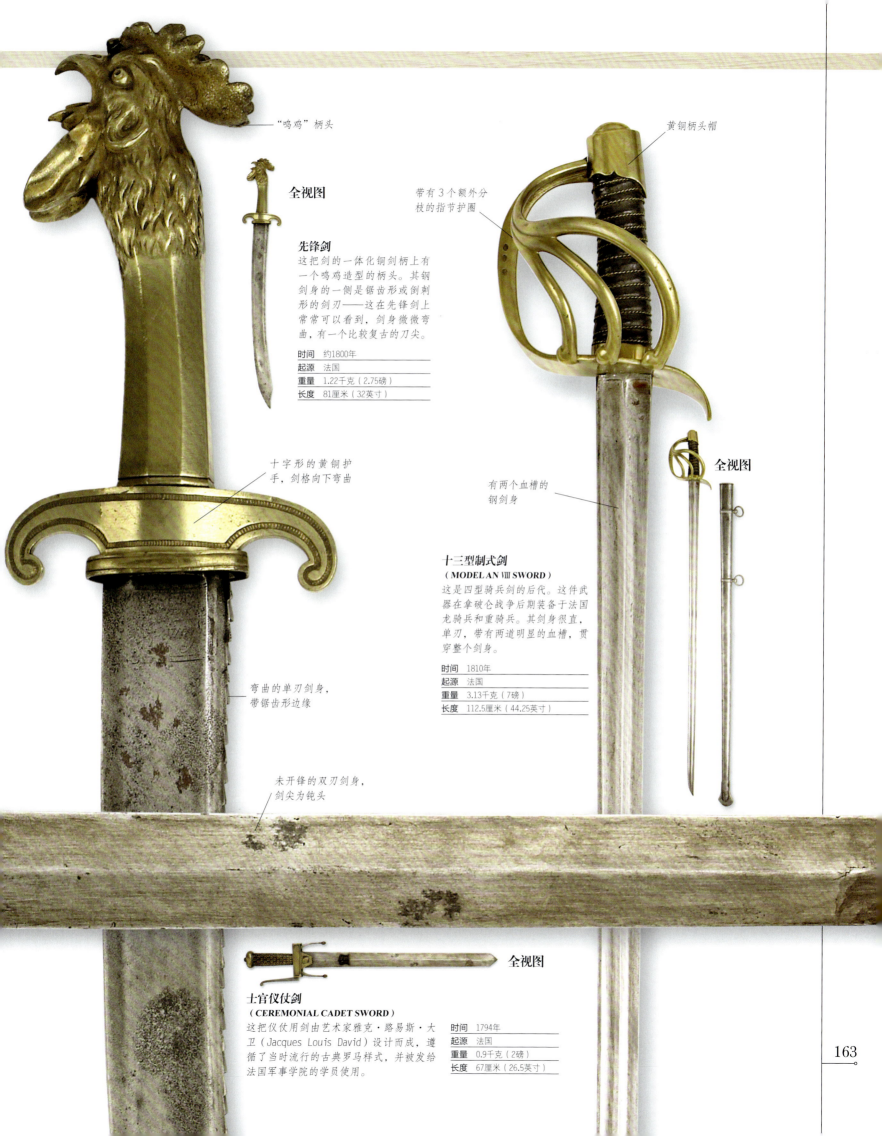

"鸣鸡"柄头

黄铜柄头帽

带有3个额外分枝的指节护圈

全视图

先锋剑

这把剑的一体化铜剑柄上有一个鸣鸡造型的柄头。其钢剑身的一侧是锯齿形或倒刺形的剑刃——这在先锋剑上常常可以看到,剑身微微弯曲,有一个比较复古的刀尖。

时间	约1800年
起源	法国
重量	1.22千克(2.75磅)
长度	81厘米(32英寸)

十字形的黄铜护手,剑格向下弯曲

有两个血槽的钢剑身

全视图

十三型制式剑
(MODEL AN Ⅷ SWORD)

这是四型骑兵剑的后代。这件武器在拿破仑战争后期装备于法国龙骑兵和重骑兵。其剑身很直,单刃,带有两道明显的血槽,贯穿整个剑身。

时间	1810年
起源	法国
重量	3.13千克(7磅)
长度	112.5厘米(44.25英寸)

弯曲的单刃剑身,带锯齿形边缘

未开锋的双刃剑身,剑尖为钝头

全视图

士官仪仗剑
(CEREMONIAL CADET SWORD)

这把仪仗用剑由艺术家雅克·路易斯·大卫(Jacques Louis David)设计而成,遵循了当时流行的古典罗马样式,并被发给法国军事学院的学员使用。

时间	1794年
起源	法国
重量	0.9千克(2磅)
长度	67厘米(26.5英寸)

美国内战期间的刀剑

美国建国初期的刀剑制造风格是综合了德国、法国和英国而成的一种混合体。不过从1840年以后,美国的刀剑几乎只基于法国风格来设计,正是这些刀剑装备了美国内战期间的士兵。当美利坚合众国(北方联邦)的军队有着充足供应的武器装备时,美利坚联盟国(南方联盟)则缺乏各种武器,包括剑。不得已之下,他们只能依靠抢掠合众国仓库、从国外进口,以及自产的武器。

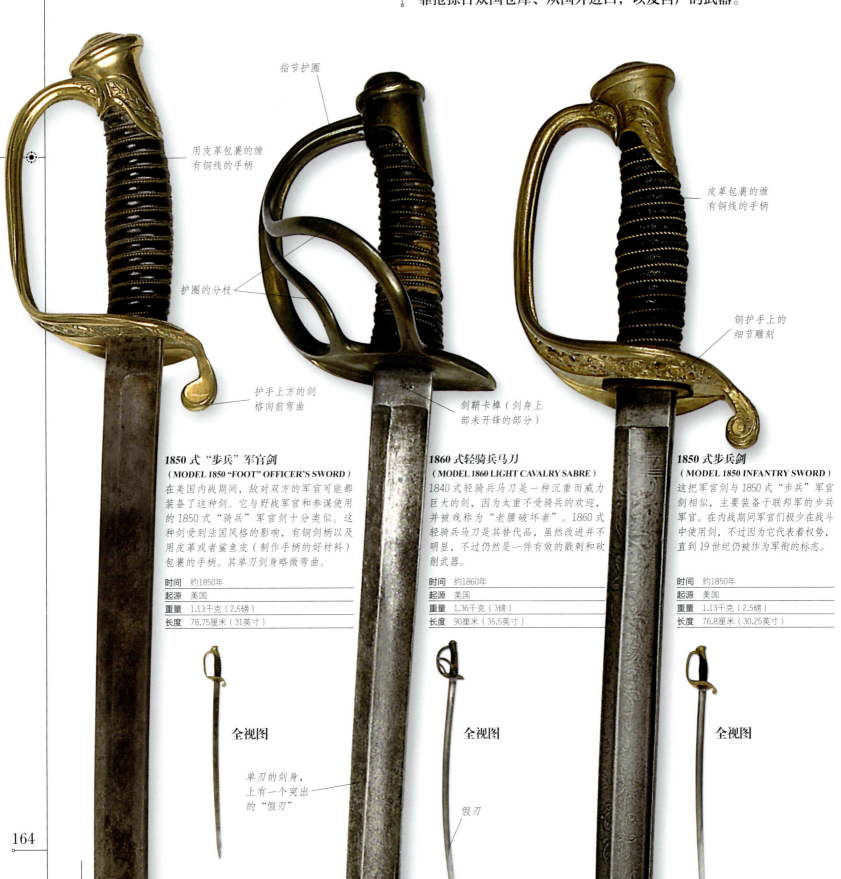

1850 式"步兵"军官剑
(MODEL 1850 "FOOT" OFFICER'S SWORD)
在美国内战期间,敌对双方的军官可能都装备了这种剑。它与野战军官和参谋使用的 1850 式"骑兵"军官剑十分类似。这种剑受到法国风格的影响,有铜剑柄以及用皮革或者鲨鱼皮(制作手柄的好材料)包裹的手柄。其单刃剑身略微弯曲。

时间	约1850年
起源	美国
重量	1.13千克(2.5磅)
长度	78.75厘米(31英寸)

1860 式轻骑兵马刀
(MODEL 1860 LIGHT CAVALRY SABRE)
1840 式轻骑兵马刀是一种沉重而威力巨大的剑,因为太重不受骑兵的欢迎,并被戏称为"老腰破坏者"。1860 式轻骑兵马刀是其替代品,虽然改进并不明显,不过仍然是一件有效的戳刺和砍削武器。

时间	约1860年
起源	美国
重量	1.36千克(3磅)
长度	90厘米(35.5英寸)

1850 式步兵剑
(MODEL 1850 INFANTRY SWORD)
这把军官剑与 1850 式"步兵"军官剑相似,主要装备于联邦军的步兵军官。在内战期间军官们极少在战斗中使用剑,不过因为它代表着权势,直到19世纪仍被作为军衔的标志。

时间	约1850年
起源	美国
重量	1.13千克(2.5磅)
长度	76.8厘米(30.25英寸)

- 柄头帽
- 护手上的剑格向前弯曲
- 全视图
- D 形单指节护圈
- 带弧度的单刃剑身

"步兵" 军官佩刀
（"FOOT" DFFICER'S SWORD）

炮兵的刀有自己的特色。这把联盟国的炮兵军刀产于19世纪20年代，制造者是弗吉尼亚里士满的博伊尔（Boyle）、甘布尔（Gamble）和马克菲（McFee）。它的使用者是佛罗里达第1团的威廉·米勒（William Miller）将军。

时间	约1820年
起源	美国
重量	1.13千克（2.5磅）
长度	73.6厘米（29英寸）

- 微弯的单刃刀身
- 铜制笼式护手
- 全视图

联盟国骑兵马刀
（CONFEDERATE CAVALRY SABRE）

联盟国以1840式和1860式轻骑兵马刀为原型，制造了数以万计的马刀。尽管在所有的骑兵装备中，马刀都是必备的重要武器，不过在战场上刀剑已被卡宾枪和转轮枪所取代。

时间	约1850年
起源	美国
重量	1.56千克（3.25磅）
长度	89厘米（35英寸）

- 柄头帽
- 护手上的剑格向前弯曲
- 全视图
- 单刃剑身
- 指节护圈

1850式步兵剑

1850式步兵剑不仅仅是战场上的武器，其本身也是一件上乘的工艺品，它的剑柄部分细节繁复、特征鲜明。这把剑是供步兵中的连级军官佩带的，直到19世纪70年代早期才被1860式步兵剑所取代。

时间	约1850年
起源	美国
重量	1.13千克（2.5磅）
长度	76厘米（30英寸）

- 手柄
- 前弯的剑格
- 全视图
- 剑鞘卡榫
- 指节护圈

联盟国剑（CONFEDERATE SWORD）

部下向受爱戴的上级军官赠送了这把带有签名的剑，作为其军旅生涯的纪念。这把好剑由利奇（Leech）和格里登（Rigdon）制造而成，是联盟国D. W. 亚当斯（D.W. Adams）将军的下属在1864年送给他的礼物。

时间	约1860年
起源	美国
重量	1.13千克（2.5磅）
长度	76.2厘米（30英寸）

奥斯曼帝国的刀剑

公元 1775—1900 年

◀ 104—105 印度和斯里兰卡的刀剑　▶ 168—169 中国的刀剑　▶ 170—171 印度的刀剑

奥斯曼帝国的势力在15世纪到17世纪之间达到了顶峰，它的缔造者是从中亚迁徙到安纳托利亚的土耳其人。他们所使用刀剑的弧形剑身反映出它们正是从中亚13世纪的突厥—蒙古马刀发展而来的。欧洲人在与奥斯曼帝国发生的战争中遭遇到了这种弯刀，并将其统称为"半月弯刀"（scimitar）。这里展示的剑大多数都是19世纪的产物，不过它们都具有奥斯曼帝国巅峰时期的典型风格。从北非到波斯和印度的伊斯兰地区均有使用与之类似的武器。

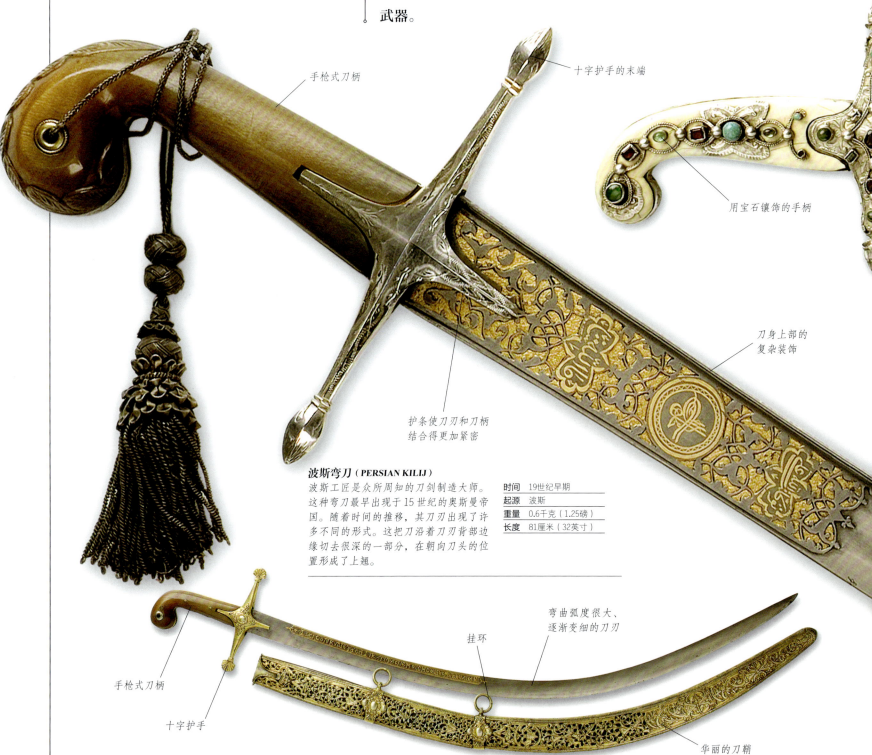

波斯弯刀（PERSIAN KILIJ）

波斯工匠是众所周知的刀剑制造大师。这种弯刀最早出现于15世纪的奥斯曼帝国。随着时间的推移，其刀刃出现了许多不同的形式。这把刀沿着刀刃背部边缘切去很深的一部分，在朝向刀头的位置形成了上翘。

时间	19世纪早期
起源	波斯
重量	0.6千克（1.25磅）
长度	81厘米（32英寸）

舍施尔弯刀（SHAMSHIR）

这种马刀的形式叫作舍施尔（Shamshir，波斯语，意为"狮子尾巴"），是16世纪从波斯传来的。其刀刃有着波斯弯刀的弧度，不过刀身逐渐变细成为一个尖。不论在马上还是地面使用，这都是一种可怕的砍削武器。骑兵也可以使用刀尖刺穿敌方步兵。

时间	19世纪早期
起源	亚美尼亚
重量	1.71千克（1.5磅）
长度	94厘米（37英寸）

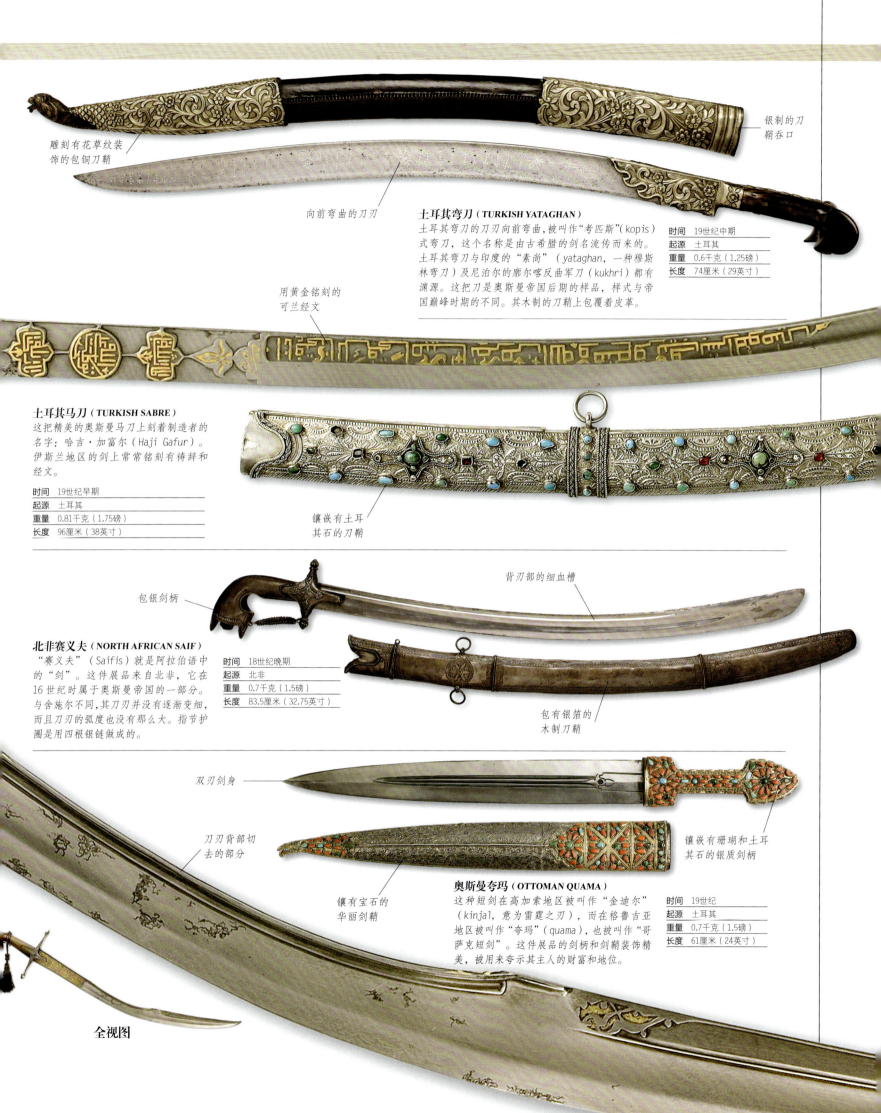

雕刻有花草纹装饰的包铜刀鞘

银制的刀鞘吞口

向前弯曲的刀刃

土耳其弯刀（TURKISH YATAGHAN）

土耳其弯刀的刀刃向前弯曲，被叫作"考匹斯"（kopis）式弯刀，这个名称是由古希腊的剑名流传而来的。土耳其弯刀与印度的"素尚"（yataghan，一种穆斯林弯刀）及尼泊尔的廓尔喀反曲军刀（kukhri）都有渊源。这把刀是奥斯曼帝国后期的样品，样式与帝国巅峰时期的不同。其木制的刀鞘上包覆着皮革。

时间	19世纪中期
起源	土耳其
重量	0.6千克（1.25磅）
长度	74厘米（29英寸）

用黄金铭刻的可兰经文

土耳其马刀（TURKISH SABRE）

这把精美的奥斯曼马刀上刻着制造者的名字：哈吉·加富尔（Haji Gafur）。伊斯兰地区的剑上常常铭刻有祷辞和经文。

时间	19世纪早期
起源	土耳其
重量	0.81千克（1.75磅）
长度	96厘米（38英寸）

镶嵌有土耳其石的刀鞘

背刃部的细血槽

包银剑柄

北非赛义夫（NORTH AFRICAN SAIF）

"赛义夫"（Saifis）就是阿拉伯语中的"剑"。这件展品来自北非，它在16世纪时属于奥斯曼帝国的一部分。与舍施尔不同，其刀刃并没有逐渐变细，而且刀刃的弧度也没有那么大。指节护圈是用四根银链做成的。

时间	18世纪晚期
起源	北非
重量	0.7千克（1.5磅）
长度	83.5厘米（32.75英寸）

包有银箔的木制刀鞘

双刃剑身

镶嵌有珊瑚和土耳其石的银质剑柄

刀刃背部切去的部分

镶有宝石的华丽剑鞘

奥斯曼夸玛（OTTOMAN QUAMA）

这种短剑在高加索地区被叫作"金迪尔"（kinjal，意为雷霆之刃），而在格鲁吉亚地区被叫作"夸玛"（quama），也被叫作"哥萨克短剑"。这件展品的剑柄和剑鞘装饰精美，被用来夸示其主人的财富和地位。

时间	19世纪
起源	土耳其
重量	0.7千克（1.5磅）
长度	61厘米（24英寸）

全视图

公元 1775—1900 年

◀ 42—43 日本刀和中国剑　　◀ 96—99 日本武士刀　　◀ 104—105 印度和斯里兰卡的刀剑　　▶ 170—171 印度的刀剑

中国的刀剑

中国武士使用的四种主要武器是杆棒、长矛以及刀和剑——单刃的叫作刀，双刃的叫作剑。直刃剑在这两种武器中比较尊贵，然而刀更具有实用性，易于使用。与欧洲类似，到了19世纪，中国的刀剑也逐渐变成了仪式性的物品。另外，中国西藏地区的军事传统经常被人遗忘，不过当地人也经历过多场战争，亦形成了其独特的刀剑制作传统，但与中原风格有一定差异。

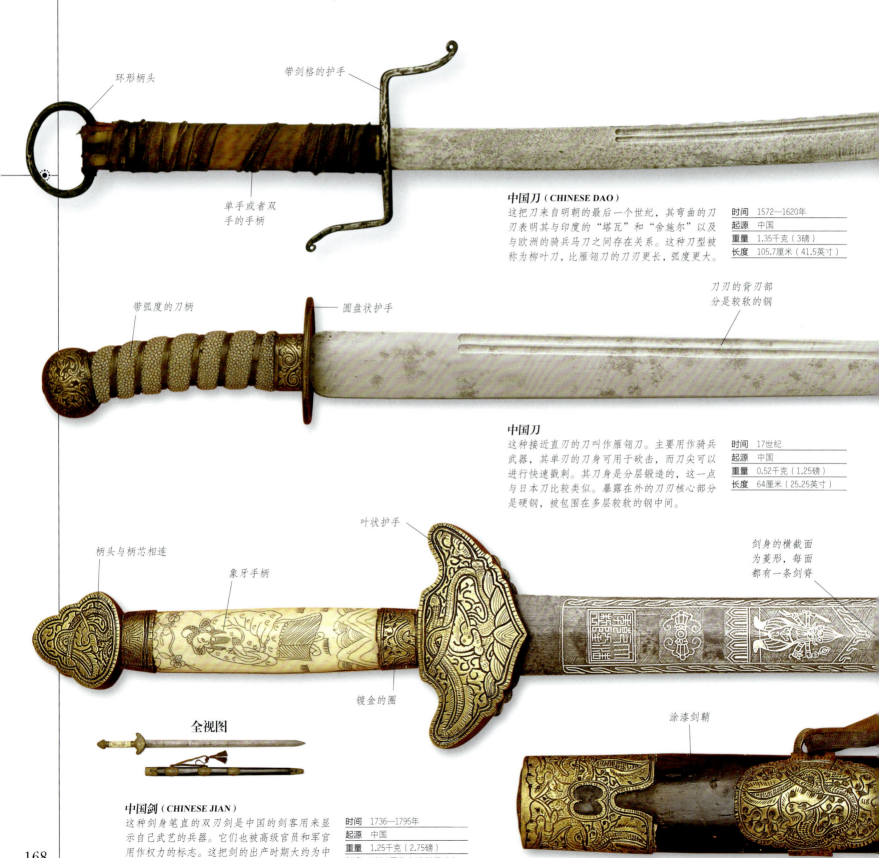

中国刀（CHINESE DAO）
这把刀来自明朝的最后一个世纪，其弯曲的刀刃表明其与印度的"塔瓦"和"舍施尔"以及与欧洲的骑兵马刀之间存在关系。这种刀型被称为柳叶刀，比雁翎刀的刀刃更长，弧度更大。

时间	1572—1620年
起源	中国
重量	1.35千克（3磅）
长度	105.7厘米（41.5英寸）

中国刀
这种接近直刃的刀叫作雁翎刀。主要用作骑兵武器，其单刃的刀身可用于砍击，而刀尖可以进行快速戳刺。其刀身是分层锻造的，这一点与日本刀比较类似。暴露在外的刀刃核心部分是硬钢，被包围在多层较软的钢中间。

时间	17世纪
起源	中国
重量	0.52千克（1.25磅）
长度	64厘米（25.25英寸）

中国剑（CHINESE JIAN）
这种剑身笔直的双刃剑是中国的剑客用来显示自己武艺的兵器。它们也被高级官员和军官用作权力的标志。这把剑的出产时期大约为中国清朝的乾隆年间。

时间	1736—1795年
起源	中国
重量	1.25千克（2.75磅）
长度	107.1厘米（42.25英寸）

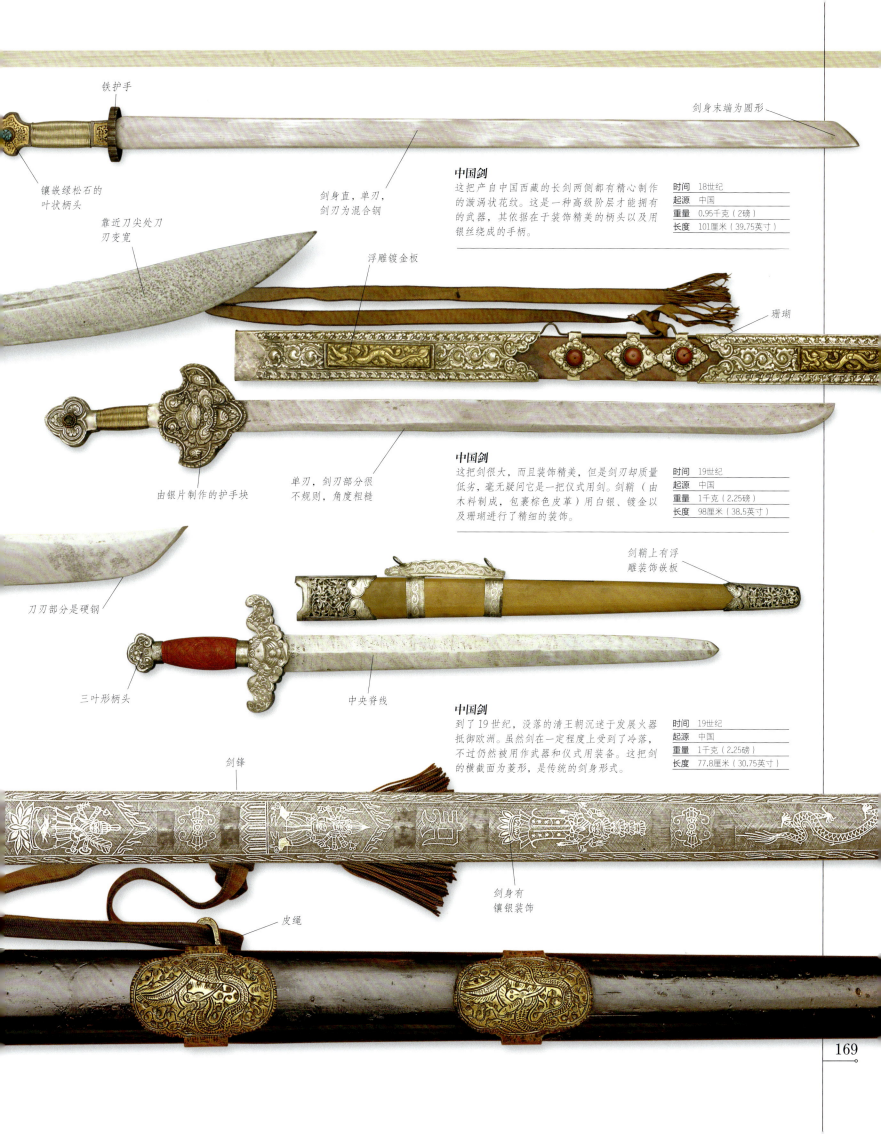

中国剑

这把产自中国西藏的长剑两侧都有精心制作的漩涡状花纹。这是一种高级阶层才能拥有的武器,其依据在于装饰精美的柄头以及用银丝绕成的手柄。

时间	18世纪
起源	中国
重量	0.95千克(2磅)
长度	101厘米(39.75英寸)

中国剑

这把剑很大,而且装饰精美,但是剑刃却质量低劣,毫无疑问它是一把仪式用剑。剑鞘(由木料制成,包裹棕色皮革)用白银、镀金以及珊瑚进行了精细的装饰。

时间	19世纪
起源	中国
重量	1千克(2.25磅)
长度	98厘米(38.5英寸)

中国剑

到了19世纪,没落的清王朝沉迷于发展火器抵御欧洲。虽然剑在一定程度上受到了冷落,不过仍然被用作武器和仪式用装备。这把剑的横截面为菱形,是传统的剑身形式。

时间	19世纪
起源	中国
重量	1千克(2.25磅)
长度	77.8厘米(30.75英寸)

169

公元 1775—1900 年

◀ 96—99 日本武士刀　　◀ 104—105 印度和斯里兰卡的刀剑　　◀ 166—167 奥斯曼帝国的刀剑　　◀ 168—169 中国的刀剑

印度的刀剑

在18世纪后期和19世纪初期，英国的东印度公司将其控制范围延伸到了印度的大部分地区，铺平了建立英属印度政府的道路。这些政治上的变动对于印度的刀剑师们没有造成大的影响，他们仍然继续制作形式各异的刀剑。其中不仅包括伊斯兰和印度的传统主流武器，主要是供在英国领主统治下的皇室使用的"塔瓦"和"坎达"，而且随着地区和民族的不同还有许多差异——有些差异在西方人看来非常显著。英国军官经常把这些刀剑当作纪念品带回家乡，其中的大部分最终进入了博物馆。

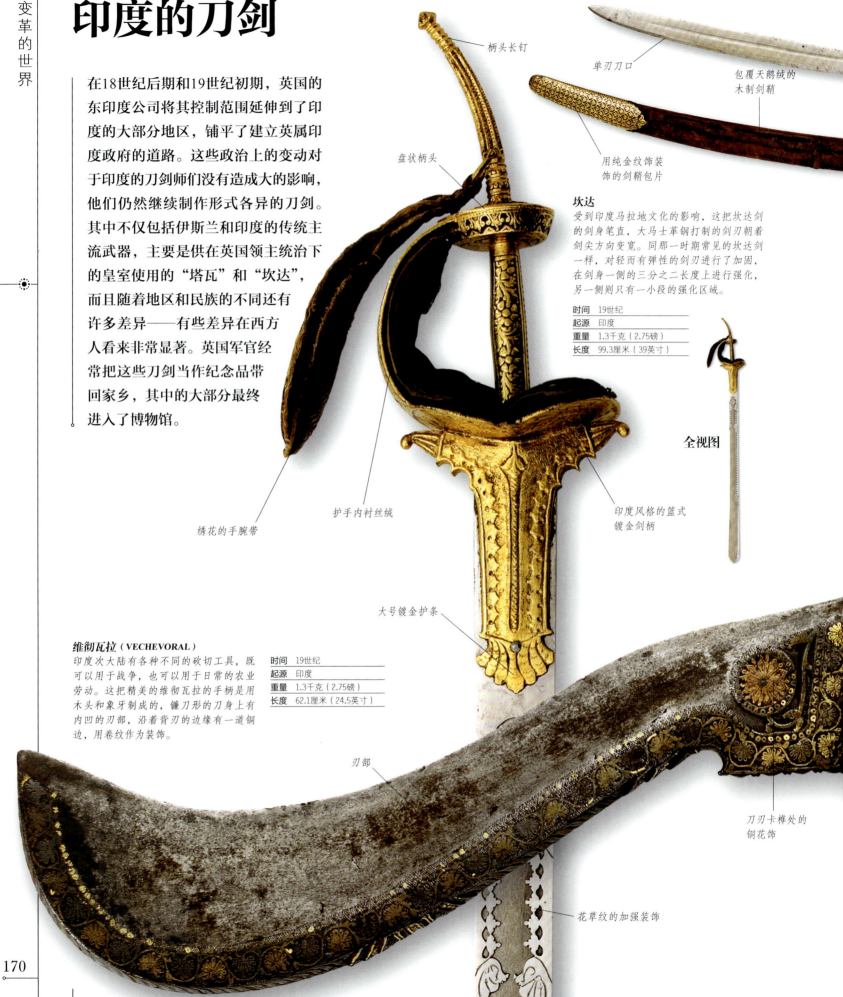

柄头长钉　　单刃刀口　　包覆天鹅绒的木制剑鞘

盘状柄头　　用纯金纹饰装饰的剑鞘包片

坎达
受到印度马拉地文化的影响，这把坎达剑的剑身笔直，大马士革钢打制的剑刃朝着剑尖方向变宽。同那一时期常见的坎达剑一样，对轻而有弹性的剑刃进行了加固，在剑身一侧的三分之二长度上进行强化，另一侧则只有一小段的强化区域。

时间	19世纪
起源	印度
重量	1.3千克（2.75磅）
长度	99.3厘米（39英寸）

全视图

绣花的手腕带　　护手内衬丝绒　　印度风格的篮式镀金剑柄

大号镀金护条

维彻瓦拉（VECHEVORAL）
印度次大陆有各种不同的砍切工具，既可以用于战争，也可以用于日常的农业劳动。这把精美的维彻瓦拉的手柄是用木头和象牙制成的，镰刀形的刀身上有内凹的刃部，沿着背刃的边缘有一道铜边，用卷纹作为装饰。

时间	19世纪
起源	印度
重量	1.3千克（2.75磅）
长度	62.1厘米（24.5英寸）

刃部　　花草纹的加强装饰　　刀刃卡榫处的铜花饰

变革的世界

中间的血槽

详见细节图

V形吞口

剑柄细节图
铁制的剑柄上用树叶和鳞片造型的黄金纹饰进行了精心装饰。这个剑柄的护手部分是菱形,剑格和护条都是一体的;上有一个圆盘状的柄头,带有指节护圈。

塔瓦

这把塔瓦上的铭文表明,它是为一位海得拉巴的尼扎姆(Nizams)制作的。尼扎姆指的是在1724年到1948年期间统治印度北部部分地区的穆斯林王子。其剑刃比较朴素,剑柄上则有传统印度—伊斯兰风格的精美装饰。

时间	18世纪
起源	印度
重量	1.1千克(2.5磅)
长度	94.9厘米(37.25英寸)

前弯的剑刃

用镶银装饰的铁剑柄

血槽

索尚帕塔哈

这是印度剑的一种传统样式,索尚帕塔哈的剑刃向前弯——与塔瓦弯曲的方向相反。这种剑在伊斯兰地区和印度都有所不同。这把剑上则有带着印度—伊斯兰风格的剑柄。

时间	19世纪
起源	印度
重量	1.05千克(2.25磅)
长度	87厘米(34.25英寸)

平头中央有一个尖顶

刀鞘卡榫

用一撮黑羊毛装饰的木制套管

木制十字形护手

柄芯

阿萨姆刀(ASSAMESE DAO)

这把刀是阿萨姆的那加工匠制作的,是一种多用途的工具,既可以用来砍木头,也可以用于战斗。原主人应该在柄芯上安装了木制手柄,并可能用羊毛进行装饰。

时间	19世纪
起源	印度
重量	1.05千克(2.25磅)
长度	81.1厘米(32英寸)

双刃刀身,其截面为菱形

兽角制成的柄头段

减细的木制手柄

刀刃的最后三分之一是双刃

带槽纹的铜圈

刽子手刀(EXECUTIONER'S SWORD)

到了19世纪前十年,印度北部的奥德地区仍处于英国的有效管控之下,不过处决行刑仍然是当地人坚持拥有的一项权利。这把刀上刻有统治者的名字,其沉重的刀刃能够一击斩断人的脖颈。

时间	19世纪
起源	印度
重量	1.05千克(2.25磅)
长度	71厘米(28英寸)

包裹皮革的管状刀柄

印度和尼泊尔的匕首

公元 1775—1900 年

◀ 44—45 欧洲短剑　　◀ 106—109 欧洲短剑　　◀ 110—111 亚洲短剑

印度次大陆是世界上最实用和最富特色的格斗武器的来源地。其中包括许多可怕的双曲刃尖利小刀，以及各种不同样式的拳剑，这种武器能够让使用者以拳击的动作戳刺敌人。格挡棒是印度与非洲部落都有的一种特色武器。尼泊尔则有一种十分实用的武器，叫作反曲刀，是一种具有很多非军事用途的工具，它被尼泊尔的廓尔喀人当作武器携带。

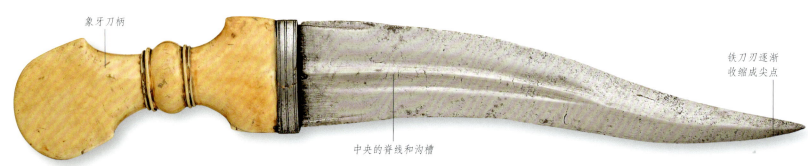

象牙刀柄　　铁刀刃逐渐收缩成尖点　　中央的脊线和沟槽

印度双刃匕首
（INDIAN DOUBLE-EDGED KNIFE）
它产于维贾亚纳加尔王国（Vijayanagar），有典型印度风格的弯曲刀刃。其刀柄制作很有技巧，能很好地贴合手握的形状，握持有力而舒适。刀身进行了加厚，截面呈菱形，刀刃逐渐变细为尖点。

时间	19世纪
起源	印度
重量	0.83千克（1.75磅）
长度	51厘米（20英寸）

格挡钢棒

向前弯曲的刀身　　刀刃　　刀刃底部的凹口具有宗教意义　　刀鞘　　蓝宝石　　银饰

尼泊尔廓尔喀反曲刀（NEPALESE KUKRI）
这件武器有木柄，宽而弯曲的刀身，上有凹口，这是一件典型的尼泊尔廓尔喀反曲刀。凹口是印度教中毁灭之神湿婆神的象征物，具有宗教意义。质量上乘的刀鞘反映出这把刀属于某位富人。

时间	约1900年
起源	尼泊尔
重量	0.48千克（1磅）
长度	44.5厘米（17.5英寸）

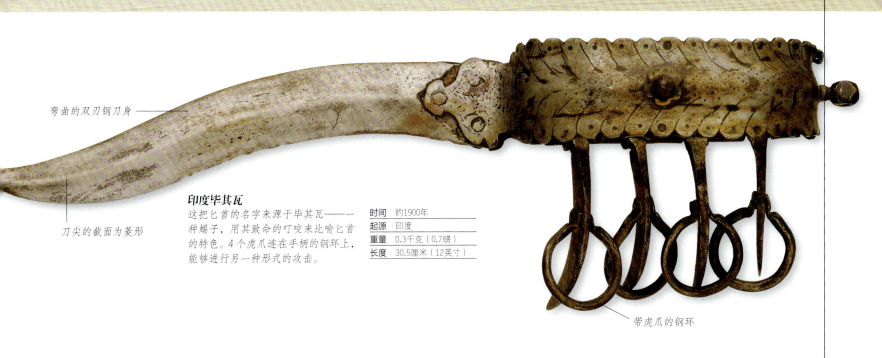

- 弯曲的双刃钢刀身
- 刀尖的截面为菱形

印度毕其瓦

这把匕首的名字来源于毕其瓦——一种蝎子,用其致命的叮咬来比喻匕首的特色。4个虎爪连在手柄的钢环上,能够进行另一种形式的攻击。

时间	约1900年
起源	印度
重量	0.3千克（0.7磅）
长度	30.5厘米（12英寸）

- 带虎爪的钢环

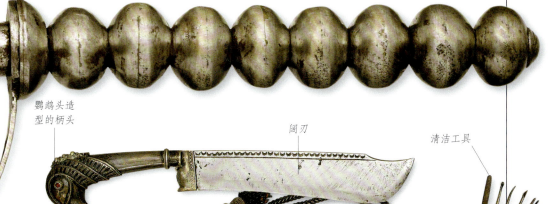

- 中央手柄
- 鹦鹉头造型的柄头
- 阔刃
- 清洁工具

印度格挡武器
（INDIAN PARRYING WEAPON）

这件武器由一根钢制的用于防御的格挡棒和一把用于进攻的拳击匕首组合而成。抓住手柄，指节朝向匕首，使用者就可以把棍棒当作盾牌来抵御攻击，通过匕首进行捅刺。

时间	约1900年
起源	印度
重量	0.82千克（1.75磅）
长度	47厘米（18.5英寸）

- 弓形护手
- 包银的木制刀柄

印度皮查加提（INDIAN PICHANGATTI）

这把阔刃刀引人注目之处是其银刀柄和漂亮的柄头——鹦鹉的眼睛是用未经切割的红宝石做成的。5个清理耳孔和指甲的小工具用链子与刀鞘相连。这把刀是一名英国军官作为印度兵变的纪念品带回英国的。

时间	19世纪
起源	印度
重量	0.28千克（0.6磅）
长度	30.6厘米（12英寸）

- 匕首刃部
- 钢尖
- 羚羊角
- 手握处

羚角格挡棒
（BUCK-HORN PARRYING STICK）

这种从迈索尔流传下来的格挡武器也被称作"玛杜"（madu）或者"玛鲁"（maru），是用两根羚羊角连在一起做成的，中间留下了手指穿过的空间。它可以被当作防护物来格挡抛掷物及对方击打，而羚羊角末梢的钢尖使其又能够作为一件致命的进攻武器。

时间	18世纪晚期
起源	印度
重量	0.2千克（0.45磅）
长度	47.3厘米（18.5英寸）

欧洲和美国的刺刀

公元 1775—1900 年

▶ 276—277 刺刀和刀（1914—1945）

有着长刀刃的刺刀在19世纪开始风行，取代了佩剑和普通的插座式刺刀。不过19世纪是远程武器大量生产的大发展时期，刺刀作为武器的价值变得无足轻重。尽管如此，军队仍然花了很大的精力继续研究刺刀，其中一个重要的原因就是人们相信它代表着步兵的进取勇气和进攻精神。在某种程度上，正是这种观念导致了1914年的大悲剧——当时装上刺刀的士兵被推上战场去对抗速射火炮和机关枪。

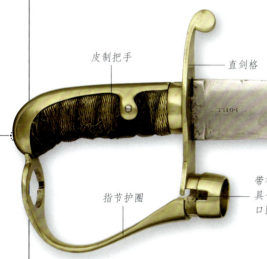

志愿兵剑式刺刀（VOLUNTEER INFANTRY SWORD BAYONET）

在拿破仑战争期间，英国的普通士兵装备的是贝克来复枪及其剑式刺刀，然而志愿兵不得不寻找别的武器和刺刀来源。这种剑式刺刀是伦敦的制枪师斯陶登梅耶（Staudenmayer）制作的，其特色是镀金的剑柄和笔直的钢剑身。它借助指节护圈来将刺刀固定在步枪上，相较于贝克来复枪所采用的榫眼和枪口固定环来说不够高效，而后者使用的固定方式则一直是大多数刺刀的模式。

时间	1810年
起源	英国
重量	0.50千克（1.1磅）
长度	77.5厘米（30.5英寸）

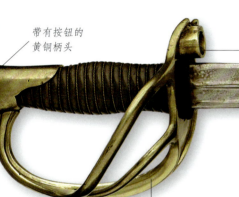

剑式刺刀（SWORD BAYONET）

这把法国剑式刺刀的特殊之处是带有一个笔形剑柄，一般这种剑柄用在骑兵身上。其细长的剑身上有两道血槽，贯穿整个剑身。

时间	19世纪中期
起源	法国
重量	0.79千克（1.75磅）
长度	115.5厘米（45.5英寸）

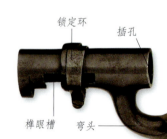

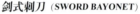

夏塞波后膛步枪刺刀（CHASSEPOT BAYONET）

这种刺刀是为著名的夏塞波后膛装填步枪设计的，这种枪在1870—1871年的普法战争期间装备于法军，并且一直使用到1874式刺刀出现为止。它明显的"穆斯林弯刀"式的反曲刀刃对整个欧洲和美国的刺刀设计风格均有影响。

时间	1866—1874年
起源	法国
重量	0.76千克（1.75磅）
长度	70厘米（27.5英寸）

刺刀冲锋

1813年8月27日，在拿破仑战争的一场战役中，普鲁士军队（左侧）正在对法国的战线展开进攻。19世纪的军事题材画家特别喜欢刺刀冲锋的场景，不过在现实战斗中这种情形很少发生。

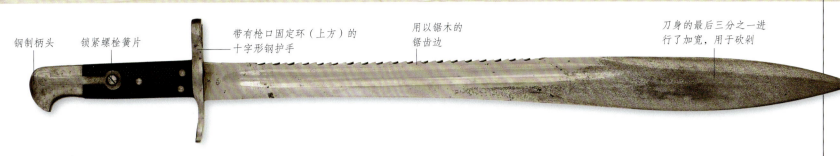

钢制柄头　锁紧螺栓簧片　带有枪口固定环（上方）的十字形钢护手　用以锯木的锯齿边　刀身的最后三分之一进行了加宽，用于砍剁

埃尔科刺刀（ELCHO BAYONET）

当马提尼－亨利步枪通过了英国军队的测试并被接受之后，埃尔科伯爵最早在枪上装备了这种刺刀。他增加了刺刀的功能范围，使其还能用来砍倒灌木和锯木头。

时间	19世纪70年代
起源	英国
重量	0.65千克（1.5磅）
长度	64厘米（25英寸）

全视图

后期的埃尔科刺刀

尽管最初埃尔科刺刀获得了成功，并且也装备了一部分军队，但它最终也没能成为官方的制式刺刀，主要是因为人们认为它过于昂贵，而且十分笨拙。即便这件样品的刀刃已经变得更为传统了，但它仍没能获得当局的青睐。

时间	19世纪70年代
起源	英国
重量	0.64千克（1.5磅）
长度	64.2厘米（25英寸）

钢制柄头　锁紧螺栓簧片　带有枪口固定环（上方）的十字形钢护手　血槽　用以锯木的锯齿边　传统的刺刀刀身

马提尼－亨利插座式刺刀（MARTINI-HENRY SOCKET BAYONET）

插座式刺刀更轻，更便宜，并且同剑式刺刀的效果一样好。这种刺刀被用于马提尼－亨利步枪（不过允许高级军士使用更加高档的剑式刺刀），它通过榫眼和锁定环被固定在枪管上。

时间	约1876年
起源	英国
重量	0.45千克（1磅）
长度	64厘米（25.25英寸）

较长三棱刀身

单刃的钢制剑身上有宽阔的血槽　　铲形刀身　带梁的固定环和榫眼槽

铲形刺刀（TROWEL BAYONET）

这件颇具创造性的枪具用于美国斯普林菲尔德1873活门式单发步枪，其作用是挖掘战壕或者进行一般的挖掘作业，也可以当成一把刀身特别宽的刺刀来用。它用金属制成，末端进行了发蓝处理。

时间	19世纪晚期
起源	美国
重量	0.50千克（1磅）
长度	36.8厘米（14.25英寸）

公元 1775—1900 年

◀ 48—49 欧洲的长兵器　　◀ 50—51 亚洲的长兵器　　◀ 118—119 印度和斯里兰卡的长兵器

印度的杆棒类武器

在18世纪晚期和19世纪，印度处于英国的统治之下，英军早期的装备是滑膛枪，后期则是来复枪，这使得杆棒类武器在这片次大陆上很快遭到淘汰。为了有效作战，印度军队不得不装备大炮和火枪。在印度、穆斯林贵族以及各部族的武器中仍然能继续看到传统的形式各异的战斧和钉头锤。这些武器大多变得更偏重于外观而不是实用性，成为主人财富和地位的象征，它们同时也是欧洲收藏家们喜爱的富有异国情调的藏品。

装饰图案是从虎口中露出的一只长舌怪兽

驯象刺棒（ANKUS）
这把驯象刺棒的形式很传统，上有尖刺和钩子，通过在猛兽皮肤上施加压力来控制它。这把刺棒的装饰精美，不过很有可能仅仅被用来展示而不是以实用为目的，可能与一把仪仗钉头锤的作用相似。

时间	19世纪中期
起源	印度
重量	0.59千克（1.25磅）
长度	37厘米（14.5英寸）

铁杆

镀金的铜柄头可以拧下来，里面藏有小刀

斧柄中空，有一把旋入式的匕首与柄头相连

金银镶嵌物

沉重的双刃刀身

普杰（BHUJ）
这把样子像刀的战斧叫作"普杰"，最早为印度部落所使用，后来印度和穆斯林军队也采用了这种武器。由于其斧柄和斧刃之间的装饰极富特色，它也常常被叫作"大象头"。

时间	19世纪
起源	印度
重量	0.87千克（2磅）
长度	70.4厘米（27.75英寸）

金属斧柄

铜象头装饰

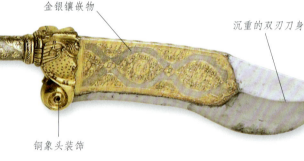

双尖通吉（TWO-POINTED TONGI）
这把斧头上的两个钢制尖头叫作"通吉"，上有凸模装饰的痕迹，不过十分粗糙。这种斧头的特点反映出印度武器渐趋向于装饰性。

时间	19世纪
起源	印度
重量	0.7千克（1.5磅）
长度	85厘米（33.5英寸）

用铜条捆绑加固的木柄

分叉的尖头

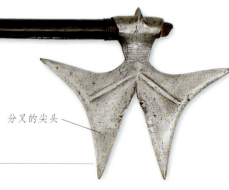

四尖通吉（FOUR-POINTED TONGI）
这把通吉与上面的双尖通吉十分类似，其尖头分成了四个。这是一种很低级的功能性武器，可能曾为部分达罗毗荼语系的冈德人（Khond，居住于印度中部及东部地区）所使用。

时间	19世纪
起源	印度
重量	0.5千克（1磅）
长度	95厘米（37.5英寸）

抛光的木柄

四尖斧刃

变革的世界

雕刻成莲花造型的象牙柄头装饰

用鳞片造型进行装饰的斧柄

曲杆

全视图

塔巴尔

这把战斧的木柄经过雕刻，手握的部位包裹着绿色的天鹅绒，柄的两端均有象牙的雕刻装饰。宽阔的斧刃看上去在实战中十分实用，不过精美的装饰也表明它主要是用于展示。

时间	19世纪早期
起源	印度
重量	0.7千克（1.5磅）
长度	65厘米（24.75英寸）

优质的灰钢斧刃

一条叶子造型的镀金装饰带

尖刺

动物和花草图案的对称装饰

雕刻的花纹

顶部的四棱尖刺

尖刺沿7条水平线排列

倒刺，或者钩爪

尖刺钉头锤

这把钉头锤上有118个尖刺，能够给予敌人毁灭性的打击。这种很有特色的钉头锤是马拉地人的武器。马拉地人最大的一次胜利是于1779年在瓦德冈打败了英国东印度公司的军队。

时间	18世纪
起源	印度
重量	2.66千克（5.75磅）
长度	76.9厘米（30.25英寸）

全视图

非洲的刃类武器

公元 1775—1900 年

▶ 182—183 大洋洲的杖棍和匕首　▶ 272—275 非洲的刃类武器

在18世纪末期，欧洲人只对非洲的海岸地区有一定影响力。尽管已经出现了舶来的火器，但非洲的国家和部落仍然沿用着传统的战斗形式。到了1900年，欧洲殖民者瓜分了这片大陆，但直到此时，大部分的非洲人基本上仍未受到欧洲思想和科技的影响。进入20世纪后，非洲传统的武器被制作得更为精良，其工匠在刀刃的锻造和箭头的制作方面均展示出精湛的技艺。

埃塞俄比亚的敌对部落
在这幅欧洲雕刻家创作的埃塞俄比亚南部的战斗画面中，人们所使用的武器和战斗模式并不是基于第一手资料创作的。图中的那把刀看上去像是伊斯兰地区的短弯刀。

刚果战斧
（CONGOLESE AXE）
这是一把仪式用的斧头，通常由刚果东南部松也人（Songye）的首领佩带。这把斧头的制作者是拿萨普亚族人（Nsapo），他们在制作铁器和铜器方面技艺精湛。

时间	约1900年
起源	刚果民主共和国
重量	1.13千克（2.5磅）
长度	101.5厘米（40英寸）

包巨蜥皮的把手部分

木柄

铁倒刺

铁扎条

藤箭杆

带有多个倒刺的箭头

苏丹箭（SUDANESE ARROWS）

在苏丹的部落战争中，人们会向敌人发起冲锋，在距离大约50米（165英尺）的距离射箭，然后马上撤退以躲避敌人回射。箭头上的多个倒刺使得它们很难被从伤口中取出来。

时间	上图：约1900年	时间	下图：约1900年
起源	苏丹	起源	苏丹
重量	28克（1盎司）	重量	28克（1盎司）
长度	61厘米（24英寸）	长度	66厘米（26英寸）

叶子形矛尖

锥形铜矛尖

缠着纱线的矛杆

兽皮覆盖物

全视图

战钩（FIGHTING PICK）

这把来自西非的极具特色的战钩有一个带倒刺的金属尖头，钩身后部插入木柄中。它使用了粗糙的巨蜥皮来增加手柄的摩擦力。

时间	约1900年
起源	加纳
重量	0.65千克（1.5磅）
长度	51厘米（21英寸）

带倒刺的金属尖头

非洲矛（AFRICAN SPEARS）

在部落战争中，长矛一般被用作接触战中的投掷武器，战士们通常会避免近身战斗。这种武器也可能用来结束那些被箭射伤而不能逃跑的敌人的性命。

时间	上图：约1900年	时间	下图：约1900年
起源	苏丹	起源	非洲
重量	1.15千克（2.5磅）	重量	0.45千克（1磅）
长度	267厘米（105英寸）	长度	122厘米（48英寸）

抛光的木制斧柄

斧棒（AXE CLUB）

这把经过仔细抛光的仪式用斧棒可能是在西非的达荷美王国制造的。这件武器的锋刃比较钝，可能是因为它主要用于展示。达荷美在18至19世纪是一个重要的奴隶贸易国，于19世纪90年代被法国占领。

时间	约1900年
起源	达荷美（贝宁旧称）
重量	0.39千克（0.75磅）
长度	45厘米（17.75英寸）

祖鲁战士

从1816年到1828年，非洲南部的祖鲁人在恰卡（Shaka）大酋长的带领下逐渐成为一支强大的军事力量。随着与邻国战争的不断胜利，祖鲁帝国得到了扩张，并与欧洲殖民者产生了冲突。祖鲁人于1879年被英国人打败而失去上风，不过在此之前，祖鲁战士已经在与现代欧洲军队战斗的过程中展示了他们的作战能力。

宽刃刺矛

纪律严明的战士

祖鲁军队系统的基础是同龄未婚男性之间的紧密联系。把大约18到20岁的战士放到同一个军团之中，通过使用特殊颜色的盾牌、特殊样式的皮革和羽饰，他们之间会建立一种强烈的战友情谊。他们会在一起一直服役到40岁，届时才允许退役和结婚。祖鲁战士的主要装备是重型刺矛和大型牛皮盾。祖鲁人也会使用投枪、战棍和后来出现的火枪——不过它们被使用得很少。

他们可以只靠沿途觅食赤足穿越整个国家而无需给养，他们用侦察兵和散兵开路，由其提供情报，从而隐蔽部队的行动。他们的进攻阵形中有一种从两侧同时进攻的环形队形——形成"犄角"之势——而另一支部队直插敌人"前胸"中央，并且在后方有一支预备队，即"后腰"。战士们采用稳定的小跑姿势，使用松散阵形向敌人冲锋，充分利用一切掩护。一旦进入射程，他们就会投掷投枪或者用火枪齐射，然后使用刺矛和盾牌迅速向敌人发起猛冲。一旦取胜，他们总会把敌人消灭得一个不剩，从不留俘虏。不过尽管祖鲁人使用"神水"（一种迷药类的东西）来保护自己，但他们还是无法避免英国后膛装填步枪带来的巨大损失。

强健的体魄
年轻的祖鲁战士都极为强健，性格坚韧。他们在战争期间每天要赤足行军大约32千米（20英里），是当时英军行军速度的两倍。

依兹库项圈——相当于祖鲁人的战斗勋章

每个军团都有其独一无二的辨识标志——其头饰和珠宝饰物都有区别

重型宽刃刺矛

一组战棍

恰卡

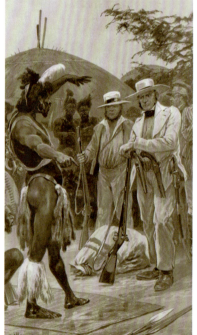

正是恰卡大酋长（1787—1828）将祖鲁战士变成了强悍的战争机器。在他之前的时代，战斗大多是通过低效的投掷投枪和单个武士之间的仪式性决斗来进行的。恰卡开启了战争的死亡年代。在10年时间里，经过一系列被称为"姆菲卡尼"（mfecane）的灭族战争，他建立了一个巨大的王国，在此过程中可能消失了200万人。他的暴虐转而投向了自己的臣民，数以千计的人死于大处决。1828年恰卡被同宗兄弟刺死，不过他建立的帝国仍然继续存在了半个多世纪。

1824年英国官员会见恰卡大酋长

穿好战衣去战斗
祖鲁战士的战衣就是其部落庆典活动时全副盛装的竖条服装,还用牛尾和羽毛进行精心装饰。图中这名战士带着好几支投枪,同时还带着他的主武器:一杆宽刃刺矛。

伊桑德尔瓦纳战役
祖鲁人对战英国人所取得的最令人印象深刻的胜利是1879年1月发生的伊桑德尔瓦纳战役。超过1600人的英国军队在早上8时遭到祖鲁人的奇袭,尽管祖鲁人也损失惨重,不过英国人被彻底打败了。英国第24步兵团的6支连队共602个人——后来被称作"南威尔士兄弟",战役结束后只剩下一个人。

> "我们未放过营地里的每一个白人,连马和牛也都未放过。"
>
> 祖鲁战士甘佩加克瓦比(Gumpega Kwabe),于恩托庇河对英国人的进攻中,1879年3月

战斗工具

牛皮盾牌

有装饰的战棍

刺矛

◀ 58—59 阿兹特克的武器和盾牌　▶ 184—185 北美的刀和棒　▶ 264—265 大洋洲的盾牌

大洋洲的杖棍和匕首

在17世纪欧洲人到来之前，波利尼西亚人以及其他占据太平洋上岛屿的人们都习惯于战争。他们参加各种形式的战斗，包括因仇相残、习惯性的冲突，甚至征服和灭绝战争。他们的武器有限，主要包括木棒、砍刀、匕首、长矛，有时候会用锋利的骨头、贝壳、珊瑚、石头或者黑曜石制作锋刃。其武器的装饰十分复杂，常常带有宗教意义并被作为传家之宝。

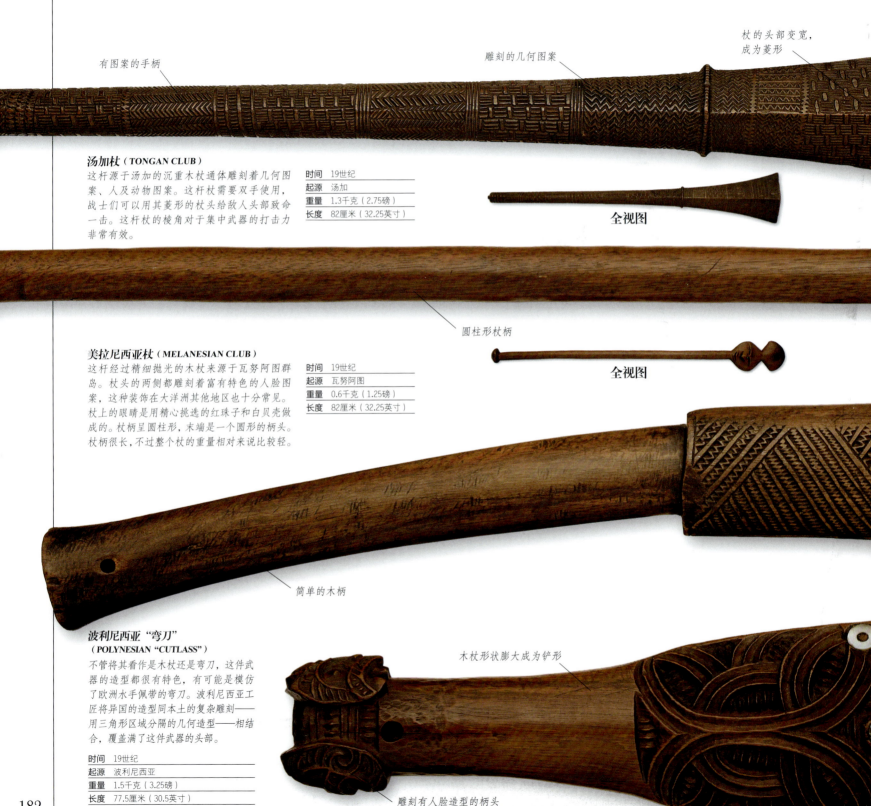

汤加杖（TONGAN CLUB）

这杆源于汤加的沉重木杖通体雕刻着几何图案、人及动物图案。这杆杖需要双手使用，战士们可以用其菱形的杖头给敌人头部致命一击。这杆杖的棱角对于集中武器的打击力非常有效。

时间	19世纪
起源	汤加
重量	1.3千克（2.75磅）
长度	82厘米（32.25英寸）

美拉尼西亚杖（MELANESIAN CLUB）

这杆经过精细抛光的木杖来源于瓦努阿图群岛。杖头的两侧都雕刻着富有特色的人脸图案，这种装饰在大洋洲其他地区也十分常见。杖上的眼睛是用精心挑选的红珠子和白贝壳做成的。杖柄呈圆柱形，末端是一个圆形的柄头。杖柄很长，不过整个杖的重量相对来说比较轻。

时间	19世纪
起源	瓦努阿图
重量	0.6千克（1.25磅）
长度	82厘米（32.25英寸）

波利尼西亚"弯刀"（POLYNESIAN "CUTLASS"）

不管将其看作是木杖还是弯刀，这件武器的造型都很有特色，有可能是模仿了欧洲水手佩带的弯刀。波利尼西亚工匠将异国的造型同本土的复杂雕刻——用三角形区域分隔的几何造型——相结合，覆盖满了这件武器的头部。

时间	19世纪
起源	波利尼西亚
重量	1.5千克（3.25磅）
长度	77.5厘米（30.5英寸）

黑曜石刀刃的匕首
（DAGGER WITH OBSIDIAN BLADE）

这把匕首来自于新几内亚以北的阿德米勒尔蒂群岛，那里的火山活动能够形成天然黑曜石。美拉尼西亚人发现了如何将黑曜石处理得像刀片一样锋利的技术。这种刀刃的一侧平坦，另一侧形成突起。其锥形的木制把手上用当地的设计风格进行装饰。

时间	约1900年
起源	巴布亚新几内亚
重量	60克（2盎司）
长度	28厘米（11英寸）

- 被涂成赭红色的手柄
- 黑曜石刀刃逐渐收为一个尖头
- 雕刻的人形图案
- 黑曜石矛头的中央脊线
- 残存的木柄
- 红色的珠子和贝壳
- 本土化的设计风格

黑曜石矛头
（OBSIDIAN SPEARHEAD）

同上面的匕首一样，这个矛头也是阿德米勒尔蒂群岛上的美拉尼西亚人制作的。黑曜石上制作了锋利的刃部和尖头，用来作为矛头。这个矛头的一侧扁平而另一侧则有突起的脊线。矛柄被涂抹成赭红色并经过装饰，但如今只剩下了一小部分。其木柄和矛头被用树脂固定了起来。

时间	约1900年
起源	巴布亚新几内亚
重量	0.22千克（0.5磅）
长度	38厘米（15英寸）

- 杖头上雕刻的人脸图案
- 鲍鱼壳
- 雕刻装饰
- 头部雕刻着几何图案

毛利族帕图基（MAORI PATUKI）

波利尼西亚的毛利人在公元前1000年就在新西兰生活了，在太平洋居民中他们最为好斗。这把叫作"帕图基"的双刃木杖，来自于新西兰的北岛，可能是英国人在1860—1869年的毛利战争胜利以后当作战利品带回国的。其上除了复杂的雕刻以外，还装饰着闪闪发光的鲍鱼壳。

时间	约1860年
起源	新西兰
重量	0.3千克（0.75磅）
长度	37厘米（14.5英寸）

北美的刀和棒

公元 1775—1900 年

◀ 58—59 阿兹特克的武器和盾牌　　◀ 182—183 大洋洲的杖棍和匕首　　▶ 188—189 北美猎弓

在18世纪末期，尽管北美原住民仍然使用木头和石器装备，不过他们已经开始使用带有金属头的有刃武器了。其中大多数是向欧洲人购买而来的，包括欧美制作的刀具和武器，这些武器上常常带有极具特色的装饰图案。这里展示的物品中多数并不是用来战斗的，而是具有广泛的实用性和象征性价值。

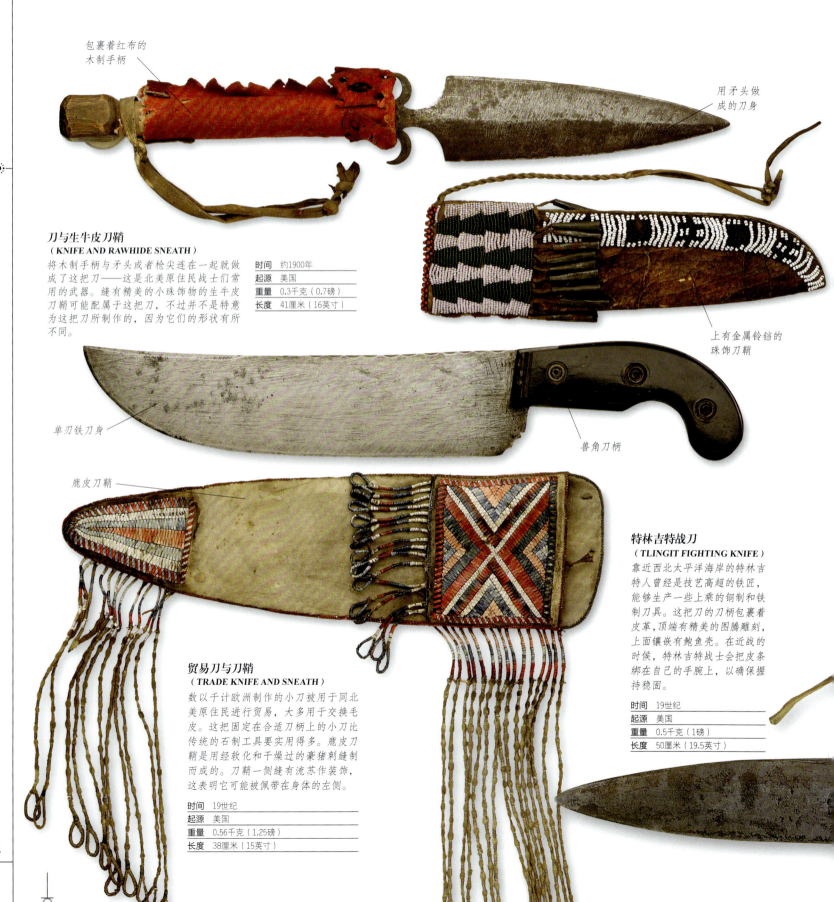

刀与生牛皮刀鞘
（KNIFE AND RAWHIDE SNEATH）

将木制手柄与矛头或者枪尖连在一起就做成了这把刀——这是北美原住民战士们常用的武器。缝有精美的小珠饰物的生牛皮刀鞘可能配属于这把刀，不过并不是特意为这把刀所制作的，因为它们的形状有所不同。

时间	约1900年
起源	美国
重量	0.3千克（0.7磅）
长度	41厘米（16英寸）

贸易刀与刀鞘
（TRADE KNIFE AND SNEATH）

数以千计欧洲制作的小刀被用于同北美原住民进行贸易，大多用于交换毛皮。这把固定在合适刀柄上的小刀比传统的石制工具要实用得多。鹿皮刀鞘是用经软化和干燥过的豪猪刺缝制而成的。刀鞘一侧缝有流苏作装饰，这表明它可能被佩带在身体的左侧。

时间	19世纪
起源	美国
重量	0.56千克（1.25磅）
长度	38厘米（15英寸）

特林吉特战刀
（TLINGIT FIGHTING KNIFE）

靠近西北太平洋海岸的特林吉特人曾经是技艺高超的铁匠，能够生产一些上乘的铜制和铁制刀具。这把刀的刀柄包裹着皮革，顶端有精美的图腾雕刻，上面镶嵌有鲍鱼壳。在近战的时候，特林吉特战士会把皮条绑在自己的手腕上，以确保握持稳固。

时间	19世纪
起源	美国
重量	0.5千克（1磅）
长度	50厘米（19.5英寸）

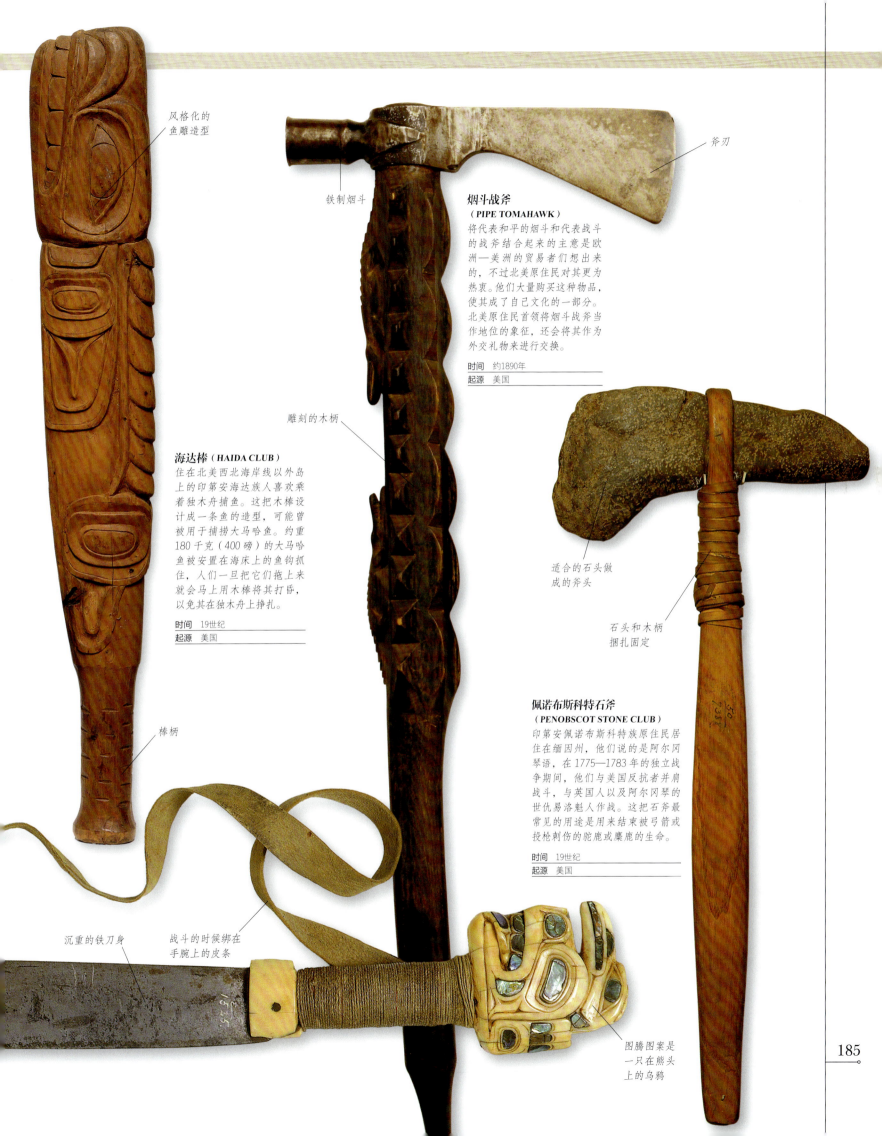

风格化的鱼雕造型

铁制烟斗

斧刃

烟斗战斧
（PIPE TOMAHAWK）
将代表和平的烟斗和代表战斗的战斧结合起来的主意是欧洲—美洲的贸易者们想出来的，不过北美原住民对其更为热衷。他们大量购买这种物品，使其成了自己文化的一部分。北美原住民首领将烟斗战斧当作地位的象征，还会将其作为外交礼物来进行交换。

时间　约1890年
起源　美国

雕刻的木柄

海达棒（HAIDA CLUB）
住在北美西北海岸线以外岛上的印第安海达族人喜欢乘着独木舟捕鱼。这把木棒设计成一条鱼的造型，可能曾被用于捕捞大马哈鱼。约重180千克（400磅）的大马哈鱼被安置在海床上的鱼钩抓住，人们一旦把它们拖上来就会马上用木棒将其打昏，以免其在独木舟上挣扎。

时间　19世纪
起源　美国

适合的石头做成的斧头

石头和木柄捆扎固定

佩诺布斯科特石斧
（PENOBSCOT STONE CLUB）
印第安佩诺布斯科特族原住民居住在缅因州，他们说的是阿尔冈琴语，在1775—1783年的独立战争期间，他们与美国反抗者并肩战斗，与英国人以及阿尔冈琴的世仇易洛魁人作战。这把石斧最常见的用途是用来结束被弓箭或投枪刺伤的驼鹿或麋鹿的生命。

时间　19世纪
起源　美国

棒柄

沉重的铁刀身

战斗的时候绑在手腕上的皮条

图腾图案是一只在熊头上的乌鸦

小巨角战役
北美原住民在战斗中既使用弓箭,也使用火枪(从英国人那里买来的)。创作这幅画的画家阿莫斯·巴德·哈特·布法罗(Amos Bad Heart Buffalo, 1869—1913)曾经就是一名加入美国军队的北美原住民战士,他为他的族人画了超过400幅画作。

公元 1775—1900 年

◀ 54—55 长弓和弩   ◀ 56—57 武器展示：弩   ◀ 122—123 亚洲的弓

北美猎弓

弓箭是北美原住民们最重要的武器之一，可以用于狩猎、战争以及仪式。他们使用的是"背弓"——在远离射手的弓背一面用兽筋进行强化。最基本的材料是木头，有些部位使用兽角或者兽骨。箭矢通常有可以分开的前段，当猎人将箭杆从猎物身上拔下的时候，这段箭头仍然留在猎物体内。与阿金库尔战役中的长弓手不同——他们在拉弓的时候手指放在箭矢的上下两侧——而娴熟的北美印第安射手则是使用放在箭矢下方的两个手指来拉弓。

长箭羽

仪式用弓

霍皮人的弓和箭
（HOPI BOW AND ARROWS）

霍皮族是居住在美国亚利桑那州北部地区的普韦布洛印第安人。除了使用弓箭狩猎和战斗以外，他们还把弓箭当作是富足生活的一部分，特别是用来当作常用的礼物。他们的箭矢使用传统的石制箭头，弓背上则粘贴兽筋进行强化。

时间　约1900年
起源　美国
长度　弓：1.5米（5英尺）

山枫木弓

树皮弓弦

红木箭

汤普森人的弓和箭
（THOMPSON BOW AND ARROWS）

汤普森人是居住在美国西北部的高原印第安人。这组枫木弓和没有加装箭羽的箭主要是作为仪式之用。在某位部落成员离世的第四天，这些箭会射向挂在小木屋檐下的一张画有奔鹿的图像，然后这些弓箭就永不再用。

时间　约1900年
起源　美国
长度　弓：1.5米（5英尺）

箭袋和弓袋

经常在马上战斗和打猎的平原印第安人会使用弓袋和箭袋来放置他们的弓箭。它们由兽皮制成，用一条带子斜挂在骑士的背上。箭袋大约可以放20支箭，以前使用的是石制箭头，不过后来在欧洲人的影响之下也使用铁箭头。

时间　约1900年
起源　美国

用兽筋强化的木弓

由水牛筋绞成的弓弦

弓袋

背带

皮箭袋

装饰用的玻璃串珠

猎捕水牛

一名平原印第安人正追逐一头奔逃的北美野牛,在近距离用弓箭瞄准。他们的弓一般比较短——长度通常为1米(3英尺)——以利于马上使用。在"平原战争"(19世纪60年代至80年代)中与印第安人战斗过的美国士兵可以证明弓箭的准确性和威力,比起他们不稳定的火枪来,印第安人的弓箭更为实用。

全视图

铜因纽特人的弓和箭
(COPPER INUIT BOW AND ARROW)

在北极圈附近的因纽特人使用弓箭来狩猎驯鹿和其他猎物。这张弓是加拿大西北部的铜因纽特人制作的,他们经常使用铜作为箭头,并用驯鹿筋来强化弓背。

时间	19世纪
起源	加拿大
长度	弓:1.5米(5英尺)

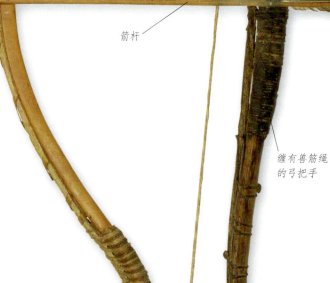

- 弓扣
- 驯鹿筋
- 由驯鹿筋绞成的弓弦
- 由兽筋绞成的弓弦
- 箭羽
- 骨制箭杆前段
- 把箭杆前段固定在箭杆上的兽筋条
- 骨制箭杆前段
- 箭杆
- 缠有兽筋绳的弓把手
- 用鹿筋进行绑扎

南安普敦因纽特人的弓箭
(SOUTHAMPTON INUIT BOW AND ARROW)

与更加靠近南方地区的人做法不同,南安普敦因纽特人并不在他们的弓背上粘贴兽筋。相反,他们会在弓上绑一根兽筋绳,正如这件展品,它是哈德逊湾的南安普敦因纽特人制作的。箭均有可以拆下的箭杆前段。

时间	约1900年
起源	加拿大
长度	弓:1.5米(5英尺)

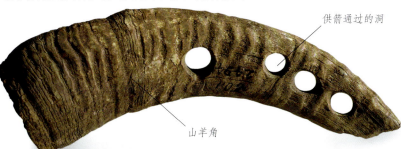

- 供箭通过的洞
- 山羊角

羊角箭矢矫直器
(HORN ARROW STRAIGHTENER)

箭杆是用笔直的树枝制成的。一旦将树枝砍下,在截断和打磨之前要放置一段时间,之后在箭杆上涂抹油脂并加热,然后才能通过箭矢矫直器。

时间	约1900年
起源	美国
长度	18.5厘米(7.25英寸)

公元 1775—1900 年

◀ 58—59 阿兹特克的武器和盾牌　　▶ 262—263 非洲的盾牌　　▶ 264—265 大洋洲的盾牌

澳大利亚的飞去来器和盾牌

尽管并不是只有澳大利亚才有飞去来器，但这种武器常常使人联想到澳大利亚土著人。空气动力学原理和陀螺效应共同决定了它们的飞行曲线。土著居民使用飞去来器、投掷棒、投枪和石斧进行狩猎和战斗。他们在战斗中均使用能够用盾牌抵挡的投掷武器进行攻击，造成的伤亡很小。欧洲的定居者们带着火枪抵达此地后，土著居民的战斗武器便退出了战争舞台。

澳大利亚土著居民
澳大利亚摄影师约翰·威廉·林德在 1870 年拍摄的人像，摄于新南威尔士的克拉伦斯山谷。为给一种正在消失的生活方式保留资料，他把主角与他们的手工制品放在一起，包括照片中的飞去来器和盾牌。

飞去来器的钩形末端

雕刻的凹槽设计

木头上染有红颜料

全视图

钩形飞去来器（HOOKED BOOMERANG）
这件由无脉相思木制成的飞去来器与 19 世纪当地土著人所使用的比较类似，是用树枝和树干的连接部位雕刻而成的，利用树木天然的角度形成了一个结实的钩子形。当飞去来器被用于战斗的时候，钩子部分能够铰住敌人的盾牌或者木棒，而且还能横向挥舞来袭击其面部或者身体。

时间	20 世纪
起源	澳大利亚中北部
重量	0.41 千克（1 磅）
长度	73.1 厘米（28.75 英寸）

内侧边缘的切口

表面的精细凹槽

红赭石和白黏土的装饰

做成尖头形的长臂

凸圆飞去来器（CONVEX BOOMERANG）
这件来自昆士兰州的飞去来器表面两侧均凸出——有些飞去来器是一侧凸出，另一侧平坦。在其弯曲的内侧边缘上有切口，表明它除了投掷以外，还曾被用于砍削或者锯物。其表面进行了精细的处理，以提高木料的天然触感。

时间	19 世纪晚期
起源	澳大利亚昆士兰州
重量	0.32 千克（0.75 磅）
长度	72.4 厘米（28.5 英寸）

尖角飞去来器（SHARP-ANGLED BOOMERANG）
这件飞去来器或者木棒，经过精细的雕刻，形成了一个尖角。其外部两侧面均用红色赭石和白黏土进行了装饰。这种装饰风格常常与原住民们关于部落、祖先和大地的"梦幻时光"（澳大利亚土著神话中的黄金时代）神话有关。

时间	19 世纪
起源	澳大利亚昆士兰州
重量	0.57 千克（1.25 磅）
长度	75 厘米（29.5 英寸）

盾牌表面是有棱的轻木

尾部为圆形，形状粗糙

用红赭石描出的脊线

格挡盾牌（PARRYING SHIELD）

尽管这种盾牌造型细长，但如果由一名有经验的战士来使用的话，一面这种格挡盾牌能够有效地抵御敌方掷来的投棍或者飞去来器。用红色和白色赭石做出的纵向和斜向线条的设计，是这一地区原住民的典型风格。

时间	19世纪
起源	澳大利亚西部
重量	0.49千克（1磅）
长度	73厘米（28英寸）

红赭石条纹

盾牌逐渐变细缩为尖点

条纹盾牌（BANDED SHIELD）

这面格挡盾牌使用了红赭石条纹和复杂的图案雕刻装饰。其末端的标记可能是用来标明所属部落的。在盾牌背后有一个结实的把手。这面盾牌十分坚固，足以抵挡飞去来器或者其他投掷武器的用力一击。

时间	19世纪
起源	澳大利亚
重量	1.19千克（2.5磅）
长度	83厘米（32.5英寸）

粗线条的设计

雕刻盾牌（CARVED SHIELD）

这面盾牌也叫作"吉德亚"（gidyar），来源于凯恩斯地区，与19世纪当地人所使用的样式很相似。它是由木头雕刻而成，上面用粗线条进行了涂绘。尽管它也有一些其他的用途，不过这面盾牌几乎只在仪式舞蹈中作为表演之用。

时间	20世纪
起源	澳大利亚昆士兰州
长度	66厘米（26英寸）

盾牌中央装饰的球形捏手

有棱盾牌（RIDGED SHIELD）

这面来自昆士兰州北部的盾牌由一块有棱的轻木和背后的硬木把手组合而成。它不仅仅是一件防御武器，也是一件工艺品。盾牌上色彩绚丽的图案含义目前尚不清楚，不过可能与拥有它的武士所取得的战功及其所属阶层有关。

时间	约1900年
起源	澳大利亚昆士兰州
长度	97厘米（38.25英寸）

燧发手枪（1775年以后）

公元1775—1900年

◀124—125 火绳枪和燧发长枪　▶194—195 燧发手枪（1850年以前）　▶218—219 燧发滑膛枪和来复枪

在18世纪的最后25年，警察武装还没有广泛建立之时，手枪在富人家庭中十分普遍，绅士和恶棍都会佩带袖珍型手枪。这时出现了几款专为特殊用途而设计的手枪，其中包括决斗手枪、大口径短枪。实际上燧发手枪几乎无处不在，比半封闭枪机结构之外的其他样式手枪多。另外，唯有在西班牙还不断出现效果较差的老式西班牙弹簧锁燧发枪。

大口径手枪（BLUNDERBUSS PISTOL）

大口径手枪[其名称来源于荷兰语中的"雷霆之枪"（donderbus）]是一种近距离武器，其喇叭形的枪口有利于装填和发射。这件配备盒式枪机的模型制造者是伯明翰的约翰·华特士（John Waters），他还拥有一项手枪刺刀的专利。当时英国皇家海军的军官们在登舰作业的时候经常使用这种手枪。

时间	1785年
起源	英国
重量	0.95千克（2磅）
枪管	19厘米（7.5英寸）
口径	枪口：1英寸

弹簧锁燧发决斗手枪（MIQUELET DUELLING PISTOL）

在1780年以后的英国最早出现了专门为决斗而设计的手枪。它们总是作为一对来包装，与全套所需配件一起出售。与枪托一直延伸到枪口的设计形式一样，带有明显顶口的"锯柄"枪托和扳机护圈上的稳定钩都是后来增加的设计。

时间	1815年
起源	英国
重量	1千克（2.25磅）
枪管	23厘米（9英寸）
口径	34-bore

燧发转轮手枪（FLINTLOCK REVOLVER）

大约在1680年，伦敦的约翰·达福特（John Dafte）设计了一款带有转轮的手枪，它有一个带有多个弹膛的圆筒，由击发装置带动（旋转）。1814年，波士顿的以利沙·库里尔（Elisha Collier）由于对其进行改进而获得了英国专利；1819年由伦敦的约翰·伊凡斯（John Evans）制造出来。其带动装置不太可靠，圆筒常常需要手动旋转。

时间	约1820年
起源	英国
重量	0.68千克（1.5磅）
枪管	12.4厘米（5英寸）
口径	0.45英寸

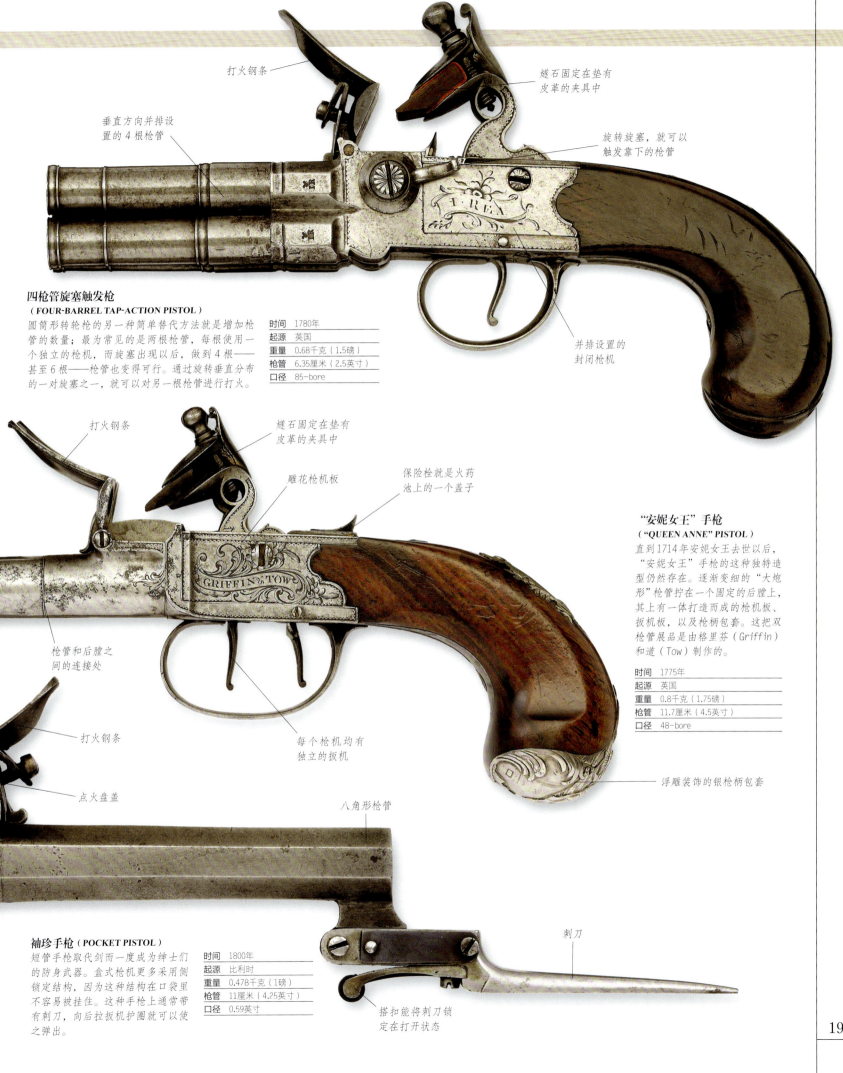

四枪管旋塞触发枪
（FOUR-BARREL TAP-ACTION PISTOL）

圆筒形转轮枪的另一种简单替代方法就是增加枪管的数量；最为常见的是两根枪管，每根使用一个独立的枪机，而旋塞出现以后，做到4根——甚至6根——枪管也变得可行。通过旋转垂直分布的一对旋塞之一，就可以对另一根枪管进行打火。

时间	1780年
起源	英国
重量	0.68千克（1.5磅）
枪管	6.35厘米（2.5英寸）
口径	85-bore

"安妮女王"手枪
（"QUEEN ANNE" PISTOL）

直到1714年安妮女王去世以后，"安妮女王"手枪的这种独特造型仍然存在。逐渐变细的"大炮形"枪管拧在一个固定的后膛上，其上有一体打造而成的枪机板、扳机板，以及枪柄包套。这把双枪管展品是由格里芬（Griffin）和道（Tow）制作的。

时间	1775年
起源	英国
重量	0.8千克（1.75磅）
枪管	11.7厘米（4.5英寸）
口径	48-bore

袖珍手枪（POCKET PISTOL）

短管手枪取代剑而一度成为绅士们的防身武器。盒式枪机更多采用侧锁定结构，因为这种结构在口袋里不容易被挂住。这种手枪上通常带有刺刀，向后拉扳机护圈就可以使之弹出。

时间	1800年
起源	比利时
重量	0.478千克（1磅）
枪管	11厘米（4.25英寸）
口径	0.59英寸

燧发手枪（1850年以前）

◀ 124—125 火绳枪和燧发长枪　　◀ 192—193 燧发手枪（1775年以后）　　▶ 218—219 燧发滑膛枪和来复枪

在19世纪以前不存在批量生产这个概念。直到那时，火枪上没有任何可以互相替换的部件，因为每个部件都是为不同的武器手工打造的。尽管需求很大而且在不断增长，但是哪怕比较简单的手枪也非常昂贵，购买和维修都是如此。为了节省成本，早期那些武器上的精美装饰都被省略掉了。结果最后品质越发低劣——除了最高端的市场，因为在这些市场上价格根本不是问题。

哈珀斯费里手枪（HARPERS FERRY PISTOL）

1805式手枪是位于哈珀斯费里的联邦兵工厂生产的第一款手枪，该厂位于现在的西弗吉尼亚州。它与那个时期所有的军用手枪类似，枪身非常结实，一旦需要的话就可以掉转过来当棒子使用。

时间	1806年
起源	美国
重量	0.9千克（2磅）
枪管	25.4厘米（10英寸）
口径	0.54英寸

佛兰德袖珍手枪（FLEMISH POCKET PISTOL）

这把简单的盒式枪机袖珍手枪带有一体化的弹簧刺刀，通过向后拉扳机护圈进行控制。枪机板上有一些雕刻，枪柄的雕刻十分精致。这是 A. 朱利亚德（A. Juliard）的作品，他是一位颇有名气的佛兰德制枪师。

时间	1805年
起源	荷兰
重量	0.5千克（1磅）
枪管	10.9厘米（4.25英寸）
口径	33-bore

意大利袖珍手枪（ITALIAN POCKET PISTOL）

在后文艺复兴时期的意大利，制造枪支十分盛行［英语中"手枪"（Pistol）一词可能来源于皮斯托亚（Pistoia），一座因制枪而闻名的意大利城市］。尽管19世纪的工业趋于衰落，但那些和这把枪的制造师兰贝蒂（Lamberti）一样的工匠们仍然生意兴隆。

时间	1810年
起源	意大利
重量	0.62千克（1.5磅）
枪管	12.3厘米（4.75英寸）
口径	0.85英寸

可拆卸式袖珍手枪
（TURN-OFF POCKET PISTOL）

这把枪的枪管是拧装上去的，可以用扳手或者钥匙卸下来，这种结构使其可以装填更为密实的弹丸，于是可以打得更远更直。可拆卸式手枪装填速度比较慢，不过较小的尺寸使得它们成了常见的防身武器。

时间	1810年
起源	法国
重量	0.32千克（0.75磅）
枪管	4厘米（1.5英寸）
口径	33-bore

西班牙骑兵手枪（SPANISH CAVALRY PISTOL）

1839年，西班牙军队最终淘汰了长长的击发簧暴露在外的西班牙弹簧锁燧发枪发火装置，开始使用一种新的手枪设计——主要借鉴了法国设计的一种限位式燧发枪。其枪管上有一个小的凸起对推弹杆进行限位，没有使用当时其他军用手枪上常见的套管形固定器。

时间	1841年
起源	西班牙
重量	1.3千克（2.75磅）
枪管	19.6厘米（7.75英寸）
口径	0.71英寸

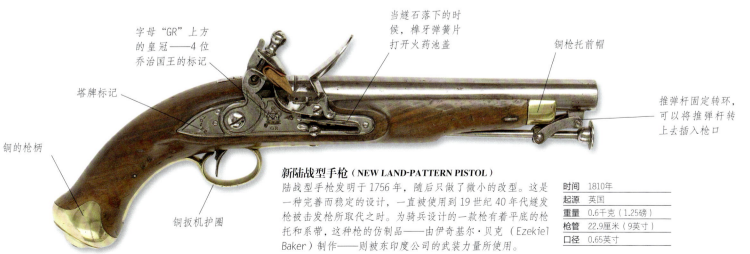

新陆战型手枪（NEW LAND-PATTERN PISTOL）

陆战型手枪发明于1756年，随后只做了微小的改型。这是一种完善而稳定的设计，一直被使用到19世纪40年代燧发枪被击发枪所取代之时。为骑兵设计的一款枪有着平底的枪托和系带，这种枪的仿制品——由伊奇基尔·贝克（Ezekiel Baker）制作——则被东印度公司的武装力量所使用。

时间	1810年
起源	英国
重量	0.6千克（1.25磅）
枪管	22.9厘米（9英寸）
口径	0.65英寸

公元 1775—1900 年

▶198—199 美国的雷帽转轮手枪　▶202—203 英国的雷帽转轮手枪

雷帽手枪

最早是一位叫亚历山大·福赛斯的苏格兰人利用汞爆炸来点燃枪管里的火药，他为此在1807年申请了专利。人们又花费了不少的时间来寻找将爆炸装置（或者发火药）成功用到枪膛里面的方法。最终的解决方案就是雷帽，它是将发火药夹在两层铜皮之间做成的。雷帽的形状与原本是点火孔位置的火门头相一致。它要用一个击锤进行打击，而不是击铁和燧石。使用这种结构的手枪大约出现于1820年。

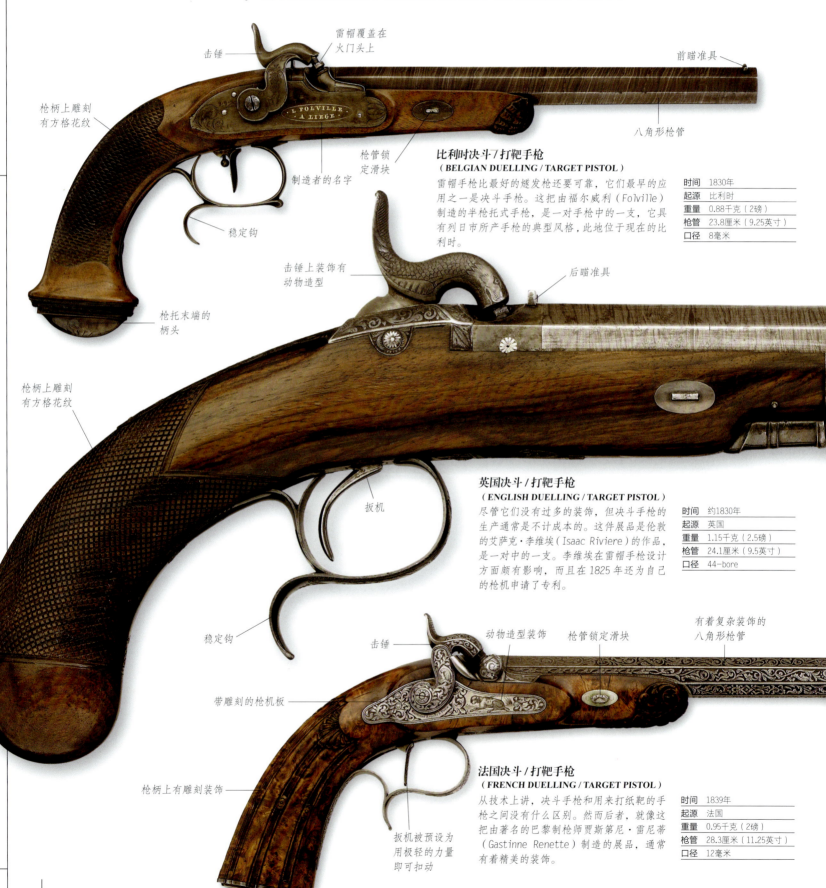

比利时决斗/打靶手枪
（BELGIAN DUELLING / TARGET PISTOL）

雷帽手枪比最好的燧发枪还要可靠，它们最早的应用之一是决斗手枪。这把由福尔威利（Folville）制造的半枪托式手枪，是一对手枪中的一支，它具有列日市所产手枪的典型风格，此地位于现在的比利时。

时间	1830年
起源	比利时
重量	0.88千克（2磅）
枪管	23.8厘米（9.25英寸）
口径	8毫米

英国决斗/打靶手枪
（ENGLISH DUELLING / TARGET PISTOL）

尽管它们没有过多的装饰，但决斗手枪的生产通常是不计成本的。这件展品是伦敦的艾萨克·李维埃（Isaac Riviere）的作品，是一对中的一支。李维埃在雷帽手枪设计方面颇有影响，而且在1825年还为自己的枪机申请了专利。

时间	约1830年
起源	英国
重量	1.15千克（2.5磅）
枪管	24.1厘米（9.5英寸）
口径	44-bore

法国决斗/打靶手枪
（FRENCH DUELLING / TARGET PISTOL）

从技术上讲，决斗手枪和用来打纸靶的手枪之间没有什么区别。然而后者，就像这把由著名的巴黎制枪师贾斯第尼·雷尼蒂（Gastinne Renette）制造的展品，通常有着精美的装饰。

时间	1839年
起源	法国
重量	0.95千克（2磅）
枪管	28.3厘米（11.25英寸）
口径	12毫米

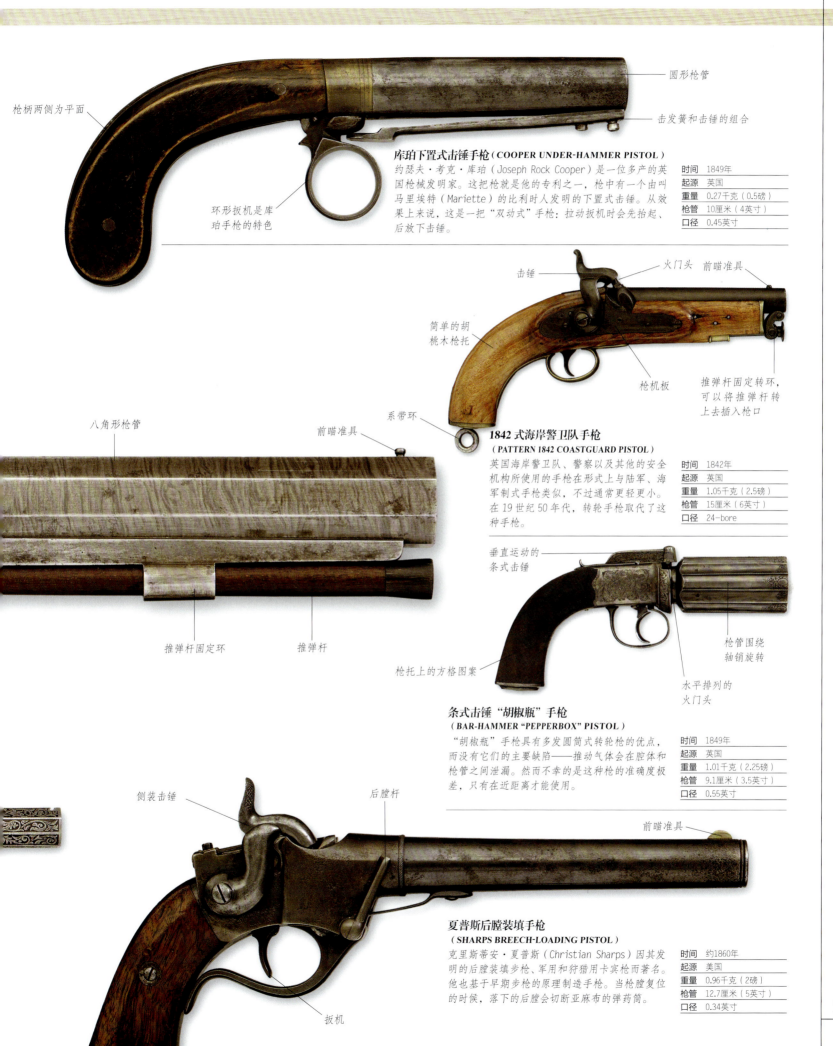

库珀下置式击锤手枪（COOPER UNDER-HAMMER PISTOL）

约瑟夫·考克·库珀（Joseph Rock Cooper）是一位多产的英国枪械发明家。这把枪就是他的专利之一，枪中有一由叫马里埃特（Mariette）的比利时人发明的下置式击锤。从效果上来说，这是一把"双动式"手枪：拉动扳机时会先抬起、后放下击锤。

时间	1849年
起源	英国
重量	0.27千克（0.5磅）
枪管	10厘米（4英寸）
口径	0.45英寸

1842式海岸警卫队手枪（PATTERN 1842 COASTGUARD PISTOL）

英国海岸警卫队、警察以及其他的安全机构所使用的手枪在形式上与陆军、海军制式手枪类似，不过通常更轻更小。在19世纪50年代，转轮手枪取代了这种手枪。

时间	1842年
起源	英国
重量	1.05千克（2.5磅）
枪管	15厘米（6英寸）
口径	24-bore

条式击锤"胡椒瓶"手枪（BAR-HAMMER "PEPPERBOX" PISTOL）

"胡椒瓶"手枪具有多发圆筒式转轮枪的优点，而没有它们的主要缺陷——推动气体会在腔体和枪管之间泄漏。然而不幸的是这种枪的准确度极差，只有在近距离才能使用。

时间	1849年
起源	英国
重量	1.01千克（2.25磅）
枪管	9.1厘米（3.5英寸）
口径	0.55英寸

夏普斯后膛装填手枪（SHARPS BREECH-LOADING PISTOL）

克里斯蒂安·夏普斯（Christian Sharps）因其发明的后膛装填步枪、军用和狩猎用卡宾枪而著名。他也基于早期步枪的原理制造手枪。当枪膛复位的时候，落下的后膛会切断亚麻布的弹药筒。

时间	约1860年
起源	美国
重量	0.96千克（2磅）
枪管	12.7厘米（5英寸）
口径	0.34英寸

美国的雷帽转轮手枪

塞缪尔·柯尔特在1835年取得了圆筒转轮手枪的专利,他说他的发明灵感来源于帆船的舵轮锁定机构。它的击锤上连着一个棘爪,与转轮后侧面上的棘轮装置相匹配。当向后拉击锤的时候,棘爪引导棘轮移动一步,将下一个新的弹仓转到枪管轴线上,令其雷帽刚好置于击锤之下。在开火的瞬间,转轮位置被一枚由扳机带动垂直上升的销钉锁定。

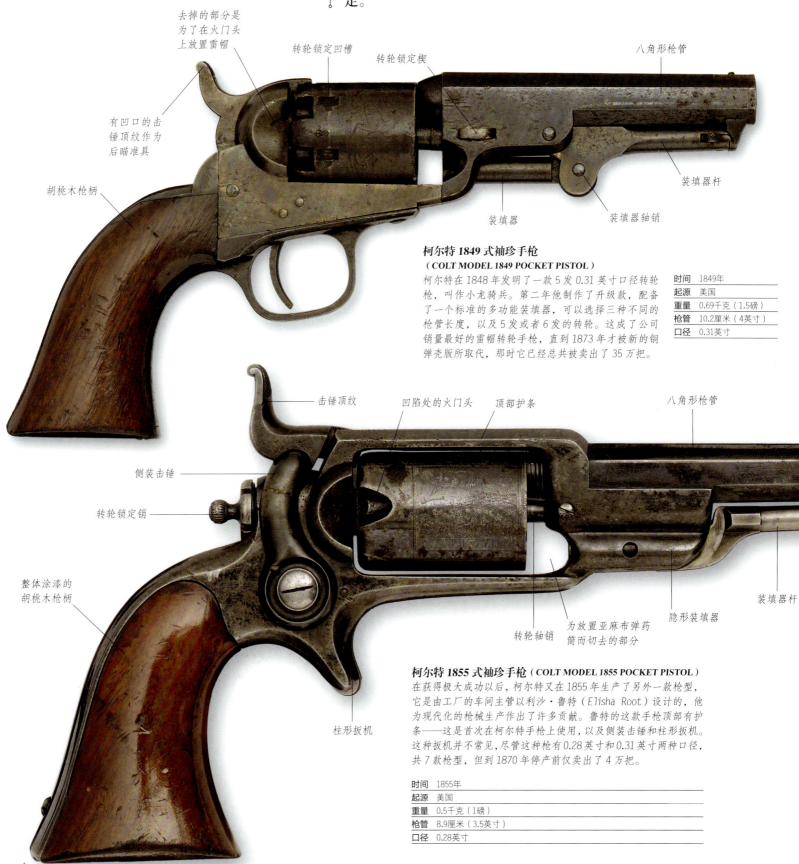

柯尔特1849式袖珍手枪
(COLT MODEL 1849 POCKET PISTOL)

柯尔特在1848年发明了一款5发0.31英寸口径转轮枪,叫作小龙骑兵。第二年他制作了升级款,配备了一个标准的多功能装填器,可以选择三种不同的枪管长度,以及5发或者6发的转轮。这成了公司销量最好的雷帽转轮手枪,直到1873年才被新的铜弹壳版所取代,那时它已经总共被卖出了35万把。

时间	1849年
起源	美国
重量	0.69千克(1.5磅)
枪管	10.2厘米(4英寸)
口径	0.31英寸

柯尔特1855式袖珍手枪(COLT MODEL 1855 POCKET PISTOL)

在获得极大成功以后,柯尔特又在1855年生产了另外一款枪型,它是由工厂的车间主管以利沙·鲁特(Elisha Root)设计的,他为现代化的枪械生产作出了许多贡献。鲁特的这款手枪顶部有护条——这是首次在柯尔特手枪上使用,以及侧装击锤和柱形扳机。这种扳机并不常见,尽管这种枪有0.28英寸和0.31英寸两种口径,共7款枪型,但到1870年停产前仅卖出了4万把。

时间	1855年
起源	美国
重量	0.5千克(1磅)
枪管	8.9厘米(3.5英寸)
口径	0.28英寸

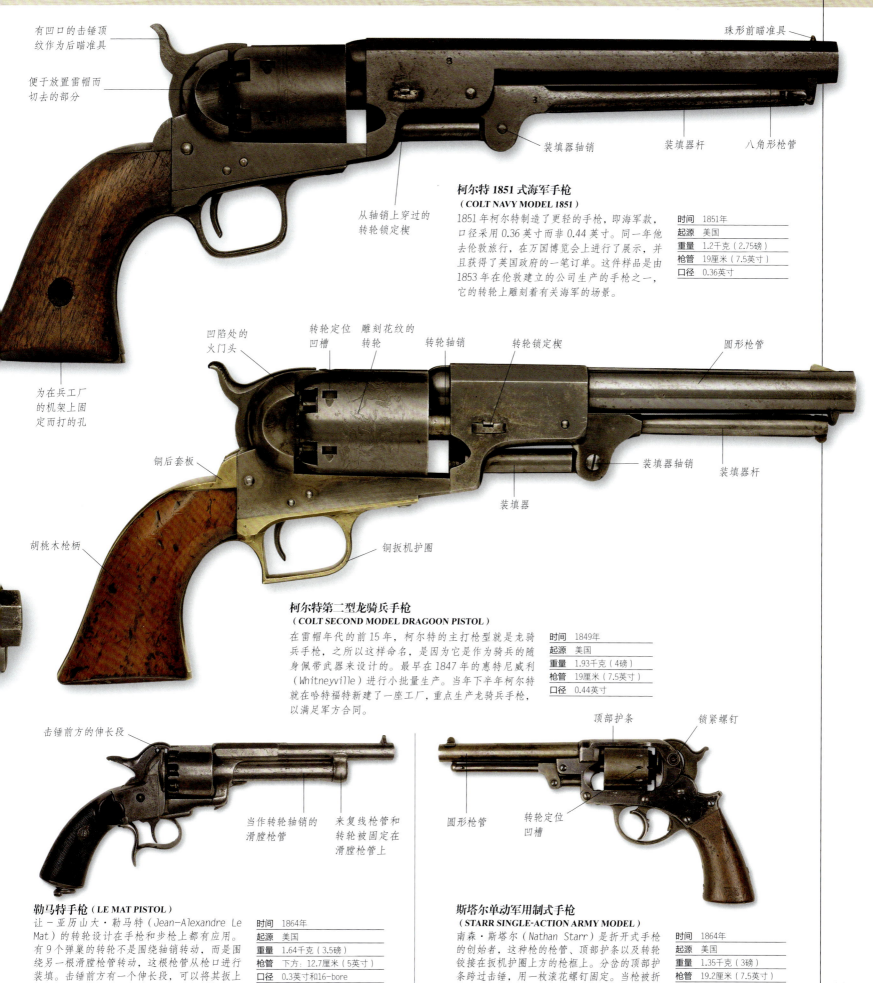

柯尔特1851式海军手枪
（COLT NAVY MODEL 1851）

1851年柯尔特制造了更轻的手枪，即海军款，口径采用0.36英寸而非0.44英寸。同一年他去伦敦旅行，在万国博览会上进行了展示，并且获得了英国政府的一笔订单。这件样品是由1853年在伦敦建立的公司生产的手枪之一，它的转轮上雕刻着有关海军的场景。

时间	1851年
起源	美国
重量	1.2千克（2.75磅）
枪管	19厘米（7.5英寸）
口径	0.36英寸

柯尔特第二型龙骑兵手枪
（COLT SECOND MODEL DRAGOON PISTOL）

在雷帽年代的前15年，柯尔特的主打枪型就是龙骑兵手枪，之所以这样命名，是因为它是作为骑兵的随身佩带武器来设计的。最早在1847年的惠特尼威利（Whitneyville）进行小批量生产。当年下半年柯尔特就在哈特福特新建了一座工厂，重点生产龙骑兵手枪，以满足军方合同。

时间	1849年
起源	美国
重量	1.93千克（4磅）
枪管	19厘米（7.5英寸）
口径	0.44英寸

勒马特手枪（LE MAT PISTOL）

让－亚历山大·勒马特（Jean-Alexandre Le Mat）的转轮设计在手枪和步枪上都有应用。有9个弹巢的转轮不是围绕轴销转动，而是围绕另一根滑膛枪管转动，这根枪管从枪口进行装填。击锤前方有一个伸长段，可以将其扳上或扳下，以使用不同的枪管开火。

时间	1864年
起源	美国
重量	1.64千克（3.5磅）
枪管	下方：12.7厘米（5英寸）
口径	0.3英寸和16-bore

斯塔尔单动军用制式手枪
（STARR SINGLE-ACTION ARMY MODEL）

南森·斯塔尔（Nathan Starr）是折开式手枪的创始者，这种枪的枪管、顶部护条以及转轮铰接在扳机护圈上方的枪框上。分叉的顶部护条跨过击锤，用一枚滚花螺钉固定。当枪被折开的时候，转轮就可以取下重新装填。

时间	1864年
起源	美国
重量	1.35千克（3磅）
枪管	19.2厘米（7.5英寸）
口径	0.44英寸

美国内战时期的步兵

1861年亚伯拉罕·林肯当选为美国总统,因为他反对奴隶制扩张,导致南方11个州脱离美利坚合众国并成立了美利坚联盟国。于是一场血腥的内战爆发了。开始时成千上万的志愿兵投入了战斗,后来南方的联盟国开始成功实施征兵,不过这一方法在北方的合众国不太有效,这里的富人们常常雇人替自己服兵役。南北双方军队都具有毫不妥协的顽强精神,在损失惨重、条件艰苦之时仍然坚持战斗,表现出了不屈不挠的斗志。

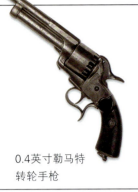

0.4英寸勒马特转轮手枪

步兵作战

从1861年4月到1865年4月,南北双方共有300万人参军。他们大多数是徒步行军的步兵,携带着装备、弹药、个人物品以及野战背包。他们的主武器是前膛装填的前膛来复枪,使用米涅弹头。尽管前膛燧发枪已经有了一定的进步,可仍然需要步兵们排成一排以站姿开火。在进攻的时候,不论面对的是来复枪还是大炮的火力,步兵们都必须稳步穿过开阔地。尽管双方的基本武器相同,但北方军队的装备更好,他们的步兵装备着全套的标准制服、合脚的靴子、子弹、火药;而南方军队的步兵除了勇气以外什么都缺。在战争中,大约62万名士兵被夺去了性命,其中死于疾病的比死于战斗的人还多。

布尔溪战役

作为首场大规模战役,第一次布尔溪战役十分混乱。南方军的杰布·斯塔特(Jeb Stuart)领导了本场战役中唯一一次像样的骑兵冲锋。双方都有一些志愿兵穿着外来的祖阿夫制服,这让场面更加混乱不堪。

> "谁要是不怕死或者不怕变成残废,那他一定是个疯子。"
>
> ——一名美国内战老兵

志愿兵

图中右边的是一位北方军的步兵中尉，其余两位是刚刚应征入伍一年的士兵。早期的这种志愿兵——完全是基于一腔热血或者对于冒险的渴望——大多自主选择他们的长官，并且只在他们乐意的时候才听从命令。

为了自由而战

在内战开始的时候，双方都不允许非洲裔美国人参军。北方军的军官最初使用逃跑的奴隶们作为劳力，在1862年开始试着武装他们。1863年北方建立了第一支正式的黑人志愿兵团。北方军大约有18万名原来的奴隶和自由的黑人在服役，他们被编进种族隔离军团，并且大多处于白人军官的领导之下。他们中的很多人在战斗中表现突出，例如马萨诸塞州第54步兵团在1863年的瓦格纳堡战役中表现卓越。黑人部队在战争中的贡献促使了合众国支持废除蓄奴制。

马萨诸塞州第54步兵团的一位北方军士兵（约1863年）

南方军士兵的制服
（UNIFORM OF A CONFEDERATE SOLDIER）

只有少数南方军士兵能穿戴上标准的灰上衣、灰帽子和蓝裤子。更为常见的是短上衣，以及各色各样的"灰胡桃"褐色或者米黄色的衣服。

- 平顶军帽
- 灰色短上衣
- 米黄色裤子

北方军士兵的制服
（UNIFORM OF A UNION SOLDIER）

这是一套纽约志愿兵的冬装制服。哈迪毡帽尽管看上去很正式，但是很少有人戴，大部分士兵喜欢戴更轻的平顶军帽或者宽边软帽。

- 步兵军帽上的徽章——金色的军号
- 哈迪正装军帽
- 长度及肘的披肩
- 雷帽盒
- 冬大衣
- 杰斐逊靴子

战斗工具

- 恩菲尔德刺刀
- 恩菲尔德前膛装填来复枪
- 北方军士兵的金属水壶
- 皮背包

英国的雷帽转轮手枪

尽管伦敦的制枪师们,例如著名的罗伯特·亚当斯(Robert Adams),在19世纪中期就开始制作转轮枪了,可却是柯尔特在1851年的万国博览会上展示之后才引起了人们对这种枪的兴趣。在一些年里柯尔特几乎垄断了英国市场,不过到了这一年代末期,本地出产的转轮枪逐渐超过了柯尔特的美国枪。亚当斯的手枪采用双动式枪机(自动击发)——英国转轮枪一开始就有这个特点。后来的枪型也可以实现单动模式。

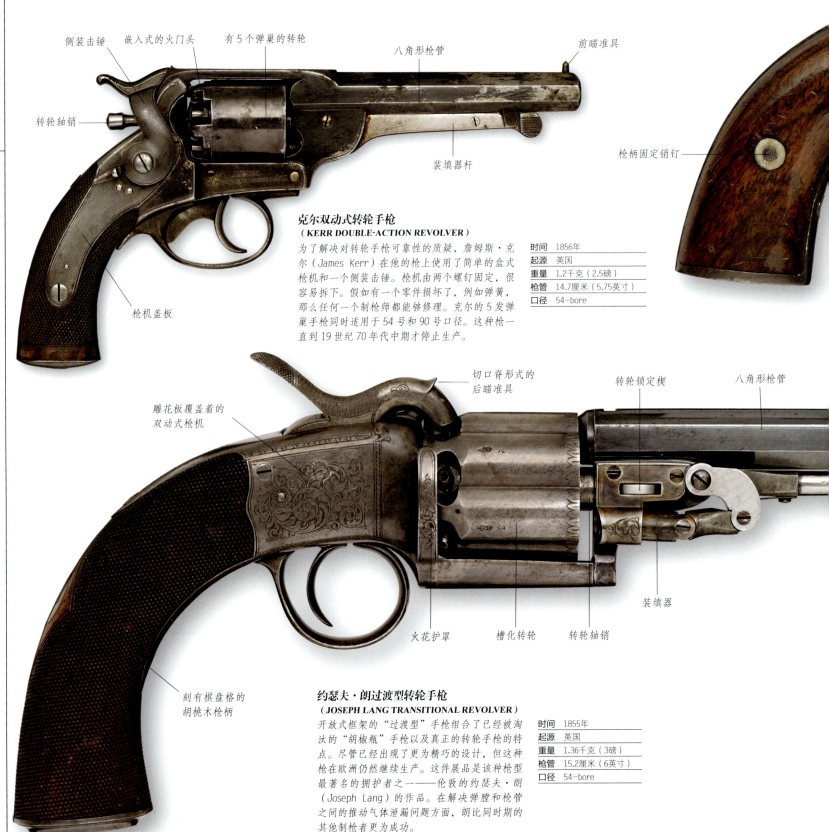

克尔双动式转轮手枪
(KERR DOUBLE-ACTION REVOLVER)

为了解决对转轮手枪可靠性的质疑,詹姆斯·克尔(James Kerr)在他的枪上使用了简单的盒式枪机和一个侧装击锤。枪机由两个螺钉固定,很容易拆下。假如有一个零件损坏了,例如弹簧,那么任何一个制枪师都能够修理。克尔的5发弹巢手枪同时适用于54号和90号口径。这种枪一直到19世纪70年代中期才停止生产。

时间	1856年
起源	英国
重量	1.2千克(2.5磅)
枪管	14.7厘米(5.75英寸)
口径	54-bore

约瑟夫·朗过渡型转轮手枪
(JOSEPH LANG TRANSITIONAL REVOLVER)

开放式框架的"过渡型"手枪组合了已经被淘汰的"胡椒瓶"手枪以及真正的转轮手枪的特点。尽管已经出现了更为精巧的设计,但这种枪在欧洲仍然继续生产。这件展品是该种枪型最著名的拥护者之一——伦敦的约瑟夫·朗(Joseph Lang)的作品。在解决弹膛和枪管之间的推动气体泄漏问题方面,朗比同时期的其他制枪者更为成功。

时间	1855年
起源	英国
重量	1.36千克(3磅)
枪管	15.2厘米(6英寸)
口径	54-bore

过渡型转轮手枪（TRANSITIONAL REVOLVER）

到了19世纪50年代后期，英国对转轮手枪的需求量大大增加，然而其中最上乘者的价格都非常昂贵，例如柯尔特、迪恩或者亚当斯。这把手枪是比较便宜的款式，有一个从"胡椒瓶"转轮手枪演变而来的条式击锤。其使用起来差强人意，因为火门头之间没有隔开，有可能一次击发引燃两个弹巢。

时间	约1855年
起源	英国
重量	0.81千克（1.75磅）
枪管	13.5厘米（5.25英寸）
口径	0.4英寸

亚当斯1851式双动式转轮手枪（ADAMS DOUBLE-ACTION REVOLVER MODEL 1851）

这把转轮手枪——罗伯特·亚当斯的第一支——也叫作迪恩式、亚当斯&迪恩式（他在那个时候是合作者）。整个框架、枪管以及枪托都是一体的，这使得它非常结实。后来一名年轻军官F. B. E.博蒙特（F. B. E. Beaumont）设计的更好的枪机取代了亚当斯的枪机。博蒙特—亚当斯式手枪在1855年为英国军队所采用。

时间	1851年
起源	英国
重量	1.27千克（2.75磅）
枪管	19厘米（7.5英寸）
口径	40-bore

迪恩－哈丁军用手枪（DEANE-HARDING ARMY MODEL）

当亚当斯同他的合作伙伴于1853年分道扬镳之时，约翰·迪恩（John Deane）的事业刚刚起步。随后迪恩开始制造一种由威廉·哈丁（William Harding）设计的转轮手枪，这种枪采用了新设计的更简单的双动式枪机，即现代枪机的前身。移除位于击锤前方护板上的销钉，就可以将两体式的框架打开。由于其不够可靠，这种手枪最终也没能流行起来。

时间	1858年
起源	英国
重量	1.15千克（2.5磅）
枪管	13.5厘米（5.25英寸）
口径	40-bore

铜弹壳手枪

史密斯威森公司（SMITH & WESSON）在1856年从罗林·怀特（Rollin White）那里获得了一项转轮手枪的专利，可以利用通孔转轮使用铜弹壳。等到1869年他们的专利保护到期了，中央式底火弹壳（发火药位于中央，而不是像早期那样位于边缘）已经发明出来，全世界的制枪者都开始制造被证明是最终形态的转轮手枪。后来的改进只是使其装弹和退壳可以变得更快一些。

雷明顿双管大口径短枪
（REMINGTON DOUBLE DERRINGER）

亨利·德林格尔（Henry Deringer）是一位专门做袖珍手枪的费城制枪师，他的名字后来便成了这种武器的统称——只是中间增加了第二个神秘的"r"。其中最好的一种就是边缘发火的雷明顿双管大口径短枪，枪上有顶部铰链可以翻起，枪管是立式叠排设计，它一直被生产到1935年。

时间	1865年
起源	美国
重量	0.3千克（0.75磅）
枪管	7.6厘米（3英寸）
口径	0.41英寸

柯尔特1873式单动式军用手枪
（COLT MODEL 1873 SINGLE-ACTION ARMY）

柯尔特SAA结合了老式龙骑兵手枪上的单动式枪机与固定框架上的通孔转轮，枪管是螺旋拧在枪框上的。枪框上有一个弹簧驱动的退弹器，通过右侧的装弹门进行装填以及取出用毕的弹壳。图中所示是长管的骑兵用枪。

时间	1873年
起源	美国
重量	1.1千克（2.5磅）
枪管	19厘米（7.5英寸）
口径	0.45英寸

柯尔特海军版改型转轮枪
（COLT NAVY CONVERSION）

10年后，柯尔特将其粗笨的1851式海军转轮手枪用一种更加富有流线型的新式枪型替代了。这件展品经过了改型，以便于在单动式军用手枪风行之后使用铜弹壳。许多的雷帽转轮手枪都经过了这种改型。

时间	1861年
起源	美国
重量	1.25千克（2.75磅）
枪管	19厘米（7.5英寸）
口径	0.36英寸

勒福舍边针发火弹转轮手枪
（LEFAUCHEUX PIN-FIRE REVOLVER）

在19世纪30年代中期，卡西米尔·勒福舍（Casimir Lefaucheux）发明了针发式弹壳，后来他的儿子尤金发明了一种使用12毫米口径子弹的6发双动式转轮手枪。这是一把1853年款的骑兵手枪。

时间	1853年
起源	法国
重量	0.95千克（2.25磅）
枪管	13.5厘米（5.25英寸）
口径	12毫米

韦伯利—普里斯袖珍手枪
（WEBLEY-PRYSE POCKET PISTOL）

1876年，查理斯·普里斯（Charles Pryse）设计了一款向下打开的转轮手枪，配置有回弹式击锤和即时退壳器。带凹槽的转轮是这把第四代韦伯利—普里斯手枪的特色，这种枪的口径范围在0.32至0.577英寸之间。

时间	1877年
起源	英国
重量	1.3千克（2.75磅）
枪管	16厘米（6.25英寸）
口径	0.45英寸

史密斯威森第3号俄国式手枪
（SMITH & WESSON NO.3 RUSSIAN MODEL）

史密斯威森公司早期设计的是顶部铰接、向上打开的转轮手枪，不过到了第3号产品，采用了单动式枪机、底部铰接的设计，配有自动即时退壳器。很快它就赢得了俄国军队的一份两万支的合同，使用专用子弹。这是当时最为精准的转轮手枪。

时间	1871年
起源	美国
重量	1.25千克（2.75磅）
枪管	20.3厘米（8英寸）
口径	0.44英寸

全视图

柯尔特海军手枪

到了1861年,塞缪尔·柯尔特的专利保护期限已过,在美国军火需求量达到空前高峰的时期(美国内战期间),他不得不依靠产品的高质量来超越竞争对手。他的哈特福德工厂在以利沙·金·鲁特的主管之下全力生产,在那一年他推出了一款新的0.36英寸口径流线型海军转轮手枪,这种枪10年前曾经出现过。1861式海军手枪在1873年停止生产之前,共生产了38843支。

弹药(AMMUNITION)
火药和弹头被用易燃织物做成了简单的弹药筒,外涂防水层,并用清漆进行了硬化。当用复合式装填器压进弹膛的时候就会破裂。

雷帽
之所以叫作雷帽是因为它们的外形,其两层铜皮中间夹有少量由汞、氧化剂和填充剂组成的爆炸物。这种形态最早出现在1822年。

柯尔特1861式海军手枪
(COLT NAVY MODEL 1861)
柯尔特是标准化生产的笃信者。柯尔特手枪的制造工厂追求部件的互换性,意思就是损坏的部件可以购买现成的,而且更易于升级改进。

时间	1861年
起源	美国
重量	1.2千克(2.5磅)
枪管	19.1厘米(5.5英寸)
口径	0.36英寸

- 翘片式前瞄准具
- 装填器杆
- 缺口便于往火门头上放置雷帽
- 火门头
- 刻有海军图景的转轮
- 将转轮固定在框架内的楔子,从转轮轴销上穿过
- 复合式装填器
- 一次可以制作两个弹头
- 弹头放好以后,多余的铅要用刀刃切掉

铅弹头(LEAD BULLETS)
1861年,尖顶圆柱形弹头取代了球形弹头成了来复枪和手枪的标准弹头形式。它们仍然用纯铅制成,里面没有添加固化剂,例如锑。

弹头模具(BULLET MOULD)
尽管口径已经变得标准化了,但购买散装子弹仍闻所未闻。相反,人们买一根铅条,使用随枪附带的子弹模具自己制作弹头。

武器展示

装填转轮枪

雷帽转轮手枪的装填过程很简单，先通过枪框前方的空间把弹药筒放入6点钟方向的弹巢，尽可能往后放。或者也可以放入散装的火药（用火药瓶倾斜的瓶嘴倒入）和散装弹头。然后压下复合式装填器的手柄，让装填器对着子弹前端，将其推入，于是弹药筒易碎的包装就被压开了。把全部6颗子弹都装好以后，通过转轮后方的缺口给每个火门头装上雷帽。

它是如何工作的

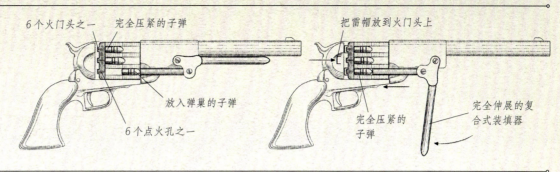

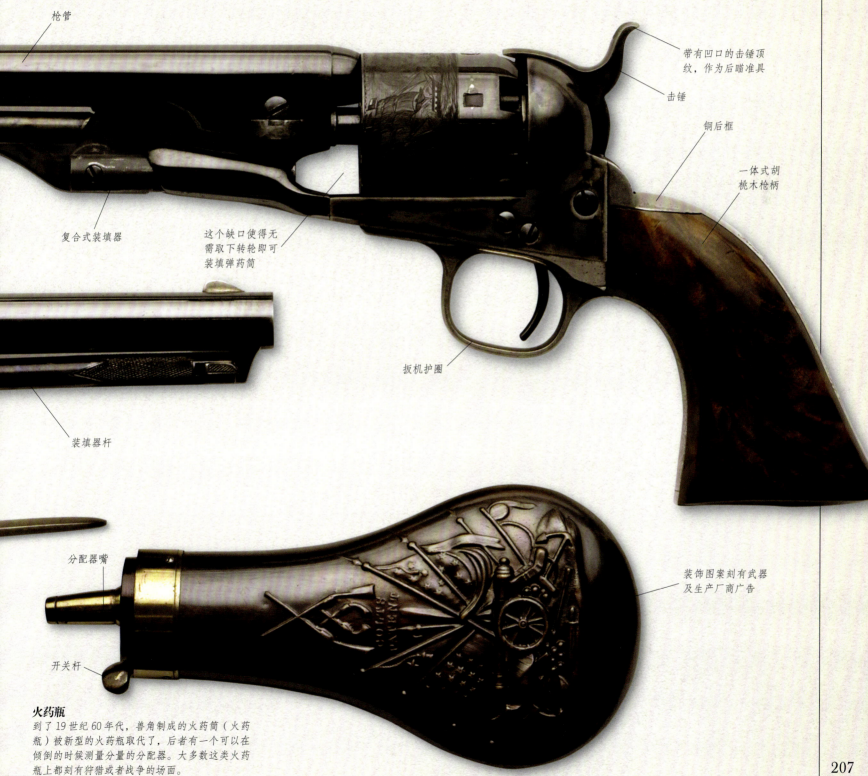

火药瓶

到了19世纪60年代，兽角制成的火药筒（火药瓶）被新型的火药瓶取代了，后者有一个可以在倾倒的时候测量分量的分配器。大多数这类火药瓶上都刻有狩猎或者战争的场面。

自动装填手枪

公元 1775—1900 年

▶ 282—283 自动装填手枪（1900—1920） ▶ 284—285 自动装填手枪（1920—1950） ▶ 286—287 自动装填手枪（1950年以后）

德国制枪师以及工程师雨果·博查特（Hugo Borchardt）于1860年移民去了美国，在那里他为柯尔特、温彻斯特以及其他制枪工厂工作。当他在1892年返回祖国并为沃芬法布里克洛伊工厂（Waffenfabrik Loewe）工作的时候，这家公司已经在生产马克沁机枪了，这激发了他试制自动装填手枪的热情。到了1893年，他已经造出了一款尽管有些笨重但效果还算令人满意的枪型，这反过来又激励了其他人。到了19世纪即将结束时，市场上已经有了十几种自动装填手枪，它们全部是在欧洲设计制造的。

博查特C93自动手枪（BORCHARDT C/93）

在博查特的创造性设计中，他用了一个连接曲柄将枪栓固定到位。后坐力使得曲柄向上运动，枪栓向后运动压紧弹簧圈，同时弹出空弹壳。弹簧反弹过程中，枪栓抬起一枚新子弹并上膛，枪机作动开始下一次射击。这种枪在商业上是失败的，它总共只生产了3000支，而且在1898年由于毛瑟枪的竞争而停产。

时间	1894年
起源	德国
重量	1.66千克（3.75磅）
枪管	16.5厘米（6.5英寸）
口径	7.63毫米

毛瑟C96手枪（MAUSER C/96）

尽管结构复杂，而且使用的固定式弹匣导致装填缓慢，但由于其火力强劲，这种"扫把柄"毛瑟手枪很快就在军事圈内流行起来了，直到1937年它还在生产，并在世界范围内被仿制。一般随枪提供皮枪套以及肩托。曾经还生产过其全自动款。

时间	1896年
起源	德国
重量	1.15千克（2.5磅）
枪管	14厘米（5.5英寸）
口径	7.65毫米

电影上的毛瑟枪

英国首相温斯顿·丘吉尔在1898年的恩图曼战役中拿着一把毛瑟C96，当时他因为肩膀受伤而无法使用军刀。这幅图片中是西蒙·沃德（Simon Ward）在1972年电影《年轻的温斯顿》（Young Winston）中扮演的男主角形象。

勃朗宁 1900 式手枪
（BROWNING MODEL 1900）

约翰·摩西·勃朗宁可能是有史以来最多产的枪械设计师，1895 年他从祖国美国迁居到了比利时。在那里生产了他最早设计的半自动手枪——简单的非封闭式后膛、后坐力作动设计——的改良版，后来被称为 1900 式。这种枪又小又轻，非常流行，在 1911 年停止生产之前卖出了超过 70 万支。

时间	1900 年
起源	比利时
重量	0.63 千克（1.5 磅）
枪管	10.2 厘米（4 英寸）
口径	7.65 毫米

加比特-费尔法克斯"火星"
（GABBETT-FAIRFAX "MARS"）

可能是受到毛瑟枪成功的鼓舞，休·加比特-费尔法克斯（Hugh Gabbett-Fairfax）打算制造一种威力超强的手枪，这就是"火星"。使用者们形容这种枪就是一个"噩梦"，它的结构复杂，笨重不便，且后坐力巨大。

时间	1898 年
起源	英国
重量	1.55 千克（3.5 磅）
枪管	26.5 厘米（11.5 英寸）
口径	0.45 英寸

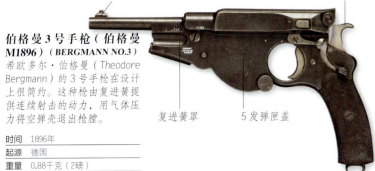

伯格曼 3 号手枪（伯格曼 M1896）
（BERGMANN NO.3）

希欧多尔·伯格曼（Theodore Bergmann）的 3 号手枪在设计上很简约。这种枪由复进簧提供连续射击的动力，用气体压力将空弹壳退出枪膛。

时间	1896 年
起源	德国
重量	0.88 千克（2 磅）
枪管	11.2 厘米（4.5 英寸）
口径	6.5 毫米

韦伯利-福斯贝利手枪
（WEBLEY-FOSBERY）

乔治·福斯贝利（George Fosbery）上校在 1899 年发明了一种自动击发的转轮枪，利用后坐力推动枪管和转轮沿一个滑道向后移动，并带动转轮旋转。不过实践证明这种枪十分易损，不适合在战场上使用。

时间	1900 年
起源	英国
重量	1.1 千克（2.5 磅）
枪管	19 厘米（7.5 英寸）
口径	0.455 英寸

公元 1775—1900 年

◀136—139 早期的大炮　▶212—213 前膛装填火炮　▶214—215 后膛装填火炮

舰炮

舰炮包括一系列火炮，如迫击炮、回旋炮、长管火炮和近距离白炮，等等，都是用来摧毁敌人的军舰或者杀伤其舰员的。这些舰载火炮通常都要比其在陆地上使用的火炮要重得多，威力也大得多，因为它们不必在恶劣的道路和崎岖的地形中拖拽。在整个19世纪，当以风力为动力的帆船最终让位于蒸汽动力舰船之后，前膛装填火炮也被后膛装填火炮所取代，包括用作支援陆地作战行动的轻型舰炮。

英国 13 英寸迫击炮
（BRITISH 13IN MORTAR）

迫击炮是可以发射高爆烈性炸药炮弹的短管火炮，它通过调整火炮的仰角来增大射程。这款炮可能是为英国皇家海军"雷霆"号战舰制造的，有人亲眼目睹了这艘炮舰参加了1727年围攻直布罗陀的战役。

时间	1726年
起源	英国
重量	4.2吨（4.1英吨）
长度	1.6米（5.5英寸）
口径	13英寸

火炮提手

英国 4 磅回旋炮
（BRITISH 4-POUNDER SWIVEL GUN）

卡伦钢铁厂生产的白炮原型。这门回旋炮的炮耳处装有枢轴，在火炮的尾钮处还连有一个弯曲的长手柄。

加强环

与炮尾钮颈相连接的弯曲手柄

炮耳处铸有"卡伦1778"的铸造铭文

时间	1778年
起源	英国
长度	31.8厘米（12.5英寸）
口径	3.31英寸

炮口外扩

低速28口径炮管

火药点火口

木质四轮底座

24 磅铸铁火炮
（CAST-IRON 24-POUNDER）

24 磅长管火炮作为帆船时代众多火炮中的一种，作为主要武器安装在像护卫舰这样的小型军舰上。它也经常作为战列舰的辅助武器与火力更为强大的36 磅火炮一起部署。

时间	1785年
起源	英国
重量	3吨（2.9英吨）
长度	2.9米（9.5英尺）
口径	5.8英寸

木质轮

6磅舰炮
（6-POUNDER NAVAL CANNON）

6磅舰炮实在是太小了，不适用于战列舰，它更适合装备在小型海军舰船或者商船上。这种火炮是在后膛装填火炮出现之前制造的最后一批。

时间	约1830年
起源	英国
重量	900千克
长度	2.13米（7英尺）
口径	3.67英寸

铸铁近距臼炮
（CAST-IRON CARRONADE）

与其他火炮相比，这款24磅铸铁臼炮的特殊之处在于它的轻型炮架，以及它的重型炮弹能够从很短的炮管中发射出来。尽管这种火炮只在两艘军舰近距离对战中发挥作用，但是在如此短的距离内，这些火炮往往是最具有毁灭性的。

时间	1808年
起源	英国
重量	672千克（1482磅）
长度	1.1米（3.5英尺）
口径	5.71英寸

12磅海军登陆炮
（12-POUNDER NAVAL LANDING GUN）

这款火炮是专为皇家海军在英帝国周边危险地区进行登陆作战而开发的。这款12磅的短管火炮射速较低，射程也很近。它最早在波尔战争中首次使用，后来也在第一次世界大战中服役。

时间	1894年
起源	英国
重量	1吨（0.98英吨）
长度	3.35米（132英寸）
射程	4.7千米（2.92英里）

公元 1775—1900 年

◀210—211 舰炮　▶256—257 炮弹与装备　▶258—259 武器展示：6磅野战炮

前膛装填火炮

在18世纪尤其是进入到拿破仑时代的时候，战争中使用的火炮主要是无膛线的前膛装填火炮。1815年之后，有人曾试图引进线膛炮，但效果却喜忧参半。没有膛线的前膛装填火炮仍然被广泛使用，直到19世纪后半叶被后膛装填火炮所取代。

俄罗斯"独角兽"
（RUSSIAN LICORNE）

"独角兽"是一种非常特殊的俄罗斯火炮，它融合了火炮与榴弹炮的特点。图中的这门火炮曾在克里米亚战争（1853-1856）中使用，该炮可以发射实心弹、霰弹、榴霰弹和高爆弹。

时间	1793年
起源	俄罗斯
重量	2.8吨（2.76英吨）
长度	2.8米（9英尺）
口径	205毫米

锥形火药室尾部的炮尾钮

火炮套口

炮架

加强环

拖链

法国 12 磅野战炮
（FRENCH 12-POUNDER FIELD GUN）

12 磅火炮是拿破仑军队中使用的口径最大的野战火炮，它是 18 世纪后期重新组织和改进法国炮兵部队的格里博瓦尔系统（格里博瓦尔是"法国炮兵之父"，1776 年担任炮兵总监时，创建了这一系统）的重要组成部分。这门火炮的有效射程为 1000 米（1100 码）。

时间	1794年
起源	法国
重量	885千克（1951磅）
长度	2.1米（6.75英尺）
口径	122毫米

龙头形状的炮口

多尔芬提手

炮口环

加有铁边的木质轮

法国 6 磅野战炮
（FRENCH 6-POUNDER FIELD GUN）

6 磅火炮是法国 11 年式火炮，被认为是格里博瓦尔系统 4 磅和 8 磅火炮之间的一个有效的折中款。这款火炮在法国梅茨制造，在 1815 年的滑铁卢战役中被英军缴获。

时间	1813年
起源	法国
重量	383千克（844磅）
长度	1.68米（5.5英尺）
口径	96毫米

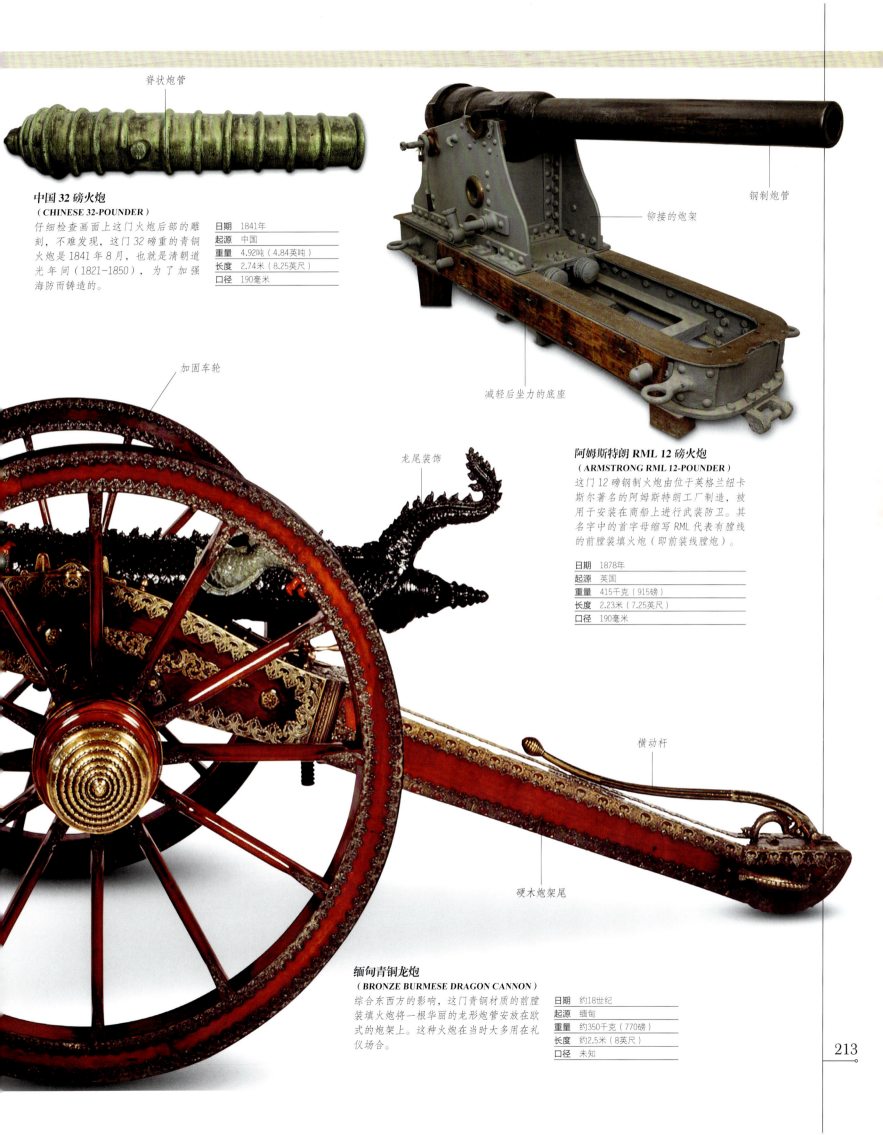

中国 32 磅火炮
（CHINESE 32-POUNDER）

仔细检查画面上这门火炮后部的雕刻，不难发现，这门32磅重的青铜火炮是1841年8月，也就是清朝道光年间（1821—1850），为了加强海防而铸造的。

日期	1841年
起源	中国
重量	4.92吨（4.84英吨）
长度	2.74米（8.25英尺）
口径	190毫米

阿姆斯特朗 RML 12 磅火炮
（ARMSTRONG RML 12-POUNDER）

这门12磅钢制火炮由位于英格兰纽卡斯尔著名的阿姆斯特朗工厂制造，被用于安装在商船上进行武装防卫。其名字中的首字母缩写RML代表有膛线的前膛装填火炮（即前装线膛炮）。

日期	1878年
起源	英国
重量	415千克（915磅）
长度	2.23米（7.25英尺）
口径	190毫米

缅甸青铜龙炮
（BRONZE BURMESE DRAGON CANNON）

综合东西方的影响，这门青铜材质的前膛装填火炮将一根华丽的龙形炮管安放在欧式的炮架上。这种火炮在当时大多用在礼仪场合。

日期	约18世纪
起源	缅甸
重量	约350千克（770磅）
长度	约2.5米（8英尺）
口径	未知

后膛装填火炮

1855年，英国工程师威廉·阿姆斯特朗（William Armstrong）设计了第一款现代后膛装填线膛野战炮。火药推进剂和炮弹装填在后膛，螺旋式尾栓与一个可插入空槽里面的带把手的垂直式锁栓相接闭锁。与前膛装填系统相比，后膛装填系统效率高得多，而且单位时间的射击速率也很高。新的炮弹推进剂代替了黑火药，并由此极大地提高了火炮的射程。

阿姆斯特朗 RBL 12 磅火炮
（ARMSTRONG RBL 12-POUNDER）

作为最早期的现代后膛装填火炮之一，阿姆斯特朗后膛装填 12 磅线膛炮早在 1859 年就加入英国陆军服役。这门火炮需要 9 名士兵才能有效进行操作。

时间	1859年
起源	英国
长度	2.13米（7英尺）
口径	7.62厘米
射程	3.1千米（2英里）

加强的钢制炮管

阿姆斯特朗 RBL 40 磅火炮
（ARMSTRONG RBL 40-POUND GUN）

阿姆斯特朗 RBL（后膛装填线膛炮）40 磅火炮被英国皇家海军用作舰炮，也被英国陆军当作军事堡垒的防御武器。在 1863 年 8 月英国皇家海军轰炸日本鹿儿岛的行动期间，它也见证了这场战争。

时间	1861年
起源	英国
长度	3米（9.5英尺）
口径	120毫米
射程	2.56千米（1.5英里）

45毫米口径钢制炮管

（炮架的）架尾

惠特沃斯 45 毫米后膛装填船艇炮
（WHITWORTH 45MM BREECH-LOADING BOAT GUN）

这门海军火炮有六角形的线膛和惠特沃斯滑锁式后膛装填系统。这款火炮通常被安装在圆锥形的底座上，适用于小型海军水面舰艇。这款武器是海军船艇上防御武器的一部分。

日期	1875年
起源	英国
长度	94厘米（37英寸）
口径	45毫米
射程	360米（394码）

高低机手轮

圆锥形底座

马克沁 GQ 1 磅"砰砰"炮
（MAXIM GQ 1-POUNDER "POM-POM"）

这款被称为"砰砰"炮的火炮得名于它开火时所发出的声音。这款火炮实际上是马克沁机枪的放大版本，它也是世界上第一款自动火炮。但与机枪不同的是，它发射的不是子弹而是炮弹。

黄铜外套桶

火炮上的防空瞄准装置

日期	1890年
起源	英国
长度	1.09米（3.5英尺）
口径	37毫米
射程	3.1千米（2英里）

BL 15磅 7CWT 火炮
（BL 15-POUNDER 7CWT）

这门15磅火炮装有早期的反后坐装置，该装置便是安装在车轴下方的铲状装置。当火炮开火的时候，位于炮尾架部的这个装置能通过炮尾架上的制退簧将火炮恢复到开火前的位置。该型火炮每分钟可以发射8发炮弹。

时间	1892年
起源	英国
长度	2.13米（7英尺）
口径	76.2毫米
射程	5.26千米（3.25英里）

- 炮尾架上的制退簧
- 有膛线的钢制炮管
- 发射炮口
- 吊桶
- 驻锄手柄/横动杆
- 升降火炮的高低机手轮

霍金斯3磅海军速射炮
（HOTCHKISS QUICK-FIRING 3-POUNDER NAVAL GUN）

霍金斯3磅速射炮主要装备于法国、英国、俄罗斯和美国的海军。这款火炮由两人操作，每分钟可发射30发炮弹。

时间	1885年
起源	法国
长度	炮管：2米（6.5英尺）
口径	47毫米
射程	3.66千米（2.25英里）

- 立楔式炮闩

克虏伯8.9厘米野战炮
（KRUPP 8.9CM FIELD GUN）

这门火炮安装了一个仰角很高的轮式炮架，可以以较高的仰角向敌方的堡垒射击。在1899-1902年的第二次布尔战争中，南非的布尔人使用这种火炮与英国人作战。

时间	1895年
起源	德国
长度	2.6米（8.5英尺）
口径	89毫米
重量	1.15吨（1.13英吨）

- 高仰角炮架
- 高仰角钢制炮管
- 木质轮

拿破仑战争
在19世纪早期的近战中,剑、刺刀、手枪、滑膛枪都被广泛使用,而在远距离作战时使用大炮和长射程来复枪可以取得巨大的效果。当炮弹被射出,并在敌军队列附近甚至其中爆炸时,炮火可以造成最大程度的破坏。

公元 1775—1900 年

◀ 124—125 火绳枪和燧发长枪　　◀ 192—195 燧发手枪（1775—1850）　　▶ 220—221 武器展示：贝克来复枪

燧发滑膛枪和来复枪

18世纪伊始，燧发装置简单可靠，几乎已经达到了其终极形态。它没有滚柱轴承和加强限动器——对内部部件进行固定校准的金属夹具——这实际上消除了哑火的情况。这种装置对燧发枪的稳定性很有意义，像英国的陆用滑膛枪和法国的沙勒维尔滑膛枪均生产了数十万支，并在几乎没有任何改进的情况下使用了近一个世纪。

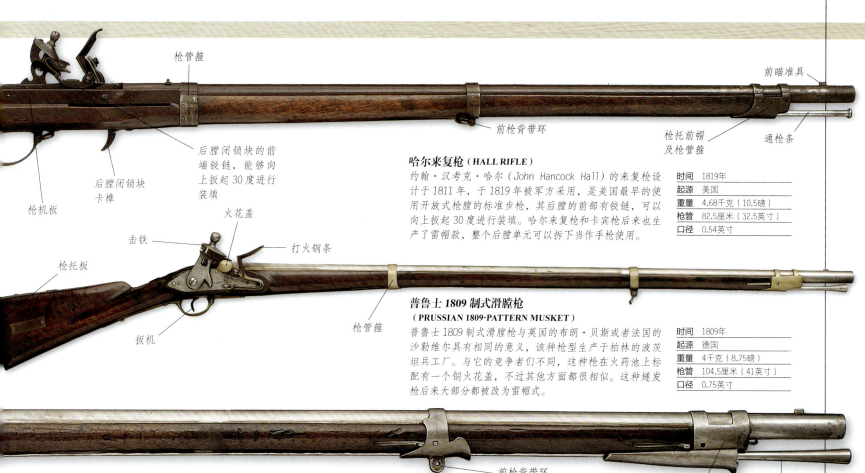

哈尔来复枪（HALL RIFLE）

约翰·汉考克·哈尔（John Hancock Hall）的来复枪设计于1811年，于1819年被军方采用，是美国最早的使用开放式枪膛的标准步枪，其后膛的前部有铰链，可以向上扳起30度进行装填。哈尔来复枪和卡宾枪后来也生产了雷帽款，整个后膛单元可以拆下当作手枪使用。

时间	1819年
起源	美国
重量	4.68千克（10.5磅）
枪管	82.5厘米（32.5英寸）
口径	0.54英寸

普鲁士1809制式滑膛枪（PRUSSIAN 1809-PATTERN MUSKET）

普鲁士1809制式滑膛枪与英国的布朗·贝斯或者法国的沙勒维尔具有相同的意义，该种枪型生产于柏林的波茨坦兵工厂。与它的竞争者们不同，这种枪在火药池上标配有一个铜火花盖，不过其他方面都很相似。这种燧发枪后来大部分都被改为雷帽式。

时间	1809年
起源	德国
重量	4千克（8.75磅）
枪管	104.5厘米（41英寸）
口径	0.75英寸

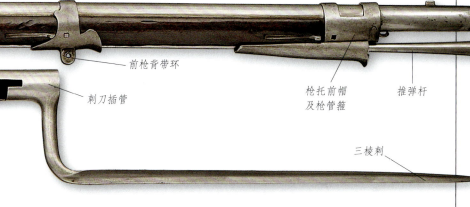

奥地利1798式滑膛枪（AUSTRIAN MODEL 1798 MUSKET）

当奥地利皇帝利奥波德（Leopold）和普鲁士国王腓特烈·威廉在1791年宣布他们要恢复路易十六的法国皇位之时，奥地利发现自己的装备的确不如法国。于是，法国1777式滑膛枪的仿制款出现了，并被略微进行了改进，主要是在推弹杆的固定形式上。

时间	1798年
起源	奥地利
重量	4.2千克（9.25磅）
枪管	114.3厘米（45英寸）
口径	0.65英寸

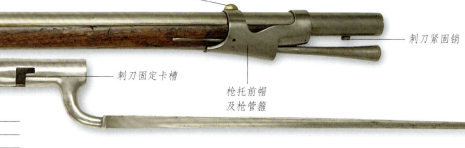

沙勒维尔滑膛枪（CHARLEVILLE MUSKET）

沙勒维尔滑膛枪是1754年开始使用的，后来经过几次改型，一直服役到19世纪40年代。在随后几年里，随着改进版的出现，大量的1776式枪流入美国，它们是大陆军击败英国人的主要武器。

时间	1776年
起源	法国
重量	4.2千克（9.25磅）
枪管	113.5厘米（44英寸）
口径	0.65英寸

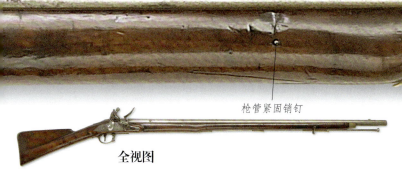

全视图

印度款滑膛枪（INDIA-PATTERN MUSKET）

布朗·贝斯最后的枪型与早期相比枪管长度不同。18世纪60年代其长度从46英寸（117厘米）缩减为42英寸（106.5厘米），最后减为39英寸（99厘米）。这一改型是为东印度公司制作的，后来英国军队也开始使用，最后一直服役到19世纪40年代。

时间	1797年起
起源	英国
重量	4.1千克（9磅）
枪管	99厘米（39英寸）
口径	0.75英寸

◀ 124—125 火绳枪和燧发长枪　　◀ 218—219 燧发滑膛枪和来复枪

贝克来复枪

在1800年2月，贝克来复枪在英国陆军军械委员会组织的一次竞赛中获胜，成为英国军队最早正式使用的来复枪。它与德国人使用的武器相似，其新奇之处在于枪管。其枪管内部刻有浅而缓的来复线——膛线沿枪管长度仅旋转了四分之一圈——能够保持枪管内干净，使其有效使用的时间更长。贝克来复枪最早只供精英士兵使用，于1838年被替代。

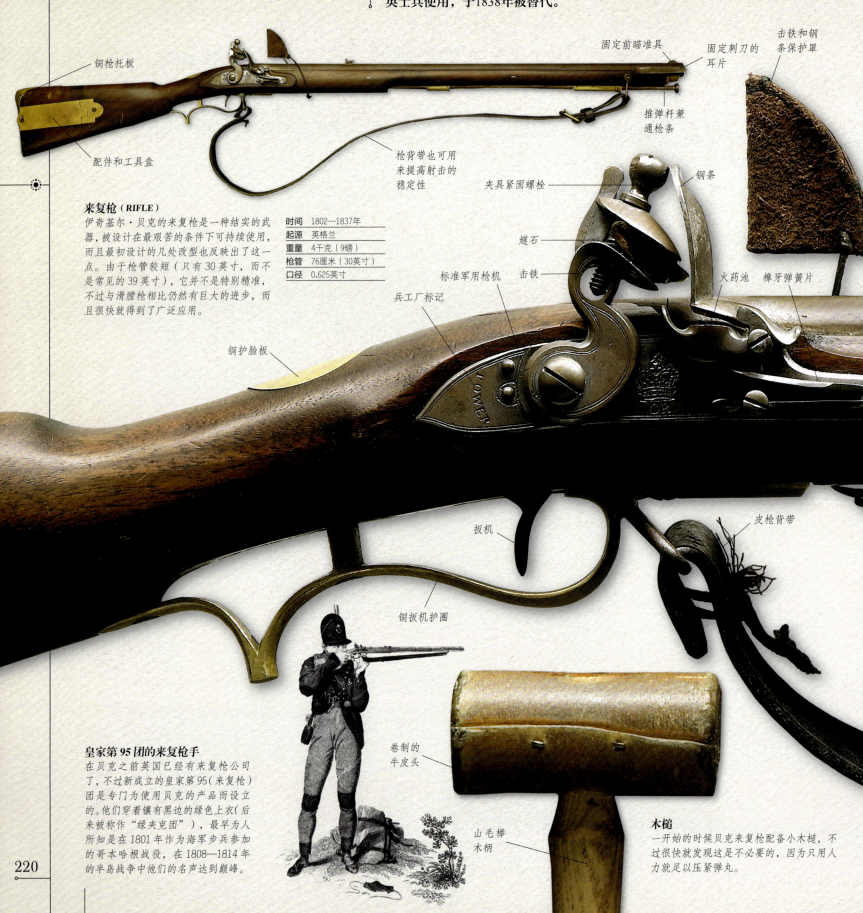

来复枪（RIFLE）
伊奇基尔·贝克的来复枪是一种结实的武器，被设计在最艰苦的条件下可持续使用，而且最初设计的几处改型也反映出了这一点。由于枪管较短（只有30英寸，而不是常见的39英寸），它并不是特别精准，不过与滑膛枪相比仍然有巨大的进步，而且很快就得到了广泛应用。

时间	1802—1837年
起源	英格兰
重量	4千克（9磅）
枪管	76厘米（30英寸）
口径	0.625英寸

皇家第95团的来复枪手
在贝克之前英国已经有来复枪公司了，不过新成立的皇家第95（来复枪）团是专门为使用贝克的产品而设立的。他们穿着镶有黑边的绿色上衣（后来被称作"绿夹克团"），最早为人所知是在1801年作为海军步兵参加的哥本哈根战役，在1808—1814年的半岛战争中他们的名声达到巅峰。

木槌
一开始的时候贝克来复枪配备小木槌，不过很快就发现这是不必要的，因为只用人力就足以压紧弹丸。

武器展示

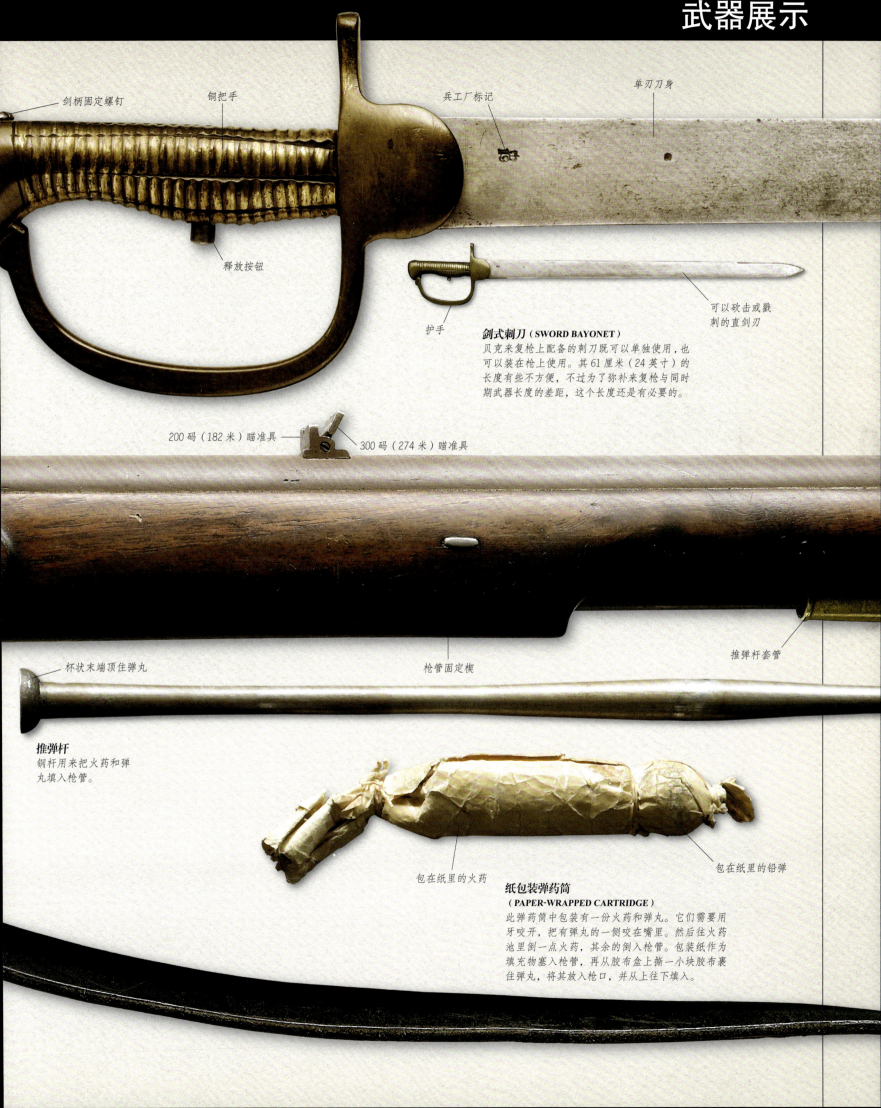

剑柄固定螺钉　　铜把手　　兵工厂标记　　单刃刀身

释放按钮

护手

可以砍击或戳刺的直剑刃

剑式刺刀（SWORD BAYONET）
贝克来复枪上配备的刺刀既可以单独使用，也可以装在枪上使用。其61厘米（24英寸）的长度有些不方便，不过为了弥补来复枪与同时期武器长度的差距，这个长度还是有必要的。

200码（182米）瞄准具　　300码（274米）瞄准具

推弹杆套管

杯状末端顶住弹丸　　枪管固定楔

推弹杆
钢杆用来把火药和弹丸填入枪管。

包在纸里的火药　　包在纸里的铅弹

纸包装弹药筒
（PAPER-WRAPPED CARTRIDGE）
此弹药筒中包装有一份火药和弹丸。它们需要用牙咬开，把有弹丸的一侧咬在嘴里。然后往火药池里倒一点火药，其余的倒入枪管。包装纸作为填充物塞入枪管，再从胶布盒上撕一小块胶布裹住弹丸，将其放入枪口，并从上往下填入。

雷帽滑膛枪和来复枪

公元 1775—1900 年

◀ 196—197 雷帽手枪　　◀ 198—199 美国的雷帽转轮手枪　　◀ 202—203 英国的雷帽转轮手枪　　▶ 226—227 雷帽后膛枪

大约在1820年发明的汞药雷帽改变了火枪，使它们变得更为简易可靠。到了19世纪中期，全世界的军队都换用了雷帽，且使用裂开弹——由诺顿（Norton）发明、詹姆斯·伯顿（James Burton）定型——这让前膛装填式来复枪的装填速度与滑膛枪一样快。

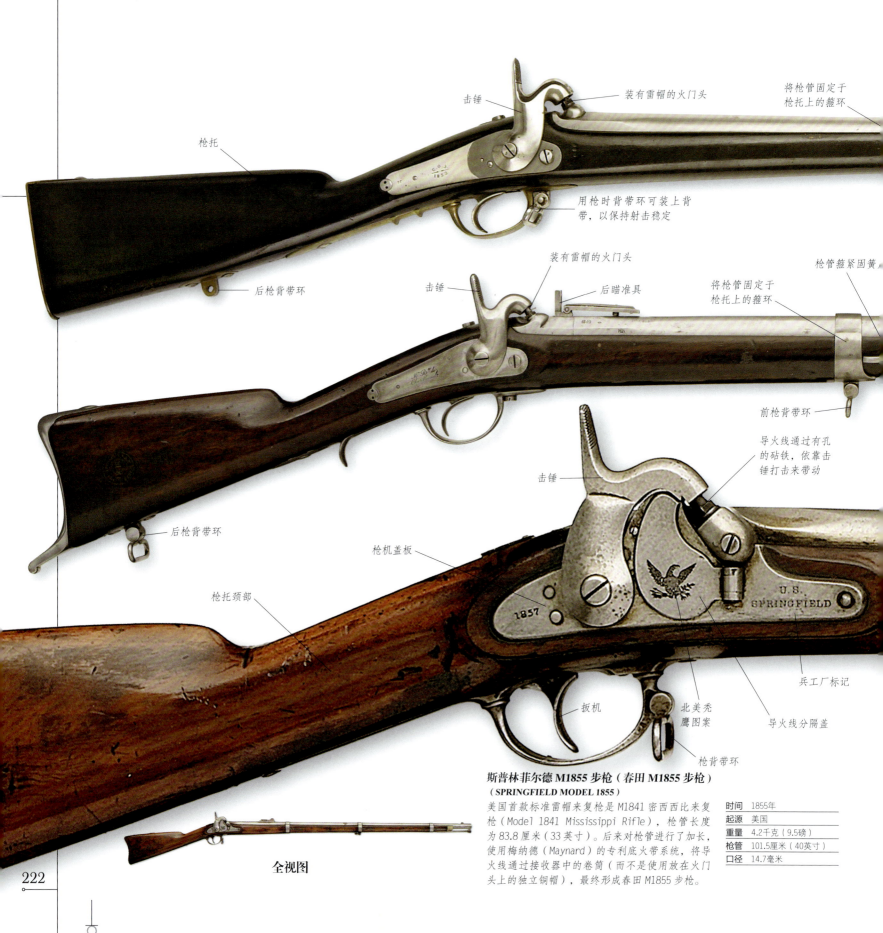

斯普林菲尔德 M1855 步枪（春田 M1855 步枪）
（SPRINGFIELD MODEL 1855）

美国首款标准雷帽来复枪是 M1841 密西西比来复枪（Model 1841 Mississippi Rifle），枪管长度为 83.8 厘米（33 英寸）。后来对枪管进行了加长，使用梅纳德（Maynard）的专利底火带系统，将导火线通过接收器中的卷筒（而不是使用放在火门头上的独立铜帽），最终形成春田 M1855 步枪。

时间	1855年
起源	美国
重量	4.2千克（9.5磅）
枪管	101.5厘米（40英寸）
口径	14.7毫米

全视图

斯普林菲尔德 M1863 二型步枪
（SPRINGFIELD MODEL 1863 TYPE Ⅱ）

由于春田 M1855 步枪的底火带系统不尽如人意，最终被 M1861 所取代，但这一款也存在缺陷，尤其是在击锤和火门头部分。M1863 解决了这些问题，并且进行了其他改进。二型是美国军队使用的最后一种前膛装填式武器。

时间	1863年
起源	美国
重量	4.3千克（9.5磅）
枪管	101.5厘米（40英寸）
口径	0.58英寸

福斯尔 MLE 1853 制式步枪
（FUSIL REGLEMENTAIRE MLE 1853）

到了 19 世纪 40 年代，钢已经取代铁成为枪管的制造材料。因为它容易生锈，于是采用了一种叫作"蓝化"的表面处理方法。武器样品（原型武器），例如本件展品以及 1842 式，由于不是用于装备部队的，所以通常不进行蓝化，这被称作"见光"（in the bright）。

时间	1853年
起源	法国
重量	4.25千克（9.25磅）
枪管	103厘米（40.5英寸）
口径	18毫米

莫斯克东炮兵 MLE 1842 步枪
（MOUSQUETON D'ARTILLERIE MLE 1842）

这种枪是 20 年前最先为法国军队设计的，后来改为雷帽点火系统，1842 式采用了改进的来复线，并对击锤和火门头的细节进行了修改。这种枪生产过许多不同款，用于炮兵的是 86 厘米（34 英寸）款，带有两个枪管箍。

时间	1843年
起源	法国
重量	4.6千克（10磅）
枪管	86厘米（34英寸）
口径	18毫米

惠特沃思来复枪（WHITWORTH RIFLE）

约瑟夫·惠特沃思爵士（Sir Joseph Whitworth），他以对螺纹进行了标准化而闻名为英国军队制作了一种来复枪，使用截面为六角形枪管，发射六角形枪弹。这种枪能够在 1.4 千米（1500 码）的射程内保持很高的精度，不过其价格是恩菲尔德 1853 式步枪的 4 倍，因此从未被军队采用。

时间	1856年
起源	英国
重量	4.55千克（10磅）
枪管	91.45厘米（36英寸）
口径	0.45英寸

乐佩奇猎枪

皮埃尔·乐佩奇（Pierre Le Page）可能早于1716年就在巴黎开办了一家火绳枪公司，后来成为国王的御用制枪师。在1782年，他的侄子琼继承了家业，并被拿破仑皇帝雇用，为他翻新皇家军械库里的武器。琼的儿子亨利在1822年接管了公司，那个时候拿破仑已经在被流放的圣赫勒拿岛上去世了。这种猎枪是在1840年为了纪念拿破仑的骨灰重返法国而制造的。

蜗杆安装于此

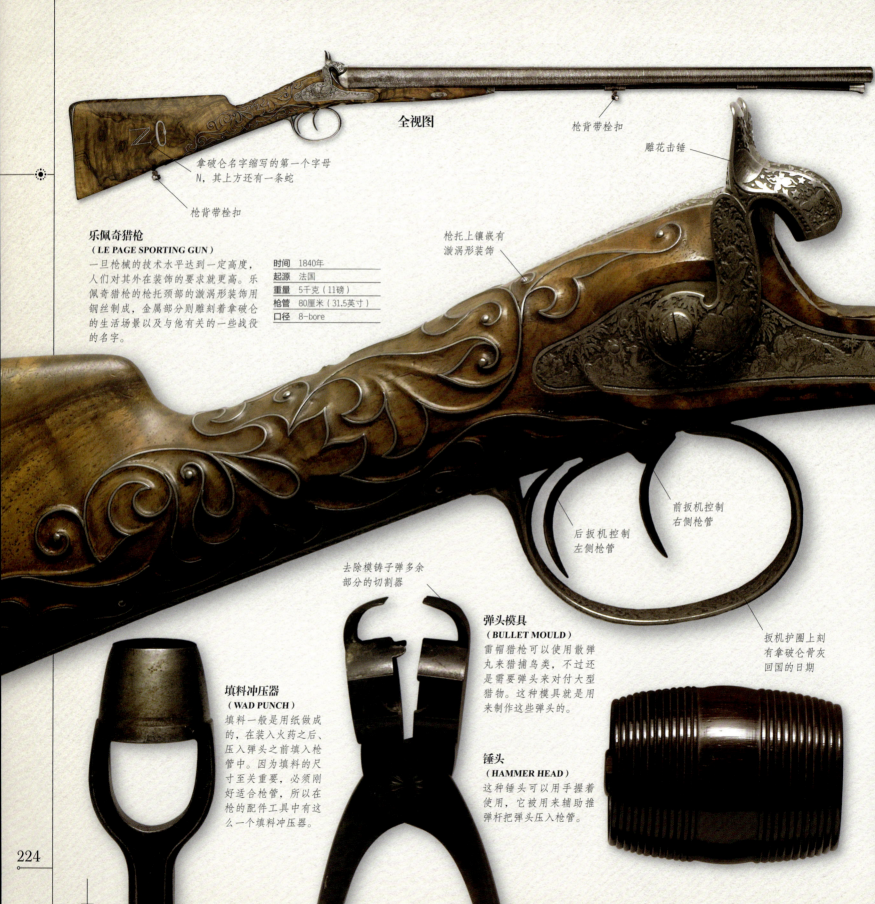

全视图
枪背带栓扣
雕花击锤
拿破仑名字缩写的第一个字母N，其上方还有一条蛇
枪背带栓扣
枪托上镶嵌有漩涡形装饰
去除模铸子弹多余部分的切割器
后扳机控制左侧枪管
前扳机控制右侧枪管
扳机护圈上刻有拿破仑骨灰回国的日期

乐佩奇猎枪
（LE PAGE SPORTING GUN）
一旦枪械的技术水平达到一定高度，人们对其外在装饰的要求就更高。乐佩奇猎枪的枪托颈部的漩涡形装饰用钢丝制成，金属部分则雕刻着拿破仑的生活场景以及与他有关的一些战役的名字。

时间	1840年
起源	法国
重量	5千克（11磅）
枪管	80厘米（31.5英寸）
口径	8-bore

填料冲压器
（WAD PUNCH）
填料一般是用纸做成的，在装入火药之后，压入弹头之前填入枪管中。因为填料的尺寸至关重要，必须刚好适合枪管，所以在枪的配件工具中有这么一个填料冲压器。

弹头模具
（BULLET MOULD）
雷帽猎枪可以使用散弹丸来猎捕鸟类，不过还是需要弹头来对付大型猎物。这种模具就是用来制作这些弹头的。

锤头
（HAMMER HEAD）
这种锤头可以用手握着使用，它被用来辅助推弹杆把弹头压入枪管。

武器展示

推弹杆（RAMROD）
推弹杆同时兼做通枪条，还可以与一根螺旋杆（蜗杆）相配合，取出哑弹。

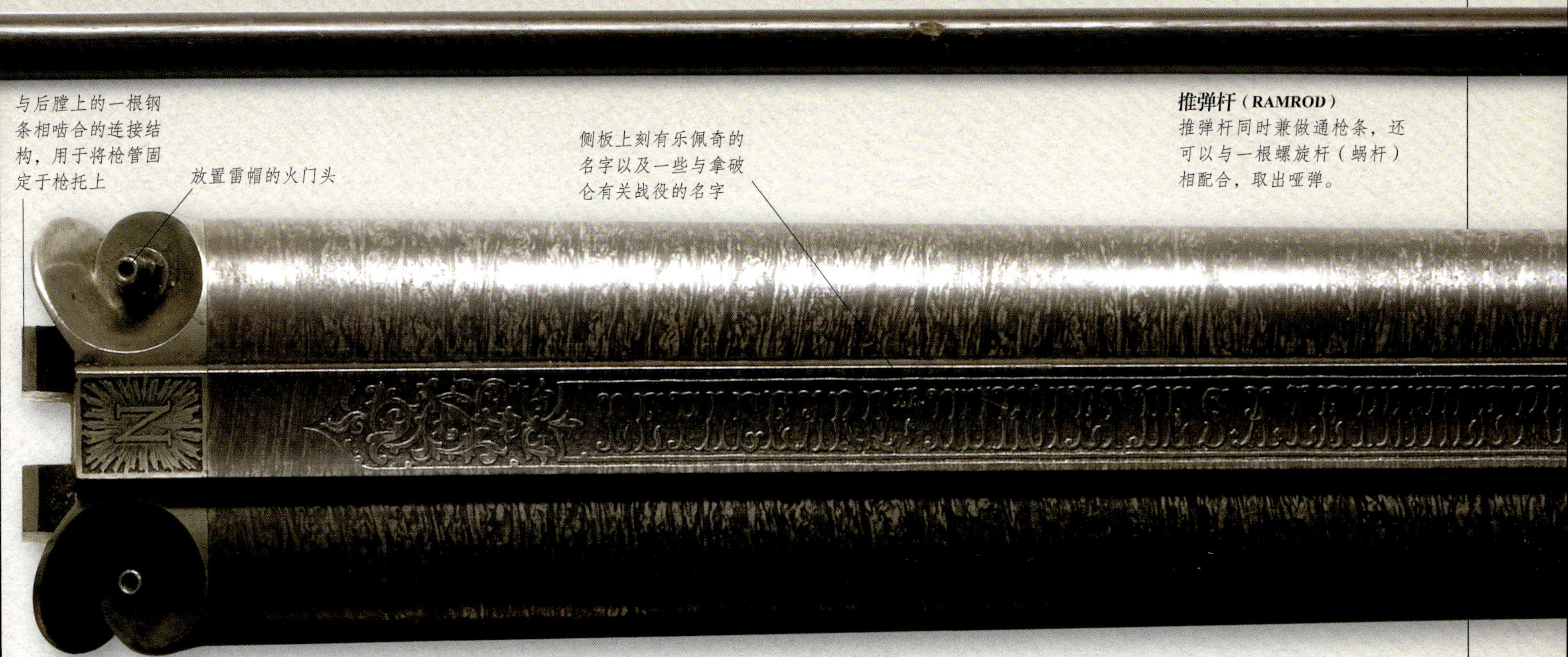

与后膛上的一根钢条相啮合的连接结构，用于将枪管固定于枪托上

放置雷帽的火门头

侧板上刻有乐佩奇的名字以及一些与拿破仑有关战役的名字

枪管顶视图

前枪托帽

枪管需用销钉固定

枪机板上雕刻有金字塔战役的场景

兽角火药筒（POWDER HORN）
通常使用兽角来装火药，这样操作既轻便又结实。火药筒的嘴部与一个测量装置相配套。

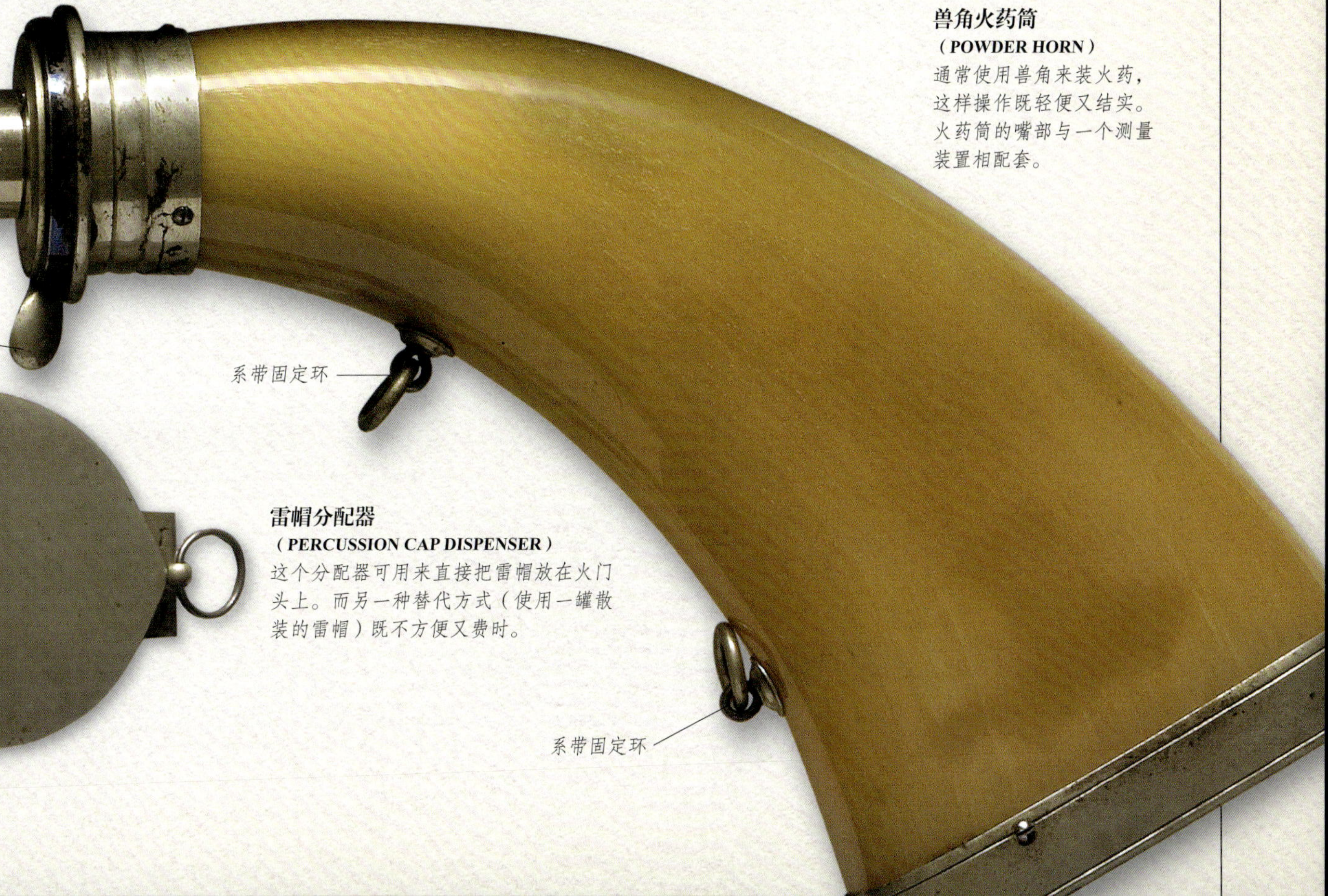

开关杆

管口能分配固定量的火药

系带固定环

雷帽分配器（PERCUSSION CAP DISPENSER）
这个分配器可用来直接把雷帽放在火门头上。而另一种替代方式（使用一罐散装的雷帽）既不方便又费时。

系带固定环

雷帽后膛枪

公元 1775—1900 年

◀132—133 亚洲的火绳枪　◀222—223 雷帽滑膛枪和来复枪　▶234—235 单发后膛装填来复枪

19世纪的制枪者使用巧妙的方法来解决气体泄漏问题——让开放式后膛具备气密性。尽管直到铜弹壳出现为止，气体泄漏问题也没能够很好地解决，不过一些制枪者已经成功地为他们的枪找到了不错的市场。卡宾枪在骑兵中特别流行，因为它们操作简便，而且是后膛装填式的——从理论上来说，人骑在马上就可以重新装弹。

夏普斯卡宾枪（SHARPS CARBINE）

克里斯蒂安·夏普斯在1848年发明了他的后膛装填系统。下拉扳机护圈并向前推，可以打开后膛，当后膛锁闭的时候，枪栓会把亚麻弹药筒后面的部分切掉。在美国内战期间，北方军的骑兵购买了超过 8 万支夏普斯卡宾枪。这种罕见的 1852 式倾斜后膛卡宾枪使用的是梅纳德底火带系统。

时间	1848年
起源	美国
重量	3.5千克（7.75磅）
枪管	45.5厘米（18英寸）
口径	0.52英寸

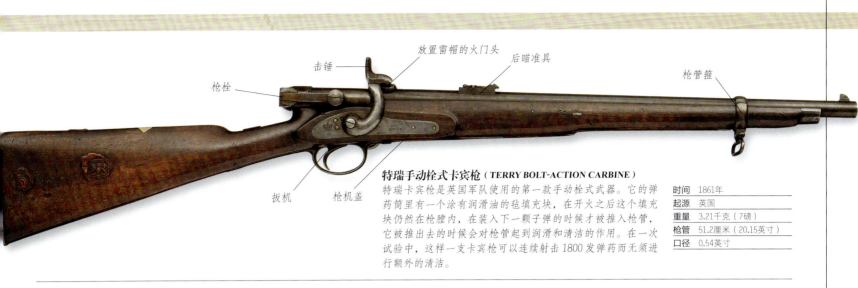

特瑞手动栓式卡宾枪（TERRY BOLT-ACTION CARBINE）

特瑞卡宾枪是英国军队使用的第一款手动栓式武器。它的弹药筒里有一个涂有润滑油的毡填充块，在开火之后这个填充块仍然在枪膛内，在装入下一颗子弹的时候才被推入枪管，它被推出去的时候会对枪管起到润滑和清洁的作用。在一次试验中，这样一支卡宾枪可以连续射击1800发弹药而无须进行额外的清洁。

时间	1861年
起源	英国
重量	3.21千克（7磅）
枪管	51.2厘米（20.15英寸）
口径	0.54英寸

韦斯特利·理查兹"猴尾巴"卡宾枪（WESTLEY RICHARDS "MONKEY TAIL" CARBINE）

著名的伯明翰制枪商韦斯特利·理查兹公司为英国军队生产了两款卡宾枪。其中一款采用下沉锁闭机构，另一款（如图所示）有一个前翻铰接式的倾斜后膛，带有长而弯曲的执行杠杆（后膛杆），这种武器的昵称"猴尾巴"就是由此而来。韦斯特利·理查兹的卡宾枪需要把雷帽放在弹药筒的中心位置。

时间	1866年
起源	英国
重量	3千克（6.5磅）
枪管	45.5厘米（18英寸）
口径	0.45英寸

夏塞波雷帽卡宾枪（CHASSEPOT PERCUSSION CARBINE）

在19世纪50年代中期，法国皇家兵工厂的制枪者们开始试验栓动式雷帽后膛装填枪。安东尼·阿方索·夏塞波（Antoine Alphonse Chassepot）制造的这款卡宾枪使用橡胶垫圈来密封后膛。后来他把击锤换成了装在枪栓内部的撞针，即法国军队使用的1866式。

时间	1858年
起源	法国
重量	3.03千克（6.75磅）
枪管	72厘米（28英寸）
口径	13.5毫米

格林卡宾枪（GREENE CARBINE）

格林卡宾枪在克里米亚战争期间为英国军队少量生产过，由于其机械结构笨重而被竞争对手打败。要想打开枪的后膛，必须把枪管旋转四分之一圈，然后才能装填一枚新的弹药筒。这种卡宾枪使用的是梅纳德底火带系统，而不是独立的雷帽。

时间	1855年
起源	美国
重量	3.4千克（7.5磅）
枪管	56厘米（22英寸）
口径	0.54英寸

阵亡前的乔治·阿姆斯特朗·卡斯特（George Armstrong Custer）
夏普斯卡宾枪最早用于美国内战和印第安战争，是美国骑兵的最爱。然而，尽管在与苏族和夏安族战斗的小巨角战役中也使用了这种武器，但还是没能挽回第7骑兵团的失败。

英国红衫军

剑式刺刀

在滑膛枪和刺刀的时代,红衫军是英国正规军的核心。他们被从贫民、无产者和失业者中招募而来,或者屈服于美酒,或者被军队生活的荣耀所吸引,或者甚至是因为犯罪而用从军来代替坐牢,他们最终选择了领取"国王的先令"。然而这些被惠灵顿公爵称为"社会渣滓"的人最终却变成了坚强的士兵,尤其是在拿破仑战争期间他们打败了法国,赢得了许多胜利。

操练和纪律

红衫军步兵被训练作为一个集体进行战斗,要求毫不犹豫地服从命令,并且抑制个人的主动性。这些是通过残酷的训练、严格的纪律(大量使用鞭笞)以及培养士兵们对军团和战友的忠诚度来达到的。当时操练和纪律的重点是武器和战术训练。英国重要的步兵武器布朗·贝斯滑膛枪的精度极差,所以只有齐射才有效果。步兵们必须学习在战场上摆成队列或方阵——后者用来抵御骑兵——以便在无盔甲的情况下迎着敌人火力冲锋,或者处于炮火轰炸之下时保持队形。保持镇定是避免伤亡的最有效策略,最后布一道刺刀防线作为终极防御。亮丽的红色军装在战场上有重要的实用价值,它有利于步兵们透过浓烈的硝烟识别敌我。

滑铁卢战役
1815年6月,在拿破仑战争的最后一役——滑铁卢战役中,英国步兵的方阵击退了法国骑兵。在惠灵顿公爵的精妙指挥之下,在战争最后阶段,英国士兵证明了自己能够与拿破仑的军队相匹敌,并体现出了战火之下的纪律性和顽强的战斗作风。

> "他们已经彻底被打败了……不过他们自己还不知道,而且也不会逃跑。"
>
> 苏尔特元帅(Marshal Soult),于阿尔布埃拉战役之后,1811年5月

战斗工具

约克镇战役　这幅19世纪的油画展示了1781年英国步兵在约克镇外围壁垒与美国反抗军进行刺刀战的情形。在约克镇向美国人及其盟友法国人投降，是英国军队在美国独立战争中的一个耻辱结局。

贝克来复枪使用的剑式刺刀

贝克来复枪使用的纸包装弹药筒

布朗·贝斯滑膛枪刺刀

布朗·贝斯滑膛枪

贝克来复枪

红衫军的制服（REDCOAT UNIFORM）　这名英国士兵穿着19世纪早期的制服。筒状有檐军帽在1801—1802年取代了三角帽。到1815年，马裤和绑腿被长裤所取代，而"大烟囱"军帽也让位给了带有装饰的"比利时"筒状军帽。

装饰有铜牌的"大烟囱"筒状有檐军帽

红色上衣后面有短下摆

用白黏土染色的牛皮十字背带

白马裤

长扣绑腿

莱克星顿和康科德

美国独立战争爆发以后，在1775年4月，马萨诸塞州的英国红衫军被从波士顿和查尔斯顿派往康科德，以夺取当地反抗武力量所拥有的军火和弹药。他们最早在莱克星顿与反抗军交火，8名反抗军士兵阵亡。接着英国军队抵达康科德，在那里遭遇了顽强的抵抗。红衫军遭到美国狙击手的骚扰，狙击手们使用他们始料不及的游击战术，使得红衫军不得不撤退。英国军队损失了273人，与之相比，马萨诸塞州反抗军只损失了95人。红衫军在这次交锋中表现糟糕，他们的训练针对的都是在开阔地上使用固定战术战斗的欧洲部队，然而这次的对手利用树木作为掩护，并进行准确瞄准射击而不是齐射，这搞得红衫军手忙脚乱。

在康科德行进的英国军队

猎枪

公元 1775—1900 年

对于很多领域来说，19世纪都是一个发明和创新的世纪，枪械制造领域也不例外。在这一世纪的开始阶段，哪怕最普通的枪也是手工制作的，这使得它们的生产和维修都非常昂贵；然而在这个世纪结束尚早之前，大部分的枪械都可以批量生产了，这使得它们不但其价格更容易被接受，而且品质和可靠性也达到了之前最高级的枪支才有的水平。

英国散弹击发枪（ENGLISH PELLET-LOCK PERCUSSION GUN）

在1822年雷帽还没有发明之前，引爆材料花样繁多。有一种引爆料丸是用胶或者清漆进行粘接，装在一个与击锤相连的滚筒中。滚筒每转一次，将一个料丸置于砧铁／火门头上，击锤就可以将其引爆。

时间	1820年
起源	英国
重量	2.39千克（5.25磅）
枪管	82.2厘米（32.25英寸）
口径	12-bore

法国针发式霰弹枪（FRENCH PIN-FIRE SHOTGUN）

卡西米尔·勒福舍发明了一种折开式枪机的后膛装填枪，通过扳机护圈前方的旋转杆进行锁闭。他还发明了一种弹药筒，有一根短的金属针伸出筒外，能够引爆弹药筒。这两种发明都在这杆猎枪上得到了应用。

时间	1833年
起源	法国
重量	3.15千克（7磅）
枪管	65厘米（25.5英寸）
口径	16-bore

德国折开式双筒来复枪（GERMAN BREAK-OPEN DOUBLE RIFLE）

尽管使用弹匣的栓式来复枪技术已经十分完善，但还是有人拒绝使用这种新技术。猎人们，尤其是在捕猎危险的大型猎物的时候，还是更信任简单的折开式双筒设计。

时间	1880年
起源	德国
重量	3.43千克（7.5磅）
枪管	63.5厘米（25英寸）
口径	0.45英寸

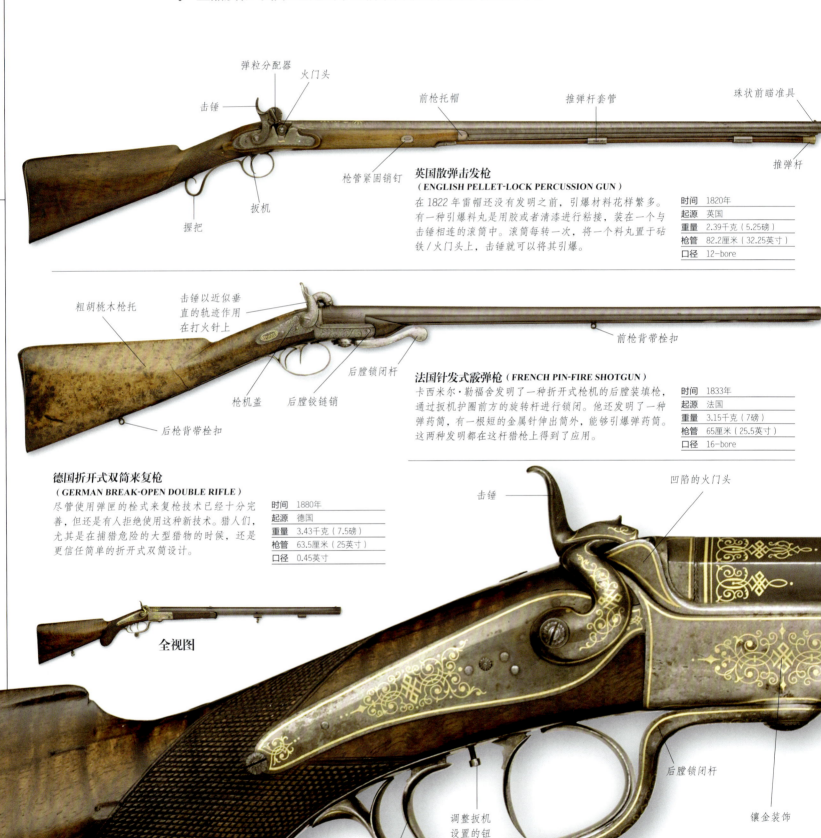

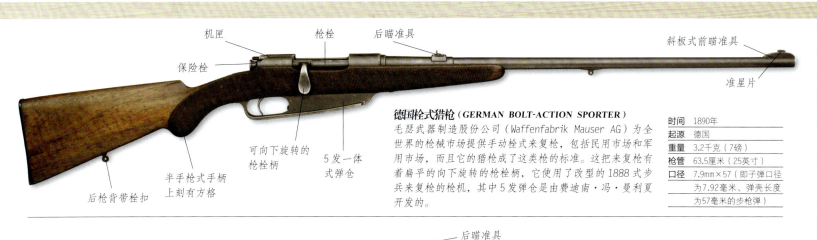

德国栓式猎枪（GERMAN BOLT-ACTION SPORTER）

毛瑟武器制造股份公司（Waffenfabrik Mauser AG）为全世界的枪械市场提供手动栓式来复枪，包括民用市场和军用市场，而且它的猎枪成了这类枪的标准。这把来复枪有着扁平的向下旋转的枪栓柄，它使用了改型的1888式步兵来复枪的枪机，其中5发弹仓是由费迪南·冯·曼利夏开发的。

时间	1890年
起源	德国
重量	3.2千克（7磅）
枪管	63.5厘米（25英寸）
口径	7.9mm×57（即子弹口径为7.92毫米、弹壳长度为57毫米的步枪弹）

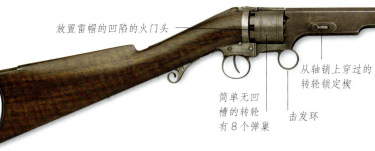

柯尔特"帕特森"转轮来复枪（COLT PATTERSON REVOLVING RIFLE）

1835年10月，塞缪尔·柯尔特在伦敦获得了他的第一个6发转轮手枪的专利，并在新泽西的帕特森建立了自己的第一座工厂。除了转轮手枪以外，他还生产转轮来复枪，不过由于设备有限，他很快就破产了。帕特森生产的柯尔特枪是极为稀有的，例如这杆首款隐形击锤8发来复枪。

时间	1837年
起源	美国
重量	3.9千克（8.5磅）
枪管	81.3厘米（32英寸）
口径	0.36英寸

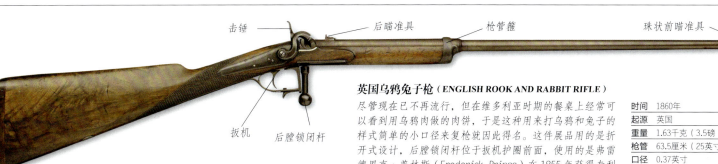

英国乌鸦兔子枪（ENGLISH ROOK AND RABBIT RIFLE）

尽管现在已不再流行，但在维多利亚时期的餐桌上经常可以看到用乌鸦肉做的肉饼，于是这种用来打乌鸦和兔子的样式简单的小口径来复枪就因此得名。这件展品用的是折开式设计，后膛锁闭杆位于扳机护圈前面，使用的是弗雷德里克·普林斯（Frederick Prince）在1855年获得专利的锁闭方法。

时间	1860年
起源	英国
重量	1.63千克（3.5磅）
枪管	63.5厘米（25英寸）
口径	0.37英寸

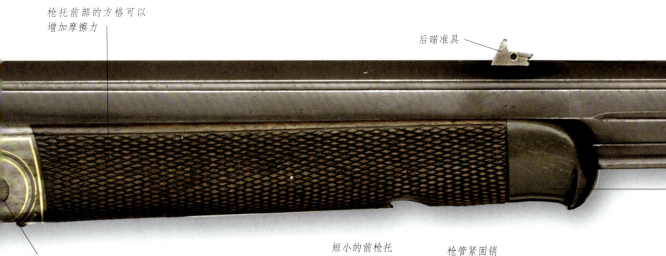

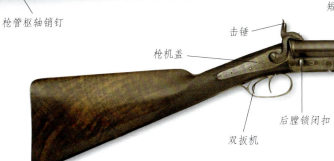

英国针发式霰弹枪（ENGLISH PIN-FIRE SHOTGUN）

卡西米尔·勒福舍的针发式系统在使用霰弹枪的猎人们中一直很流行（尤其是在英国和法国），在它被乔舒亚·肖发明的雷帽取代很长一段时期之后仍然如此。这件展品采用后动式枪机和侧装式后膛锁闭杆，制作精细，不过在装饰方面所花心思却寥寥。这是伦敦的塞缪尔和查尔斯·史密斯（Charles Smith）的作品。

时间	约1860年
起源	英国
重量	3.07千克（6.75磅）
枪管	76.2厘米（30英寸）
口径	12-bore

奥斯曼帝国的火枪

公元 1775—1900 年

◀ 132—133 亚洲的火绳枪　▶ 248—249 印度火枪　▶ 250—251 亚洲的火枪

到了17世纪末期，奥斯曼帝国从其首都君士坦丁堡（伊斯坦布尔）开始扩张，从巴尔干半岛到今天的奥地利，穿越北非几乎抵达直布罗陀海峡，向北抵达俄国，向东几乎抵达霍尔木兹海峡，向南抵达苏丹。征服和统治如此广阔的疆土需要拥有高超军事智慧的统治者和最先进的武器，所以奥斯曼的制枪业在很久以前就开始繁荣。尽管一些奥斯曼图芬克（tüfenk，滑膛枪）与印度的设计风格相似，但总的来说，保留下来的枪械许多仍沿用了欧洲设计奢华装饰的风格。

经过雕刻和镶饰的枪机板

枪管经过蓝化处理并且镶金

榫牙弹簧片

燧发手枪

这样一把手枪能让奥斯曼帝国中任何人的武器陈列柜大放异彩——枪托一直延伸到枪口，其上遍布镶嵌工艺，而且枪机、枪管、扳机护圈上的装饰全都非金即银。这种枪机似乎是欧洲的标准枪机。

时间	18世纪晚期
起源	土耳其

枪管未经蓝化

细枪柄

球形柄头

镶饰延伸至枪口

燧发手枪

这把 18 世纪全金属球柄手枪（这是一对中的一支）的枪托和枪口处全部覆盖着浇铸成型的雕花镀金银饰。枪机板上刻有制枪者的名字"罗西"（Rossi），这说明至少枪机是意大利产的。

时间	1788年
起源	高加索
枪管	31.7厘米（12.5英寸）

枪柄末端有柠檬形的柄头

打火钢条

装饰延伸至枪口

燧发手枪

这把枪的枪柄微微下弯，带有一个柠檬形的柄头，让人联想起一个多世纪以前的欧洲风格。这把燧发手枪上也有奥斯曼帝国制枪者们共有的特色：镶饰一直延伸至枪口处。

时间	18世纪
起源	土耳其

击铁

火药池

镶饰

打火钢条

防止手部滑脱的凸起部

扳机

肩托的横截面为五边形

镶饰

击铁

与火药池盖一体的打火钢条

外露的击发簧

扳机

肩托上装饰着铜饰物和宝石

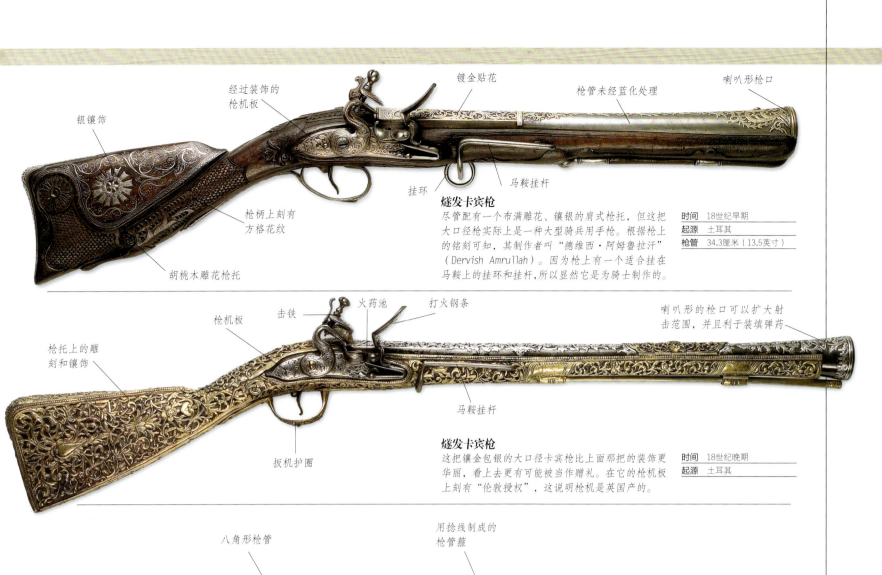

燧发卡宾枪

尽管配有一个布满雕花、镶银的肩式枪托，但这把大口径枪实际上是一种大型骑兵用手枪。根据枪上的铭刻可知，其制作者叫"德维西·阿姆鲁拉汗"（Dervish Amrullah）。因为枪上有一个适合挂在马鞍上的挂环和挂杆，所以显然它是为骑士制作的。

时间	18世纪早期
起源	土耳其
枪管	34.3厘米（13.5英寸）

燧发卡宾枪

这把镶金包银的大口径卡宾枪比上面那把的装饰更华丽，看上去更有可能被当作赠礼。在它的枪机板上刻有"伦敦授权"，这说明枪机是英国产的。

时间	18世纪晚期
起源	土耳其

斯纳普汉图芬克
（SNAPHAUNCE TÜFENK）

这杆滑膛枪，或者叫作图芬克，不论从整体外形还是装饰风格上来看，都与印度北部制作的滑膛枪十分类似。五边形截面的枪托在枪膛后面的连接部位形成一个明显的凸起。枪管是八角形的，使用了斯纳普汉枪机，这种枪机在17世纪早期就被欧洲淘汰了。

时间	18世纪晚期
起源	土耳其
枪管	72.4厘米（28.5英寸）

全视图

巴尔干弹簧燧发图芬克
（BALKAN MIQUELET TÜFENK）

与上面那杆斯纳普汉图芬克类似，这把19世纪早期的枪也让人想起了印度的滑膛枪。其枪托整体用象牙包覆，上面又镶嵌了宝石和铜饰物。枪机是西班牙和意大利常见的款式，它被普遍认为是通过北非进入奥斯曼帝国的。

时间	19世纪早期
起源	土耳其
枪管	114.3厘米（45英寸）

单发后膛装填来复枪

在发明了可以从后膛装填的整体性弹药筒以后,制枪者们面对的主要挑战就是发明一种气密密封。在此过程中,栓式枪机——最早由冯·德雷塞(von Dreyse)和安东尼·夏塞波发明,由毛瑟兄弟进行完善——脱颖而出,不过期间还使用过很多其他的解决方法,其中有些转变成了其他的设计方案,例如为特定目的而设计的马提尼-亨利步枪和雷明顿步枪的滚动式闭锁枪机等。

克尼格雷茨战役

在1866年7月3日发生的克尼格雷茨战役（或称萨多瓦战役）中，普鲁士打败了奥地利，为称霸中欧奠定了基础。这场胜利很大程度上是因为与奥地利的前膛装填枪相比，普鲁士的德雷塞针击枪威力更强。

前瞄准具

通枪条

前枪背带环

毛瑟M71步枪（MAUSER M/71）

毛瑟公司开始对德雷塞的枪型进行改造，以使其适用于铜弹壳。不过彼得·保罗·毛瑟（Peter Paul Mauser）发明了一种足够坚固的新设计，能够适用更大威力的子弹，在800米（1.5英里）的射程中仍然有效。M71步枪是毛瑟成为杰出军用来复枪供应商的开始。

时间	1872年起
起源	德国
重量	4.5千克（10磅）
枪管	83厘米（32.5英寸）
口径	11毫米

枪管箍紧固簧片

德雷塞1841式针击枪
（DREYSE NEEDLE GUN, MODEL 1841）

德雷塞发明了一种使用简易下翻式枪栓的来复枪，枪栓末端有一个刚好可以穿透（亚麻）弹药筒的针尖，可以击发米涅弹后面的雷帽。随着铜弹壳的出现，这种枪逐渐被淘汰了，不过普鲁士在1871年的普法战争中仍然依靠它打败了法国。

时间	1841年
起源	普鲁士
重量	4.5千克（10磅）
枪管	70厘米（27.5英寸）
口径	13.6毫米

斯普林菲尔德活门式单发步枪（春田活门式单发步枪）
（SPRINGFIELD TRAPDOOR）

整体式弹药筒的趋于完美为全世界的军队带来了一个课题：数以百万计的前膛装填枪该如何处理。美国军队对他们的来复枪进行了改型，在枪管上方做出了放置弹药筒的弹膛，并铰接了一个与击发撞针一体化的枪膛盖板。

时间	1874年
起源	美国
重量	4.5千克（10磅）
枪管	82.5厘米（32.5英寸）
口径	0.45英寸

把枪管固定在枪托上的箍环

马提尼－亨利MK1步枪（MARTINI-HENRY MK1）

这是英国军队最早采用的专用后膛装填来复枪，它使用了落下式后膛闭锁块，下扳压簧杆可打开枪膛，将其复位的时候不但可以锁闭枪膛，还能完成击发的准备过程。一名熟练的使用者可以每分钟射击20次。

时间	1871年
起源	英国
重量	4.7千克（10.25磅）
枪管	85厘米（33.25英寸）
口径	.45 martini（0.45英寸马提尼步枪弹）

雷明顿滚轮闭锁步枪（REMINGTON ROLLING BLOCK）

尽管在1868年皇家博览会上它被称为世界上最好的来复枪，可是雷明顿的专用后膛装填器还是难以在家乡找到市场。这种枪采用的是1863年发明的滚轮式闭锁枪机，但使用起来不如马提尼－亨利的落下式闭锁枪机那么流畅。

时间	约1890年
起源	埃及
重量	4千克（9.25磅）
枪管	89.6厘米（35.25英寸）
口径	0.45英寸

前枪背带环

恩菲尔德前装线膛枪

随着枪弹的逐步完善，来复枪的装填速度变得与滑膛枪一样快，这使得把来复枪装备到所有部队而不仅仅是一小部分狙击手成为可能。英国军队在1851年采用了一款这种步枪，不过后来发现这种枪并不令人满意，代替它的是恩菲尔德军工厂的产品，于1853年被军方采用。这种枪一直服役到1867年，当时开始使用美国人雅各布·施奈德（Jacob Snider）的方法将步枪改造为后膛装填式。尽管1853式前装线膛枪的结构看似简单，但它却拥有56个零部件。

一包中有10枚弹药筒

弹药
恩菲尔德1853式前装线膛枪装填的是2.5打兰（4.43克）的黑火药，以及一枚重530格令（34.35克）的0.568英寸口径弹丸，弹丸膨胀后会进入0.577英寸口径的有膛浅枪管。火药和弹丸封装在弹药筒内，一个包装内有10枚，带有12个雷帽。

枪机板上刻有制造者的名字和标记

全视图

击锤

火门头上的孔洞使得击打雷帽后所发火花能够进入枪膛

枪托的颈部贴合手形

枪背带环

扳机

套在枪口上的插座

刺刀（BAYONET）
这种三棱刀刃的插座式刺刀在枪口前方伸出大约46厘米（18英寸）。仅这把刺刀就需要44道独立工序才能完成。

1853式前装线膛枪（PATTERN 1853 RIFLE-MUSKET）
这种步枪是一件极为成功的武器。在一位有能力的步兵手中，它的有效射程能够超出刻度上限（820米/2700英尺），在90米（300英尺）的射程内，子弹能够洞穿一打1.3厘米（0.5英寸）厚的木板。士兵们每分钟可以射击3到4次。

时间	1853年
起源	英国
重量	4.05千克（9磅）
枪管	83.8厘米（33英寸）
口径	0.577英寸

三角形截面的刀身

武器展示

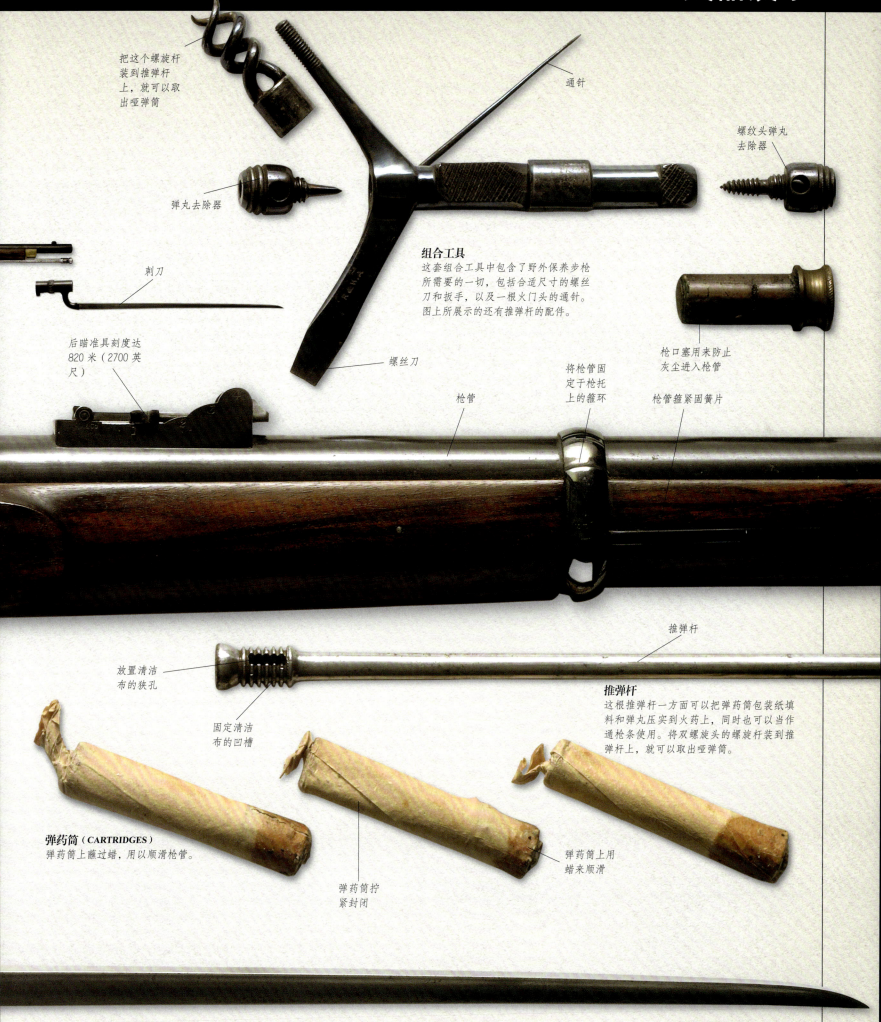

公元1775—1900年

▶ 244—245 手动装填连发步枪（1881—1891） ▶ 246—247 手动装填连发步枪（1892—1898） ▶ 292—293 手动装填连发步枪

手动装填连发步枪（1855—1880）

早在16世纪就有人尝试制造连发来复枪和滑膛枪。尽管如此，最终柯尔特等人的"雷帽加弹丸"转轮枪取得了成功，它采用将起爆剂、火药和弹丸封装在一个包装里的整合弹药筒，从而使得制造连发步枪（来复枪）成为可能。这项技术在19世纪中叶获得了突破，在十年时间内连发步枪变成了普通之物。弹药筒装在弹仓内，在一次射击过程中将弹药送入枪膛，清理用过的弹药筒外壳，再扳起击铁，使枪机处于待击发状态，为下次射击做好准备。

柯尔特转轮步枪
（COLT REVOLVING RIFLE）

柯尔特转轮步枪的第三款进行了明显的简化，不过装填过程还是有些笨拙。首先要取下转轮，把火药压入5个弹巢，每个弹巢中放一枚弹头，然后用蜡封住弹巢。最后再用油脂涂抹整个转轮，以防上面散落的火药把所有弹巢一次性全部引燃。

时间	1855年
起源	美国
重量	3.45千克（7.5磅）
枪管	68.2厘米（27英寸）
口径	0.56英寸

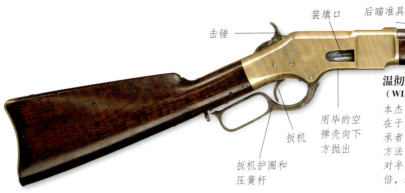

温彻斯特 M1866 卡宾枪（WINCHESTER MODEL 1866 CARBINE）

本杰明·泰勒·亨利的下压杆型步枪的主要缺陷在于其管状弹仓的装填方式。1866年，亨利的继承者纳尔逊·金（Nelson King）发明了一种改进方法，可以通过枪机机匣进行重新装填，甚至可对半满的弹仓进行装填。这使得这种枪的射速翻倍，达到了每分钟 30 发。

时间	1866年
起源	美国
重量	4.2千克（9.25磅）
枪管	58.5厘米（23英寸）
口径	.44 Rimfire（0.44毫米口径凸缘式底火枪弹）

勒马特转轮步枪（LE MAT REVOLVER RIFLE）

勒马特转轮步枪是基于类似的手枪设计的，看起来十分奇特。它有两根枪管，下面的一根装填弹砂，同时作为 9 发弹巢转轮的轴销，转轮的弹巢里装填弹丸弹药筒。上有一个装填/退壳口及退壳杆，类似于柯尔特早期的铜弹壳手枪结构。

时间	1872年
起源	法国 / 美国
重量	2.2千克（5磅）
枪管	62.8厘米（24.75英寸）
口径	0.44英寸和16-bore

全视图

亨利 M1860 步枪（HENRY MODEL 1860）

奥利弗·温彻斯特（Oliver Winchester）创办了纽黑文兵器公司后，他让泰勒·亨利来管理企业。亨利做的第一件事就是设计了一种连发步枪，使用下压杆退出空弹筒，装填新弹药筒，并使枪机进入待击发状态。他使用了肘节式闭锁机构，后来的马克沁机枪以及博查特和鲁格手枪上用的也是这种结构。

时间	1862年
起源	美国
重量	4千克（9磅）
枪管	51厘米（20英寸）
口径	.44 Rimfire

斯潘塞来复枪（SPENCER RIFLE）

克利斯朵夫·斯潘塞利用业余时间发明了这把来复枪，结果它成了世界上第一把具有实用价值的军用连发来复枪。它的管状弹仓位于枪托内，可容纳 7 发枪弹。当作扳机护圈的压簧杆可以打开旋转后膛，退出用过的弹药筒。关闭枪膛的时候再把新弹药筒装入枪膛。它的击锤需要手动扳起。

时间	1863年
起源	美国
重量	4.55千克（10磅）
枪管	72厘米（28.25英寸）
口径	0.52英寸

两个世界的顶级武器

这名美国军士"一脚踏在过去，一脚踏在未来"。他在战场上既拿着一把剑，也拿着一支卡宾枪，这支枪正是克利斯朵夫·斯潘塞在 1860 年申请专利的骑兵用短款弹仓式连发来复枪。

加特林机枪

几个世纪以来，发明家们一直试图制造一种能够连续发射的枪械，但是直到19世纪中期，随着机械工程技术的进步，才使得这一梦想成为可能。在早期的新式机枪中最著名的，就是根据理查德·加特林于1862年申请的专利而制造的加特林机枪。这款多管旋转机枪先后在美国内战（1861—1865）和英国进行的众多殖民战争中服役。最初的加特林机枪为6管机枪，后来增加到10管，枪的口径也从1英寸减小到0.45英寸。

布罗德韦尔弹鼓
（BROADWELL MAGAZINE）
改进后的布罗德韦尔弹鼓由20个独立的条状弹匣组成，每个弹匣可以装填20发子弹。当一个弹匣空的时候，弹鼓依然在通过手动旋转以便于新的弹匣提供子弹，直到这400发子弹全部发射完毕。

（弹鼓）提手

独立的条状弹匣

弹药箱盖

弹药箱（AMMUNITION CASE）
弹药箱常常被用来存放布罗德韦尔弹鼓，被放置在加特林机枪两侧机枪的轮轴上。由于加特林机枪的射速达到了每分钟400发，所以大量的预留备用弹药是必须的。

黄铜材质的弹壳

弹药
加特林机枪成功的关键得益于用一体化的黄铜弹壳替代了老式蜡纸弹壳。这使得子弹硬度加强，而且当子弹从弹匣落入枪膛时可以防止卡壳。

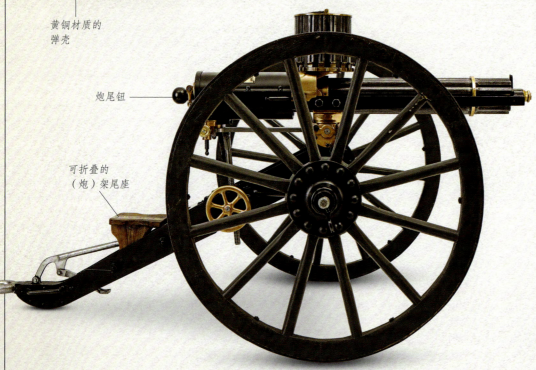

炮尾钮

可折叠的（炮）架尾座

侧视图

武器展示

12辐条的木制轮

炮尾钮尾座板

安装在机枪上方的弹鼓

枪管

旋转（机）枪管的曲柄

炮耳轴承

转向盘

升降螺杆

升降齿轮箱

加特林机枪（GATLING GUN）

这款1874型加特林机枪是专门为英国陆军制造的，它有10个枪管，围绕着一个圆柱形的轴排列。射击的时候，手动操作曲柄使枪管旋转，当枪管转动时，子弹从弹匣中掉入枪膛里，由撞针击发子弹发射。

日期	1874年
起源	美国
重量	1000千克（2200磅）
枪管	67.3厘米（26.5英寸）
口径	0.45英寸

布尔战争
20世纪早期的先进科技——无烟火药、自动手枪、机械装填步枪及机关枪——对英国与两个布尔共和国(1899—1902)之间发生的战争产生了重要影响。更早期的武器仍然还在使用,例如照片中的这种刺刀。

手动装填连发步枪（1881—1891）

◀ 238—239 手动装填连发步枪（1855—1880）　▶ 246—247 手动装填连发步枪（1892—1898）　▶ 292—293 手动装填连发步枪

第一代连发步枪基本上均采用美国的下压杆式设计。栓式枪机是由冯·德雷塞发明的，后于19世纪70年代为彼得·保罗·毛瑟等人在单发来复枪上使用。欧洲的使用者们认为，这种连发来复枪与美国的来复枪相比具有明显优势。栓式枪机不仅更加安全——它使用凸块来锁闭枪机，当枪栓旋转的时候凸块与其他部件相啮合——而且在以俯卧姿势射击的时候更加实用。

施密特－鲁宾 M1889 步枪（SCHMIDT-RUBIN M1889）
1889年，瑞士的鲁道夫·施密特（Rudolf Schmidt）上校发明了一种直拉栓式枪机步枪，带12发弹匣。这种枪机直到1931年仍然被当作制式步枪枪机使用，仅仅对枪栓在操作到一半位置的时候会发生晃动这一问题略有修改。直到20世纪50年代后期它的改良版才被淘汰，而另一款狙击枪一直使用到了1987年。

时间	1889年
起源	瑞士
重量	4.45千克（9.8磅）
枪管	78厘米（30.75英寸）
口径	7.5毫米

毛瑟 71/84 式步枪（MAUSER MODEL 71/84）
彼得·毛瑟花了许多精力，想把使用栓式枪机的单发 M1871 步枪改造成连发枪。尽管几乎刚刚出现就过时了，而且众所周知，它在弹仓设计上也有缺陷，枪身总是向右侧偏，但这种枪仍一直使用到1888年才被取代。

时间	1884年
起源	德国
重量	4.6千克（10磅）
枪管	83厘米（32.75英寸）
口径	11毫米

步兵格韦尔 M1888 步枪
(INFANTERIEGEWEHR M1888)

当这种枪被用来取代 M71/84 时，德国军队还组建了一个"步枪试验委员会"。不过由于对新款之 7.92 毫米口径子弹的性能了解不足，导致出现了很多炸膛事件。此外，这种盒式弹仓的设计很糟糕，并且始终没有得到改进。

时间	1888年
起源	德国
重量	3.82千克（8.5磅）
枪管	74厘米（29英寸）
口径	7.92mm×57 M88（即口径为7.92毫米、弹壳长度为55毫米的M88步枪弹）

克拉格-乔根森 M1888 步枪
(KRAG-JφRGENSEN M1888)

很多人坚持认为 M1888 在被丹麦军队采用之前就已经过时了，因为其 5 发弹仓必须一次一发手动装填，而且受枪栓采用的独立式闭锁凸耳的限制，只能使用低速子弹。不过甚至连它的发明者也觉得惊讶，它居然还被美国和挪威的军队使用了。

时间	1888年
起源	挪威
重量	4.05千克（9磅）
枪管	76.2厘米（30.25英寸）
口径	6.5mm×55

李-梅特福德步枪 (LEE-METFORD)

英国军队在 1879 年展开了一场评比，为马提尼-亨利单发来复枪寻找替代品。11 年后，他们采用了 0.303 英寸口径来复枪马克一号（为了把其他设计者都包括进去，后来在 1891 年改名了）。它使用了詹姆斯·李（James Lee）制作的封闭式栓式枪机和盒式弹匣，以及威廉·梅特福德（William Metford）发明的抗污染膛线。

时间	1888年
起源	英国
重量	4.3千克（9.5磅）
枪管	76.7厘米（30.25英寸）
口径	0.303英寸

TS M1891 骑兵卡宾枪 (CAVALRY CARBINE MODELLO 1891 TS)

这种枪常被称作曼利夏-卡尔加诺卡宾枪(Mannlicher-Carcano)，使用的是毛瑟为 M1889 制作的改进型栓式枪机。后来的改进款在意大利一直服役到第二次世界大战之后，并被大量卖往美国，其中的一支流落到李·哈维·奥斯瓦尔德（Lee Harvey Oswald）的手中，在 1963 年，他可能用那把枪行刺了肯尼迪总统。

时间	1891年
起源	意大利
重量	3千克（6.5磅）
枪管	45厘米（17.75英寸）
口径	6.5mm×52

手动装填连发步枪（1892—1898）

238—239 手动装填连发步枪（1855—1880）　244—245 手动装填连发步枪（1881—1891）　292—293 手动装填连发步枪

到了19世纪的最后十年——火器技术的大发展时期，全世界的军队终于认为连发步枪足够可靠，可以大规模应用了。实际上这类枪械当时几乎已经达到了其最终形态，一旦开始使用盒式弹仓，剩下的改进基本上都微乎其微，例如减轻重量或者使用一些成本更低的制造方法等。

3线口径 M1891 步枪（"3-LINE" RIFLE M1891）

这杆步枪通常也叫作莫辛－纳甘步枪（Mosin-Nagant），以其发明者的名字命名。它是俄国的第一种连发来复枪，而且首次使用了"现代"口径（1"线"大约是十分之一英寸的长度，指的是口径，3线即7.62mm）。它曾经发行过多种不同的版本，包括一种半卡宾枪和一种真正的卡宾枪，而且在20世纪60年代还被苏联红军当作狙击枪使用。

时间	1891年
起源	俄国
重量	4.43千克（9.75磅）
枪管	80.2厘米（31.5英寸）
口径	7.62mm×54R（亦作 7.62×54mmR）

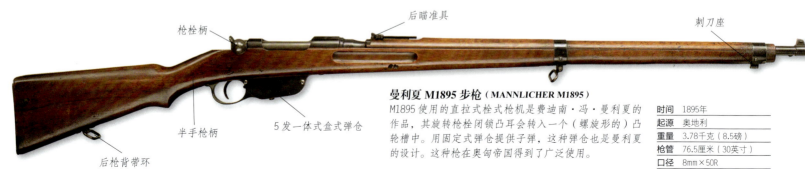

曼利夏 M1895 步枪（MANNLICHER M1895）

M1895 使用的直拉式栓式枪机是费迪南·冯·曼利夏的作品，其旋转枪栓闭锁凸耳会转入一个（螺旋形的）凸轮槽中。用固定式弹仓提供子弹，这种弹仓也是曼利夏的设计。这种枪在奥匈帝国得到了广泛使用。

时间	1895年
起源	奥地利
重量	3.78千克（8.5磅）
枪管	76.5厘米（30英寸）
口径	8mm×50R

毛瑟 M1896 步枪（MAUSER M1896）

毛瑟公司从 1875 年开始向中国出口来复枪，后来向塞尔维亚出口毛瑟-科卡（Mauser-Koka），向比利时出口 M1889，向土耳其出口 M1890，向阿根廷出口 M1891，向西班牙出口 M1893。全世界的军队似乎都为毛瑟开启了方便之门，到了 1895 年轮到向瑞典出口了。这一款枪进行了一定数量的改进，其中一部分沿用到了之后的款式中。

时间	1896年
起源	德国
重量	3.97千克（8.75磅）
枪管	74厘米（29英寸）
口径	6.5mm×55

有坂明治三十年式步枪（ARISAKA MEIJI 30）

日本军队在 1895 年中日甲午战争结束后，决定使用一种小口径的现代武器。这杆枪是由有坂成章设计的，通过封闭式 5 发盒式弹仓使用 6.5 毫米口径半凸缘式枪弹。它采用了毛瑟枪的前闭锁凸耳式旋转枪栓。这种枪于明治三十年（1897）开始服役。

时间	1897年
起源	日本
重量	4.3千克（9.5磅）
枪管	79.8厘米（31.5英寸）
口径	6.5mm×50SR（即6.5毫米口径、弹壳长50毫米的有坂步枪弹）

勒贝尔 MLE1886/93 步枪（LEBEL MLE 1886/93）

1885 年，布朗热（Boulanger）被任命为法国陆军部长。他最先考虑的便是开发一种现代来复枪。其结果就是首款发射小口径子弹的来复枪，用无烟火药[1884/1845 年梅耶（Meille）所发明]来推动包壳弹。尽管其结构并不复杂，但它让世界上其他的任何一种来复枪都变得过时了。在 1893 年推出了改进款。

时间	1893年
起源	法国
重量	4.28千克（9.5磅）
枪管	80厘米（31.5英寸）
口径	8mm×50R

毛瑟步兵格韦尔 98 步枪（MAUSER INFANTERIEGEWEHR 98）

到了格韦尔 98 的时代，毛瑟已经解决了困扰栓式枪机弹仓式来复枪的所有问题。它增加了第三个后闭锁凸耳以对两个前置凸耳进行加强，同时还能提高气密性，强化弹仓。如果说这款枪有什么不足的话，那就是枪栓柄的设计。

时间	1898年
起源	德国
重量	4.15千克（9.25磅）
枪管	74厘米（29英寸）
口径	7.92mm×57

247

公元 1775—1900 年

◀ 132—133 亚洲的火绳枪　　◀ 232—233 奥斯曼帝国的火枪　　▶ 250—251 亚洲的火枪

印度火枪

在15世纪末期，火枪从中亚和欧洲传入印度。直到19世纪，当地的工匠们仍然在制造火绳枪而不是更为复杂的簧轮枪以及燧发枪，主要是因为火绳枪更容易制作，且成本较低。然而，印度制枪者们在花样繁多的装饰方面可不是生手，他们用象牙、兽骨和贵金属制作出了一些非常华丽的作品。

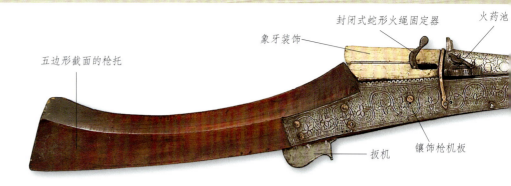

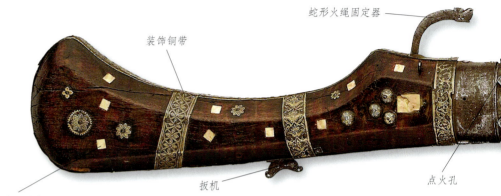

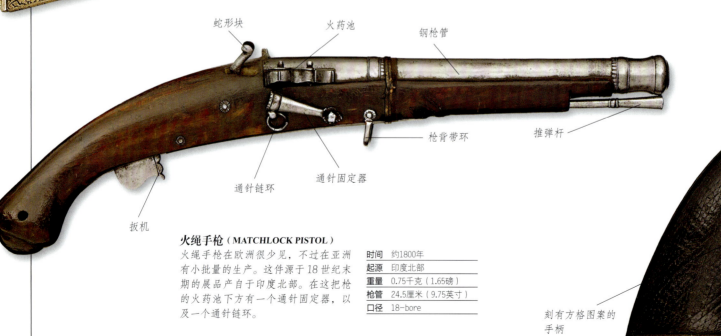

火绳手枪（MATCHLOCK PISTOL）

火绳手枪在欧洲很少见，不过在亚洲有小批量的生产。这件源于18世纪末期的展品产自于印度北部。在这把枪的火药池下方有一个通针固定器，以及一个通针链环。

时间	约1800年
起源	印度北部
重量	0.75千克（1.65磅）
枪管	24.5厘米（9.75英寸）
口径	18-bore

印多尔托拉达（INDORE TORADOR）

这杆简易的火绳枪上具有那个年代很多火枪的普遍特征，尤其是五边形截面的枪管以及枪托端头明显的弯部。枪机侧板是铁制的，上面粗略的雕刻一直延伸到枪管。它有4根用皮带做的枪管箍，而最靠近枪膛的枪管箍则是用金属丝制成的。

时间	约1800年
起源	印度印多尔
重量	3.4千克（7.5磅）
枪管	112厘米（44英寸）
口径	0.55英寸

火绳转轮滑膛枪（MATCHLOCK REVOLVING MUSKET）

这杆火绳转轮滑膛枪制造于约19世纪早期，产于印度北部的印多尔地区，它是一种大胆的尝试，通过使用当地材料和制造工艺把两个时期的科技嫁接到一起。转轮需要手动转动，枪管上的弹巢孔是为了预防某个与枪管不在一条线上的弹巢里的火药也被点燃——这种情况真的会发生。

时间	约1800年
起源	印度印多尔
重量	5.9千克（13磅）
枪管	62厘米（24.5英寸）
口径	0.6英寸

布达汗托拉达（BUNDUKH TORADOR）

这杆装饰极为精美的火绳枪可能产于19世纪早期的瓜廖尔，几乎可以确定是一件礼品。跟其他火绳枪一样，它也配备了一根火门通针。因为连通针也是镀金的，所以很难想象这杆枪会有什么实用价值。这种枪一般是夹在腋下而不是顶在肩膀上使用的。

时间	约1800年
起源	印度瓜廖尔
重量	3千克（6.5磅）
枪管	115厘米（45.25英寸）
口径	0.55英寸

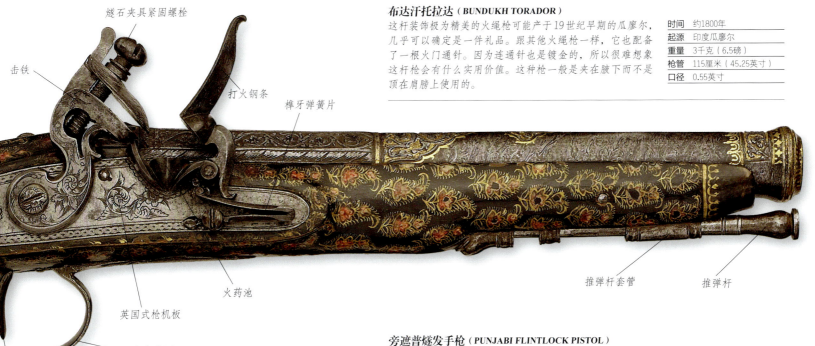

旁遮普燧发手枪（PUNJABI FLINTLOCK PISTOL）

这是装饰极为华丽的一对手枪中的一支，制造于19世纪早期的拉合尔（现在属于巴基斯坦）。当时锡克制枪者完全可以制造燧发枪的所有零部件，不过他们的更多精力都花费在了一种叫作"贾扎尔"（jazails）的普通滑膛枪之上。图中这把手枪有一根用金银镶花（或波形花纹）装饰的枪管，其做法是把钢条盘在芯轴上，然后加热锻打，使其融为一体，然后再进行装饰加工而成。

时间	约1800年
起源	拉合尔
重量	0.86千克（1.9磅）
枪管	21.5厘米（8.5英寸）
口径	28-bore

公元 1775—1900 年

◀132—133 亚洲的火绳枪　　◀232—233 奥斯曼帝国的火枪　　◀248—249 印度火枪

亚洲的火枪

在1543年，葡萄牙商人把火枪带到了日本，当地的工匠很快开始仿制这种新武器。不到一个世纪之后，日本的一纸禁令把所有的外国人驱逐出境，这个国家也从西方的影响范围中脱离出去了。其结果就是，日本人大多不知道后来发展出的火枪形式，直到19世纪中期，日本工匠几乎只会生产火绳枪，其制作方法和于其他地方所见到的也有很大区别。

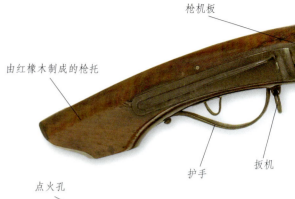

中国的抬枪（CHINESE MATCHLOCK WALL GUN）
抬枪需要使用支架发射，由于太长，在其他场合不便使用。这件展品原产于中国，不论是设计还是使用方法都非常简单，它有一个前动式扣合火绳发火装置，通过一根长杆式扳机来触发。这杆枪完全是实用性的，没有任何装饰。

时间	约1830年
起源	中国
重量	未知
枪管	160厘米（63英寸）

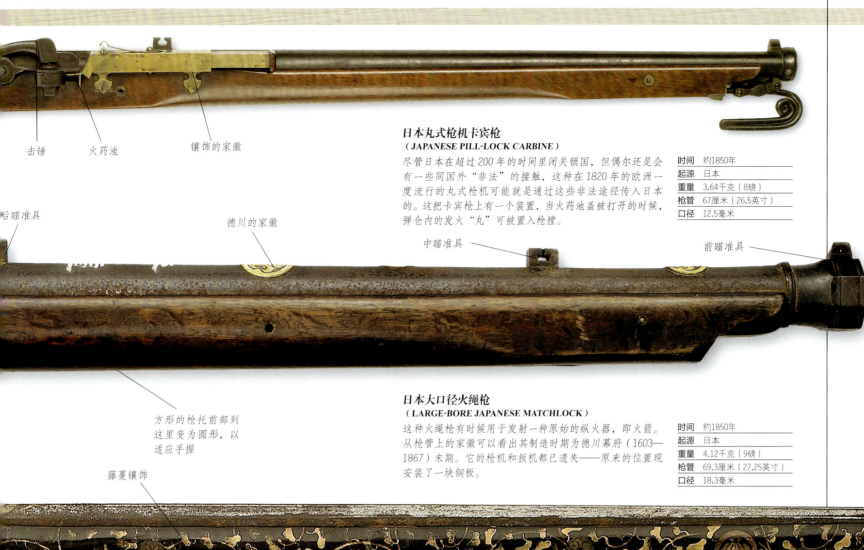

击锤　火药池　镶饰的家徽

日本丸式枪机卡宾枪
（ JAPANESE PILL-LOCK CARBINE ）

尽管日本在超过200年的时间里闭关锁国，但偶尔还是会有一些同国外"非法"的接触，这种在1820年的欧洲一度流行的丸式枪机可能就是通过这些非法途径传入日本的。这把卡宾枪上有一个装置，当火药池盖被打开的时候，弹仓内的发火"丸"可被置入枪膛。

时间	约1850年
起源	日本
重量	3.64千克（8磅）
枪管	67厘米（26.5英寸）
口径	12.5毫米

后瞄准具　德川的家徽　中瞄准具　前瞄准具

方形的枪托前部到这里变为圆形，以适应手握

日本大口径火绳枪
（ LARGE-BORE JAPANESE MATCHLOCK ）

这种火绳枪有时候用于发射一种原始的纵火器，即火箭。从枪管上的家徽可以看出其制造时期为德川幕府（1603—1867）末期。它的枪机和扳机都已遗失——原来的位置现安装了一块铜板。

时间	约1850年
起源	日本
重量	4.12千克（9磅）
枪管	69.3厘米（27.25英寸）
口径	18.3毫米

藤蔓镶饰

全视图

日本铁炮

这杆枪由酒井派著名的榎并家族制造，该家族从1560年起就开始制枪了。这种枪展示了他们的标志性特色：枪托上镶嵌的铜饰物，以及富有特点的枪管形状。枪身上用藤蔓花纹和家徽进行装饰，漆器工艺有可能是后期加上去的。其主要装饰材料是黄铜，而八角形枪管靠上的三个面则用银、黄铜和红铜进行装饰。

时间	约1800年
起源	日本
重量	2.77千克（6磅）
枪管	100厘米（39.25英寸）
口径	1.142英寸

使用金银镶花（或波形花纹）装饰的枪管

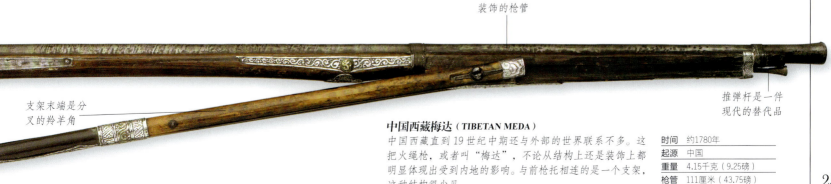

支架末端是分叉的羚羊角

推弹杆是一件现代的替代品

中国西藏梅达（ TIBETAN MEDA ）

中国西藏直到19世纪中期还与外部的世界联系不多。这把火绳枪，或者叫"梅达"，不论从结构上还是装饰上都明显体现出受到内地的影响。与前枪托相连的是一个支架，这种结构很少见。

时间	约1780年
起源	中国
重量	4.15千克（9.25磅）
枪管	111厘米（43.75磅）
口径	17毫米

251

◀198—199 美国的雷帽转轮手枪　　◀234—235 单发后膛装填来复枪　　◀238—239 手动装填连发步枪（1855—1880）

连发火枪

前膛装填式武器最大的缺点就是重新装弹的时间太长。自然而然地，全世界的制枪者们都致力于生产可以发射不止一发弹药的武器。最典型的方法是采用多个枪管，不过一旦枪管超过两根，枪支就会因为太重而失去实用性。直到1830年，年轻的塞缪尔·柯尔特发明了他的转轮式枪械——第一款成功的单枪管连发火枪。柯尔特申请了一项专利，将自己的发明保护到1857年，不过有很多人想办法绕开了这个发明保护。然而这些人所生产出的多数产品，至多只能算是略有实效。

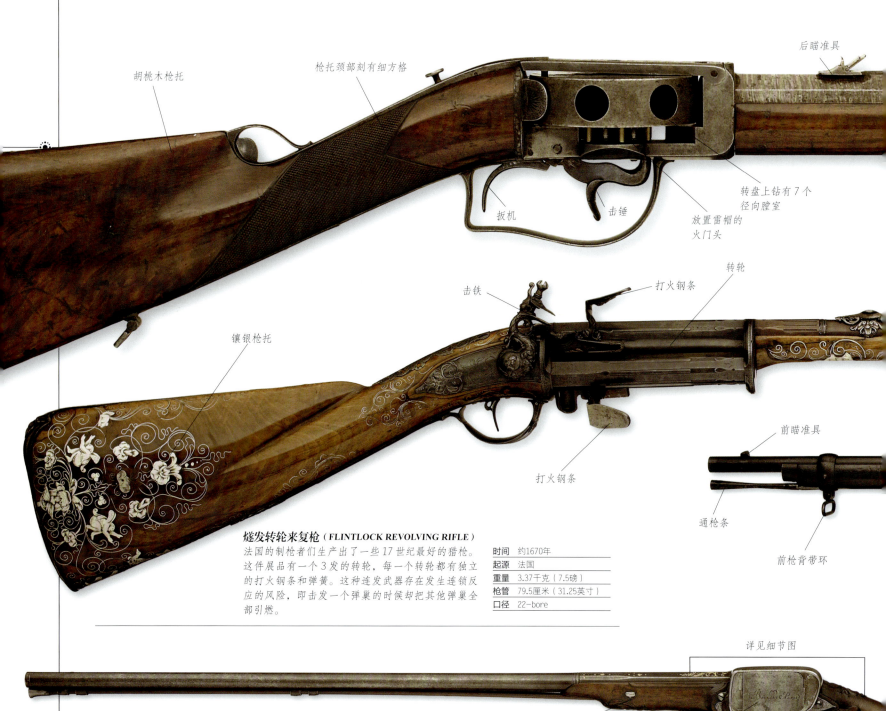

燧发转轮来复枪（FLINTLOCK REVOLVING RIFLE）
法国的制枪者们生产出了一些17世纪最好的猎枪。这件展品有一个3发的转轮，每一个转轮都有独立的打火钢条和弹簧。这种连发武器存在发生连锁反应的风险，即击发一个弹巢的时候却把其他弹巢全部引燃。

时间	约1670年
起源	法国
重量	3.37千克（7.5磅）
枪管	79.5厘米（31.25英寸）
口径	22-bore

燧发双管枪（FLINTLOCK DOUBLE-BARRELLED GUN）
这杆双管猎枪的名字来源于其制造者——巴黎的布耶（Bouillet）。它包括燧石在内的击发装置全部封闭在一个盒子里。扳机前面的两个待击杆用来在枪管准备好以后使枪机进入待击发状态。

时间	约1760年
起源	法国
重量	3.25千克（7.25磅）
枪管	81.3厘米（32英寸）
口径	22-bore

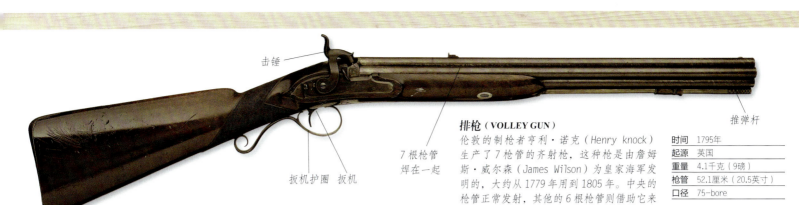

击锤

推弹杆

排枪（VOLLEY GUN）

7根枪管焊在一起

扳机护圈　扳机

伦敦的制枪者亨利·诺克（Henry knock）生产了7枪管的齐射枪，这种枪是由詹姆斯·威尔森（James Wilson）为皇家海军发明的，大约从1779年用到1805年。中央的枪管正常发射，其他的6根枪管则借助它来引火。与展示的这杆枪一样，大多数此类枪后来都从燧发枪被改造成了雷帽枪。

时间	1795年
起源	英国
重量	4.1千克（9磅）
枪管	52.1厘米（20.5英寸）
口径	75-bore

八角形枪管

全视图

下置式击锤转盘枪（UNDER-HAMMER TURRET RIFLE）

这种所谓的转盘枪出现在19世纪30年代，是为了绕开柯尔特的专利所做的一种尝试。这件展品弹膛的转盘是平行设计的。不过很快就出现了一个明显的问题，如果出现一个弹巢引燃其他弹巢的情况，那么对于旁边站着的任何人都将造成灾难，甚至会危及使用者自身。

时间	1839年
起源	英国
重量	4.07千克（9磅）
枪管	73.7厘米（29英寸）
口径	14-bore

圆形枪管　后瞄准具

弹药筒通过弹仓顶部的机构进行装填

弹仓闭锁扣

压住弹仓底板的圆钮

后膛杆

马提尼－亨利改型枪（MARTINI-HENRY CONVERSION）

这是一把单发、后膛装填的马提尼－亨利来复枪，通过增加盒式弹仓和弹簧驱动的棘爪，将其改造成了一支连发枪。棘爪通过后膛杆来控制，可以将一枚弹药筒推入后膛。英国军队从未采用过这种改型枪。

时间	1888年
起源	英国
重量	4.76千克（10.5磅）
枪管	84.5厘米（33.25英寸）
口径	0.45英寸

枪托底部的金属包片

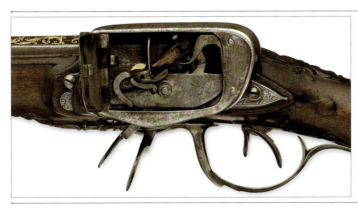

封闭式枪机细节图

燧发猎枪常常会哑火，其原因有可能是燧石损坏或者引火潮湿。当它成功打着火的时候，从火药池冒出的火光和浓烟可能会遮住视线或者惊动猎物。而将击发机构封装在盒子里（图示为盖子打开时的样子）可以解决两个问题，即保持火药干燥，以及使火光和烟雾的影响尽可能最小。

253

枪弹
（1900年以前）

如果没有子弹，枪械便毫无用处。早期的子弹通常是用铁做的，能够洞穿盔甲，不过由于铅弹更容易制造，后来改为使用铅弹。直到19世纪才出现了子弹形的发射物，而弹药筒也是同时期出现的。

火药和弹丸的时代
为了达到一定的准确度，从滑膛枪管里发射出去的弹丸必须是球形的，而且尺寸要十分精确。膛线的发明改善了这个问题，不过也使得武器的装填速度变慢，最终裂开弹的出现解决了这个问题。

与枪管沟槽配合的凸起环带

滑膛枪/来复枪弹丸
弹丸的尺寸单位是"波尔"（bore），意思是1磅（0.45千克）铅能够做成的某个特定尺寸弹丸的数量。

环式弹丸（BELTED BALLS）
为了提高准确度，在枪管内增加了一对沟槽，刚好使弹丸能够与之配合。

裙座　润滑沟槽

裂开弹（EXPANDING BULLETS）
这种子弹的底部是空的。火药爆炸的压力使子弹的裙座膨胀，并与膛线契合。

润滑弹（LUBRICATION）
对子弹表面的沟槽涂抹油脂来润滑枪管，使枪管更容易清洁。

雷帽
雷酸盐被敲击的时候就会爆炸，将其夹在两层薄铜箔中间，并加工成适合盖在火门头上的形状。

雷帽

纸包弹药筒（PAPER-WRAPPED CARTRIDGES）
最早的弹药筒只不过是包着一些发射火药和一枚弹丸的纸包。

过渡性子弹（Transitional cartridges）
19世纪的制枪者们对包有发射火药及子弹的弹药筒进行了试验，这种弹药筒可以整体装填。用纸、皮革或者织物进行包裹的枪弹给后膛装填枪带来了一个问题，就是后膛如何密封。最终的解决办法是采用铜弹壳，将底火集成在上面。这就意味着用过的空弹壳必须退出，不过与完美的密闭性（后膛的密闭性）相比，那只是小问题。

奶嘴子弹（TEAT-FIRE CARTRIDGE）
这些子弹是采用绕开史密斯威森公司在通孔式转轮枪上的专利权而提出的一种方法制成的。其弹头被整个包在里面。

小型针发子弹

针发子弹（PIN-FIRE CARTRIDGE）
枪的击锤垂直下落，打在发火针上，使其进入子弹底部的底火之中。

夏普斯子弹（SHARPS' CARTRIDGE）
弹壳是用亚麻布做成的。当枪机关闭的时候，子弹的底座就被后膛闭锁块切掉了。

伯恩赛德式子弹（BURNSIDE CARTRIDGE）
伯恩赛德后膛装填卡宾枪拥有降下式后膛，它使用的就是这种独特的锥形子弹。

韦斯特利·理查兹的"猴尾巴"子弹（WESTLEY RICHARDS "MONKEY TAIL" CARTRIDGE）
这种纸包装的卡宾枪子弹后部有一段润滑过的毡制填充物，这部分会留在枪膛内，直到被下一发子弹顶出去为止。

施奈德-恩菲尔德子弹（SNIDER-ENFIELD CARTRIDGE）
这种子弹是博克瑟（Boxer）上校为施奈德-恩菲尔德步枪专门设计的，它使用打孔的铁质底座，侧面是用铜条卷成的。

来复枪子弹（Rifle cartridges）

对于来复枪而言，要想射击精度高，其弹药的制作必须合理，弹头的重量和口径必须与火药的重量精确匹配。

.450 MARTINI–HENRY
这种子弹装有85格令（5.5克）黑火药，弹头重量为480格令（31克）。

.45–70 SPRINGFIELD
斯普林菲尔德来复枪使用的子弹装有70格令（4.53克）火药，弹头重量为405格令（26.25克）。

.30–30 WINCHESTER
这种子弹是最早的民用子弹，内装无烟火药，其药量为30格令（1.94克）。

.303 MK V
直到19世纪90年代，来复枪子弹的弹头还是平头的。英国军队的李－梅特福德和李－恩菲尔德来复枪使用的是这种子弹。

.56–50 SPENCER
这种凸缘式底火黑火药子弹，用于美国内战时期的斯潘塞卡宾枪，它是最早的具有实用性的连发来复枪。

11mm CHASSEPOT
在普法战争以后，为毛瑟M71步枪制作的子弹也可用于夏塞波步枪，后者经过改型以适应这种子弹。

5.2mm × 68 MONDRAGON
这是尝试制造高速小口径子弹的早期试验品，是在瑞士为墨西哥的蒙德拉贡步枪设计的。

手枪子弹（Pistol cartridges）

尺寸的准确度对于所有的子弹都至关重要。弹壳的尺寸稍微小一点，就有可能在开火的时候破裂，导致难以取出。这对于转轮手枪来说比较容易处理，但对于自动手枪来说就没那么容易了。

.44 HENRY
这种凸缘式底火子弹的底火位于弹壳底部周围。很快它就被中心式底火子弹取代了。

.44 ALLEN & WHEELOCK
艾伦惠洛克公司生产的转轮手枪使用的是他们称作"唇边发火"（lip-fire）式的子弹，通常口径较小。

.45 COLT（BÉNET）
这是贝尼特上校的1865款中心式底火子弹，由之前的伯丹式底火子弹发展而来。

.45 COLT（THUER）
瑟尔发明了一种改型款的柯尔特"雷帽弹丸式"转轮手枪，以发射这种锥形的铜壳子弹。

.44 SMITH & WESSON AMERICAN
最早的0.44英寸口径史密斯威森子弹并不尽如人意，因其弹头是"踩在"弹壳上，而不是固定在弹壳上的。

.44 SMITH & WESSON RUSSIAN
供应给俄国的史密斯威森转轮手枪使用的子弹是另一种规格。

.577 WEBLEY
很多小口径子弹的威力不足以击倒敌人。韦伯利将这种子弹用于0.577英寸口径的转轮手枪上。

.476 WEBLEY
0.577英寸口径的转轮手枪过于笨重，随后被0.476英寸口径的产品所代替，不过后者也只是昙花一现。

.455 WEBLEY
这是韦伯利的第一款使用无烟火药的子弹，它比起早期的款式威力更大，并允许进一步减轻弹头重量。

10.4mm BODEO
用于10.4毫米口径博德转轮手枪的子弹，于1891年被意大利军队采用，枪口初速能够达到每秒255米（837英尺）。

7.63mm BERGMANN
伯格曼3号手枪最早使用的是无凸缘无凹槽式子弹，它完全靠压力退壳。

霰弹枪子弹（Shotgun cartridges）

只有最大的霰弹枪弹壳才是完全用铜做成的。其他的则采用纸板制作壳体。

猎鸟弹（WILDFOWL CARTRIDGE）
像这种大型子弹装有20克（0.75盎司）黑火药以及100克（3.5盎司）弹丸。

10-bore PINE–FIRE
在其他的针发式枪早已消失很久以后，针发式霰弹枪仍然普遍存在。

炮弹与装备

公元1775—1900年

◀ 210—211 舰炮　◀ 212—213 前膛装填火炮　▶ 258—259 武器展示：6磅野战炮

无论是在陆地还是海上，前膛装填的火炮所发射的各种各样的炮弹，主要取决于指挥官的战术需要。球形炮弹是远程射击的首选弹药，它的有效射程可以达到1000米（1039码）。火药装填的炮弹在点燃包括建筑物和木质船在内的易燃目标时非常有效，而后者也更容易受到哑铃型炮弹和链弹的攻击。霰弹和榴霰弹常常在200米（218码）的距离内被用来攻击敌军方阵。

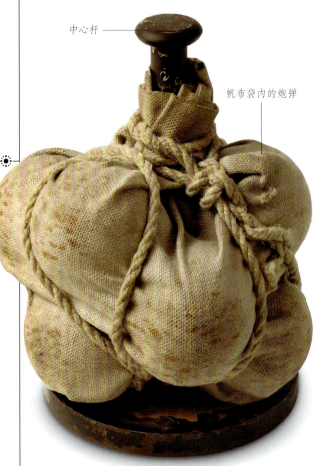

霰弹 / 葡萄弹（GRAPESHOT）
霰弹是由一些装在帆布袋子里被绳子紧紧绑在一起的铁球组成，外型就像是一串葡萄。在海战中，它通常被作为杀伤人员以及撕裂船只索具的武器使用。

时间	约1800年
起源	英国
材质	帆布、铁、木材

链弹（链球弹）（CHAIN SHOT）
链弹——通常是由用铁链连接的两个半圆形或整圆形炮弹制作而成——能够将暴露在甲板上的船员一网打尽。但是就像下文提到的哑铃型炮弹那样，链弹射程短，而且精准度欠佳。

时间	约1800年
起源	英国
材质	铁

哑铃型炮弹（杠弹）（BAR SHOT）
哑铃型炮弹的结构是通过用一根固定的或者可伸缩的金属杆，来连接两个圆形炮弹。它的设计初衷是在发射后，用来击断甲板上方的桅杆或者船上的索具。

日期	约1800年
起源	英国
材质	铁

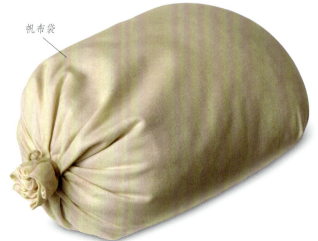

装填撞锤与弹药桶（RAMMER AND CARTRIDGE）
在左图左侧，一根结实的海军绳索将海绵和撞锤连接了起来，其中火炮专用的海绵被固定在一段，另一端是撞锤。前者是用来清理炮管，而后者则是用来装填炮弹和火药。右图右侧是一个弹药桶，帆布袋子里装满了经过精确称量的火药，其装药的量取决于火炮型号以及所需射程。

日期	约1800年
起源	英国
材质	绳子、帆布、火药

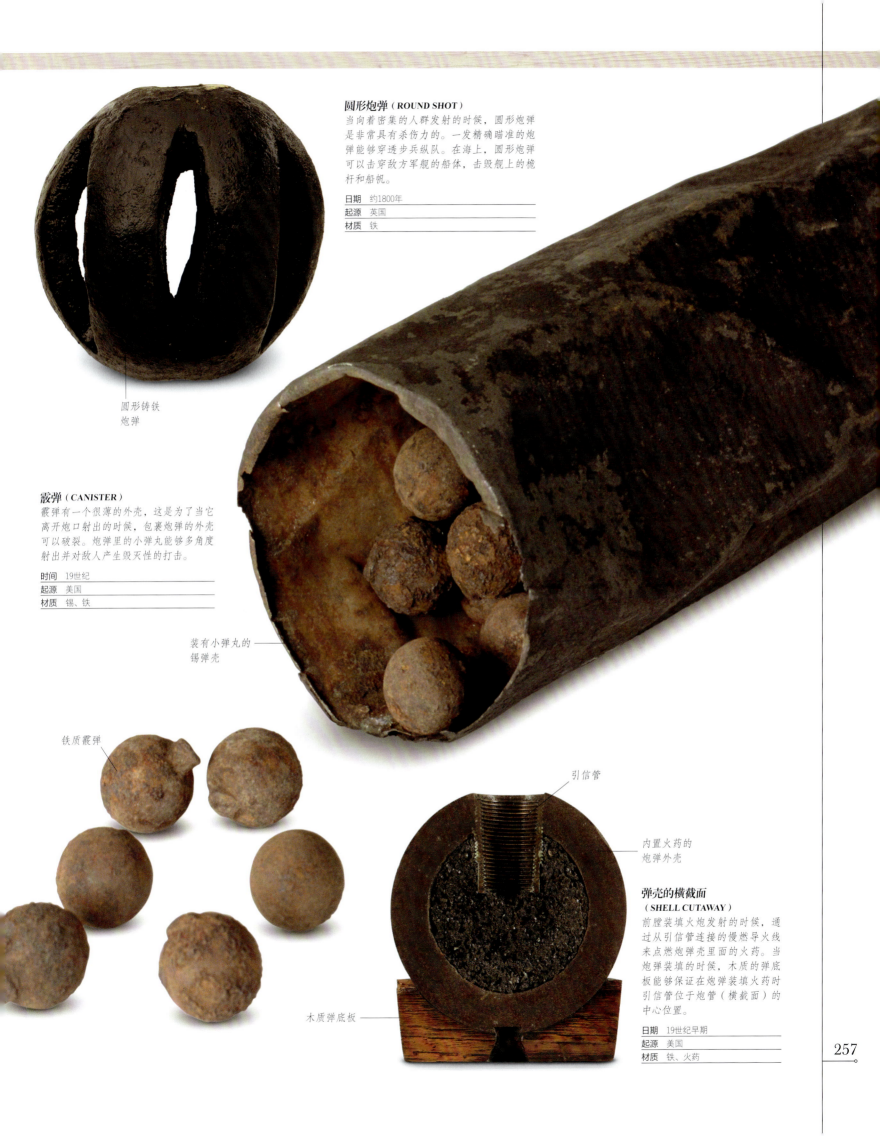

圆形炮弹（ROUND SHOT）
当向着密集的人群发射的时候，圆形炮弹是非常具有杀伤力的。一发精确瞄准的炮弹能够穿透步兵纵队。在海上，圆形炮弹可以击穿敌方军舰的船体，击毁舰上的桅杆和船帆。

日期	约1800年
起源	英国
材质	铁

圆形铸铁炮弹

霰弹（CANISTER）
霰弹有一个很薄的外壳，这是为了当它离开炮口射出的时候，包裹炮弹的外壳可以破裂。炮弹里的小弹丸能够多角度射出并对敌人产生毁灭性的打击。

时间	19世纪
起源	美国
材质	锡、铁

装有小弹丸的锡弹壳

铁质霰弹

引信管

内置火药的炮弹外壳

弹壳的横截面（SHELL CUTAWAY）
前膛装填火炮发射的时候，通过从引信管连接的慢燃导火线来点燃炮弹壳里面的火药。当炮弹装填的时候，木质的弹底板能够保证在炮弹装填火药时引信管位于炮管（横截面）的中心位置。

木质弹底板

日期	19世纪早期
起源	美国
材质	铁、火药

◀ 212—213 前膛装填火炮　　◀ 214—215 后膛装填火炮　　◀ 256—257 炮弹与装备

6磅野战炮

6磅火炮是骑乘炮兵的传统专属武器。在战斗最为激烈的地方，这种火炮总是以最猛的气势冲入，向敌人发起攻击。6磅火炮也是唯一能够在炮车架上携带弹药箱的野战火炮，因此它的炮手能够以最小的延迟向敌人开火。到了19世纪50年代，6磅火炮的射程已经增加到了大约1500米（1640码）。

青铜材质的火炮口
（喇叭口——喇叭状炮敞口）

用来升降炮管的螺杆

安装在轮毂上的牵引环

印度的盔甲和盾牌

公元 1775—1900 年

◀ 68—69 欧洲的锁子甲　　◀ 70—71 欧洲的板甲　　◀ 150—151 亚洲的盔甲　　◀ 152—153 日本的武士盔甲

在18至19世纪期间，英国在印度次大陆的统治不断扩张，导致印度地区的当地力量掀起了一场声势浩大的抵抗运动，其中就包括迈索尔帝国，它从1766年抵抗到1799年，还有旁遮普省的锡克人，他们在与英国的战争中遭遇两次失败（1846—1847年以及1848—1849年），不过每次都给敌人造成沉重的打击。印度军队使用欧式的滑膛枪和大炮，同时还使用传统的刀剑和盔甲。随着为训练有素的士兵所使用的火器在战争中逐渐占据了主导地位，盔甲和盾牌在战场上逐渐退居为纯装饰性的角色。

头盔的细节
头盔的护鼻顶端装饰的是象头人身的印度神加内什（Ganesh）。

佩蒂和帽子
印度战士经常佩戴一件"佩蒂"（peti），这是一种用皮革或者布料堆叠而成的像腰带形状的胸甲。这件展品来自迈索尔的蒂普苏丹兵工厂。同浅军帽一样，它们能在战争中提供的保护很有限。

时间	18世纪晚期
起源	印度迈索尔
重量	胸甲：1.4千克（3磅）
长度	胸甲：22厘米（8.75英寸）

顶盔
这顶头盔，也叫作"顶盔"，是一些亚洲武士从中世纪末期一直使用的装备。其标志性特色包括链甲护面具、矛尖头以及羽饰插管。其装饰图案中有骷髅和交叉的骨头形象，这可能是受到欧洲文化的影响。

时间	18世纪晚期
起源	印度瓜廖尔
重量	1.3千克（2.75磅）
高度	90厘米（35.5英寸）

锡克式盔甲（SIKH ARMOUR）
这种盔甲包括锁子甲上衣、板式胸甲以及带有羽饰的顶盔，一名穿着这种盔甲的锡克族战士会给人留下深刻的印象。不过，这种锁子甲的铜环和铁环是"对接式"的——它们并非焊接或者铆接在一起，而是链接挤压在一起的——所以它有可能会被戳刺类武器或者弓箭洞穿。

时间	18世纪
起源	印度

全视图

锡克达哈尔（SIKH DHAL）

这件圆盾制造于锡克族与英国东印度公司发生战争的期间。在其表面金色波形花纹复杂镶饰中有一些波斯文字，所以它可能不是印度工匠的作品。

时间	1847年
起源	印度
重量	3.8千克（8.5磅）
宽度	59厘米（22.25英寸）

波斯文字

锥形藤帽上包裹有丝绸

锡克环刃头巾（SIKH QUOIT TURBAN）

边缘锋利的环刃[或者叫作"查克拉姆"（chakram）]是锡克族人专有的一种武器。这顶高高的头巾上带有6个大小不同的环刃，随时可以摘下来投向敌人。在这个头巾式"军火库"上还有3把小刀。

时间	18世纪
起源	印度
重量	1.2千克（2.5磅）
高度	47厘米（18.5英寸）

圣战士（HOLY WARRIORS）

锡克族的阿卡利党将宗教中的禁欲主义和无畏的战斗精神结合在一起。查克拉姆是阿卡利党人最喜爱的武器，既可以套在食指上旋转抛出，也可以捏在拇指和食指之间从腋下抛出。环刃在阿卡利党人头巾上的位置显示了他在宗派里的神圣地位。

黑漆皮盾牌

手枪藏在铜扣后面

手枪盾牌（PISTOL SHIELD）

这面盾牌其实隐藏着攻击的功能。它上面的每个金色的铜扣都有盖子，打开以后就可以使用其后的短管雷帽小手枪射击。手枪的击发机构和铰接的铜帽都安装在一个已有的普通黑漆皮盾牌上。

时间	19世纪中期
起源	印度拉贾斯坦邦
重量	3.4千克（7.5磅）
宽度	55.5厘米（21.75英寸）

钢圈

枪的结构细节

在手枪盾牌的后部中央有一根手柄，它与4把手枪的机械结构相连接。4把手枪都需要单独上膛，不过由同一个扳机来触发，通过握着盾牌手柄的手指来统一操纵。

公元1775—1900年

非洲的盾牌

在传统的非洲社会，除了饰物和护身符以外人们不使用防身护具，盾牌是战争中仅有的防护装备。盾牌同时在仪式中也扮演着重要的角色，通过其装饰可以体现出所有者的社会阶层和忠诚度。木头、兽皮、柳条或者藤条都是制作盾牌的合适材料，可以用来抵挡弓箭、飞刀、棍棒或者长矛的攻击。盾牌也可以用来进攻，例如祖鲁盾牌尖锐的杆头可以刺穿对手的脚掌或者脚踝。

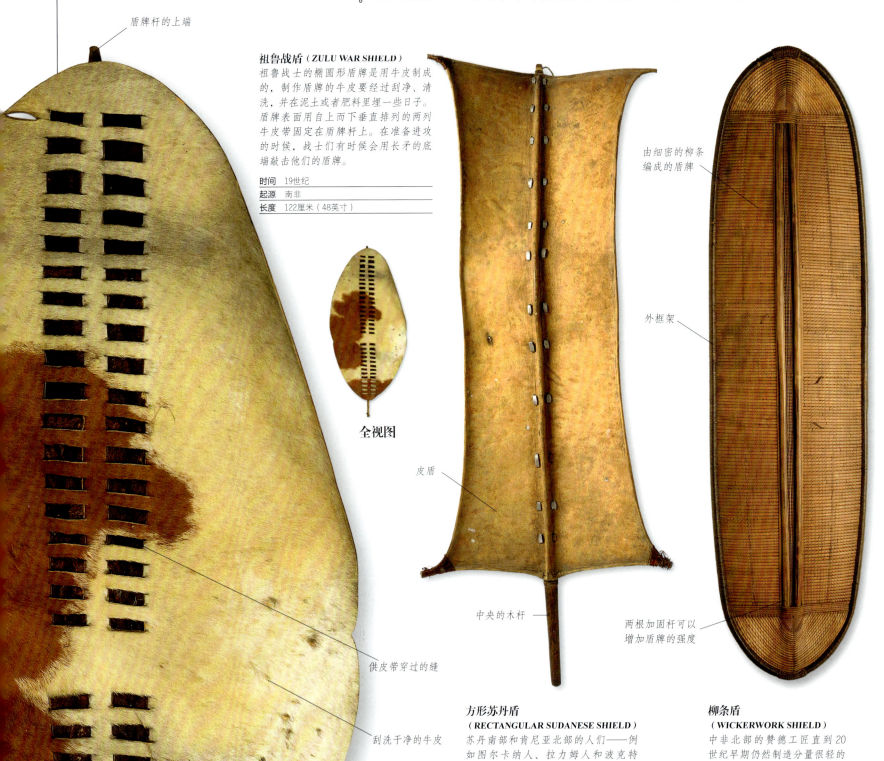

祖鲁战盾（ZULU WAR SHIELD）

祖鲁战士的椭圆形盾牌是用牛皮制成的，制作盾牌的牛皮要经过刮净、清洗，并在泥土或者肥料里埋一些日子。盾牌表面用自上而下垂直排列的两列牛皮带固定在盾牌杆上。在准备进攻的时候，战士们有时候会用长矛的底端敲击他们的盾牌。

时间	19世纪
起源	南非
长度	122厘米（48英寸）

方形苏丹盾（RECTANGULAR SUDANESE SHIELD）

苏丹南部和肯尼亚北部的人们——例如图尔卡纳人、拉力姆人和波克特人——使用兽皮制作对称的方形盾牌，包括水牛皮、长颈鹿皮、犀牛皮和河马皮。中央的木棍同时也被当作手柄。

时间	19世纪晚期或20世纪早期
起源	苏丹
长度	82.5厘米（32.5英寸）

柳条盾（WICKERWORK SHIELD）

中非北部的赞德工匠直到20世纪早期仍然制造分量很轻的柳条盾牌。赞德的武士会用左手同时持盾牌和其他的武器，而右手持长矛或者飞刀。

时间	约1900年
起源	刚果民主共和国
长度	130厘米（51英寸）

— 锯齿造型

盾牌用一整块木头雕刻而成

基库尤仪仗盾
（KIKUYU CEREMONIAL SHIELD）
这面战舞所用的木盾牌是由肯尼亚的基库尤人制作的。在精心准备的成人礼仪式上，年轻的基库尤战士们将这种盾牌戴在左臂上。盾牌背面的锯齿状设计都是一样的，不过表面的图案不同，以表明战士的年龄和来源地。

时间	19世纪
起源	肯尼亚
长度	60厘米（23.5英寸）

外包彩棉的藤编同心圈

铁加强筋

中央的圆扣

铁凸台

银夹

全视图

华丽的埃塞俄比亚盾牌（ORNATE ETHIOPIAN SHIELD）
直到20世纪早期，埃塞俄比亚王国的军队中仍然使用盾牌。它们通常为圆形，用兽皮制成，并且装饰着银夹。埃塞俄比亚士兵的盾牌不仅仅在战斗中发挥作用，而且还标志着使用者的地位。盾牌经常用狮子的鬃毛、尾巴或者爪子进行装饰，这些全都是埃塞俄比亚王室的标志。

时间	19世纪
起源	埃塞俄比亚
宽度	50厘米（19.75英寸）

圆形苏丹盾牌
（ROUND SUDANESE SHIELD）
这面来自苏丹的圆盾是由外包彩棉的藤编同心圈、铁制外框架、铁凸台以及铁质加强筋组成的。在盾牌的背面是由皮革编制的手柄。

时间	19世纪
起源	苏丹
宽度	36.9厘米（14.5英寸）

公元 1775—1900 年

◀ 58—59 阿兹特克的武器和盾牌　　◀ 190—191 澳大利亚的飞去来器和盾牌　　◀ 262—263 非洲的盾牌

大洋洲的盾牌

新几内亚人和美拉尼西亚人之间的战争持续不断，直到20世纪殖民统治者到来后才被终止。对于骨制或者竹制箭头的弓箭、木制长矛、石斧和骨刀之类的武器来说，木制盾牌或者柳条盾牌能够提供很好的保护。这些盾牌的尺寸相差甚大，既有可以遮住战士整个身体的大盾，也有小的格挡盾和胸盾。这里展示的大多数盾牌都来自20世纪，不过与他们原来使用的别无二致。

头部

阿斯马特战盾（ASMAT WAR SHIELD）
对于居住在新几内亚岛南岸的阿斯马特人来说，战争是其生活的核心组成部分。他们的盾牌不仅具有防护功能，而且还是一件精神武器，上面的装饰经过精心设计以使人感到恐惧。这面盾牌上的"飞狐"图案与猎头者的行为有关，因为"飞狐"又名果蝠（fruit bat），含有从树上摘取果实之意，象征着猎头者从敌人身上斩下首级。

时间	1950年后
起源	伊里安查亚
长度	129厘米（51英寸）

全视图

染色的几何图形

竹子饰板

新月形贝壳

梅尔帕胸盾（MELPA CHEST-PLATE）
这件胸盾［或者叫作"摩卡基那"（moka kina）］是巴布亚新几内亚上赛皮克地区的梅尔帕人制作的。与护甲的穿法类似，其上还装饰有贝壳和竹子。

时间	约1950年
起源	巴布亚新几内亚
长度	38厘米（15英寸）

抽象的飞狐图案

编织的藤条

藤编战盾（BASKET-WEAVE WAR SHIELD）
这面精美的藤编盾牌是所罗门群岛上猎头者部落的典型武器，直到19世纪后期仍然被使用。其编织细密的藤圈甚至面对长矛也能进行有效的防御。这种盾牌因为太小，不适用于被动的防守战术，主要用于对击打和投射物攻击进行灵活格挡。

时间	19世纪
起源	新乔治亚
长度	83厘米（32.5英寸）

门迪战盾（MENDI WAR SHIELD）

这面门迪盾牌是用硬木制成的，上面有被称作"蝴蝶翅膀"造型的醒目的对三角形图案。与众不同的是，高地盾牌不在仪式中使用，是一件纯粹的战争武器。在战场上，这种盾牌用绳子系在肩膀上使用。

时间	1950年后
起源	巴布亚新几内亚
长度	122厘米（48英寸）

比瓦特战盾（BIWAT WAR SHIELD）

这面盾牌来自于巴布亚新几内亚尤阿特河流域的比瓦特村。尽管它很窄，不过却非常高，可以为全身提供保护。通常它会在中央面板进行装饰，并在周边环绕几何图形。

时间	1950年后
起源	巴布亚新几内亚
长度	171厘米（67.25英寸）

祖先的形象

树袋鼠尾巴造型

有几何图形装饰的硬木盾牌

藤条将木板固定在一起

表面的锯齿形图案

边缘简单的几何图形

类似于乌龟的图案

阿斯马特战盾

每面阿斯马特盾牌都以一位祖先的名字命名，与盾牌上的图案一样都能给战士提供精神力量和保护。盾牌用木头制成，并用石头、骨头和贝壳工具进行雕刻。其装饰使用的色彩具有象征意义，如红色象征着力量和美貌。

时间	19世纪
起源	伊里安查亚
长度	199厘米（78.25英寸）

阿拉维战盾（ARAWE WAR SHIELD）

这面盾牌来自新不列颠岛的坎德里安地区，是阿拉维人的典型作品。它由三个椭圆形截面的木板垂直排列而成，中间用藤条固定，上面刻有极具特色的锯齿形弯曲的图案。颜料仅使用了天然的黑色、白色和红色赭石。

时间	1950年后
起源	新不列颠岛
长度	125厘米（49.25英寸）

现代世界

公元 1900—2006 年

现代世界

在 20 世纪，真正意义上的世界规模的战争爆发了。两次世界大战导致了巨大的伤亡和经济上的混乱，在横亘大陆的大战役打响之前，军队达到了前所未有的规模。新的武器系统将历史带入了机械化战争的时代，坦克、飞机和导弹取代步兵成为战争胜负的决定性因素。核武器的出现进一步使战略谋划复杂化，拥有这种超强的毁灭性武器至关重要，而使用它们所带来的后果则无法想象。

自 20 世纪伊始，欧洲就陷入了一种令人不安的平静状态，各个国家不断变换联盟，试图在即将来临的战争中获取优势，而这些做法反而加大了冲突发生的可能性。所有国家都从普鲁士在 19 世纪 60 年代和 70 年代取得的胜利中得到了启发，到了 1914 年，欧洲的领导者们已经处于一种一触即发的状态，他们认为疏于防范就会带来灭顶之灾，结果，正是 1914 年 6 月斐迪南大公被塞尔维亚民族主义者行刺的事件刺激了他们的神经，也加速了灾难的到来。

由于担心奥地利的计划，俄国开始出兵，奥地利马上跟上，一个星期以后德国和法国也宣战了。德国想要快速将法国打出战局，开始了"施里芬计划"，想要将法国军队牵制在比利时附近，从北方进攻巴黎。德国的总参谋部尽管在战争中显示出了优秀的战术能力，不过目光短浅，没能意识到入侵中立的比利时会导致英国加入战争。尽管如此，若非法国人在马恩河战役中勉强战胜了侵略者，德国人的打击行动差点就成功了。

战争在一条 800 千米（500 英里）的战线上陷入了胶着状态，这条战线从瑞士一直延伸到海峡港。经过 4 年艰苦的血战，战局几乎没有发生任何变化。通过挖掘堑壕，双方步兵都无法突破，同时由于使用了机枪，例如每分钟可以射击 400—600 发子弹的气冷的霍奇基斯机关枪，使得任何进攻都成了以卵击石。

大炮轰炸

双方都绞尽脑汁寻找打破僵局的办法。在 1916 年的凡尔登，德国人想通过使用大

日俄战争
1904 年 2 月，日本鱼雷艇袭击了阿瑟港中停泊的俄国舰队。外界观察家们总结认为火力将会主导未来欧洲的一切冲突，所以至关重要的战术就是要打得快，而且狠。

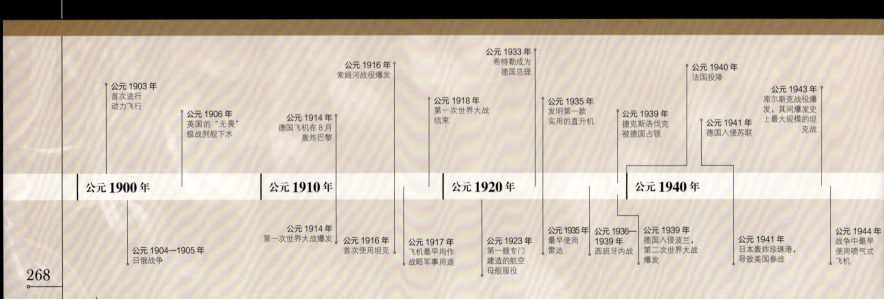

268

炮重创并打败法国军队，他们把法国军队逼入己方大炮能够造成重大伤亡的射程内。法国人顽强地守住了凡尔登，不过的的确确损失了12万人，但是德国也损失了10万人。在进攻之前使用炮轰的做法常常会将阵地变成一片废墟——尤其是在1917年的帕森达勒战役中——几乎无法向前推进，而挣扎中的步兵则成了机枪掩体钟爱的目标。

毒气和坦克

为了打破僵局，新的武器被采用。在1915年4月的伊普尔首次大规模使用了毒气弹，德国人随后在法国防线上打开了一个6000米（4英里）的缺口。尽管使用氯气攻击的成效鼓舞了他们，但毒气的效果带来的恐惧也阻碍了他们的前进。与此类似，坦克出现在1916年9月的索姆河，不过直到几个月后的康布雷战役，它才真正扮演了主要角色。飞机最早用于侦察，从1915年起齐柏林飞艇和戈塔轰炸机对英国城市进行了攻击，不过没起到真正的战略效果。在海上，德国的U型潜艇带来的威胁一度遏制了英国的贸易，不过1917年开始使用的护航系统止住了损失。

尽管德国在1918年取得了暂时性的突破，但他们的资源不堪重负，人力也逐渐消耗，工业系统只能勉强维持军队的需要。当协约国开始反攻的时候，德国已在军事、经济和社会方面面临全面崩溃，最终在11月接受了停战协定。

之后，德国的一些政治领袖认为自己被停战协定欺骗了，他们将其视作政治性的协定而非军事上的投降协定。大萧条带来的经济危机促使意大利和德国的法西斯主义开始抬头。到了20世纪30年代后期，希特勒重新武装了德国，恐吓或吞并了弱小的邻国，并迫使法国和英国接受现状。希特勒错误地认为英国不会心甘情愿同意，这导致了他战略上的一大失误——在1939年入侵波兰——直接引发了第二次世界大战。到了1940年，德国军队采用"闪击战"的形式打败了低地国家、斯堪的纳维亚半岛以及法国。在法国，装甲车远远地冲在步兵的前面，而焦头烂额的法国统帅部还以为德国人会重蹈上一次战争中"施里芬计划"的覆辙。

空战

希特勒的军队给养不济，使得英国大部分军力从敦刻尔克完成大撤退。于是，希特勒亲自策划了世界上首次真正的空中

机枪火力网

机枪在第一次世界大战中的广泛使用促使战斗双方的平衡发生了变化，进攻方的优势转向了防守方。此处描绘的是1916年6月发生的索姆河战役的场景，仅在进攻的第一天就有2万名英国士兵丧生，其中许多人倒在了机枪火力之下。

战役，即不列颠之战。在 1940 年夏天，他试图击败英国皇家空军，为入侵英国本土扫平道路。然而英国已经发展出了雷达系统来侦察来袭的飞机。由于德国空军在与法国作战的时候已经消耗了许多，在和英国的新一代战斗机，例如喷火战斗机作战的时候不得不承受无人可换的损失。由于能力接近极限，德国人从 9 月开始转而对城市进行夜袭轰炸，入侵行动无限期地延长下去。后来英国对德国也采取了大规模的战略性轰炸，一方面为了摧毁其战略性工业设施，另一方面（这一点存在争议）为了打击敌人的士气。1945 年 2 月，德累斯顿在盟军的一轮轰炸之后被夷为平地。

德国军队装备精良，大部分配备着毛瑟步兵格韦尔 98 栓式枪机步枪，而且带队的是欧洲最专业的军官。不过从更高的层面来说，正是战略上的贪婪和过快的扩张葬送了德国的这场战争。1941 年 6 月希特勒入侵苏联，表明他并没有吸取 1812 年拿破仑战争的教训——苏联庞大的国土面积意味着它能够承受巨大的领土和人力损失。尽管德军在 1941 年 12 月已经打到莫斯科郊外，但他们的坦克由于低温无法使用，步兵没有配备防寒装备，也没有预备队，而苏联则拥有从西伯利亚内地调来的新鲜力量。德国缺乏石油，于是希特勒计划向南夺取高加索地区的油田。1942 年，德国人在斯大林格勒陷入了一场艰苦的逐家逐户的巷战，这是现代城市战争的第一个真实案例。苏联在 11 月发起的反击将 20 万德军困在城中，之后德军再也没能从这一损失中恢复过来。

1944 年，盟军在西线的诺曼底组织了史上最大规模的两栖登陆行动，从而直插德国本土。德军开发了一系列新式武器试图挽回败局，其中包括喷气式战斗机、V-2 导弹和远程导弹，不过还是没能阻止 1945 年 5 月柏林的陷落。

日本的海战

从 1941 年开始，美国与其盟友在太平洋地区对日本发起了战争。日本在 1941 年偷袭珍珠港，战争初期势力横扫马来半岛、菲律宾以及一系列的太平洋岛屿。美国以海战为主进行的战役令日本陷入孤立。日本在 1942 年的中途岛战役中损失了 4 艘航空母舰之后，便再也没能从这次重创中恢复过来。尽管日本负隅顽抗，而且在 1945 年的冲绳岛战役中使美军损失了 65000 人，可最后的问题不过是美国到底有没有打入日本本土的意愿罢了。

美国的答案是，1945 年 8 月在广岛和长崎首次使用了原子弹。这迫使了日本投降，并且改变了军事战略思维的模式。世界在接下来的 45 年里陷入了一场"冷战"，通过恐怖的力量平衡来保持和平。美国在 1949 年发起建立了"北大西洋公约组织"与欧洲的苏联进行对抗，苏联则以 1955 年发起签订的《华沙条约》作为回应。北大西洋公约组织从未在西欧建立起能够阻止苏联力量扩张的足够强大的地面军事力量。不过微妙之处在于，这种局面有助于保持和平，因为任何攻击都有可能导致针对苏联的核弹攻击。

亚洲战争

超级大国之间潜在冲突爆发的危险的确存在，尤其是在亚洲。1950—1953 年，美国在朝鲜发动了一场非正义的战争。它于 20 世纪 60 年代又在越南陷入了一场要命的战争。美国对南越提供了援助，开始的时候是军事援助和建议，后来数以万计的地面部队侵入越南。这场战争中首次将直升机作为一种军事力量大量使用，并且进行了大规模的战略性轰炸，但是美国最终陷入了游击战的无底泥潭。随着 1973 年美国撤军，南越傀儡政府的军队很快便被打败。

现代战争

中东地区在历史上就是一块长期紧张的地区，在以色列和其他阿拉伯邻国

AK47
苏联最早在 1947 年研制了卡什尼科夫冲锋枪（也称为 AK47）。它结构简单，成本低廉，结实耐用，成了世界范围内游击战和解放运动使用的主流武器。图中展示的这款枪生产于约 1980 年。

之间爆发了一系列的战争（1948、1967、1973）。在20世纪90年代以前，超级大国们除了进行经济代理或者政治恐吓以外并没有直接参与到这个地区的冲突中。由于萨达姆·侯赛因政权想要扩张领土，而且（据说）打算发展核武器，这促使美国在1991年和2003年发起了两场战争。第一场战争首次使用了巡航导弹和激光制导的"智能"炸弹，后者几乎不可能打偏目标。

2003年入侵伊拉克的战争令萨达姆·侯赛因政权倒台，这场战争是以一系列类似的先进武器为特征的，不过仍旧需要有美国陆军打到巴格达，这说明即使空军、导弹和通信科技再发达，还是需要派出地面部队去控制战场。与此类似，美国在处理伊拉克日益增长的反抗活动上的失败表明，即使拥有近乎无限的后勤补给、拥有一个世纪以前无法想象的大威力武器，以及拥有核导弹武器库，但有时这些武力也毫无意义。恐怖主义、国家动荡以及种族灭绝的内战，这些都是新的挑战，而且导致死亡的常常既有M16也有大砍刀。统观人类历史，对于塑造政治形态来说，拥有最先进的武器一向都是远远不够的。

非洲的刃类武器

在非洲发现的传统武器反映出这片大陆的种族和文化差异。在撒哈拉北部沿东非海岸地区，由于受到阿拉伯和奥斯曼帝国的影响，其武器与伊斯兰地区十分类似。而撒哈拉以南地区喜欢制造有刃武器，例如极富特色的飞刀、战镯以及"行刑刀"。其中很多武器直到欧洲殖民者统治非洲大部分地区以后的很长时间里还在使用。

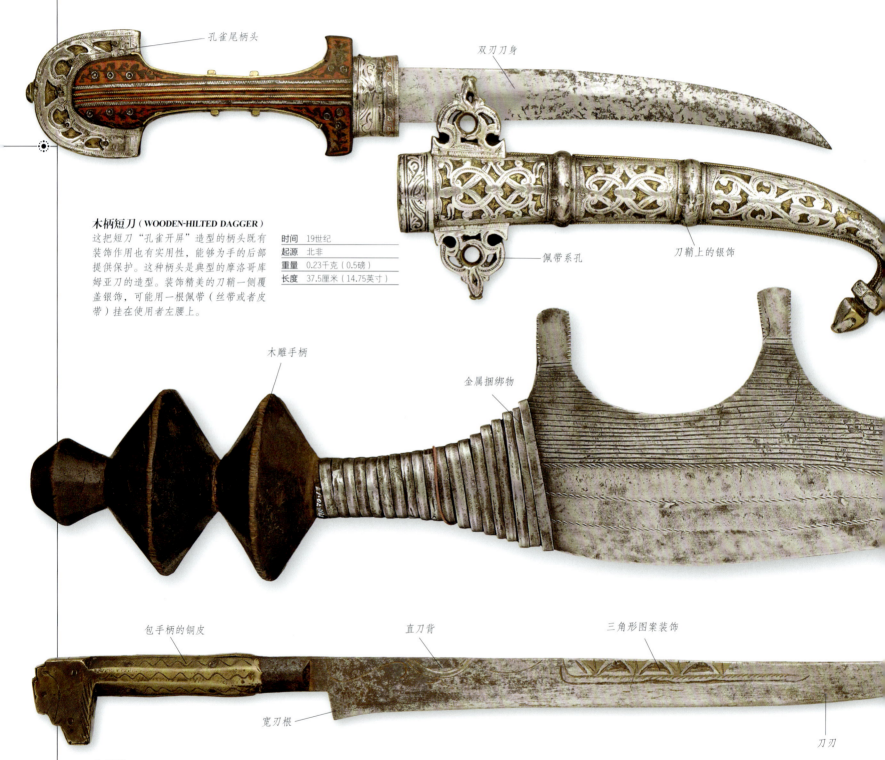

木柄短刀（WOODEN-HILTED DAGGER）
这把短刀"孔雀开屏"造型的柄头既有装饰作用也有实用性，能够为手的后部提供保护。这种柄头是典型的摩洛哥库姆亚刀的造型。装饰精美的刀鞘一侧覆盖银饰，可能用一根佩带（丝带或者皮带）挂在使用者左腰上。

时间	19世纪
起源	北非
重量	0.23千克（0.5磅）
长度	37.5厘米（14.75英寸）

弗莱萨（FLYSSA）
尽管这把刀的来源不太确定，但其形状和装饰风格与阿尔及利亚东北部卡拜尔柏柏尔人所使用的弗莱萨军刀十分相似。八边形的手柄上覆盖着经过装饰的铜皮，这说明它是一把被截短的弗莱萨。

时间	19—20世纪
起源	北非
重量	0.16千克（0.35磅）
长度	37厘米（14.5英寸）

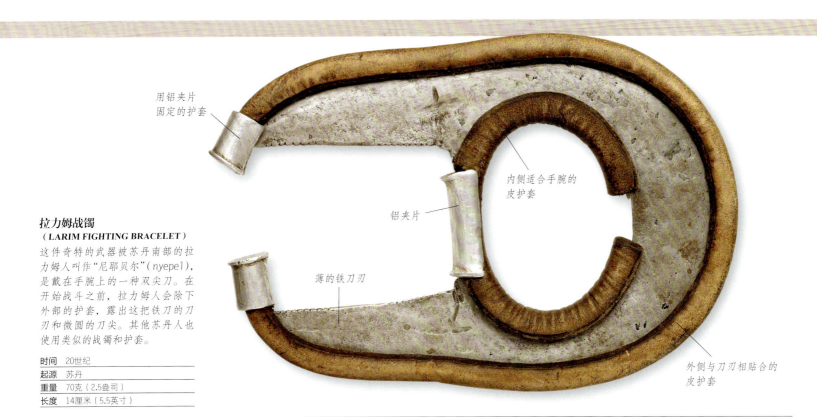

拉力姆战镯（LARIM FIGHTING BRACELET）

这件奇特的武器被苏丹南部的拉力姆人叫作"尼耶贝尔"（nyepel），是戴在手腕上的一种双尖刀。在开始战斗之前，拉力姆人会除下外部的护套，露出这把铁刀的刀刃和微圆的刀尖。其他苏丹人也使用类似的战镯和护套。

时间	20世纪
起源	苏丹
重量	70克（2.5盎司）
长度	14厘米（5.5英寸）

标注：用铝夹片固定的护套；内侧适合手腕的皮护套；铝夹片；薄的铁刀刃；外侧与刀刃相贴合的皮护套

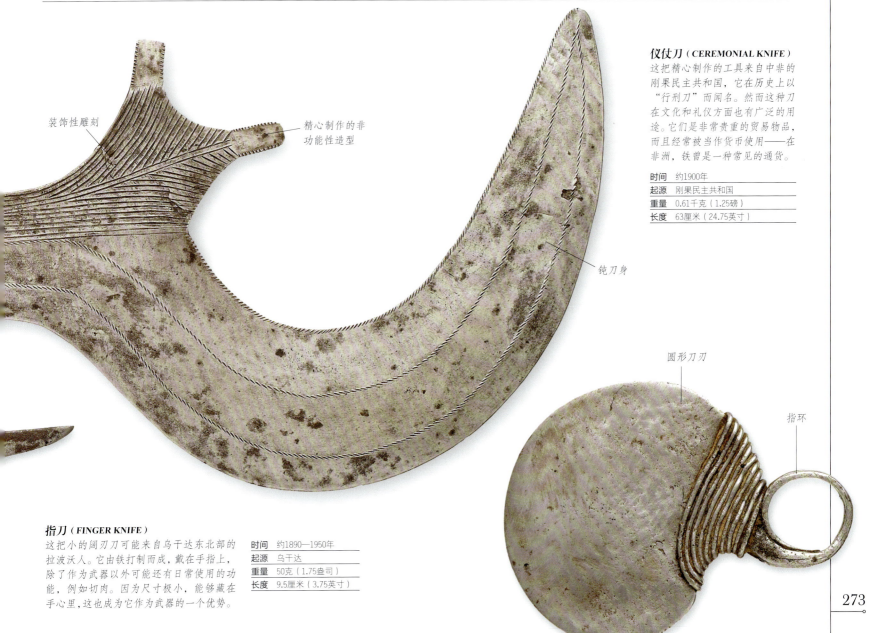

仪仗刀（CEREMONIAL KNIFE）

这把精心制作的工具来自中非的刚果民主共和国，它在历史上以"行刑刀"而闻名。然而这种刀在文化和礼仪方面也有广泛的用途。它们是非常贵重的贸易物品，而且经常被当作货币使用——在非洲，铁曾是一种常见的通货。

时间	约1900年
起源	刚果民主共和国
重量	0.61千克（1.25磅）
长度	63厘米（24.75英寸）

标注：装饰性雕刻；精心制作的非功能性造型；钝刀身

指刀（FINGER KNIFE）

这把小的阔刃刀可能来自乌干达东北部的拉波沃人。它由铁打制而成，戴在手指上，除了作为武器以外可能还有日常使用的功能，例如切肉。因为尺寸极小，能够藏在手心里，这也成为它作为武器的一个优势。

时间	约1890—1950年
起源	乌干达
重量	50克（1.75盎司）
长度	9.5厘米（3.75英寸）

标注：圆形刀刃；指环

非洲的刃类武器

公元1900—2006年

◀ 178—179 非洲的刃类武器　　◀ 180—181 祖鲁战士　　◀ 182—183 大洋洲的杖棍和匕首

苏丹弯刀（CURVED SUDANESE KNIFE）
这把"镰刀"——这么叫是因为它弯曲的刀身——由苏丹南部的赞德人制成，可能在战争中作为飞刀使用，不过也可以用作生产工具，或者当作权力的象征来佩带。

时间	20世纪早期
起源	苏丹
重量	0.55千克（1.25磅）
长度	46.5厘米（18.25英寸）

抛光的木柄头　　铜线和铁线　　刀的柄芯

开赛铜短剑（KASAI COPPER DAGGER）
这把风格独特的铜刃短剑来自开赛地区，位于现在的刚果民主共和国，其风格可能受到了伊斯兰地区的影响。其剑柄经过精心装饰，握持舒适。

时间	约1900年
起源	刚果民主共和国

有装饰的剑柄　　铜剑刃

贝宁仪仗剑（BENIN CEREMONIAL SWORD）
这把剑也叫作"埃本"（eben），来自西非的贝宁王国。它通常由贝宁的工匠用铁打造而成，由国家的宗教统治者"奥巴"（Oba）以及他的酋长们佩带。

时间	约1900年
起源	贝宁
长度	45厘米（17.75英寸）

末端的黄铜环　　象牙雕成的剑柄　　穿孔造型

华丽的仪仗剑（ORNATE CEREMONIAL SWORD）
这把剑属于柯菲·卡里卡里（Kofi Karikari），他从1867年到1874年统治着西非的阿散蒂王国（Asante Kingdom，现为加纳中部行政区，曾为一王国）。与其说这是一件武器，不如说是皇权的象征——它的铁刃没有开锋。包金的木球代表种子，是财富和丰收的象征。

时间	约1870年
起源	阿散蒂

包金的木球

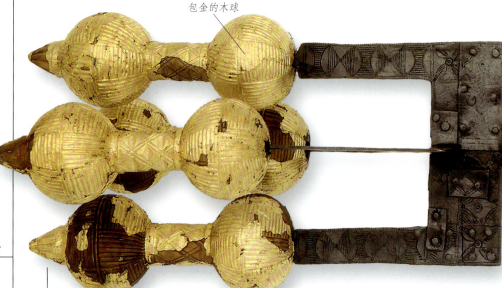

手持埃本的贝宁酋长

15世纪到19世纪是贝宁王国的繁荣时期。这幅铜版画由贝宁工匠制成，展示了一位手持埃本的酋长，他的右手高举仪仗剑，作出一个忠于奥巴或者国王的姿势。在祭祀祖先的舞蹈中，奥巴本人也会手持埃本，用它触碰父亲坟墓前面的土地。埃本直到20世纪还在继续生产。

宽脊带

弯曲的铁制刀身两侧都有刃

弯曲的金属刃

双尖刀刃

叶状剑身

有棱的手柄

穿孔装饰

没有开锋的铁刃

直的锥形刃

飞刀（THROWING KNIFE）

这种造型怪异的多刃飞刀在非洲的很多地方都能找到。这件展品来自刚果。当飞刀被投掷出去的时候会绕着自身的重心旋转，危险的刀刃划过空中，不论哪个刀尖击中对手都能对其造成伤害。

时间 19世纪晚期至20世纪早期
起源 刚果民主共和国

275

刺刀和刀（1914—1945）

公元 1900—2006 年

◀174—175 欧洲和美国的刺刀　◀220—221 武器展示：贝克来复枪　◀236—237 武器展示：恩菲尔德前装线膛枪

欧洲军队参加第一次世界大战的时候认为刺刀冲锋是步兵取胜的关键。然而实践证明，在机枪和步枪面前，步兵不论使用何种刺刀都只能纷纷倒下。士兵们戏谑地称，比起打仗，刺刀在开罐头的时候更加有用。即便如此，刺刀仍一直沿用至今，但通常刀身较短。战斗刀的作用在1914—1918年的堑壕战中得到了证明，第二次世界大战中的特种部队也在使用，主要给未配备刺刀的步兵作为近战武器。

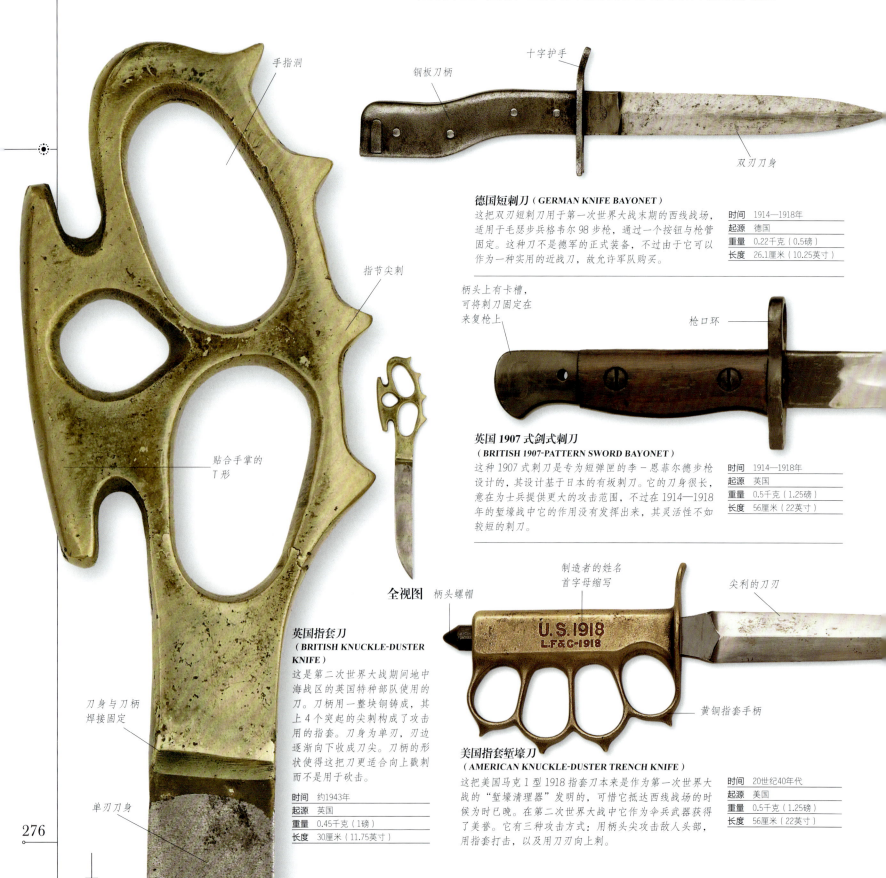

德国短刺刀（GERMAN KNIFE BAYONET）
这把双刃短刺刀用于第一次世界大战末期的西线战场，适用于毛瑟步枪格韦尔98步枪，通过一个按钮与枪管固定。这种刀不是德军的正式装备，不过由于它可以作为一种实用的近战刀，故允许军队购买。

时间	1914—1918年
起源	德国
重量	0.22千克（0.5磅）
长度	26.1厘米（10.25英寸）

英国1907式剑式刺刀（BRITISH 1907-PATTERN SWORD BAYONET）
这种1907式刺刀是专为短弹匣的李－恩菲尔德步枪设计的，其设计基于日本的有坂刺刀。它的刀身很长，意在为士兵提供更大的攻击范围，不过在1914—1918年的堑壕战中它的作用没有发挥出来，其灵活性不如较短的刺刀。

时间	1914—1918年
起源	英国
重量	0.5千克（1.25磅）
长度	56厘米（22英寸）

英国指套刀（BRITISH KNUCKLE-DUSTER KNIFE）
这是第二次世界大战期间地中海战区的英国特种部队使用的刀。刀柄用一整块铜铸成，其上4个突起的尖刺构成了攻击用的指套。刀身为单刃，刃边逐渐向下收成刀尖。刀柄的形状使得这把刀更适合向上戳刺而不是用于砍击。

时间	约1943年
起源	英国
重量	0.45千克（1磅）
长度	30厘米（11.75英寸）

美国指套堑壕刀（AMERICAN KNUCKLE-DUSTER TRENCH KNIFE）
这把美国马克1型1918指套刺刀本来是作为第一次世界大战的"堑壕清理器"发明的，可惜它抵达西线战场的时候为时已晚。在第二次世界大战中它作为伞兵武器获得了美誉。它有三种攻击方式：用柄头尖刺攻击敌人头部，用指套打击，以及用刀刃向上刺。

时间	20世纪40年代
起源	美国
重量	0.5千克（1.25磅）
长度	56厘米（22英寸）

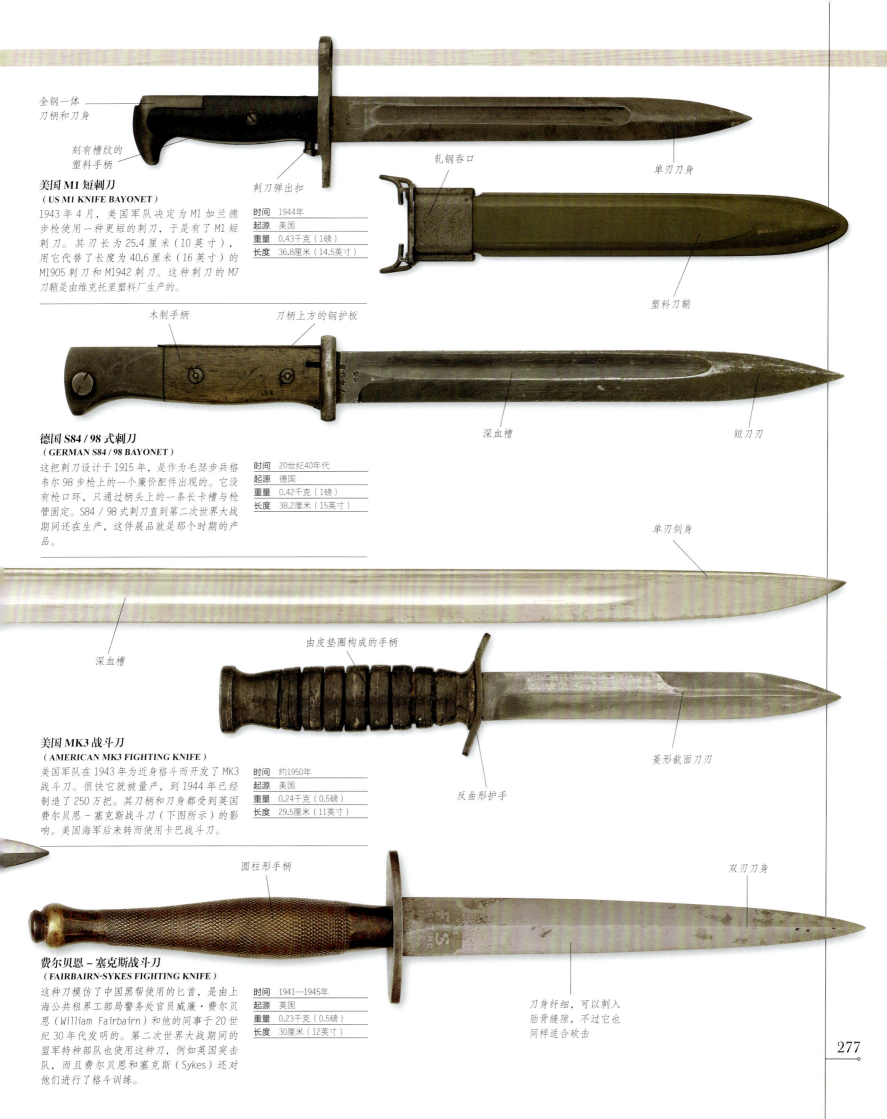

全钢一体刀柄和刀身

刻有槽纹的塑料手柄

刺刀弹出扣

轧钢吞口

单刃刀身

美国 M1 短刺刀
（US M1 KNIFE BAYONET）

1943 年 4 月，美国军队决定为 M1 加兰德步枪使用一种更短的刺刀，于是有了 M1 短刺刀。其刃长为 25.4 厘米（10 英寸），用它代替了长度为 40.6 厘米（16 英寸）的 M1905 刺刀和 M1942 刺刀。这种刺刀的 M7 刀鞘是由维克托里塑料厂生产的。

时间	1944年
起源	美国
重量	0.43千克（1磅）
长度	36.8厘米（14.5英寸）

塑料刀鞘

木制手柄

刀柄上方的钢护板

德国 S84 / 98 式刺刀
（GERMAN S84 / 98 BAYONET）

这把刺刀设计于 1915 年，是作为毛瑟步兵格韦尔 98 步枪上的一个廉价配件出现的。它没有枪口环，只通过柄头上的一条长卡槽与枪管固定。S84 / 98 式刺刀直到第二次世界大战期间还在生产，这件展品就是那个时期的产品。

时间	20世纪40年代
起源	德国
重量	0.42千克（1磅）
长度	38.2厘米（15英寸）

深血槽

短刀刃

单刃剑身

深血槽

由皮垫圈构成的手柄

美国 MK3 战斗刀
（AMERICAN MK3 FIGHTING KNIFE）

美国军队在 1943 年为近身格斗而开发了 MK3 战斗刀。很快它就被量产，到 1944 年已经制造了 250 万把。其刀柄和刀身都受到英国费尔贝恩 – 塞克斯战斗刀（下图所示）的影响。美国海军后来转而使用卡巴战斗刀。

时间	约1950年
起源	美国
重量	0.24千克（0.5磅）
长度	29.5厘米（11英寸）

菱形截面刀刃

反曲形护手

圆柱形手柄

双刃刀身

费尔贝恩 – 塞克斯战斗刀
（FAIRBAIRN-SYKES FIGHTING KNIFE）

这种刀模仿了中国黑帮使用的匕首，是由上海公共租界工部局警务处官员威廉·费尔贝恩（William Fairbairn）和他的同事于 20 世纪 30 年代发明的。第二次世界大战期间的盟军特种部队也使用这种刀，例如英国突击队，而且费尔贝恩和塞克斯（Sykes）还对他们进行了格斗训练。

时间	1941—1945年
起源	英国
重量	0.23千克（0.5磅）
长度	30厘米（12英寸）

刀身纤细，可以刺入肋骨缝隙，不过它也同样适合砍击

277

第一次世界大战
第一次世界大战的西部战线从瑞士边境一直延伸到北海。这些德国海军士兵装备着毛瑟步兵格韦尔98步枪,在战线北端采取守势。

法国"一战"步兵

在第一次世界大战期间（1914—1918）战斗于西部战线的法国应征士兵是公民士兵，他们认为在军队服役是自己保家卫国的职责，并且将其看作是获取爱国主义荣耀的一种途径。由于遭受了巨大损失，堑壕战使得士气低落，这些因素导致部分法国军队在1917年发生了叛变。尽管如此，法国士兵在马恩河战役和凡尔登战役中还是经受住了严酷的考验。

公民士兵

在第一次世界大战前，每个法国年轻男性都有义务为国家服役至少2年（1913年提高为3年），此后终身成为预备役。所以从理论上说，法国可以把所有的男性公民看作是受过训练的士兵。在战争期间总共有超过800万人为战争服务，而在最多的时候有150万人在役。战争刚刚开始的时候，法国人使用的是老式步枪，机枪不够，重炮几乎没有，而且其鲜艳的制服成了最好的靶子。士兵们在这种装备条件下受命向德国占据压倒性优势的火力发起进攻。在第一次马恩河战役中法国击败了德国，这才确保了它幸存下来。不过尽管如此，法国在战争开始的前3个月就损失了大约100万人。随后而来的是堑壕战，高射速步枪和机关枪自然不再风光，防守方获得了优势。法国步兵面临的环境比他们的英国盟友更糟糕，在条件恶劣的堑壕里饱受炮兵轰炸和毒气弹的攻击。在凡尔登，尽管遭到大量的减员，他们的士气并没有被击垮，不过1917年早期无谓的进攻导致了士兵大范围的不满。当权者被迫增加食物供给和休假，并且减少无谓的牺牲。士气慢慢得以恢复，最终，法国步兵为1918年的胜利作出了巨大贡献。

在凡尔登战斗的法国步兵
在1916年2月，德军进攻堡垒城市凡尔登，意图"榨干法国人的每一滴血"。在德国重炮的轰炸之下，法国步兵经历了几个月绝望的防御，以牺牲40万人的代价守住了阵地。

机枪队
1915年，法国步兵正在操作一挺霍奇基斯机枪。法国机枪的性能普遍不佳——这种霍奇基斯机枪使用的是25发容量的条形弹夹（金属弹板），而不是更为高效的弹链供弹装置。

艾德里安钢盔

装个人物品的背包

堑壕制服
（TRENCH UNIFORM）
法国步兵原来的制式服装包括蓝色外衣、亮红色的裤子和布帽，在1915年被更换为更为低调的蓝灰色制服及钢盔。

浅蓝灰色外套

从脚踝到膝盖的绑腿

战争的代价

在第一次世界大战中总共有830万法国士兵服役，其中近140万人死亡，另有300万人受伤，约75万人终身或长期残疾。法国男性中超过五分之一阵亡，18岁到35岁之间的男性死亡率如此之高，以至于完全称得上是"失去的一代"。杜奥蒙公墓是为纪念凡尔登战役的可怕损失而建的，里面容纳了数以十万计的无法辨认的法国和德国士兵的遗骸。

杜奥蒙公墓

战斗工具

曼利夏 – 贝蒂埃步枪

F1 手雷　　P1 手雷　　西特龙防御手雷　　霍奇基斯机枪

"人类已经疯了！多么恐怖的战争啊！地狱也没这么可怕。人们都疯了！"

阿尔弗雷德·朱伯特（Alfred Joubert）少尉，1916 年 5 月 23 日的日记，凡尔登

自动装填手枪（1900—1920）

博查特手枪和毛瑟C96手枪证明了自动手枪的可靠性，但它们制造成本高昂，而且笨重不便。下一代此类手枪变得更为简易，也因此制造成本更低。20世纪早期这类武器中的佼佼者直到现在还颇受欢迎，例如约翰·摩西·勃朗宁的柯尔特M1911手枪和乔治·鲁格的P08手枪，其最初产品则是收藏家的最爱。

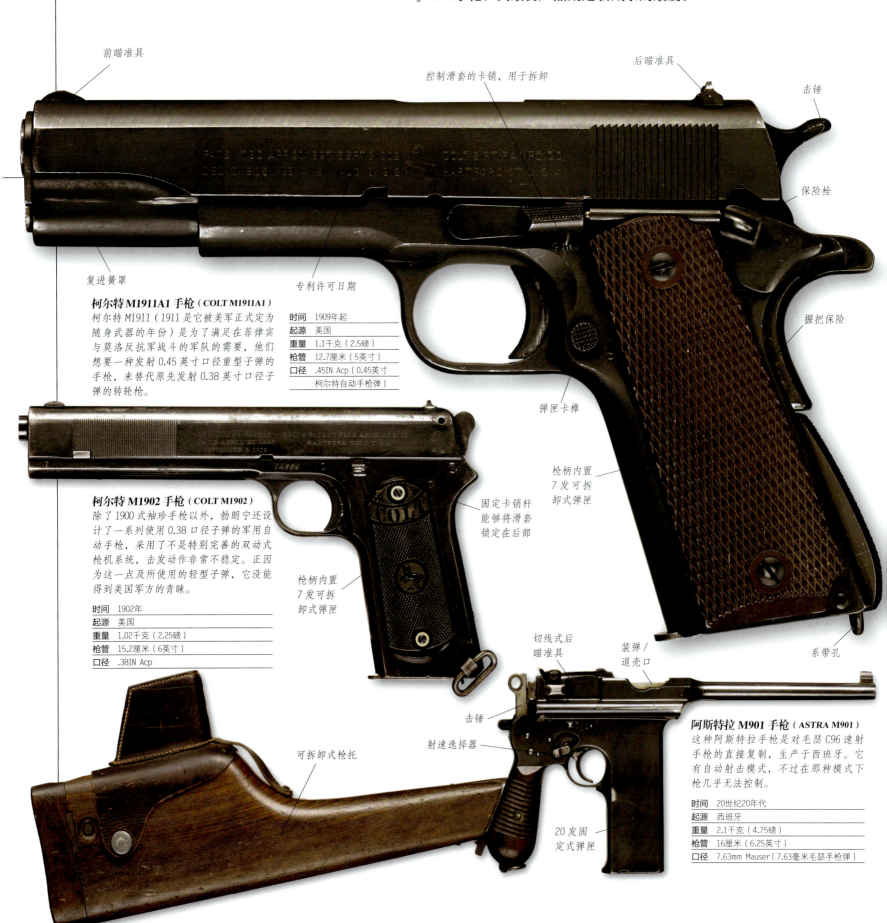

柯尔特M1911A1手枪（COLT M1911A1）
柯尔特M1911（1911是它被美军正式定为随身武器的年份）是为了满足在菲律宾与莫洛反抗军战斗的军队的需要，他们想要一种发射0.45英寸口径重型子弹的手枪，来替代原先发射0.38英寸口径子弹的转轮枪。

时间	1909年起
起源	美国
重量	1.1千克（2.5磅）
枪管	12.7厘米（5英寸）
口径	.45IN Acp（0.45英寸柯尔特自动手枪弹）

柯尔特M1902手枪（COLT M1902）
除了1900式袖珍手枪以外，勃朗宁还设计了一系列使用0.38口径子弹的军用自动手枪，采用了不是特别完善的双动式枪机系统，击发动作非常不稳定。正因为这一点及所使用的轻型子弹，它没能得到美国军方的青睐。

时间	1902年
起源	美国
重量	1.02千克（2.25磅）
枪管	15.2厘米（6英寸）
口径	.38IN Acp

阿斯特拉M901手枪（ASTRA M901）
这种阿斯特拉手枪是对毛瑟C96速射手枪的直接复制，生产于西班牙。它有自动射击模式，不过在那种模式下枪几乎无法控制。

时间	20世纪20年代
起源	西班牙
重量	2.1千克（4.75磅）
枪管	16厘米（6.25英寸）
口径	7.63mm Mauser（7.63毫米毛瑟手枪弹）

前瞄准具　　10厘米（4英寸）枪管，在第一次世界大战以后德国允许采用的最长枪管　　固定卡销杆　　退壳口　　肘节式枪机圆钮同时用作枪机控制器　　向上扳动可打开肘节式枪机圆钮　　保险栓　　弹匣卡榫　　枪柄内置10发可拆卸式弹匣　　弹匣柄

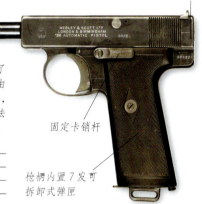

枪管锁定块　　退壳口　　装填口　　击锤　　保险栓　　枪柄内置8发固定式弹匣

斯泰尔"哈恩"M1911手枪
（STEYR "HAHN" M1911）

文德尔（Wemdl）花了多年时间想要制造一款成功的军用手枪，最终M1911成功了。它与柯尔特的设计概念相似，不过使用的是枪管旋转式闭锁机构。

时间	1911年
起源	奥地利
重量	0.98千克（2.25磅）
枪管	12.7厘米（5英寸）
口径	7.63毫米

鲁格P08手枪（LUGER P'08）

乔治·鲁格在1900年设计的这款P08式手枪是世界上最著名的手枪之一，拥有可称为偶像级的地位。他复制了7年前博查特手枪的许多特点，但采用了叶式复进簧，并将其装入枪柄内，显著提高了整体的平衡性。鲁格为这款手枪开发改进款的子弹，即巴拉贝鲁姆（Parabellum）手枪弹，后来成为全世界采用的标准。

时间	1908年
起源	德国
重量	0.88千克（2磅）
枪管	10厘米（4英寸）
口径	9mm Parabellum（9毫米巴拉贝鲁姆手枪弹）

前瞄准具　　封闭式击锤　　固定卡销杆　　枪柄内置7发可拆卸式弹匣

韦伯利1910式手枪
（WEBLEY MODEL 1910）

伯明翰的韦伯利在1904年以后制造了一批后膛锁闭自动手枪。它们全都是由J.H.怀特宁（J.H.Whiting）设计的，他与火星公司的休·加比特－费尔法克斯合作。有些警察机构使用这种枪。

时间	1910年
起源	英国
重量	0.96千克（2.25磅）
枪管	12.7厘米（5英寸）
口径	9mm Short（9毫米手枪短弹）

前瞄准具　　装填/退壳口　　击锤　　枪柄内置10发固定式弹匣

斯泰尔－曼利夏M1905手枪
（STEYR-MANNLICHER M1905）

M1905由斯泰尔的文德尔制造，是曼利夏主持设计的一系列手枪中的最后一款，而他设计的步枪更为有名。这种枪结构复杂且造价昂贵，于是成了一款短命产品。

时间	1905年
起源	奥匈帝国
重量	0.94千克（2磅）
枪管	16厘米（6.25英寸）
口径	7.63mm Mannlicher（7.63毫米曼利夏手枪弹）

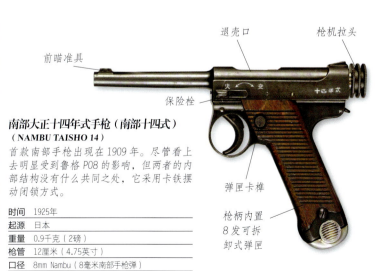

退壳口　　枪机拉头　　前瞄准具　　保险栓　　弹匣卡榫　　枪柄内置8发可拆卸式弹匣

南部大正十四年式手枪（南部十四式）
（NAMBU TAISHO 14）

首款南部手枪出现在1909年。尽管看上去明显受到鲁格P08的影响，但两者的内部结构没有什么共同之处，它采用卡铁摆动闭锁方式。

时间	1925年
起源	日本
重量	0.9千克（2磅）
枪管	12厘米（4.75英寸）
口径	8mm Nambu（8毫米南部手枪弹）

自动装填手枪（1920—1950）

如果说有人对自动手枪的可靠性曾经有所怀疑的话，这些疑虑在第一次世界大战以后基本都消除了，当时四大参战方（奥匈帝国、德国、土耳其和美国）的军官都携带自动手枪。设计不佳的产品仍然在生产，不过它们很难进入军方市场（日本的94式是一个例外）。新款手枪大多数是经典型号的继承者，例如鲁格和柯尔特M1911。

勃朗宁GP35手枪（BROWNING GP35）

这是勃朗宁设计的最后一款大威力（Grand puissance）手枪，被比利时军队采用，在第二次世界大战期间其设计图被走私到了英国，并且在加拿大投入了生产。它的基本设计理念与M1911类似，在枪管后部采用了相同的枪管偏移式（枪管摆动式）闭锁机构，不过对细节进行了改进，以降低成本，便于维护。它是英国军队接受的首款自动手枪（1954）。

时间	1935年
起源	比利时
重量	0.99千克（2.25磅）
枪管	11.8厘米（4.75英寸）
口径	9mm Parabellum

星型M式手枪（STAR MODEL M）

它由位于埃巴的埃彻维利亚生产，是所有仿造柯尔特M1911的枪型中最好的一款，不过它没有握把保险，而柯尔特在20世纪20年代中期采用了这种设计。它有各种不同的样式和口径，一直生产到20世纪80年代中期。

时间	1932年
起源	西班牙
重量	1.07千克（2.25磅）
枪管	12.5厘米（5英寸）
口径	9mm Largo（9毫米拉戈手枪弹）

托卡列夫TT1933式手枪（TOKAREV TT MODEL 1933）

托卡列夫TT是苏联红军广泛使用的第一款自动手枪。它在设计上与勃朗宁GP35相似，采用单动枪管偏移式闭锁机构。它的结构简单，无需工具就能拆开。它没有保险栓，不过可以置于半锁闭状态。

时间	1933年
起源	苏联
重量	0.85千克（1.75磅）
枪管	11.6厘米（4.5磅）
口径	7.62mm Soviet Auto（7.62毫米托卡列夫手枪弹）

拉多姆 M1935 手枪（RADOM M1935）
这是由维尔尼维茨雅克（Wilneiwczyc）和斯科兹宾斯基（Skrzypinski）为拉多姆工厂设计的，于20世纪30年代早期投产，其设计概念与勃朗宁大威力手枪类似，不过其结构更加紧凑，并有额外的安全装置，包括握把保险，以及一个拉下击锤和弹回撞针的装置，这使得它可以用单手安全操作。

时间	1935年
起源	波兰
重量	1.05千克（2.25磅）
枪管	11.5厘米（4.5英寸）
口径	9mm Parabellum

贝雷塔 1934 式手枪（BERETTA MODEL 1934）
彼得罗·贝雷塔SpA是世界上历史最悠久的制枪厂之一，其历史长达4个世纪，而且长期为国家军队提供武器。它的M1934在第二次世界大战期间正式成为意大利军官的随身武器。其设计是从20年前的一款枪演化而来的。它使用气体反吹机构，没有任何的锁闭机构，只能发射一种小威力子弹，通常口径为7.65毫米。

时间	1934年
起源	意大利
重量	0.65千克（1.5磅）
枪管	15.2厘米（6英寸）
口径	9mm Short

斯捷奇金 APS 手枪（STECHKIN APS）
斯捷奇金手枪是一款不成功的产品，它试图成为一款保安部队使用的全自动手枪。与马卡罗夫手枪一样，它使用的是基于美国沃尔特PP的无锁气体反吹机构设计，而实际上它使用自动模式时无法有效控制。

时间	20世纪60年代
起源	苏联
重量	1.03千克（2.25磅）
枪管	12.7厘米（5英寸）
口径	9mm Makarov（9毫米马卡罗夫手枪弹）

马卡罗夫 PM 手枪（MAKAROV PM）
作为苏联红军的标准随身武器，这件托卡列夫手枪的替代品是美国沃尔特PP的仿制品，使用双动式枪机和两级保险装置。其子弹达到了当时保证安全的前提下采用气体反吹设计能够达到的最大威力。

时间	20世纪50年代
起源	苏联
重量	0.7千克（1.5磅）
枪管	9.7厘米（3.75英寸）
口径	9mm Makarov

公元 1900—2006 年

◂208—209 自动装填手枪　　◂282—283 自动装填手枪（1900—1920）　　◂284—285 自动装填手枪（1920—1950）

自动装填手枪（1950年以后）

惠灵顿公爵早在19世纪初就曾质疑手枪作为一件武器在战争中的价值，等到进入机械化战争时代的时候，这一问题的答案变得很清晰了：它除了自卫以及或许能够鼓舞士气以外没什么价值。不过手枪最后被证明在某些领域还是有价值的，那就是在安保和警察勤务方面，于是为这些用途而生的新一代手枪出现了。

赫克勒 – 科赫 VP70M 手枪（HECKLER & KOCH VP70M）

VP70M 是第一款大量使用塑料的手枪，也是制作全自动手枪的另一次尝试，不过它仅限于3发连射，控制机构置于可拆卸枪托内部，当被拆下来的时候，就又变回了普通的半自动操作模式。

时间	20世纪70年代
起源	德国
重量	1.55千克（3.5磅）(含肩托)
枪管	11.6厘米（4.5英寸）
口径	9mm Parabellum

贝雷塔 92FS 式手枪（BERETTA MODEL 92 FS）

贝雷塔 92 式在 20 世纪 80 年代被美国军方选中，代替柯尔特 M1911A1 成为标准的随身武器。它采用常规的短程后坐力设计，使用铸铝枪框以减轻重量。滑套两侧顶部削去，以便于在弹匣遗失或者损坏的情况下手动装填子弹。

时间	1976年
起源	意大利
重量	0.98千克（2.25磅）
枪管	10.9厘米（4.25英寸）
口径	9mm Parabellum

格洛克 17 手枪（GLOCK 17）

格洛克 17 的枪身全部用塑料制成，有 4 根钢轨来引导钢制往复运动部件。与众不同的是，它的膛线是六角形的：由小圆弧连接起来的一组 6 个平面。它使用勃朗宁单动枪管偏移式闭锁机构。

时间	1982 年
起源	奥地利
重量	0.6 千克（1.25 磅）
枪管	11.4 厘米（4.5 英寸）
口径	9mm Parabellum

- 复进簧和激光瞄准具护罩
- 加大的扳机护圈便于戴手套使用
- 枪柄内置 17 发弹匣

赫克勒－科赫 USP 手枪（HECKLER & KOCH USP）

通用公务手枪（USP）是赫克勒－科赫对格洛克的回应，这款枪也大量使用了塑料，采用经过检验可靠耐用的勃朗宁闭锁机构。USP 的设计便于改装，有 9 种不同的配置方法。

时间	1993 年
起源	德国
重量	0.75 千克（1.75 磅）
枪管	10.7 厘米（4.25 英寸）
口径	9mm Parabellum

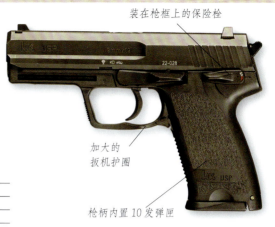

- 装在枪框上的保险栓
- 加大的扳机护圈
- 枪柄内置 10 发弹匣

- 射角调节手轮
- 滚花式枪栓拉手
- 可调式目镜
- 击锤
- 保险栓
- 出厂日期
- 反曲形的扳机护圈便于双手持枪
- 枪柄内置 9 发弹匣

沙漠之鹰（DESERT EAGLE）

由于沙漠之鹰用的是手枪所能使用的威力最大的子弹，所以它的每一个部件尺寸都较大。与其他的自动手枪不同，它采用的是导气式、模块化（标准组件）设计。它的标准枪身可以和一系列使用不同口径子弹的手枪部件兼容，从 0.357 英寸马格努姆手枪弹到 0.50 英寸速射手枪弹均可适用，而且枪管也有不同长度。

时间	1983 年
起源	以色列
重量	2.66 千克（5.75 磅）
枪管	24.5 厘米（10 英寸）
口径	.44 Magnum（0.44 英寸马格努姆手枪弹）

转轮手枪（1900—1950）

转轮枪的大部分开发工作在1890年以前已经完成了，剩下的只是对设计进行不断完善。对于这种结构简单的产品来说，在提高可靠性方面已经没什么可以做的，但还可以挖掘制造过程中潜在的经济性，也就意味着提供给终端用户更低的价格。在高度竞争的市场上，这往往就是成功和失败的差别。

韦伯利-斯克特MK VI转轮枪
（WEBLEY & SCOTT MKVI）

马克VI型手枪是著名的伯明翰公司生产的许多转轮佩枪中的最后一款，是在第一次世界大战早期开发出来的。它保留了前代产品的许多特征，并以坚固耐用而出名。

时间	1915年
起源	英国
重量	1.05千克（2.25磅）
枪管	15.2厘米（6英寸）
口径	.455 Eley（0.455英寸艾利手枪弹）

史密斯威森军警两用转轮手枪
（SMITH & WESSON MILITARY AND POLICE）

史密斯威森在铰接式枪框领域中已经成为领头羊，为了使用更大威力的子弹，他们不得不将军用和警用手枪改为固定式枪框和侧出式转轮。这支枪使用的是加长的0.38英寸口径特种手枪弹。

时间	1900年
起源	美国
重量	0.85千克（1.75磅）
枪管	12.7厘米（5英寸）
口径	.38 Special（0.38英寸特种手枪弹）

柯尔特警用型转轮手枪
（COLT POLICE POSITIVE）

1905年柯尔特对他的警用转轮枪进行了改型，以适应带有拦截式保险装置的正向保险栓。这种枪的多种不同款式一直生产了半个多世纪。

时间	1905年
起源	美国
重量	0.6千克（1.25磅）
枪管	10.2厘米（4英寸）
口径	0.38英寸

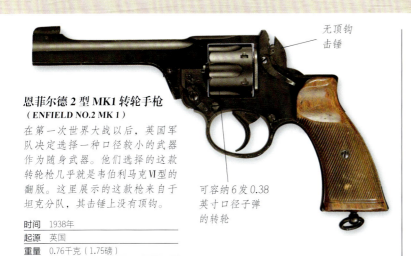

恩菲尔德 2 型 MK1 转轮手枪
（ENFIELD NO.2 MK 1）

在第一次世界大战以后，英国军队决定选择一种口径较小的武器作为随身武器。他们选择的这款转轮枪几乎就是韦伯利马克Ⅵ型的翻版。这里展示的这款枪来自于坦克分队，其击锤上没有顶钩。

时间	1938年
起源	英国
重量	0.76千克（1.75磅）
枪管	12.7厘米（5英寸）
口径	0.38英寸

史密斯威森 M1917 转轮手枪
（SMITH & WESSON M1917）

在第一次世界大战期间，史密斯威森受命开发一款使用 0.45 英寸柯尔特无缘式自动手枪弹的转轮手枪。这款枪虽然被成功设计出来，但存在退壳问题，直到采用了每个固定 3 枚子弹的半月形平弹夹才解决。

时间	1917年
起源	美国
重量	0.96千克（2磅）
枪管	14.4厘米（5.5英寸）
口径	.45 Acp

柯尔特新型公务转轮手枪
（COLT NEW SERVICE）

柯尔特新型公务枪是柯尔特为美国军队开发的最后一款标准公务转轮手枪。它有着结实的固定式枪框和侧出式转轮，在一般条件下坚固耐用。英国军队也大量采购了这种枪，图中展示的这款使用的是 0.455 英寸艾利手枪弹。

时间	1907年
起源	美国
重量	1.15千克（2.5磅）
枪管	14.4厘米（5.5英寸）
口径	.455 Eley

标志性的转轮手枪

从最早的好莱坞西部片到最新的警匪电视连续剧，转轮手枪已经变成了民事执法武器的标志。

转轮手枪（1950年以后）

◀ 198—199 美国的雷帽转轮手枪　　◀ 202—203 英国的雷帽转轮手枪　　◀ 288—289 转轮手枪（1900—1950）

到了20世纪50年代以后，自动手枪已经被普遍接受，由于其便于操作，而且弹容量大得多，逐渐把转轮手枪推到了被淘汰的境地。然而大约在同一个时期，更大威力的新型子弹（马格努姆手枪弹，马格努姆意为"大酒瓶"）出现了。马格努姆手枪弹使用的火药能量几乎是传统子弹的两倍，远远超出了当时自动手枪可以承受的安全极限。由于这个原因，转轮手枪又获得了新生。

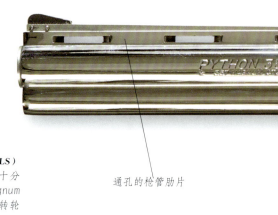

马格努姆转轮手枪（MAGNUM PISTOLS）
使用马格努姆手枪弹的手枪在警界十分流行。通过类似于《紧急搜捕令》（Magnum Force, 1973）这类电影，马格努姆转轮手枪也进入了流行文化。

— 通孔的枪管肋片
— 沉重的 N 式枪框
— 前瞄准具

史密斯威森 27 式转轮手枪
（SMITH & WESSON MODEL 27）

史密斯威森为不同口径的马格努姆手枪弹——0.357英寸和0.44英寸只是其中最常见的——生产了许多不同种类的手枪，分别使用轻型、中型和重型的枪框。其中使用0.357英寸手枪弹的重型 27 式是最流行的一款，并配有 4 英寸（10.2 厘米）、6 英寸（15.2 厘米）及 8.25 英寸（21.3 厘米）等不同长度的枪管。使用 0.44 英寸手枪弹的 29 式几乎与之完全相同，不过使用的是 10.5 英寸（27 厘米）枪管。

时间	1938年起
起源	美国
重量	1.4千克（3磅）
枪管	30厘米（11.75英寸）
口径	.357 Magnum

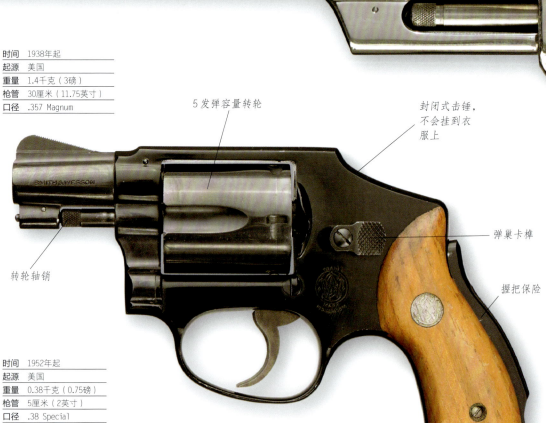

— 5 发弹容量转轮
— 封闭式击锤，不会挂到衣服上
— 弹巢卡榫
— 握把保险
— 转轮轴销

史密斯威森的艾尔维特转轮手枪
（SMITH & WESSON AIRWEIGHT）

大多数制枪公司不但制作大威力马格努姆转轮手枪，也制造袖珍转轮枪。它们比弹容量相同的半自动手枪分量轻，便于携带。包括艾尔维特在内的史密斯威森百年纪念系列使用的是 5 发弹容量转轮，并采用封闭式击锤。

时间	1952年起
起源	美国
重量	0.38千克（0.75磅）
枪管	5厘米（2英寸）
口径	.38 Special

柯尔特"巨蟒"（COLT PYTHON）

柯尔特在制造自己的马格努姆转轮手枪方面丝毫都没有迟疑。它们以经过反复验证的新型公务枪和军用型单动式枪机为基础，不过直到20世纪50年代才生产出了全新专用设计的马格努姆转轮手枪："巨蟒"。紧随其后的是其他的马格努姆"蛇系列"（"眼镜蛇""眼镜王蛇"以及0.44英寸口径的"水蟒"），全都沿用至今。通孔的枪管肋片成了这些重型转轮手枪的特征。

时间	1953年起
起源	美国
重量	1.4千克（3磅）
枪管	20.3厘米（8英寸）
口径	.357 Magnum

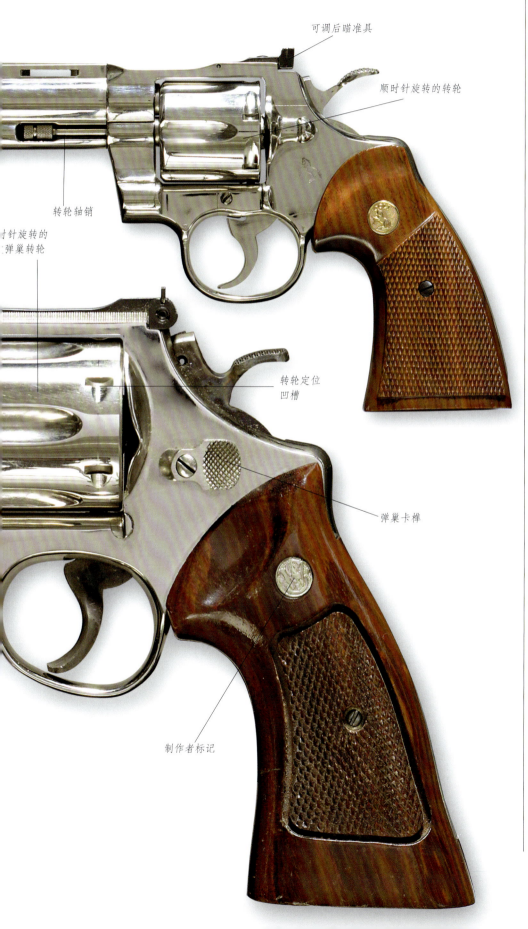

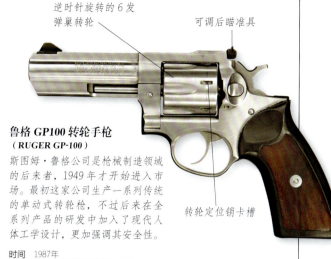

鲁格 GP100 转轮手枪（RUGER GP-100）

斯图姆·鲁格公司是枪械制造领域的后来者，1949年才开始进入市场。最初这家公司生产一系列传统的单动式转轮手枪，不过后来在全系列产品的研发中加入了现代人体工学设计，更加强调其安全性。

时间	1987年
起源	美国
重量	1.05千克（2.5磅）
枪管	10.2厘米（4英寸）
口径	.357 Magnum

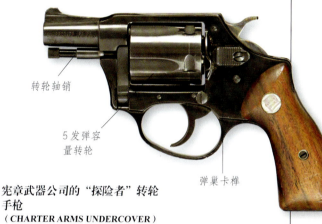

宪章武器公司的"探险者"转轮手枪（CHARTER ARMS UNDERCOVER）

宪章武器公司于1964年开始进入市场，这款"探险者"是其第一款产品。其独特的设计便于携带和藏匿，使用0.38英寸特种手枪弹，具有足够的阻滞力。

时间	1964年
起源	美国
重量	0.45千克（1磅）
枪管	5厘米（2英寸）
口径	.38 Special

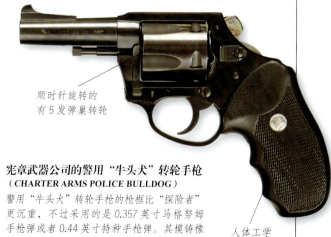

宪章武器公司的警用"牛头犬"转轮手枪（CHARTER ARMS POLICE BULLDOG）

警用"牛头犬"转轮手枪的枪框比"探险者"更沉重，不过采用的是0.357英寸马格努姆手枪弹或者0.44英寸特种手枪弹。其模铸橡胶手柄可以帮助减少"体感"后坐力。

时间	1971年
起源	美国
重量	0.6千克（1.25磅）
枪管	10.1厘米（4英寸）
口径	.357 Magnum

手动装填连发步枪

布尔战争期间使用的步枪与第一次世界大战期间所用步枪的主要区别在于枪管长度。在世纪之交的时候,步兵来复枪枪管普遍长度为75厘米(29.5英寸)。到了1914年,有些枪型已经缩短了10厘米(4英寸),而其他枪型也紧随其后。只有法国例外,1916年开始投入使用的贝尔捷来复枪,其长度事实上还有所增加。

斯普林菲尔德 M1903 步枪(SPRINGFIELD M1903)

由于对美军在与西班牙作战过程中使用的毛瑟步枪印象深刻,美国军械署也想对其使用的克拉格步枪进行升级。通过谈判,美国得到了制造自有毛瑟枪的许可,最终生产出了0.3英寸口径的M1903。这件展品上使用的是测试性的25发弹匣。

时间	1903年
起源	美国
重量	4千克(8.5磅)
枪管	61厘米(24英寸)
口径	.30-03(后期使用.30-06步枪弹)

1914 年式步枪(PATTERN 1914)

在第一次世界大战开始阶段,新的1913年式步枪出现了生产问题,使得口径由0.276英寸变为了标准的0.303英寸,这种改型款武器就是1914年式步枪。1917年式步枪是1914年式的0.3英寸口径版,后来为美国军队所采用。

时间	1914年
起源	英国
重量	4千克(8.5磅)
枪管	66厘米(26英寸)
口径	7mm Mauser(.30-06)

贝尔捷 MLE1916 步枪（BERTHIER MLE1916）

勒贝尔步枪的缺点引发了一次改型设计，并被法国军队于1902年采用。尽管它依旧使用勒贝尔栓式枪机，而且外形过时（枪管长度的原因），但它真正致命的缺陷在于弹容量——只有3发。在1916年又设计出了一款弹容量为5发子弹的改进款。

时间	1916年
起源	法国
重量	4.15千克（9磅）
枪管	79.8厘米（31.25英寸）
口径	8mm×50R

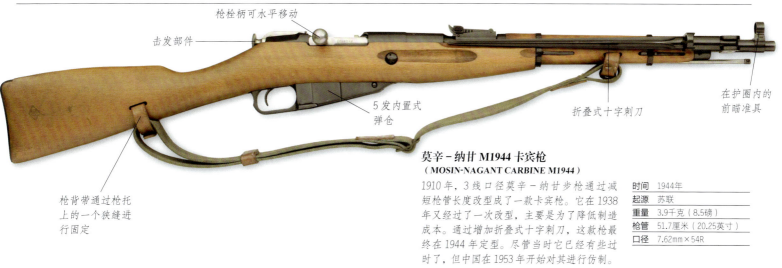

莫辛－纳甘 M1944 卡宾枪（MOSIN-NAGANT CARBINE M1944）

1910年，3线口径莫辛－纳甘步枪通过减短枪管长度改型成了一款卡宾枪。它在1938年又经过了一次改型，主要是为了降低制造成本。通过增加折叠式十字刺刀，这款枪最终在1944年定型。尽管当时它已经有些过时了，但中国在1953年开始对其进行仿制。

时间	1944年
起源	苏联
重量	3.9千克（8.5磅）
枪管	51.7厘米（20.25英寸）
口径	7.62mm×54R

毛瑟 KAR98K 步枪（MAUSER KAR98K）

KAR98K是毛瑟步兵格韦尔98步枪的改进款，成为德国在第二次世界大战中的标准武器。1935年到1945年间，其总产量超过1400万支，并为山地部队、伞兵以及狙击手等生产了多种不同的款式。在战争期间对原始枪型进行了简化，以提高生产速度。

时间	1935年
起源	德国
重量	3.9千克（8.5磅）
枪管	60厘米（23.5英寸）
口径	7.92mm×57

全视图

李－恩菲尔德 4 号 1 型步枪（LEE-ENFIELD RIFLE NUMBER 4 MARK 1）

新式的李－恩菲尔德步枪出现在1939年后期，与被其取代的老式枪型相比区别不大。枪栓和机匣进行了改型；重新设计了后瞄准具，并将其置于机匣上方；缩短前枪托，并露出枪口，此外对枪托帽也进行了重新设计。4号枪一直服役到1954年。

时间	1939年
起源	英国
重量	4.1千克（9磅）
枪管	64厘米（25英寸）
口径	0.303英寸

苏联红军步兵

托卡列夫 TT1933 式手枪

德国人在1941年6月入侵苏联时，原以为这会是一场势如破竹的胜利，但他们完全低估了苏联士兵的忍耐力和坚韧精神。苏联方面牺牲了大量士兵，他们在进攻的时候考虑欠周，在防御的时候下令"拒绝投降"。然而红军步兵继续坚强抵抗，一方面是为理想献身，同时也是作为爱国者在保卫自己的家园。

严明的纪律

在长达4年的战争期间，红军遭受着平均每天8000人的损失——比沙皇俄国在第一次世界大战期间遭受的损失更大。然而经受了1941年的灾难以后，他们的士气并没有大的波动，且纪律严明。早期的巨大损失意味着红军很大程度上成了一支年轻人和老人混编而成的队伍，前者主要是1941年以后才参军的人，后者起初被认为已经年龄太大而不适合服役。不过在1941—1942年的严冬，他们坚守住了莫斯科，而且经过更为惨烈的战斗以后取得了斯大林格勒战役的胜利，扭转了战局。到了战争后期，苏联红军的装备更加精良，指挥更加高效，他们采取主动进攻的方式，将德国人一直打回了柏林。

步兵行动
苏联步兵正在行动，其中一人带着迫击炮。在战争初期，迫于形势，红军战士常常需用刺刀迎着机枪或者大炮进行进攻。从1943年开始，更好的装备以及更加高效的领导显著减少了人员损失。

战斗工具

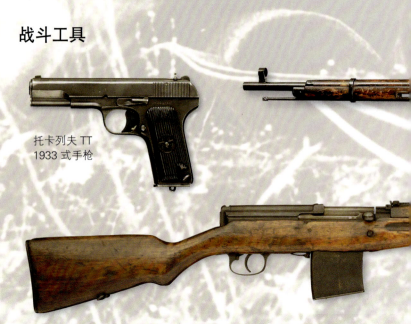

托卡列夫 TT 1933 式手枪

斯大林格勒战役

在苏联斯大林格勒发生的史诗般战斗是第二次世界大战的一个转折点。从1942年9月开始,大量的红军战士在城市中抵抗德国士兵的进攻,一座房子一座房子、一条街道一条街道地进行战斗,直到11月底的反击对德军形成包围。在酷寒难耐的冬天,经过红军两个月的围攻以后,德军指挥官终于在1943年1月31日同意投降。

斯大林格勒的苏联战士

> "我们的目标是保卫比百万生命更重要的东西……祖国。"
>
> ——苏联战士日记,1941年7月

苏联狙击手(SOVIET SNIPER)

一名年轻的红军神枪手凝视着他的7.62毫米口径莫辛-纳甘M91/30狙击枪瞄准镜。这只是在苏联的标准栓式枪机步枪上装了一个瞄准镜。红军在第二次世界大战期间大量使用狙击手和像瓦西里·扎伊采夫(Vasili Zaitsev)这样的神枪手(他至少击毙了149名德国士兵),他们被赞颂为苏联的英雄人物。

苏联军服

与第二次世界大战期间所有的步兵军装一样,红军的装备也是土褐色的,以便于伪装。想要把苏联战士与其他人区别开只能靠一系列细节。例如,苏联步兵的头盔与美军M1头盔在外形上就很相似。

- Ssch-40钢盔
- 徽章
- 波波莎冲锋枪
- 军服下摆用腰带固定

莫辛-纳甘1891/30步枪

托卡列夫SVT40步枪

自动装填步枪（1914—1950）

早在1890年，墨西哥人曼纽尔·蒙德拉贡（Manuel Mondragon）发明了第一款成功的自动装填步枪。墨西哥军队在1908年使用了这种枪，但由于过于易损而未能普及使用。随后在1918年出现了约翰·勃朗宁的自动步枪，不过由于其重量太沉，后来被当作轻机枪使用。直到1936年，美国军队才开始使用真正具有实用性的自动步枪，即M1步枪。自动步枪在第二次世界大战期间取得了突破性进展，其中最好的一款是斯特姆格韦尔44突击步枪（StG44），不过它是在中间型威力枪弹出现之前一段时间发明的，其最重要的设计理念被广为接受。

托卡列夫SVT40步枪（TOKAREV SVT40）
费奥多尔·托卡列夫（Fedor Tokarev）设计了一款自动步枪，使用枪机偏移式闭锁机构，这种枪在1938年被红军使用。两年以后他生产了一款更为结实耐用、成本低廉而且生产快速的武器。托卡列夫SVT40是为普通士官设计的，不过有时也被当成狙击枪使用。

时间	1940年
起源	苏联
重量	3.9千克（8.5磅）
枪管	61厘米（25英寸）
口径	7.62mm×54R

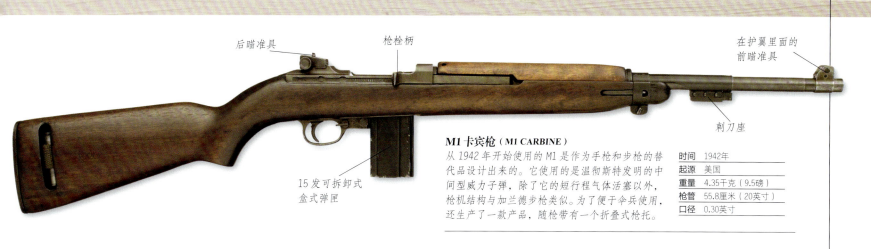

M1 卡宾枪（M1 CARBINE）

从 1942 年开始使用的 M1 是作为手枪和步枪的替代品设计出来的。它使用的是温彻斯特发明的中间型威力子弹，除了它的短行程气体活塞以外，枪机结构与加兰德步枪类似。为了便于伞兵使用，还生产了一款产品，随枪带有一个折叠式枪托。

时间	1942年
起源	美国
重量	4.35千克（9.5磅）
枪管	55.8厘米（20英寸）
口径	0.30英寸

沃尔特43 半自动步枪（GEWEHR 43）

第二次世界大战爆发以后不久，德国军队开始需要一种自动步枪。沃尔特公司的最初设计在枪口位置有一个环形导气装置，用来解锁枪机，激活循环动作。1943 年出现了改型款，它使用的是一样的枪机，不过在枪管上方使用了常见的气缸和活塞，这就是沃尔特 43 半自动步枪（G-43）。

时间	1943年
起源	德国
重量	4.35千克（9.5磅）
枪管	55.8厘米（20英寸）
口径	7.92mm×57

M1 加兰德步枪（M1 GARAND RIFLE）

约翰·加兰德（John Garand）在他的自动步枪上使用的是枪机回转闭锁方式。在枪管下方导气管里的活塞后端有一个导槽，枪栓的一个导向凸起可在其中滑动。当活塞向后运动的时候，枪机回转并压迫弹簧，在这个过程中从弹仓里拾取一枚新子弹，完成复位和重新上膛。

时间	1932年
起源	美国
重量	4.35千克（9.5磅）
枪管	61厘米（24英寸）
口径	.30-06

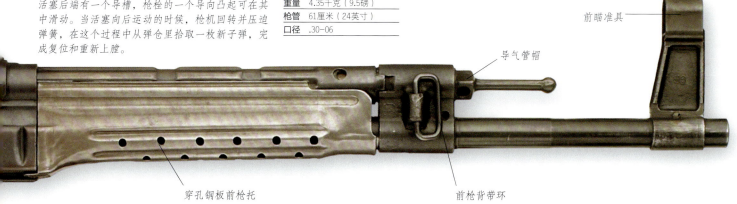

斯特姆格韦尔 44 突击步枪（STURMGEWEHR 44）

1940 年，德国针对新的中间型威力的 7.92mm×33 子弹开始研制一种射击模式可选的步枪，其成果是一款采用枪机偏移式闭锁方式的气动操作武器，开始投入生产时称为 MP43，随后重新命名为 StG44（定型投产时称为 MP44）。其中的一小部分配有"克鲁穆拉夫拐弯/瞄准装置"（Krummlauf），这是一种可以把子弹折转 30° 发射的枪管延伸器，供坦克兵作战时使用。

时间	1943年
起源	德国
重量	5.1千克（11.25磅）
枪管	41.8厘米（16.5英寸）
口径	7.92mm×33

全视图

AK47 突击步枪

这款枪由一位没有受过多少正式训练的年轻坦克兵指挥官米哈伊尔·卡拉什尼科夫（Mikhail Kalashnikov）发明，并以他的名字命名，由于其坚固耐用、结构简单，最终获得了标志性的地位。作为卡拉什尼科夫的第一款成功设计，AK47结构简单、容易操控，在几乎一切环境下都可以获得令人满意的使用效果。苏联红军从1949年开始采用，从那以后在全球范围内共生产了5000万至7000万支卡拉什尼科夫步枪和轻机枪。

- 机匣上的加强肋条
- 选择单发或者自动模式的控制杆
- 加强肋条
- 机匣两侧的枪托护板
- 后瞄准具
- 扳机
- 弹匣卡榫
- 手枪柄
- 连接板
- 30发可拆卸式弹匣，也可以用于卡拉什尼科夫轻机枪

武器展示

全视图
前瞄准具
折叠式枪托
护手（上部）
导气管
排气孔
气体从枪管此处分流
通枪条
枪管
护手（下部）

AK47突击步枪（AK47）

早期的AK47主要由焊接件、冲压件以及模压件组成。然而出现了问题，于是从1951年开始使用煅钢坯制成更加结实的机匣。改进以后的AKM不仅比最初的AK47轻，而且在全自动开火模式下散射率更低，射击精度更高。AKM与AK47可以通过机匣顶部的加强肋条进行区分。

时间	1951年
起源	苏联
重量	4.3千克（9.5磅）
枪管	41.5厘米（16.25英寸）
口径	7.62mm×39

子弹

一般人们认为7.62mm×39子弹是基于德国在第二次世界大战期间使用的MP43/MP44子弹试验制成的。不过苏联的设计者们同样想生产自己的中间型威力枪弹来增加冲锋枪的战斗效果。最后的成果是7.72mm×39的M43子弹，一种采用铜－精钢弹壳的无缘瓶颈式子弹，这种子弹几乎毫无改动地一直沿用至今。

自动装填步枪（1950—2006）

一次进攻最后阶段火力的重要性，是人们从第二次世界大战中学到的一个至关重要的战术教训。这一理念使得除了狙击枪以外的栓式枪机武器很快被淘汰，而自动步枪变得无处不在。在1943年投入使用StG44步枪之后，后战争时代的新型武器可以全自动开火。StG44步枪还体现了另一个关键的发展趋势：使用更轻、更小的中间型威力枪弹，它们最终取代了从20世纪初就被采用的那些子弹。

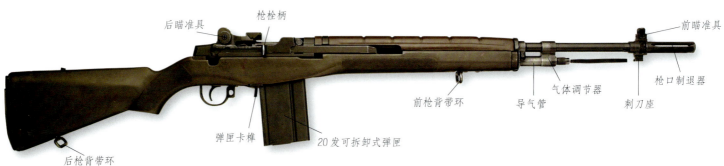

M14 步枪（M14）

1953年，北大西洋公约组织（NATO）军队使用了一种新的7.62毫米口径全威力步枪弹。为适应这种子弹，美国对已有20年历史的M1加兰德步枪进行升级开发，使其具有全自动开火能力，并有更大的弹容量。

时间	1957年
起源	美国
重量	3.9千克（8.5磅）
枪管	55.8厘米（22英寸）
口径	7.62mm×51 NATO（北约标准7.62毫米口径步枪弹）

L1A1 步枪（L1A1）

L1A1步枪是1954年投入使用的，直到1988年被L85A1步枪取代之前，它都是英国军队的标准用枪。它由比利时FN FAL步枪改造而来，但只进行了很小的改动，以适应英国的加工能力。

时间	1954年
起源	英国
重量	4.3千克（9.5磅）
枪管	53.3厘米（21英寸）
口径	7.62mm×51 NATO

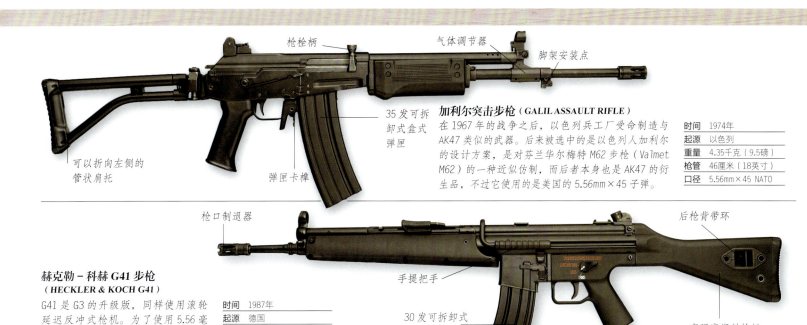

加利尔突击步枪（GALIL ASSAULT RIFLE）

在1967年的战争之后，以色列兵工厂受命制造与AK47类似的武器。后来被选中的是以色列人加利尔的设计方案，是对芬兰华尔梅特M62步枪（Valmet M62）的一种近似仿制，而后者本身也是AK47的衍生品，不过它使用的是美国的5.56mm×45子弹。

时间	1974年
起源	以色列
重量	4.35千克（9.5磅）
枪管	46厘米（18英寸）
口径	5.56mm×45 NATO

赫克勒-科赫 G41 步枪（HECKLER & KOCH G41）

G41是G3的升级版，同样使用滚轮延迟反冲式枪机。为了使用5.56毫米子弹以及瞄准镜和弹匣等北约标准装备而进行了必要的改进。

时间	1987年
起源	德国
重量	4千克（9磅）
枪管	45厘米（17.5英寸）
口径	5.56mm×45 NATO

斯通纳 M63 步枪（STONER M63）

尤金·斯通纳（Eugene Stoner）开发的这种步枪采用的是模块化设计，其15个基本组件可以按6种不同方法进行拼接，从而形成冲锋枪、卡宾枪、突击步枪（如图）、自动步枪、轻机枪以及通用机枪。

时间	1962年
起源	美国
重量	3.52千克（7.75磅）
枪管	50.8厘米（20英寸）
口径	5.56mm×45 NATO

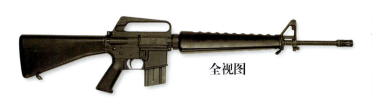

全视图

斯通纳 M16A1 突击步枪（STONER M16A1）

斯通纳的阿玛利特AR-15步枪（Armalite AR-15）在20世纪60年代早期被美国空军使用，随后作为M16突击步枪开始服役。M16A1使用枪机辅助闭锁装置和改进版消焰器。后来的M16A2可以进行3发点射，使用加重枪管，比最初设计的M193能更好地适应北约标准SS109 5.56毫米口径步枪弹。

时间	1982年
起源	美国
重量	3.6千克（8磅）
枪管	50.8厘米（20英寸）
口径	5.56mm×45 NATO

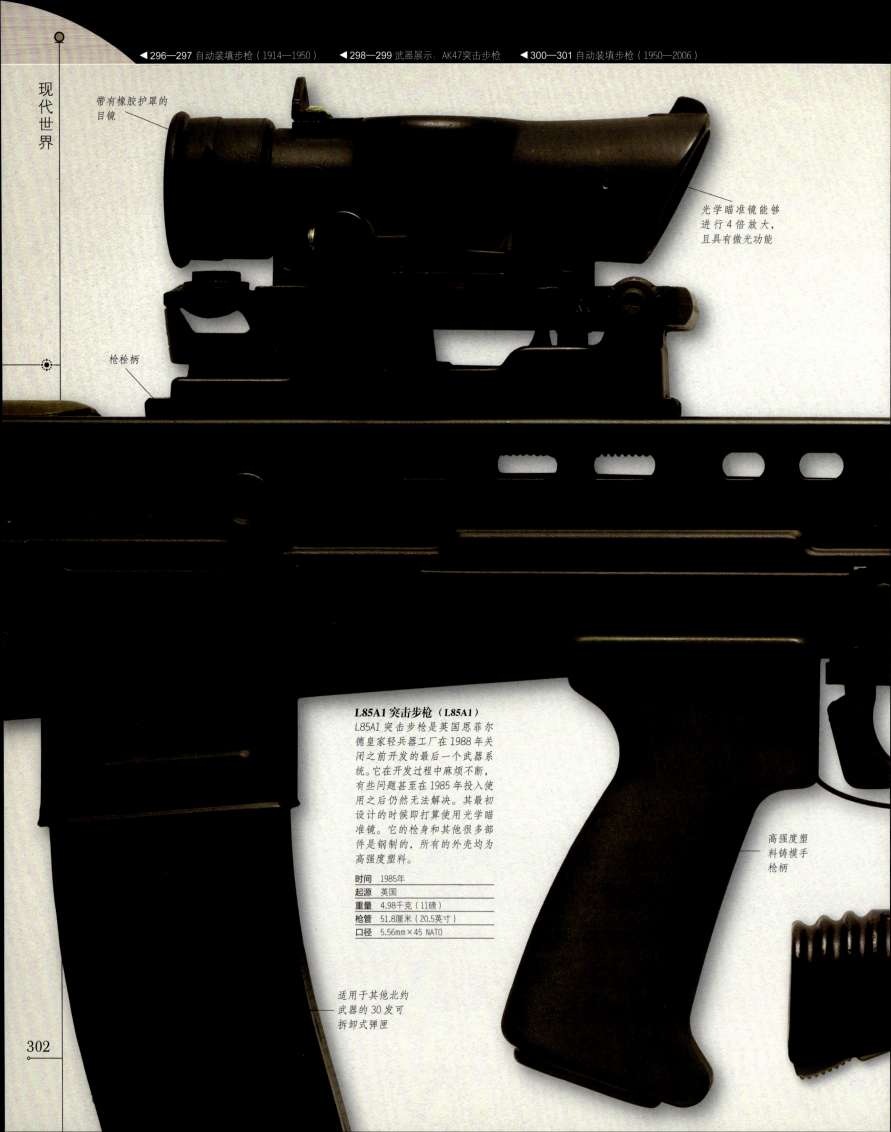

◀ 296—297 自动装填步枪（1914—1950） ◀ 298—299 武器展示：AK47突击步枪 ◀ 300—301 自动装填步枪（1950—2006）

现代世界

带有橡胶护罩的目镜

光学瞄准镜能够进行4倍放大，且具有微光功能

枪栓柄

L85A1 突击步枪（L85A1）

L85A1 突击步枪是英国恩菲尔德皇家轻兵器工厂在1988年关闭之前开发的最后一个武器系统。它在开发过程中麻烦不断，有些问题甚至在1985年投入使用之后仍然无法解决。其最初设计的时候即打算使用光学瞄准镜。它的枪身和其他很多部件是钢制的，所有的外壳均为高强度塑料。

时间	1985年
起源	英国
重量	4.98千克（11磅）
枪管	51.8厘米（20.5英寸）
口径	5.56mm×45 NATO

适用于其他北约武器的30发可拆卸式弹匣

高强度塑料铸模手枪柄

302

武器展示

SA80 突击步枪

在20世纪最后25年时间里,全世界军队都开始装备一种新的突击步枪,即无托式步枪(犊牛式步枪)。犊牛式设计是将枪机置于枪柄内,将弹匣置于扳机后部,可以在一件枪身长度短得多的武器上使用全长度枪管。目前采用的无托式步枪有3种:法国的FAMAS,奥地利的AUG,以及英国的L85单兵武器(如图),这种武器属于SA80武器系列,其中还包括L86轻型支援武器和L98军校学员通用步枪。

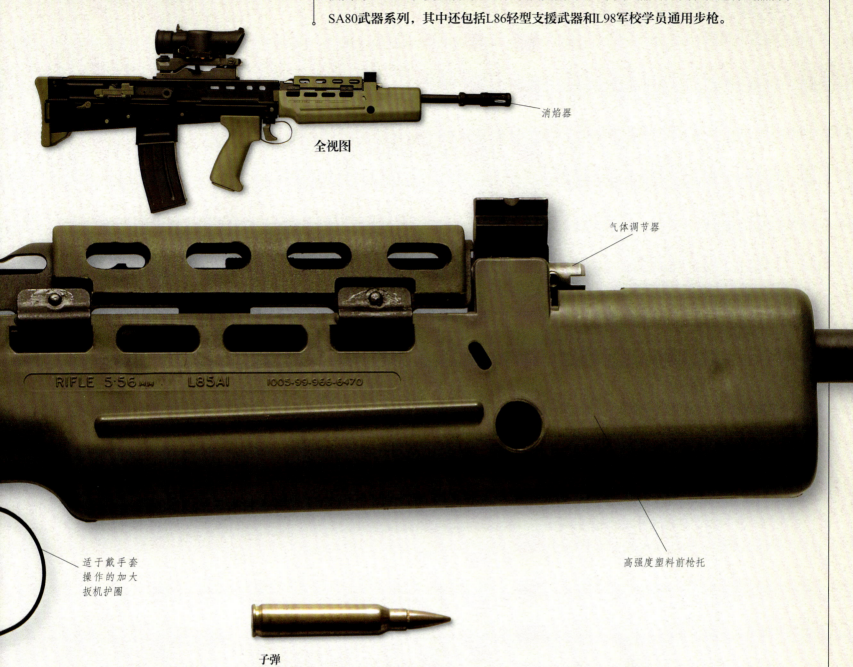

全视图

消焰器

气体调节器

高强度塑料前枪托

适于戴手套操作的加大扳机护圈

子弹
SA80武器家族是基于北约标准SS109 5.56毫米口径步枪弹设计的。这种子弹的尖形弹头重量为61.7格令(4克),枪口初速度可达3085英尺/秒(940米/秒)。

刺刀
LA85突击步枪使用的刺刀的特殊之处在于其刀柄可以套在枪口消焰器上。刀鞘上有个突块与刀身上的槽孔相匹配,可以组成一个切线器,这个设计是从苏联AKM突击步枪上借鉴来的。

刺刀插座可以套在枪口消焰器上

与刀鞘相匹配的槽孔

亚光黑色刀身

沟槽或者"血槽"可以减轻刀身重量

切线割刃口

猎枪

公元 1900—2006 年

◀ 128—129 欧洲猎枪（1600—1700） ◀ 130—131 欧洲猎枪（1700年以后） ◀ 230—231 猎枪

到了19世纪的最后10年，现代武器中所应用到的大多数技术已经出现。后续的技术发展着眼于安全性（尤其是新式火药的出现使得更大威力子弹的生产成为可能）和制造的经济性。这时还出现了另一个需要考虑的全新因素：在上一个世纪，几乎没有人考虑过火枪的人体工学设计，但现在这一因素在某些领域已经开始得到体现了，尤其是在猎枪的制造中。

温彻斯特 M1894 杠杆步枪
（WINCHESTER MODEL 1894）

一位叫作约翰·勃朗宁的年轻制枪师于1883年开始为温彻斯特公司工作。他的第一项工作就是对公司的下压杆型步枪进行改型，使其适应新式子弹，而他在泰勒·亨利的肘节式枪栓上增加了垂直锁定杆，这种系统在M1894杠杆步枪上达到完善。

时间	1894年
起源	美国
重量	3.18千克（7磅）
枪管	50.8厘米（20英寸）
口径	.30-30

标注：由外露的击锤可以看出步枪是否处于待击发状态；后瞄准具；枪管箍；在保护圈里的前瞄准具；10发管状弹仓；装弹门；退壳口；压簧杆

韦斯特利·理查兹无击锤跳壳枪
（WESTLEY RICHARDS HAMMERLESS EJECTOR GUN）

制枪大师韦斯特利·理查兹生产了多款著名的富有高度创新性的猎枪和步枪。这里展示的是一款双管无击锤跳壳枪，它使用专有的单击锤机构和可以徒手拆卸的枪机。一个按钮式机构能够让每个枪管单独击发。这把枪的面漆是可选择的，可以根据顾客的个性需求进行定制。

时间	约1930年
起源	英国
重量	2.76千克（6磅）
枪管	67.5厘米（26.5英寸）
口径	12-bore

标注：胡桃木枪托；后膛锁定杆；雕花枪机板；单扳机；在直通式枪柄上有方格纹；刻有方格纹的半手枪柄；按钮式保险栓；扳机

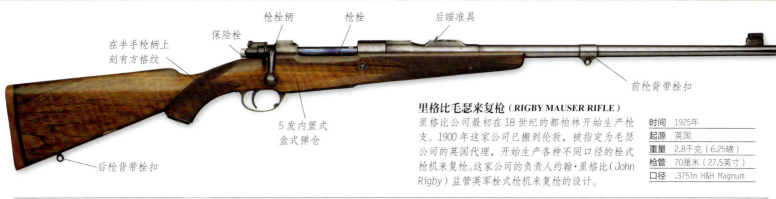

里格比毛瑟来复枪（RIGBY MAUSER RIFLE）

里格比公司最初在18世纪的都柏林开始生产枪支。1900年这家公司已搬到伦敦，被指定为毛瑟公司的英国代理，开始生产各种不同口径的栓式枪机来复枪。这家公司的负责人约翰·里格比（John Rigby）监管英军栓式枪机来复枪的设计。

时间	1925年
起源	英国
重量	2.8千克（6.25磅）
枪管	70厘米（27.5英寸）
口径	.375in H&H Magnum

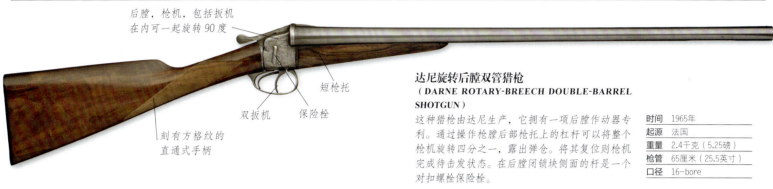

达尼旋转后膛双管猎枪（DARNE ROTARY-BREECH DOUBLE-BARREL SHOTGUN）

这种猎枪由达尼生产，它拥有一项后膛作动器专利。通过操作枪膛后部枪托上的杠杆可以将整个枪机旋转四分之一，露出弹仓。将其复位则枪机完成待击发状态。在后膛闭锁块侧面的杆是一个对扣螺栓保险栓。

时间	1965年
起源	法国
重量	2.4千克（5.25磅）
枪管	65厘米（25.5英寸）
口径	16-bore

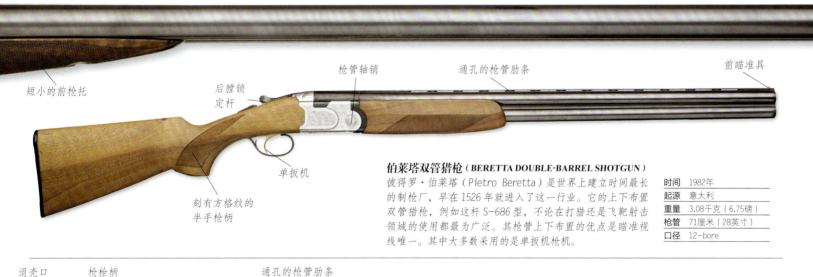

伯莱塔双管猎枪（BERETTA DOUBLE-BARREL SHOTGUN）

彼得罗·伯莱塔（Pietro Beretta）是世界上建立时间最长的制枪厂，早在1526年就进入了这一行业。它的上下布置双管猎枪，例如这杆S-686型，不论在打猎还是飞靶射击领域的使用都最为广泛。其枪管上下布置的优点是瞄准视线唯一。其中大多数采用的是单扳机枪机。

时间	1982年
起源	意大利
重量	3.08千克（6.75磅）
枪管	71厘米（28英寸）
口径	12-bore

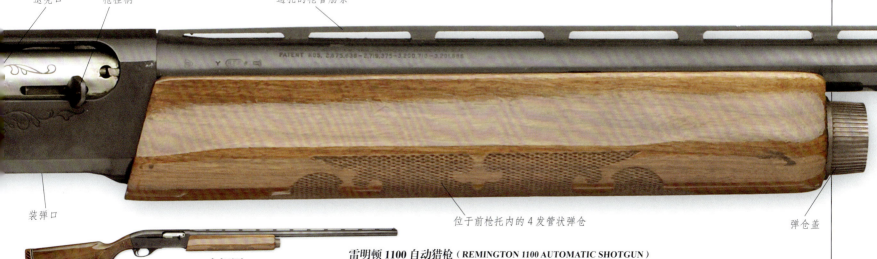

雷明顿1100自动猎枪（REMINGTON 1100 AUTOMATIC SHOTGUN）

约翰·勃朗宁在温彻斯特工作的时候，设计出了第一款导气式自动装弹猎枪，不过没有投入生产。现代的自动装置可以由气体驱动，也可以用反冲力驱动。这种雷明顿1100是气体驱动的，并且可以采用各种不同的枪管长度和口径进行制造。

时间	1985年
起源	美国
重量	3.6千克（8磅）
枪管	71厘米（28英寸）
口径	12-bore

霰弹枪

霰弹枪一直是一种实用的近战武器,其价值在第一次世界大战中得到了体现。它的枪管与猎枪类似,一般较短,类似于"温彻斯特6发泵动1897式"的这类专用枪被称作"堑壕清扫器"。后期发展方向主要专注于增加弹仓的弹容量,以及开发同时适用于军用和民用保安作业的新型枪弹。

弗兰基 SPAS12 霰弹枪(FRANCHI SPAS 12)
SPAS(专用自动霰弹枪)是为警用和军用近战而开发的武器,枪管下方弹仓管外部的环形活塞充当回转枪机,通过气体驱动操作。如果需要的话可以切换为泵动方式操作。这种枪制造昂贵,不过性能可靠。

时间	1978年
起源	意大利
重量	4.4千克(9.5磅)
枪管	54.5厘米(21.5英寸)
口径	12-bore

格林纳-马提尼警用霰弹枪
(GREENER-MARTINI POLICE SHOTGUN)

这种枪开发于第一次世界大战以后,用于英国殖民地警察武装,其特殊之处在于使用马提尼落下式闭锁枪机,并且它只能使用一种特殊的子弹,以防枪支被盗以后为平民所用。

时间	1920年
起源	英国
重量	3.68千克(8磅)
枪管	71.2厘米(28英寸)
口径	12-bore

温彻斯特1887式杠杆连发霰弹枪
(WINCHESTER MODEL 1887)

霰弹枪中另一个独特的作动器是温彻斯特1887式所使用的杠杆动作滚轮式闭锁枪机,其设计者是约翰·勃朗宁。在生产过10号和12号弹(还有极少数采用了0.70英寸子弹)之后发现杠杆式枪机不适合霰弹枪的弹筒,于是不再生产这种枪,转而生产采用泵动式枪机的产品。

时间	1887年
起源	美国
重量	3.76千克(8.25磅)
枪管	50厘米(19.75英寸)
口径	12-bore

USAS-12霰弹枪(USAS-12)

USAS-12霰弹枪由美国设计、韩国大宇公司生产。它有两个独特之处,首先它是一种射击模式可选的武器,可以选择单发或者自动模式;其次它可以设置为右手或者左手操作。

时间	1992年
起源	美国/韩国
重量	5.5千克(12磅)
枪管	46厘米(18英寸)
口径	12-bore

温彻斯特1897式霰弹枪(WINCHESTER MODEL 1897)

1893式是勃朗宁为温彻斯特设计的第一款泵动式霰弹枪,同时是一个罕见的失败品。随后勃朗宁对枪机进行了强化和改进,1897式全面超越了它的前身,而且一直生产到20世纪50年代。这里展示的是军用款,它一直生产到1945年。

时间	1897年
起源	美国
枪管	51厘米(20英寸)
口径	12-bore

狙击步枪（1914—1985）

到了美国内战时期，武器技术已经发展到可以在非常远的距离射中特定目标的程度了。第一次世界大战期间狙击手已经成为战场上非常重要的角色，不过直到第二次世界大战，他（以及她，特别是在苏联红军队伍里）才真正赢得了自己的地位。在那个时候，狙击可能应该被描述为一种"暗黑艺术"，不过近年来，技术的发展将其更大程度上转变为一门科学。

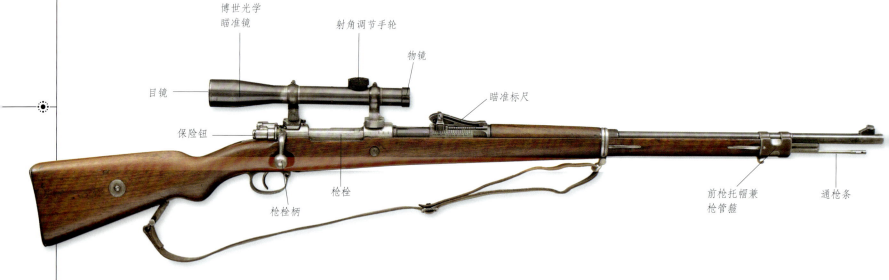

毛瑟格韦尔 98 步枪（MAUSER GEW 98）
这是德国军队在第一次世界大战时使用的标准步枪，这种精选的毛瑟步兵格韦尔 98 步枪在第二次世界大战期间仍然被当作狙击步枪使用。这种步枪配置 2.75 倍光学瞄准镜，由埃米尔·博世公司生产。瞄准镜标尺是从 100 米到 1000 米，并与特定的步枪相匹配。

时间	1900年起
起源	德国
重量	4.15千克（9.25磅）
枪管	75厘米（29.5英寸）
口径	7.92毫米

莫辛-纳甘 M1891/30PU 步枪
（MOSIN-NAGANT M1891/30PU）

在20世纪30年代，苏联红军开始为其狙击精英装备特选的莫辛-纳甘1891/30步枪，配备PE型光学瞄准镜。瞄准镜后来被3.5倍PU型所取代。在第二次世界大战期间共生产了33万支这种狙击枪，普遍认为其精度一流。

时间	1941年
起源	苏联
重量	5.15千克（11.25磅）
枪管	73厘米（28.75英寸）
口径	7.62mm×54R

赫克勒-科赫 PSG-1 狙击步枪
（HECKLER & KOCH PSG-1）

PSG-1实际上是德国军队使用的G3自动步枪的加重改型款，最早是作为警用狙击步枪开发的，同样使用滚轮延迟反冲式枪机。其最大的区别在于冷锻的六角形来复枪管和亨索尔特公司6×42固定倍率瞄准镜，上面有一个荧光十字标线。

时间	1985年
起源	德国
重量	8.1千克（17.25磅）
枪管	65厘米（25.5英寸）
口径	7.62mm×51 NATO

德拉古诺夫 SVD 狙击步枪（DRAGUNOV SVD）

SVD狙击步枪（使用1891年为莫辛-纳甘3线口径步枪发明的7.62毫米口径子弹）在1963年被苏军采用。其PSO-1光学瞄准镜具有一定的红外功能。

时间	1963年起
起源	苏联
重量	4.3千克（9.5磅）
枪管	61厘米（24英寸）
口径	7.62mm×54R

狙击步枪（1985年以后）

自20世纪80年代中期以来，狙击步枪越来越呈现出专业化的特点，并且采用了新型材料和制造技术——与20世纪大多数时候标准的改装服役步枪及运动型武器相比差异很大。光学瞄准镜的质量和放大倍率也得到了提高，10倍的可变倍瞄准镜已经很常见。然而其最重要的进步是在于以威力更强大的弹药取代了北约标准7.62毫米口径步枪弹。

- 可变倍调节旋钮器，2.5-10X
- 收起状态的双脚架
- 具有消焰功能的制退器
- 6发可拆卸式盒式弹匣
- 拇指孔
- 枪栓柄
- 胡桃木前枪托
- 望远镜式瞄准镜目镜

沃尔特 WA 2000 狙击步枪（WALTHER WA2000）

这款步枪专为警用开发，大多数使用温彻斯特马格努姆0.30英寸口径步枪弹。这里展示的是试验性的系列1型，实用的系列2型有着更高版本的气体系统和非槽化枪管，能够进一步提高精度。两者均使用施密特－本德可变焦距光学瞄准镜。

时间	1978-1988年
起源	德国
重量	6.95千克（15磅）
长度	65厘米（25.5英寸）
口径	7.62mm NATO

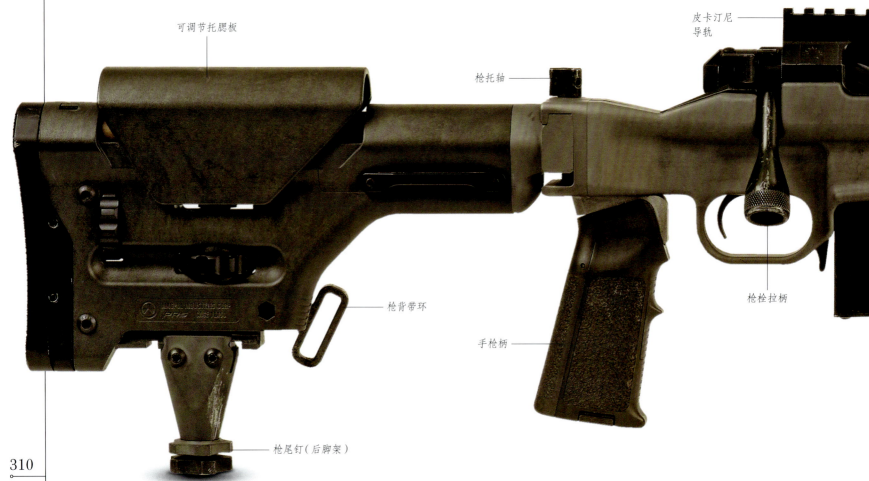

- 可调节托腮板
- 皮卡汀尼导轨
- 枪托轴
- 枪栓拉柄
- 枪背带环
- 手枪柄
- 枪尾钉（后脚架）

L96A1 狙击步枪（L96A1 SNIPER RIFLE）

英国军队装备的 L96 狙击步枪是由精密国际公司（Accuracy Znternational）设计生产的，该枪也是世界上第一款专门为狙击作战而研发的军用狙击步枪。其早期版本都是基于不同型号的斯普林菲尔德狙击步枪所研发的（请看本书 292 页）。每一把该型狙击步枪都配备了施密特－本德公司生产的 6 倍光学瞄准镜。

日期	1986年起
产地	英国
重量	6.5千克（14磅）
枪管	65.5厘米（25.75英尺）
口径	7.62mm NATO

C14 灰狼狙击步枪
（C14 TIMBERWOLF SNIPER RIFLE）

为加拿大军队研发的 C14 灰狼狙击步枪，为了提高杀伤率，近来遵循最新趋势发展，接受了更具有杀伤力的 0.338 英寸大口径拉普马格努姆步枪弹，这使得这款枪的有效射程扩展到了超过 1200 米（3940 英尺）。

日期	2005年
起源	加拿大
重量	7.1千克（15.5磅）
枪管	66厘米（26英寸）
口径	.338 LAPUA MAGNUM（0.338英寸拉普马格努姆步枪弹）

全视图

管退式机枪

公元 1900—2006 年

▶314—315 气退式机枪　▶318—319 轻机枪（1914—1945）　▶320—321 轻机枪（1945年以后）

直到20世纪的第二个十年，马克沁利用后坐力的方法被广泛使用；英国的维克斯是仅有的新进入者，而且只做了微小的改动。后来，曾经想尽办法隐藏自己在柯尔特M1895重机枪上冒用马克沁专利行为的约翰·摩西·勃朗宁找到了另一种处理后坐力的新方法。

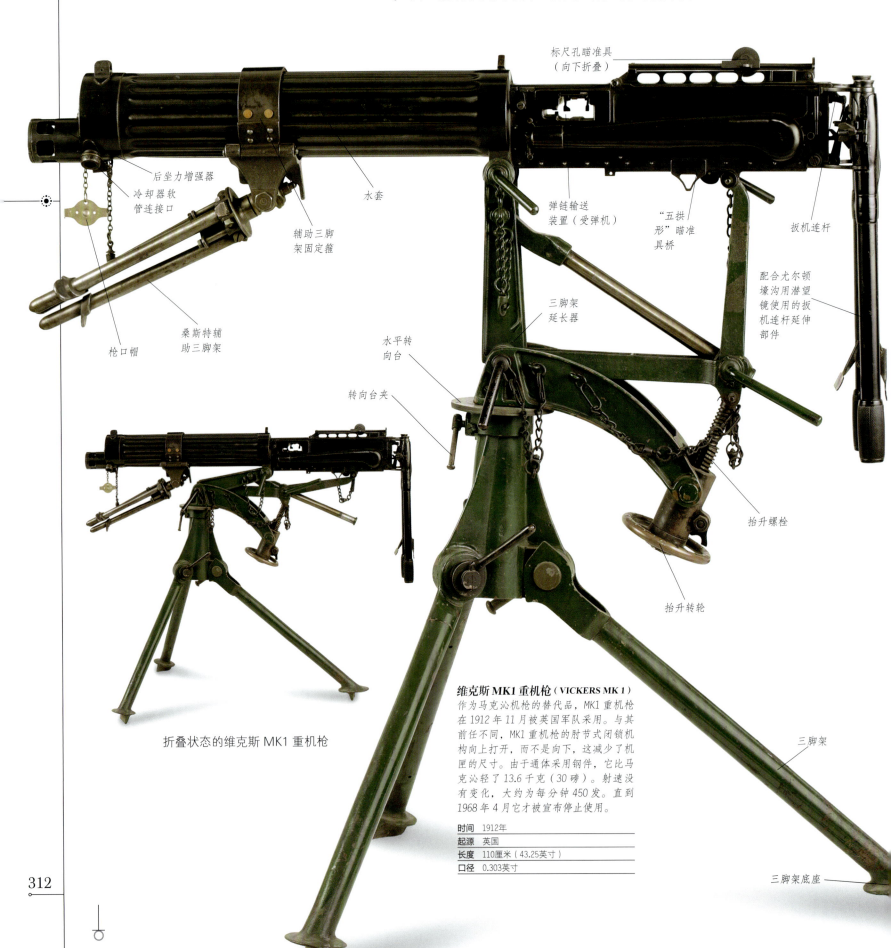

折叠状态的维克斯 MK1 重机枪

维克斯 MK1 重机枪（VICKERS MK 1）

作为马克沁机枪的替代品，MK1 重机枪在 1912 年 11 月被英国军队采用。与其前任不同，MK1 重机枪的肘节式闭锁机构向上打开，而不是向下，这减少了机匣的尺寸。由于通体采用钢件，它比马克沁轻了 13.6 千克（30 磅）。射速没有变化，大约为每分钟 450 发。直到 1968 年 4 月它才被宣布停止使用。

时间	1912年
起源	英国
长度	110厘米（43.25英寸）
口径	0.303英寸

MG42 通用机枪（MG42）

第一次世界大战后，《凡尔赛条约》禁止德国开发新武器，不过它在海外秘密进行了研发。1934年，MG34机枪正式取代了MG08机枪。其重量仅有12千克（26.6磅）左右，然而却能为高达900rpm（即每分钟900转）的射速提供足够的支持。不过它造价昂贵，后来被MG42通用机枪所取代，后者显然是当时最好的自动武器，射速高达1200rpm。

时间	1943年
起源	德国
长度	122厘米（48英寸）
口径	7.92mm Mauser

勃朗宁 M2 HB 重机枪（BROWNING M2 HB）

美国军队对于勃朗宁的M1917重机枪（见下图）十分满意，不过他们还想要一种更重型的武器，于是勃朗宁开发了水冷式的M1921重机枪。与步枪口径机枪类似，其冷却水套后来也被去掉了，改型成为M2重机枪。之后进行的唯一重要改进就是使用了重型枪管。这种机枪直到21世纪还在服役，并且成为很多其他更加复杂武器的研发基础。

时间	1936年
起源	美国
长度	164厘米（64.5英寸）
口径	12.7毫米（0.50英寸）

勃朗宁 M1917 重机枪（BROWNING M1917）

约翰·勃朗宁在1895年设计出了最早的机枪，当他完成了M1911手枪的设计工作以后，又转回了这个课题，开始研制一种比当时正在使用的马克沁机枪更简单的后膛及枪管闭锁机构。他新设计的M1917重机枪被美国军队采用了。这种枪很快就去掉了冷却水套，变成了空气冷却的M1919重机枪，并且此后一直以这种形态服役到20世纪60年代。

时间	1912年
起源	美国
长度	97.8厘米（38.5英寸）
口径	.30—06

全视图

气退式机枪

当马克沁打造他的第一款机枪时,关于是否可以使用气体推动来实现枪机循环一事是毫无争议的,因为当时枪内的气体中有太多颗粒残留。不过到了19世纪90年代,这一情况随着无烟火药的出现发生了改变。1893年,一名奥地利骑兵奥德克勒克·冯·奥古斯德(Odkolek von Augezd),就将这样一种枪的设计卖给了巴黎的霍奇基斯公司。从那以后,气退式机枪开始变得普遍起来。

ZB53 重机枪(ZB53,亦作 VZ / 37 或 BESA)
枪械设计师瓦茨拉夫·霍莱克(Vaclav Holek)是 20 世纪 30 年代最耀眼的明星之一。他在布朗式轻机枪和 ZB53 重机枪上采用了相似的闭锁方式。后者在捷克被叫作 VZ / 37,在英国被叫作"贝撒"(Besa),主要被应用在坦克上。

时间	1937年
起源	捷克斯洛伐克
枪管	67.8厘米(26.75英寸)
口径	7.92mm Mauser

戈留诺夫 SGM 重机枪(GORYUNOV SGM)
第二次世界大战期间,苏联红军使用马克沁机枪取得了良好效果,不过到了 1942 年,他们需要一种更便宜的替代品。戈留诺夫把早期的一种成功设计方案与霍莱克的闭锁系统相结合。他最初设计的 SG43 在战后进行了改进,变成了 SGM。

时间	1943
起源	苏联
长度	112厘米(44英寸)
口径	7.62mm×54

FN MAG 重机枪(FN MAG,亦作 GPMG)
FN 利用约翰·勃朗宁为其自动步枪发明的一种闭锁系统的改进款研制出了 MAG,并将其与 MG42 使用的供弹系统进行了组合。这种枪后来被英国军队采用作为通用机枪。

时间	1958年
起源	比利时
长度	104厘米(40.5英寸)
口径	7.62mm NATO

霍奇基斯 MLE 1914 重机枪（HOTCHKISS MLE 1914）

奥古斯德在1893年卖给霍奇基斯的最初设计既结实又简单，枪栓通过枢轴锁定在枪管上，直到从枪管中部引出的气体将其推向侧面。这种机枪的主要缺点是容易过热。在1897年到1914年间，它针对问题经过了一系列的改进，同时还降低了制造成本，改进了弹药装填装置，使用金属制24发弹链而不是布弹链。M1914直到第二次世界大战仍在使用。

时间	1914年
起源	法国
长度	127厘米（50英寸）
口径	8mm Lebel（8毫米勒贝尔步枪弹）

M60 通用机枪（M60）

美国军队在20世纪60年代早期用一种新型气退式通用机枪取代了勃朗宁M1917系列。M60使用的是MG42的弹药装填系统，德国FG42突击步枪的闭锁系统。刚开始这种机枪并不尽如人意，不过在随后的20年里，一系列的改进修正了大多数的缺陷。

时间	1963年
起源	美国
长度	110厘米（43.5英寸）
口径	7.62mm NATO

315

MG43 通用机枪

MG43通用机枪是赫克勒-科赫对FN米尼米班用机枪的回应，它是一种传统的气退式轻机枪，其枪机为旋转式，而不是当时该公司其他武器常用的滚轮式。它的设计比米尼米简单，只能使用弹链，于是制造成本较低。实际上它与所有的现代化武器一样，在所有可能的地方都使用了强化玻璃纤维模压聚合材料。它配有一体化脚架，而且有M2三脚架的安装点，在机匣上有皮卡汀尼导轨（Picatinny rail，其命名来源于美国军队研究开发部），除了简单的觇孔瞄准具以外还可以使用所有北约标准光学瞄准镜。

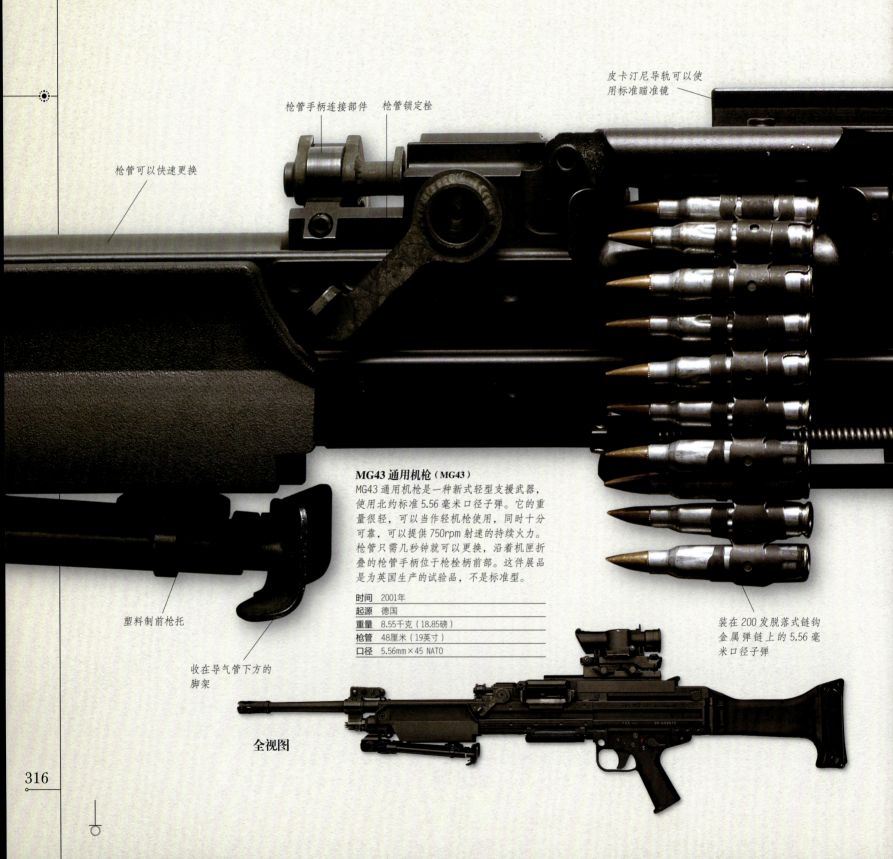

MG43 通用机枪（MG43）
MG43 通用机枪是一种新式轻型支援武器，使用北约标准 5.56 毫米口径子弹。它的重量很轻，可以当作轻机枪使用，同时十分可靠，可以提供 750rpm 射速的持续火力。枪管只需几秒钟就可以更换，沿着机匣折叠的枪管手柄位于枪栓柄前部。这件展品是为英国生产的试验品，不是标准型。

时间	2001年
起源	德国
重量	8.55千克（18.85磅）
枪管	48厘米（19英寸）
口径	5.56mm×45 NATO

全视图

武器展示

SUSAT 瞄准镜具有 4 倍变焦能力和微光功能

塑料枪托铰链，可以向左折叠

只能选择全自动模式的保险栓

模压成型的塑料手枪柄

扳机

轻机枪（1914—1945）

第一代机枪过于笨重，除了固定位置射击以外无法用于其他用途，于是人们需要一种更轻便、可移动，还能提供压制性持续火力的新型武器。早期的轻机枪枪管容易过热，这个问题的解决方法是发展快速更换枪管的系统，使得即便在战斗中也可以快速便捷地更换枪管。

勃朗宁自动步枪（BROWNING AUTOMATIC RIFLE）

约翰·勃朗宁最初计划设计一款自动装填步枪，不过他很快发现自己研制出来的武器更适合用作轻型支援武器。尽管它的枪管是固定式的，弹容量也有限，但是直到20世纪50年代中期它仍然在美国陆军和海军前线服役。

时间	1918年
起源	美国
重量	7.3千克（16磅）
枪管	61厘米（24英寸）
口径	.30-06

MG08/15 轻机枪（MG08/15）

这是德国在迫切需求推动下开发的首款轻机枪，在马克沁MG08轻机枪上装了后枪托、手枪柄以及一个常规扳机。它还有一个一体式脚架，以及装在鼓形容器内的缩短型弹链。这种枪太过沉重，不过仍然生产了超过13万挺，并且成为德国帝国国防军的主要支援火力。

时间	1917年
起源	德国
重量	22千克（48.5磅）
枪管	72厘米（28.25英寸）
口径	7.92mm×57

杰格加廖夫 RP46 机枪
（DEGTYAREV RP46）

苏军在 1928 年开始用杰格加廖夫 DP 机枪。在 1945 年对其进行改进，次年为它加装了更重的枪管，并使其除弹鼓外也可使用弹链。不过 RP46 机枪仍不尽人意，很快就被 RPD 机枪所取代。

时间	1946年
起源	苏联
重量	13千克（28.75磅）
枪管	60.5厘米（23.75英寸）
口径	7.62mm×54R

布朗式轻机枪（BREN）

布朗式轻机枪发明于布尔诺（Brno）而改造于恩菲尔德（Enfield），并由此而得名，使用 7.62 毫米口径北约标准步枪弹，从发明以来一直到 20 世纪 70 年代都是英国军队主要的轻型支援武器。如果说它有什么缺陷的话，就在于其使用的（凸缘式底火）子弹，而不在于枪本身。

时间	1937年
起源	捷克斯洛伐克/英国
重量	10.15千克（22.5磅）
枪管	63.5厘米（25英寸）
口径	0.303英寸

刘易斯轻机枪（LEWIS）

英国军队在 1915 年开始采用气冷的刘易斯气退式轻机枪，并且直到被布朗式轻机枪取代以前都是他们的标准轻型支援武器。最初的设计者是塞缪尔·麦克林（Samuel Maclean），后来由美国的艾萨克·刘易斯（Isaac Lewis）上校进行了改进，并进行积极推广。美国空军则将其作为一种灵活的预装武器。

时间	1912年
起源	美国
重量	11.8千克（26磅）
枪管	66.5厘米（26.25英寸）
口径	0.303英寸

轻机枪（1945年以后）

第二次世界大战期间，战场的作战距离比以前更短了。这造成了两个结果：步枪和轻机枪的枪管变得更短，以及它们发射的子弹变得威力更小更轻。对于单兵作战士兵来说，这意味着他需要承担的负重减轻了。到了近代，当塑料替代木头以及出现无托式设计以后，武器变得更轻了。

内格夫机枪（NEGEV）
以色列军工厂的内格夫轻机枪是介于LMG（轻机枪）和GPMG（通用机枪）之间的一种轻量级自动武器。使用北约标准SS109 5.56毫米口径步枪弹，可以提供每分钟700或900发子弹（rpm）的自动火力。

时间	1988年
起源	以色列
重量	7.2千克（15.75磅）
枪管	46厘米（18英寸）
口径	5.56mm×45 NATO

FN 米尼米轻机枪（FN MINIMI）
FN的空气冷却米尼米气退式轻机枪使用的是北约标准化弹匣或脱落式链钩金属弹链，没有经过改装。美国军队将其命名为M249班用机枪，英国军队则将其称为L108A1轻机枪。

时间	1975年
起源	比利时
重量	6.83千克（15磅）
枪管	46.5厘米（18.5英寸）
口径	5.56mm×45 NATO

赛特迈·阿梅利轻机枪（CETME AMELI）

阿梅利与赛特迈突击步枪十分类似，都使用滚轮闭锁延迟反冲式枪机，其射速取决于配套的枪栓形式。使用轻型枪栓可以达到1200rpm，而重型枪栓能达到850rpm。此枪还开发了一款轻量级版本。

时间	1982年
起源	西班牙
重量	6.35千克（14磅）
枪管	40厘米（15.75英寸）
口径	5.56mm×45 NATO

RPK74轻机枪（RPK 74）

RPK74轻机枪是从成功的AKM突击步枪发展而来的，它的许多部件都可以和其他的卡拉什尼科夫武器互换。RPK74于20世纪60年代早期开始服役，取代RPD轻机枪成为苏联步兵的标准轻机枪。不过这种枪使用的是固定式枪管，这意味着射速必须低于75rpm，以防止过热。

时间	1976年
起源	苏联
重量	5千克（11磅）
枪管	59厘米（23.25英寸）
口径	5.45mm×39

L86A1轻型支援武器（L86A1 LIGHT SUPPORT WEAPON）

英国军队采用L85A1单兵武器意味着必须开发一种使用相同口径弹的支援武器。其结果就是L86A1，这种机枪取代了L484布朗式机枪，它比L85A1的枪管更重更大，并增加了一个后把手，以便在开火的时候提高其稳定性。它没有可快速更换的枪管，所以只能短时间开火，需控制火力以避免枪管过热。

时间	1986年
起源	英国
重量	5.4千克（12磅）
枪管	64.5厘米（25.5英寸）
口径	5.56mm×45 NATO

冲锋枪（1920—1945）

◀ 318—319 轻机枪（1914—1945）　◀ 320—321 轻机枪（1945年以后）　▶ 326—327 冲锋枪（1945年以后）

人们最早把制造轻型高射速武器的重点放在手枪上，不过很快发现这种枪显然难以控制，而看起来类似结构的、发射适合手枪使用的低威力子弹的卡宾枪更加有效。直到第二次世界大战，人们才明确认识到对于冲锋枪（SMG）来说，后枪托完全是一种浪费，即使去掉也不会有任何不良影响。

MP40 冲锋枪（MP40）

1938 年德国采用了一种新型的更易操作的冲锋枪——MP38，不过它的生产成本很高。两年后对它进行了重新设计，用大量冲压和焊接工艺的零件取代了昂贵的机加工艺零件。后来的设计引领了整整一代冲锋枪的发展潮流。

时间	1940 年
起源	德国
重量	4.03 千克（9 磅）
枪管	24.8 厘米（9.75 英寸）
口径	9mm Parabellum

维勒·帕洛沙冲锋枪（VILLAR PEROSA）

最早的冲锋枪是 1915 年制造的双管枪，它装在一个简单的底座上，使用 D 形握把，有简单的扳机杆和脚架。后来这些都进行了卡宾枪式的改进，带有后枪托和常规扳机。

时间	20 世纪 20 年代
起源	意大利
重量	3.06 千克（6.75 磅）
枪管	28 厘米（11 英寸）
口径	9mm Glisenti（9 毫米格利蒂枪弹）

汤普森 M1921 冲锋枪（THOMPSON M1921）

美国将军约翰·塔戈利亚费罗·汤普森（John Tagliaferro Thompson）在 1916 年开始设计一种不太成功的自动步枪，不过到了 1919 年他便研制出了后来著名的汤普森冲锋枪的雏形。M1921 冲锋枪是最早投入市场的汤普森冲锋枪枪型，不过直到 1928 年美国政府才接受了它，为海军部队少量购买。

时间	1921 年
起源	美国
重量	4.88 千克（10.75 磅）
枪管	26.7 厘米（10.5 英寸）
口径	.45 Acp

波波莎冲锋枪（PPSH41）

斯帕金（Shpagin）的波波莎冲锋枪（Peh-Peh-Sheh）性能可靠，易于制造和维护，在阻止德国入侵以后成了苏联红军的支柱性武器。到1945年为止至少生产了500万支，为了发挥它们的最大作用，对步兵战术也进行了相应的调整。

时间	1944年
起源	苏联
重量	3.5千克（7.75磅）
枪管	27厘米（10.5英寸）
口径	7.62mm Soviet（苏联制式7.62毫米手枪弹）

- 补偿器可以减少枪口抬升
- 枪身锁定销
- 弹鼓插口
- 射速选择器
- 71发弹鼓

伯格曼 MP18/I 冲锋枪（BERGMANN MP18/I）

雨果·施迈瑟（Hugo Schmeisser）发明的MP18/I冲锋枪可以自称为第一款实用的冲锋枪。它的设计是为了满足当时德国突击队的需要，他们在对防御区域发起进攻的时候，需要一种轻便的武器来替代沉重的缩短版 MG08/15s 轻机枪。

时间	1918年
起源	德国
重量	5.25千克（11.5磅）
枪管	19.6厘米（7.75英寸）
口径	9mm Parabellum

- 弹鼓插口
- 分刻度可调后瞄准具
- 穿孔枪管套
- 32发"蜗壳"弹鼓

司登 Mark2 冲锋枪（无声款）（STEN MARK 2）

司登冲锋枪的价格还比不上一双好鞋，不过如果对它的明显缺陷并不在意的话，它即使在一个不熟练的士兵手里也能发挥出毁灭性的近战威力。这一版有一体化的消声消焰器，而且生产的数量很少。

时间	1941年
起源	英国
重量	3.4千克（7.5磅）
枪管	91厘米（35.75英寸）
口径	9mm Parabellum

- 消声器/消焰器
- 后瞄准具
- 隔热的前握把
- 冲压钢枪体
- 固定框架式枪托
- 32发弹匣

- 用脱氧钢锭制成的机匣
- 可根据风偏和射角进行调整的后瞄准具
- 木质枪托，某些型号的可以拆卸
- 后枪背带环
- 射速选择器
- 保险钮
- 后手枪柄

黑帮的最爱

如果说美国军队对于汤普森冲锋枪的喜爱是慢热型的话，它则在"咆哮的20年代"（美国在第一次世界大战后经济快速发展的10年）受到了反抗美国禁酒令的犯罪组织的热烈欢迎，很快，它就成了黑帮的最爱。

MP5冲锋枪

赫克勒-科赫的MP5是大多数西方国家的警察及特种部队选择的冲锋枪。其机械结构与这家公司的突击步枪十分接近,使用的都是滚轮闭锁延迟反冲式枪机。闭锁式枪机的使用令它的精度明显高于其他枪,在高达800rpm射速的自动射击模式下更容易控制。MP5冲锋枪通常会配备激光瞄准镜,这件展品还可以在枪榴弹发射器上加装强光手电。

子弹
MP5冲锋枪使用的是乔治·鲁格为以他自己名字命名的手枪发明的9mm×19子弹。在1996到2000年间,它也用过.40 S&W(0.40英寸口径史密斯威森手枪弹)和10毫米口径子弹。

在环形护圈里的前瞄准具

枪管配件安装凸块,包括消声器

枪栓柄

ISTEC 40×46M 枪榴弹发射器

枪榴弹发射器扳机

枪榴弹发射器保险栓

枪榴弹(GRENADE)
在枪管下方装有枪榴弹发射器,MP5冲锋枪可以发射各种40毫米口径枪榴弹,包括致命型枪榴弹、非致命型枪榴弹以及照明弹,射程可达数百米。

武器展示

MP5A5 冲锋枪（MP5A5）

MP5冲锋枪也可以配备坚硬的塑料枪托。扳机组合（这件展品有保险栓/单发/三发/连发选项）也是由 HK33 突击步枪而来的，不过也可以换成其他不同的配置。另外有一款带有一体化的消声器以及短枪管。

时间	1966年
起源	德国
重量	2.82千克（6.25磅）
枪管	22.5厘米（8.75英寸）
口径	9mm Parabellum

全视图

缩进的枪托

北约标准瞄准镜安装座

后瞄准具

可伸缩式枪托卡槽

后枪托锁定销

模压塑料手枪柄

保险栓和射速选择器

弹匣卡榫

15发弹匣，可以换为30发容量弹匣

射速选择图标：单发，三发点射（上方），连发（顶部）

325

冲锋枪（1945年以后）

在第二次世界大战期间及之后出现的第二代冲锋枪都不太复杂，易于大批量生产。它们在近战时能提供强大的火力并产生大量的噪音，不过其极差的精度和糟糕的操控性也是众所周知的，于是在军事上价值有限。其近代的发展重点在于保安与警务的应用上。

乌兹冲锋枪（UZI）
乌兹冲锋枪的稳定性堪称传奇，它的秘密在于枪机在枪管外面，这使得其重心前移，有助于在自动模式下克服枪口向上抬升的趋势。沉重的运转部件将其射速保持在了可控的程度。

时间	20世纪50年代
起源	以色列
重量	3.6千克（8磅）
枪管	260毫米（10.25英寸）
口径	9mm Parabellum

M3/M3A1 冲锋枪（M3/M3A1）
亦称作"黄油枪"（GREASE GUN），其成本低廉，易于拆卸、清洗和维护。它与柯尔特自动手枪使用相同的重型子弹。

时间	20世纪40年代
起源	美国
重量	3.66千克（8.05磅）
枪管	203毫米（8英寸）
口径	.45IN Acp

MAT49 冲锋枪（MAT 49）
可折叠式弹匣插槽是MAT49的显著特点，它除了使这种武器更加易于隐藏以外，也是一个很好的保险装置。

时间	20世纪50年代
起源	法国
重量	3.53千克（7.75磅）
枪管	230毫米（9英寸）
口径	9毫米

VZ/68 "蝎式" MOD83 冲锋枪（VZ/68 SKORPION MOD 83）

蝎式冲锋枪被设计为近身防卫武器，它能够放入枪套中，可以单手使用。其自由延迟后坐式枪机和轻型运转部件本来可以提供非常高的射速，不过它枪柄后部一个巧妙的减速器降低了射速。

时间	20世纪60年代
起源	捷克斯洛伐克
重量	1.34千克（3磅）
枪管	115毫米（4.5英寸）
口径	9mm Parabellum

英格拉姆 MAC-10 冲锋枪（INGRAM MAC-10）

包络式枪机和枪柄式弹匣使得戈登·英格拉姆（Gordon Ingram）可以把 MAC-10 冲锋枪的整体尺寸缩减到比自动手枪还小的程度。由于可以达到超过每分钟1000发子弹的射速，它可以在不到1秒钟的时间内打光32发弹匣。

时间	20世纪70年代
起源	美国
重量	3.4千克（7.5磅）
枪管	146毫米（5.75英寸）
口径	9mm Parabellum

FN P90 气动冲锋枪（FN P90）

P90是对全新紧凑型自动武器的最早尝试，使用的是"微型"口径子弹，有意控制伤害程度。所有的非机加工工艺零件都是模压塑料制成的，其独特的水平进弹装置使得弹匣可以组合到机匣中。

时间	20世纪90年代
起源	比利时
重量	2.7千克（6磅）
枪管	300毫米（11.75英寸）
口径	5.7毫米

枪弹
（1900年以后）

在铜弹壳的发展过程中，由于已经实现了一次性封装所需的三种主要元素（底火、发射火药和弹头），因此接下来只需再对这些元素的特性进行提升即可。底火效能更强，弹头更加符合空气动力学原理，不过最重要的提升还是在发射火药方面。先是在19世纪的最后十年出现了无烟火药，随后出现了以硝化甘油为基础的混合火药，称为线状无烟火药，这是对火药的彻底变革。

.30–06 SPRINGFIELD
.30–06 步枪弹一直在美国军队服役到1954年。其弹头重量为152格令（9.85克），枪口初速为每秒2910英尺，枪口动能为2820英尺磅。

7.92mm × 57 MAUSER
众所周知，SmK 子弹装载的是一颗钢套船尾形弹头。其重量为177格令（11.5克），枪口初速为每秒2745英尺。

步枪子弹（步枪弹）

步枪弹带有尖头，弹身由尾部呈锥形收缩，这种结构几乎使其有效射程翻倍，并且提高了精度。这些展品的速度（英尺/秒）和能量（英尺磅）都是于枪口测量的数据。

.5 / 12.7mm M2
这是为 M2 机枪开发的，后来作为步枪弹使用。其弹头重量为710格令（46克），枪口初速为每秒2800英尺。

.470 NITRO EXPRESS
"硝基"（Nitro）指的是发射火药，"快车"（Express）指的是弹头，它前面是空心的。其枪口初速为每秒2150英尺，枪口动能为5130英尺磅能量。

7.62mm × 54R RUSSIAN
发明于1891年的3线口径弹的弹头重量为150格令（9.72克），枪口初速为每秒2855英尺。

.458 WINCHESTER MAGNUM
开发于1956年，最初作为一种"大型猎枪"子弹使用。其重量为500格令（32.4克），枪口初速为每秒2040英尺，枪口动能为4620英尺磅。

7.7mm × 56R JAPANESE
日本有坂步枪使用的凸缘式底火子弹装载的弹头重量为175格令（11.34克），枪口初速为每秒2350英尺。

.416 REMINGTON MAGNUM
是由里格比公司在1911年发明的一种子弹发展而来的。其枪口初速为每秒2400英尺，枪口动能为5115英尺磅。

7.7mm × 56R ITALIAN
与上面的子弹几乎一样，意大利7.7毫米口径子弹头重量为173格令（11.21克），冲击力较小，枪口初速为每秒2035英尺。

8mm × 58 KRAG
这是荷兰军队使用的挪威克拉格步枪的一种替代子弹。其弹头重量为195格令（12.7克），枪口初速为每秒2525英尺。

.303 MKVII
这一版本的李-恩菲尔德子弹弹头重量为180格令（11.66克），枪口初速为每秒2460英尺，枪口动能为2420英尺磅。

.338 WINCHESTER MAGNUM
这种子弹为狩猎北美洲的大型猎物而开发,可以装载很多不同弹头,重量从175到300格令(11.34到19.44克)不等。

7mm REMINGTON MAGNUM
装载62格令(4.02克)的发射火药,以及一种重量为150格令(9.72克)的"尖头式弹头",枪口初速为每秒3100英尺,枪口动能为3220英尺磅。

.257 WEATHERBY MAGNUM
一种"苗条"的子弹,使用重量为87格令(5.64克)的"恶棍"(varmint)弹头,枪口初速为每秒3825英尺,枪口动能为2826英尺磅。

.243 WINCHESTER MAGNUM
这种短筒型子弹威力比普通子弹小:弹头重量为100格令(6.48克),枪口初速为每秒2960英尺,枪口动能为1945英尺磅。

.22 HORNET
这是一种很少见的高速微型子弹,开发于20世纪20年代。弹头重量为45格令(2.92克),枪口初速为每秒2690英尺。

.30 M1 CARBINE
这是为第二次世界大战期间美国使用的M1卡宾枪开发的"中型"子弹,装载的是重量为110格令(7.13克)的钝弹头,有效射程为180米(590英尺)。

7.92mm × 33 KURTZ
这是第一种实用的中型子弹,后来苏联对其进行了仿制,尺寸略有缩小。其有效射程约为595米(1952英尺)。

SS109 5.56mm
北约标准SS109 5.56mm子弹的钢尖弹头重量为61.7格令(4克),枪口初速为每秒3085英尺。

7.62mm × 51 NATO
当北约在20世纪50年代早期挑选新的步枪和机枪子弹时,以.30-06为基础选择了这款。

5.45mm × 40 SOVIET
它替代苏联红军7.62mm×33口径子弹成为AK47系列武器的子弹。它在性能上与北约标准5.56毫米口径子弹非常接近。

子弹包在火药里

4.73mm G11
当为赫克勒-科赫G11突击步枪开发的无壳弹出现时,历史的车轮又回到了起点。

手枪子弹(手枪弹)
1900年以后手枪子弹唯一的明显改变就是采用高性能的马格努姆装药量。

.45 MARS
在0.44英寸口径马格努姆手枪弹出现以前,这是世界上威力最大的手枪弹。

9mm MARS
这种明显的酒瓶形手枪子弹很少见到,不过设计者坚持为其配置了很大的发射火药量。

9mm STEYR
9毫米口径转轮枪子弹形式多样,这一款是为曼利夏发明的一款手枪开发的。

9mm PARABELLUM
也被叫作9mm Luger,是全世界最常见的子弹。无数武器都在用它。

.45 ACP
这是另一种标志性的手枪子弹,0.45英寸口径柯尔特自动手枪弹是为约翰·勃朗宁设计的M1911手枪开发的。

.32 LONG
尽管普通的0.32英寸口径子弹是转轮手枪的常用子弹,但是其威力较小。于是在1896年生产了这种加长款。

.38 S&W
这是0.38英寸口径子弹中威力最小的一种,其弹头重量为145格令(9.4克),枪口初速为每秒685英尺,枪口动能为150英尺磅。

.380 ENFIELD / WEBLEY
它是为恩菲尔德MK1转轮手枪制造的,200格令(12.96克)重的弹头威力几乎与被它替代的0.455英寸口径子弹一样强大。

.32 AUTO
这是小型自动手枪常用的一种子弹,弹头重量为60格令(3.89克),枪口动能为125英尺磅。

8mm NAMBU
只有1909年以前的日本军官手枪曾经使用过这种子弹。

.357 MAGNUM
出现于1935年,曾经被制成多种不同的形式。平均枪口初速可以到每秒1300英尺左右。

.44 MAGNUM
开发于1954年,弹头重量为240格令(15.55克),枪口初速为每秒1500英尺,枪口动能为1200英尺磅。

.5 ACTION EXPRESS
它是专为"沙漠之鹰"手枪而开发的,弹头重量为325格令(21.06克),枪口动能为1415英尺磅。

公元1900—2006年

◀ 214—215 后膛装填火炮　▲ 332—333 反坦克炮　▶ 334—335 第二次世界大战中的火炮

第一次世界大战中的火炮

在1914年，主要大国使用的火炮已能够在远距离造成巨大的伤亡。这些火炮包括可以被拆解远程运输的山炮、可以部署在野外的野战炮，以及可以在固定阵地开火并控制战场的重型攻城炮，它们成为整个战场上的主宰者。在第一次世界大战期间，英国军队几乎60%的战场伤亡都是由火炮造成的。

用于间接瞄准的侧角瞄准镜

牵引火炮转向的横动装置

缠绕绳子的复进机

单柱型炮尾架

18 磅野战炮（MK II）
[18-POUNDER FIELD GUN（MK II）]

作为整个第一次世界大战期间所使用的标准英式火炮，这款18磅野战炮能够发射包括高爆炮弹、榴霰弹、毒气弹和穿甲弹在内的各种炮弹。作为一款通用型火炮，这款火炮的后期改进型一直服役到"二战"爆发初期。

日期	1904年
起源	英国
重量	1.3吨（1.28英吨）
长度	2.34米（7.75英尺）
口径	3.3英寸
射程	6千米（3.75英里）

13 磅野战炮
（13-POUNDER FIELD GUN）

作为配置给英国骑兵旅的武器，13磅野战火炮参加了1914年爆发的几场非常激烈的战役。但是在实战中人们发现，它所发射的轻型炮弹在堑壕战中并没有什么作用。因此从1915年开始，这款13磅野战炮被从前线撤回，后来其中的大部分又被改进成为防空炮。

日期	1904年
起源	英国
重量	1.03吨（1.01英吨）
长度	1.8米（6英尺）
口径	3英寸
射程	5.4千米（3.25英里）

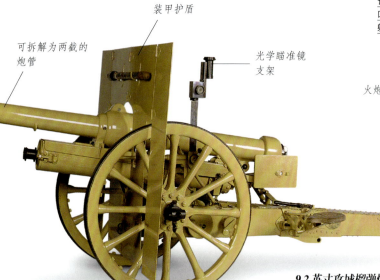

可拆解为两截的炮管

装甲护盾

光学瞄准镜支架

火炮膛口

高低机手轮

2.75 英寸野战炮
（2.75IN MOUNTAIN GUN）

这款火炮是老式10磅山炮的改进型。为了便于运输，它的炮管可以被拆解为两个部分，而剩下的炮身可以被拆解为三个部分。这些拆解后的部件需用6头骡子驮行。

日期	1911年
起源	英国
重量	585千克（1290磅）
长度	1.84米（6英尺）
口径	2.75英寸
射程	5.5千米（3.5英里）

9.2 英寸攻城榴弹炮（MK I）
（9.2IN SIEGE HOWITZER MK I）

这款火炮无疑是协约国军最有效的反炮兵武器，它可以从位于前线后方的隐蔽地点发射炮弹来摧毁敌方的炮兵阵地。它的130千克（290磅）炮弹对粉碎敌方在战场上的战略据点也非常有效。曾有超过650门这样的火炮被部署到西线战场。

日期	1904年
起源	英国
重量	12.2吨（12英吨）
长度	3.4米（11英尺）
口径	9.2英寸
射程	9.2千米（5.75英里）

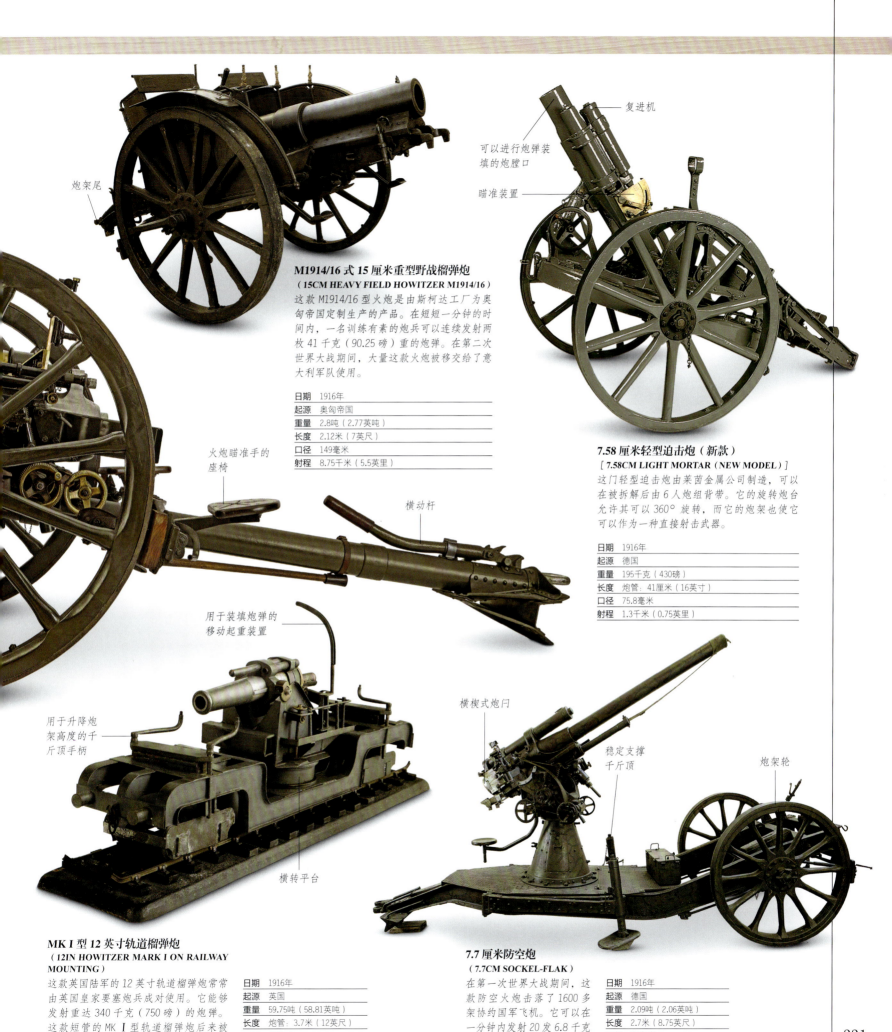

M1914/16 式 15 厘米重型野战榴弹炮
（15CM HEAVY FIELD HOWITZER M1914/16）

这款 M1914/16 型火炮是由斯柯达工厂为奥匈帝国定制生产的产品。在短短一分钟的时间内，一名训练有素的炮兵可以连续发射两枚 41 千克（90.25 磅）重的炮弹。在第二次世界大战期间，大量这款火炮被移交给了意大利军队使用。

日期	1916年
起源	奥匈帝国
重量	2.8吨（2.77英吨）
长度	2.12米（7英尺）
口径	149毫米
射程	8.75千米（5.5英里）

7.58 厘米轻型迫击炮（新款）
[7.58CM LIGHT MORTAR (NEW MODEL)]

这门轻型迫击炮由莱茵金属公司制造，可以在被拆解后由 6 人炮组背带。它的旋转炮台允许其可以 360°旋转，而它的炮架也使它可以作为一种直接射击武器。

日期	1916年
起源	德国
重量	195千克（430磅）
长度	炮管：41厘米（16英寸）
口径	75.8毫米
射程	1.3千米（0.75英里）

MK I 型 12 英寸轨道榴弹炮
（12IN HOWITZER MARK I ON RAILWAY MOUNTING）

这款英国陆军的 12 英寸轨道榴弹炮常常由英国皇家要塞炮兵成对使用。它能够发射重达 340 千克（750 磅）的炮弹。这款短管的 MK I 型轨道榴弹炮后来被 MK III 型所取代，而后者的射程较前者相比增加了 40%。

日期	1916年
起源	英国
重量	59.75吨（58.81英吨）
长度	炮管：3.7米（12英尺）
口径	12英寸
射程	10.2千米（6.25英里）

7.7 厘米防空炮
（7.7CM SOCKEL-FLAK）

在第一次世界大战期间，这款防空火炮击落了 1600 多架协约国军机。它可以在一分钟内发射 20 发 6.8 千克（15 磅）重的炮弹。

日期	1916年
起源	德国
重量	2.09吨（2.06英吨）
长度	2.7米（8.75英尺）
口径	77毫米
射程	4.75千米（3英里）

反坦克炮

几乎是从第二次世界大战爆发的时候开始,很明显,那些标准的反坦克炮其实对大多数坦克而言都是不起作用的。尽管越来越多的威力更强大的反坦克炮被研发出来,但是随之而来的却是坦克上越来越厚的装甲,这就反过来又推动了反坦克炮向着威力更强大的方向发展。到了1944年的时候,这些反坦克炮的重量已经无法单独依靠步兵来推动它们前进了。解决的方法只有两种,一种是将这些反坦克炮安放在装甲车辆的座盘上,像德国的猎豹坦克歼击车,或者是研发一款全新的火炮,就像PAW 600反坦克炮那样。

PAK 36 反坦克炮(1934)
(PAK 36 ANTI-TANK GUN 1934)

这款设计于20世纪30年代的反坦克炮,在1940年纳粹德国入侵法国的战争中第一次遇到重型坦克时,展现出了其自身的局限性。由于它发射的炮弹常常在打到敌方坦克的装甲后被弹回去,因此这款火炮也被人们戏称为"门环"(doorknocker)。

日期	1934年
起源	德国
重量	328千克(723磅)
长度	2.8米(9.25英尺)
口径	37毫米
装甲穿透力	365米(400码)距离可以穿透38毫米(1.5英寸)装甲

博福斯 37 毫米反坦克炮
(BOFORS 37MM ANTI-TANK GUN)

这款来自波兰的样品是博福斯公司授权出口到欧洲各国的众多产品中的一门。它首次亮相于西班牙内战(1936—1939)期间,并在战争中证明对轻型装甲目标非常有效。但是在第二次世界大战期间,这款火炮多数被淘汰。

日期	1934年
起源	瑞典
重量	370千克(816磅)
长度	3.04米(10英尺)
口径	37毫米
装甲穿透力	274米(300码)距离可以穿透40毫米(1.5英寸)装甲

FLAK 36 防空/反坦克炮
(FLAK 36 AA/AT GUN)

著名的88毫米炮最初是作为一款防空型火炮进行设计的,但是众所周知,这款火炮在反坦克作战方面也非常有效。尽管这款火炮因其体积和高度很难在开阔地带隐藏,但是它可以在3分钟内迅速展开部署。

日期	1936年
起源	德国
重量	7.52吨(7.4英吨)
长度	5.79米(19英尺)
口径	88毫米
装甲穿透力	1000米(1094码)距离可以穿透159毫米(6.5英寸)装甲

M1942 野战/反坦克炮
（M1942 FIELD/ANTI-TANK GUN）

这款火炮在战争中扮演反坦克炮和野战火炮的双重角色。它安装有一门威力巨大的火炮和轻型车架，因此具有良好的穿甲能力和高机动性。这款火炮也因为其自身的可靠性和耐用性而受到广大炮兵的欢迎，在整个第二次世界大战期间，共有超过10万门被生产出来。

日期	1942年
起源	苏联
重量	1.76吨（1.73英吨）
长度	4.18米（13.75英尺）
口径	76.2毫米
装甲穿透力	500米（545码）距离可以穿透98毫米（3.75英寸）装甲

- 可分式炮大架
- 充气橡胶轮胎
- 88毫米L71型主炮
- 炮口制退器
- 前倾斜甲板
- 履带

SD. KFZ. 173 猎豹坦克歼击车
（SD. KFZ. 173 JAGDPANTHER）

猎豹坦克歼击车被誉为战争中最优良的装甲战斗车，它集合了机动性、重型装甲防护和具有毁灭性的高速火炮于一身。在这款坦克歼击车的正面甲板左前侧还安装了一挺7.92毫米MG34机枪。

日期	1944年
起源	德国
重量	46.74吨（46英吨）
长度	9.9米（32.5英尺）
最大速度	46千米/小时（28.5英里/小时）
装甲穿透力	1000米（1094码）距离可以穿透193毫米（7.5英寸）装甲

PAW 600 反坦克炮
（PAW 600 ANTI-TANK GUN）

当众多反坦克炮向着重型化发展的时候，PAW 600反坦克炮却向着减量化的方向进行设计。它使用了当时正在处于试验的弹道发射系统（"高低压"系统），也就是让气压逐渐在炮管中聚集，以此来减轻需要增加自身重量才能提高火炮膛压和炮弹的出膛速度，从而帮助破甲弹穿透厚重的装甲。

日期	1944年
起源	德国
重量	640千克（1410磅）
长度	2.95米（9.75英尺）
口径	80毫米
装甲穿透力	750米（820码）距离可以穿透140毫米（5.5英寸）装甲

- 装甲护盾
- 立楔式炮闩
- 轻量化炮架

第二次世界大战中的火炮

无伦从武器本身还是技术方面来看，与第一次世界大战相比，第二次世界大战期间火炮的发展历程，可以说是一场革命。伴随着通信技术的快速发展，野战火炮具有了更强的机动性、更远的射程以及更加灵活的战略战术。以往需要马等畜类牵引的火炮逐渐被机动运输所取代。面对不断增长的空中威胁，高射炮作为防御武器也变得越来越重要。

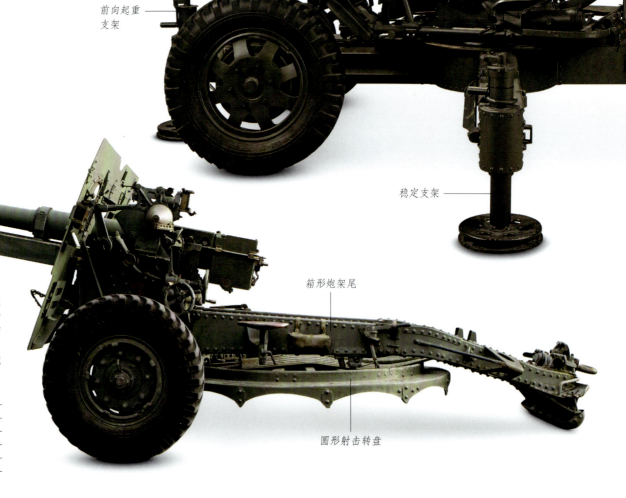

1938 式榴弹炮
（M1938 HOWITZER）

也被称为 M30 榴弹炮。这款火力强大的野战榴弹炮后来成为苏联步兵师的主力火炮之一。由 8 人组成的炮组能够使用这款火炮每分钟发射 6 发炮弹。

日期	1939年
起源	苏联
重量	3.15吨（3.1英吨）
长度	5.9米（19.75英尺）
口径	122毫米
射程	11.8千米（7.5英里）

25 磅榴弹炮
（25-POUNDER GUN-HOWITZER）

25 磅榴弹炮被证明有效地融合了火炮和榴弹炮的特点，因此开始逐步取代了第一次世界大战所使用的旧式 18 磅榴弹炮。在北非战役中，这款火炮作为一种专门的反坦克炮而名声大噪。

日期	1940年
起源	英国
重量	1.83吨（1.8英吨）
长度	4.6米（15英尺）
口径	88毫米
射程	12.25千米（7.75英里）

博福斯防空炮
（BOFORS ANTI-AIRCRAFT GUN）

作为第二次世界大战期间最优秀的防空炮之一，博福斯火炮不仅可以将发射出去的炮弹集中在有限的范围内，而且在其有效射程内具有非常高的精准性。这款火炮被大量出口到世界各地，被轴心国和同盟国的军队广泛使用。

日期	1934年
起源	瑞典
重量	2.44吨（2.4英吨）
长度	2.25米（7.25英尺）
口径	40毫米
射程	7200米（23000英尺）

M1A1 式 75 毫米驮载榴弹炮
（M1A1 PACK HOWITZER）

专门为应对崎岖的山地地形而研发的这款轻型 M1A1 式榴弹炮，能够被拆解为几个部件并用牲畜驮载。在第二次世界大战期间，这款火炮也装备于美国陆军精锐的空降兵部队使用。

日期	1940年
起源	美国
重量	653千克（1440磅）
长度	3.68米（12英尺）
口径	75毫米
射程	8.79千米（5.5英里）

德国 NEBELWERFER 41 型六联火箭炮
（NEBELWERFER 41）

这款 6 管火箭发射器被研发用于发射毒气炮弹和（用于战场隐蔽的）烟雾炮弹，也可发射高爆炮弹以用来打击大面积的目标。这款武器射击并不是非常准确，但是它开火时发出的巨大的哀嚎声可有效地削弱敌方的士气。

日期	1941年
起源	德国
重量	542千克（1195磅）
长度	炮管：1.3米（4.25英尺）
口径	150毫米
射程	6.9千米（4.5英里）

M1A1 式 155 毫米榴弹炮
（M1A1 GUN）

作为远程火炮的代表，这款 155 毫米口径的 M1A1 式榴弹炮被美国军队在欧洲战场广泛使用。这款火炮可以发射 43 千克（95 磅）重的高爆弹。还能发射诸如烟雾炮弹、化学炮弹、光学炮弹，甚至是反坦克炮弹。

日期	1941年
起源	美国
重量	14.12吨（13.9兆吨）
长度	7.36米（24英尺）
口径	155毫米
射程	23.22千米（14.5英里）

5.5 英寸中型火炮（MK II）
[5.5-INCH MEDIUM GUN（MKII）]

自从 1941 年在北非战场上被首次投入使用后，这款火炮就在"二战"期间和战后被英国和整个英联邦国家军队列装使用。这款火炮可以发射 45.5 千克（100 磅）重的高爆弹，以及化学炮弹和烟雾炮弹。

日期	1941年
起源	英国
重量	6.29吨（6.19兆吨）
长度	4.2米（13.75英尺）
口径	140毫米
射程	14.81千米（9.5英里）

博尔斯登四联防空炮
（POLSTEN QUAD ANTI-AIRCRAFT GUN）

这款起源于"二战"前波兰生产的武器，后来被英国和加拿大用来研发成为一款比瑞典的厄利孔防空机关炮（Oerlikon AA canon）更简单更便宜的防空武器。此外，它也可以安装在卡车上或者架在自己的拖车上使用。它可以单管或多管进行发射。

日期	1944年
起源	波兰/英国/加拿大
重量	单管机炮：57千克（126磅）
长度	2.1米（7英尺）
口径	20毫米
射程	2000米（6562英尺）

20世纪的手榴弹

尽管小型投掷炸弹已经使用了几个世纪,但是直到第一次世界大战爆发后,第一款现代意义上的破片手榴弹才被开发出来。许多后来出现的手榴弹,都是在英国米尔斯手榴弹的设计基础上研制出来的。投掷者通过拔掉手榴弹的保险销来引燃导火索,从而引爆手榴弹中的TNT炸药。就以经典的"菠萝形"手榴弹为例,它外部加工出来的凹陷和沟槽,最终被内部的凹槽设计所取代,这样做的好处是在爆炸时能够在更广泛的空间内产生更多、更均匀的破片。

德国木柄手榴弹
（GERMAN STICK GRENADE）
这款手榴弹最早出现在第一次世界大战期间,并且在两次世界大战中成为一款标志性的武器。其手柄的设计,使得投掷这款手榴弹的士兵要比那些投掷像米尔斯手榴弹的士兵在距离上占有优势。

日期	1915年
起源	德国
重量	595克（21盎司）
长度	36.5厘米（14.5英寸）

英国75号手榴弹
（BRITISH NO.75 GRENADE）
它通常也被称为霍金斯手榴弹。这款75号反坦克手榴弹是一款应急产品,随后在1940年的敦刻尔克撤退中有亮眼的表现。尽管这款手榴弹可以投掷使用,但它还是经常被当作反坦克地雷去炸毁敌方坦克的履带。

日期	1940年
起源	英国
重量	1.02千克（2.25磅）
长度	15厘米（6英寸）

英国36号米尔斯手榴弹
（BRITISH NO.36 MILLS BOMB）
当定时引信被研发出来后,手榴弹就成了更加有效的武器。这款将TNT炸药装在"菠萝"外形的破片手榴弹套管内的米尔斯手榴弹也被叫作"巴拉托尔"（Baratol）,这也是第一款被广泛参考生产的手榴弹。

日期	1915年
起源	英国
重量	765克（27盎司）
长度	9.5厘米（3.75英寸）

美国MK II型破片手榴弹
（US MKII FRAG GRENADE）
在第一次世界大战即将结束之际,这款破片手榴弹才开始被美国军队采用。这款手榴弹被大量生产,在整个第二次世界大战期间以及战后的局部战争中被美军广泛使用。

日期	1918年
起源	美国
重量	595克（21盎司）
长度	11.1厘米（4.4英寸）

意大利"红魔"手榴弹
（ITALIAN "RED DEVIL" GRENADE）
这款小型的M35型手榴弹被"二战"期间的英军戏称为"红魔"。其中的缘由不仅仅是因为它的颜色,而是由于这款手榴弹爆炸时所产生的无法预测的危险。这款手榴弹除了有高爆型之外,还有烟雾型和燃烧型等弹种。

日期	1935年
起源	意大利
重量	180克（6.5盎司）
长度	8厘米（3.25英寸）

苏联 RPG-7 火箭弹
（SOVIET RPG-7 WARHEAD）
RPG-7的全称是肩扛式火箭助推榴弹发射器。它的战斗部包括装有高爆炸药的反坦克穿甲弹。这款火箭发射器也可以配用其他功能的弹种,如温压弹和破甲弹。

日期	1961年
起源	苏联
重量	2.6千克（5.7磅）
长度	95厘米（37.4英寸）

— 手杆

美国 M67 型棒球破片手榴弹
（US M67 BASEBALL GRENADE）

作为老款 MKⅡ型"菠萝形"手榴弹的替代者，这款 M67 型手榴弹的内部设计有横纵刻槽结构，这样在引爆手榴弹内部的高爆炸药的时候，弹体会破碎成大量细小的破片。这款手榴弹的爆炸杀伤半径为 15 米（16 码）。

日期	1968年
起源	美国
重量	450克（16盎司）
长度	8.9厘米（3.5英寸）

苏联 RKG-3 型反坦克手榴弹
（SOVIET RKG-3 ANTI-TANK GRENADE）

这是一款聚能装药反坦克手雷，当被投掷出去的时候，从手柄处会释放出一个稳定伞。正是因为有稳定伞，所以这款手雷在投掷的时候非常稳定，且有助于确保目标可以在 90 度的理想垂直角度下被击中。

装有稳定伞的手柄

日期	1950年
起源	苏联
重量	1.07千克（37.75盎司）
长度	36.2厘米（14.25英寸）

保险帽 — 拉环

齿形钢表面

苏联 F1 型破片手榴弹
（SOVIET F1 FRAGMENTATION GRENADE）

基于法国同类产品的设计，苏联制造了这款破片手榴弹，它也被戏称为"柠檬"。尽管这款手榴弹对俄罗斯军队而言已经过时，但是在世界各地仍被广泛使用。

日期	1940年
起源	苏联
重量	600克（21.25盎司）
长度	11.7厘米（4.5英寸）

苏联 RGD-5 型手榴弹
（SOVIET RGD-5 GRENADE）

这款手榴弹使用了内置破片套，在爆炸的时候，可以在杀伤半径为 25 米（27.25 码）的范围内，破碎成为 350 多块破片。这款手榴弹可以使用延时引信，起爆时间从 0 秒到 13 秒不等。

日期	1954年
起源	苏联
重量	310克（11盎司）
长度	11.7厘米（4.5英寸）

RPG-7V 肩扛式火箭助推榴弹发射器

火箭发射药管

单兵便携式反坦克武器

在第一次世界大战期间,唯一可以与坦克相抗衡的武器只有野战大炮。在接下来的20年里出现了专门的反坦克炮,不过仍然需要一种步兵可以使用的更轻型武器,于是反坦克步枪出现了。这种枪的实用性令人质疑,于是很快遭到淘汰,被火箭推动发射器所取代。后者所发射的火箭弹使用了一种锥形装药的新科技,可以像喷灯一样烧透装甲。

博伊斯反坦克步枪
(BOYS ANTI-TANK RIFLE)

伯明翰小型武器军工厂在20世纪30年代生产了博伊斯反坦克步枪。它是栓式枪机武器,发射沉重的钨芯穿甲弹。尽管枪管安装在一根滑轨上,射击后可以向枪托部后退,但开火时产生的后坐力及噪音仍相当恐怖。由于效果不佳,在1941年被步兵反坦克发射器(PIAT)所替代。

时间	1936年
起源	英国
重量	16.3千克(36磅)
枪管	91.5厘米(36英寸)
口径	0.55英寸

步兵反坦克发射器
(PROJECTOR, INFANTRY, ANTI-TANK)

与司登冲锋枪一样,PIAT也是在战时出现的应急设计,功能优先,不讲究形式。它实际上就是一门超口径迫击炮,发射带有锥形装药弹头的炮弹。它的弹簧非常有力,在炮弹从发射器中被掷出以后才点燃炮弹的推进火药。

时间	1942年
起源	英国
重量	14.5千克(32磅)
长度	91.4厘米(36英寸)
炮弹	1.36千克(3磅)

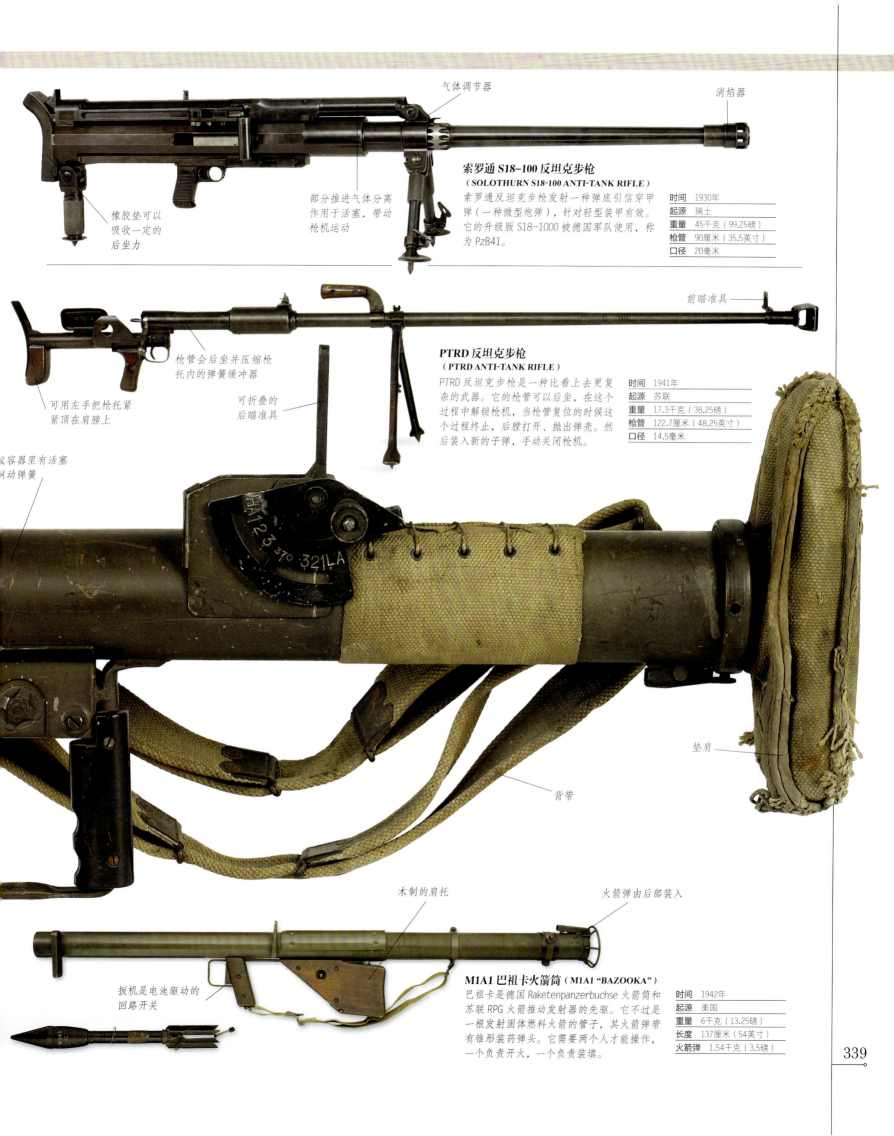

索罗通 S18-100 反坦克步枪
(SOLOTHURN S18-100 ANTI-TANK RIFLE)

索罗通反坦克步枪发射一种弹底引信穿甲弹（一种微型炮弹），针对轻型装甲有效。它的升级版 S18-1000 被德国军队使用，称为 PzB41。

时间	1930年
起源	瑞士
重量	45千克（99.25磅）
枪管	90厘米（35.5英寸）
口径	20毫米

标注：气体调节器；消焰器；部分推进气体分离作用于活塞，带动枪机运动；橡胶垫可以吸收一定的后坐力

PTRD 反坦克步枪
(PTRD ANTI-TANK RIFLE)

PTRD 反坦克步枪是一种比看上去更复杂的武器。它的枪管可以后坐，在这个过程中解锁枪机，当枪管复位的时候这个过程终止，后膛打开、抛出弹壳。然后装入新的子弹，手动关闭枪机。

时间	1941年
起源	苏联
重量	17.3千克（38.25磅）
枪管	122.7厘米（48.25英寸）
口径	14.5毫米

标注：前瞄准具；枪管会后坐并压缩枪托内的弹簧缓冲器；可折叠的后瞄准具；可用左手把枪托紧紧顶在肩膀上

M1A1 巴祖卡火箭筒 (M1A1 "BAZOOKA")

巴祖卡是德国 Raketenpanzerbuchse 火箭筒和苏联 RPG 火箭推动发射器的先驱。它不过是一根发射固体燃料火箭的管子，其火箭弹带有锥形装药弹头。它需要两个人才能操作，一个负责开火，一个负责装填。

时间	1942年
起源	美国
重量	6千克（13.25磅）
长度	137厘米（54英寸）
火箭弹	1.54千克（3.5磅）

标注：火箭弹由后部装入；木制的肩托；垫肩；背带；扳机是电池驱动的回路开关；容器里有活塞驱动弹簧

步枪榴弹发射器

在用于爆炸装置上的雷帽被发明出来之前,榴弹使用的都是慢燃导火线,性能极不可靠,在19世纪期间便不再被使用。然而到了1915年,威廉·米尔斯(William Mills)发明了一种安全的雷管引爆榴弹,从那以后很快就发明出了可以从标准步兵来复枪上进行发射的装置。第二次世界大战期间,随着爆炸技术的发展,出现了可以有效对抗轻型装甲的榴弹。

装有米尔斯榴弹发射器的恩菲尔德步枪
(SMLE WITH MILLS BOMB LAUNCHER)

米尔斯手榴弹可以用步枪发射,需要在弹底拧上一根长杆子或装上一个圆形弹底螺盖。步枪要在刺刀插座上安装一个环形或杯形装置来固定榴弹的保险扣。发射时需要使用一种特制的空包弹。

时间	1915年
起源	英国
榴弹	人员杀伤弹
口径	0.303英寸
射程	150米(490英尺)

装有AT榴弹发射器的4号步枪
(NO.4 RIFLE WITH AT-GRENADE LAUNCHER)

由于使用了李-恩菲尔德4号步枪,英国军队就能够利用其暴露的枪口来开发一种新型的管式发射器。4号步枪可以发射一种带有稳定翅片的反坦克枪榴弹,榴弹直接套在枪口上,用刺刀插座进行固定。使用一种超威力的空包弹进行发射,发射的时候步枪枪托需顶在地上。这里展示的是较晚的L1A1式演习榴弹。

时间	20世纪40年代
起源	英国
榴弹	反坦克榴弹
口径	0.303英寸
射程	100米(330英尺)

独立式榴弹发射器

有些场合并不需要枪榴弹发射器,例如当使用40毫米口径非致命型榴弹用于骚乱控制的时候。在战场上,高射速的发射器已经逐渐取代了轻型迫击炮,其优势不仅在于可以提供直接或者间接火力(例如针对可见的和不可见的目标,后者依靠的是罗盘方位),而且它们可以发射重量更大的榴弹。

AGS-17"烈火"榴弹发射器(AGS-17 "PLAMYA")
这种与美国40毫米口径M19榴弹发射器同等级的苏联武器最早在越战中使用。它使用弹链装填,气体反冲式系统,最大射程达1.61千米(1英里)。这种武器一般安装在地面车辆、船只、气垫船、舰载直升飞机以及固定翼飞机上。

时间	1975年
起源	苏联
重量	22千克(48.25磅)
枪管	30厘米(11.75英寸)
口径	30毫米

标注:带有散热片的来复炮管;不可散式弹链由此推出;容纳29发30毫米口径榴弹的不可散式弹链的弹鼓;扇形抬升阀;框形折叠表尺,标尺范围达350米(1150英尺);前瞄准具;枪管释放扣

M79榴弹发射器(M79 "BLOOPER")
这是一款20世纪50年代期间开发的独立式榴弹发射器,使用它的部队常叫它"Blooper"。它采用了简单的折开式设计,很像是一把巨大的霰弹枪。操作时,打开枪膛退出弹壳,装填新弹,然后关闭枪膛,使枪机处于待击发状态。

时间	1960年
起源	美国
重量	2.75千克(6磅)
枪管	30.5厘米(12英寸)
口径	40毫米

M79 40毫米口径榴弹

标注:光学瞄准镜,其标尺范围达500米(1640英尺);带有发射火药筒和附有稳定翅片的火箭弹尾部可装入发射筒中;火箭弹装在发射筒口中;扳机

- 激光瞄准镜
- 可以向前折叠的框架式后枪托
- 前手柄可以松开并绕枪管转动
- 标尺范围达1.7千米（1英里）的光学瞄准镜
- 枪栓柄采用钢绳连接
- 机匣两侧均有水平把手
- 转轮可容纳6发40毫米口径榴弹
- 俯仰调节螺栓
- 三脚架夹具
- 为使用者肩部隔热的木制隔热套
- 废气收集/扩散器

全视图

米切姆/米尔科尔 MGL MK1 榴弹发射器
（MECHEM / MILKOR MGL MK 1）

MGL MK1 在设计上与一把特大号霰弹枪类似，是一款6发转轮榴弹发射器。其转轮使用弹簧驱动，当它旋出枪框以外进行装填的时候需要手动旋转弹仓。它的最大射程为350米（1150英尺）左右。

时间	1990年
起源	南非
重量	5.6千克（12磅）
枪管	30.5厘米（12英寸）
口径	40毫米

RPG-7V 火箭筒（RPG-7V）

肩扛发射的 RPG-7 比之前的 RPG-2 有了很大改进。它发射的火箭弹有两段式发射推动火药（尾翼前为固体火箭发动机的推进剂，尾翼后是发射药包），射程高达500米（1640英尺）。它可以使用多种不同的榴弹（火箭弹），包括人员杀伤弹、燃烧弹以及高爆反坦克弹。

时间	1962年
起源	苏联
重量	6.3千克（14磅）
枪管	95厘米（37.25英寸）
口径	40毫米

美军海豹突击队

美国海军的海豹突击队（Sea-Air-Land，SEAL）成立于1962年，已成为美国最令人敬畏的特种行动部队。海豹突击队的训练堪称所有军队中最严酷的，包括身体和精神方面的重点加强，其中还有为期一周睡眠时间不超过4小时的训练。海豹突击队员需要熟练掌握的技术，包括蛙潜、跳伞、近身格斗及爆破等。

装有榴弹发射器的M16突击步枪

特种部队

海豹突击队是当年作为约翰·肯尼迪总统为了应对游击战争威胁而设立的美国武装力量的一部分而成立的。最早他们在1966年被派到海外作战，专门进行沿河行动。从1987年开始，海豹突击队在美国特种作战司令部的领导下与其他美国特种部队进行了整合。

美国2001年介入某海外入侵行动以后，海豹突击队的角色与其他特种部队别无二致。尽管2003年的入侵行动给了海豹突击队一个展示水上作战能力的机会，例如占领海上石油终端，然而他们的"空—陆"元素变得更加突出。海豹突击队展示了快速移动战斗方式，美国的其他常规部队只被用来为他们提供支援而已。

2006年美国国防部发布了未来战争计划，为了应对全球范围所谓的"新的难以捉摸的敌人"，特种部队成了战争的主角。五角大楼特别强调，通过特种部队呼叫空袭的方式，一些"危机"将会"被发现，被处理，被终结"。如果这些计划都能实现的话，海豹突击队的未来发展将不可估量。

多重任务
有许多任务都可能分派给2450名海豹突击队员，包括营救被击落的飞行员、寻找和解救人质、破坏行动、侦察行动、反恐行动，以及缉毒行动。如此种类众多的任务，就需要配备大量不同的服装、武器和装备。

武装河面巡逻
与海豹突击队一样，特种舟艇分队（SBUs）也是海军特战司令部的一个组成部分。他们被训练于小型船只上进行战斗，包括河面或海面巡逻及秘密渗透任务。海豹突击队的渡海或渡河行动由美国海军特种作战快艇部队（SWCC）进行支援。

> "准备领导，准备服从，永不离弃。"
>
> 海豹突击队信条

海外行动

2001年10月，美国进行某海外入侵行动。海豹突击队员在联合特种行动任务部队中占有一席之地。他们被直升飞机空降到目标地区，搜索可能被对方占领的山洞和房屋，锁定对手，指挥空军进行打击，并进行地面军事行动。在2002年3月塔克盖尔行动中，在试图建立一个山顶侦察点的时候遭到游击队的抵抗，当时阵亡的每7名美军特种兵中就有1名是海豹突击队员。

战斗工具

海豹突击队员的护具
（SEAL PROTECTION）

为了在特殊行动中存活下来，海豹突击队员在行动中通常穿防弹衣。他们一般会尽量采购能够找到的高性能特种装备，以对标准装备进行补充。

M16突击步枪，装有M203榴弹发射器

- 护目镜
- 头戴式通信器材
- 防弹衣
- 绑在胸部和大腿上携带物品的储物袋

H&K MP7冲锋枪

H&K MP5K 冲锋枪

◀ 240—241 武器展示：加特林机枪　　◀ 314—315 气退式机枪　　▶ 350—351 新式武器

现代世界

迷你炮/速射机枪

这款从19世纪加特林机枪中汲取灵感（见本书240—241页），由美国通用电气公司开发的现代电动轻型机枪，完全是配用于喷气式战斗机的20毫米"火神"六管旋转机炮的缩小版。它生产于20世纪60年代。它可以满足低空飞行直升机的需求，相比于传统机枪，能够提供更强大的火力。这款为美国军队定制的M134型速射机枪，目前已经出口到世界众多国家的军队中使用。

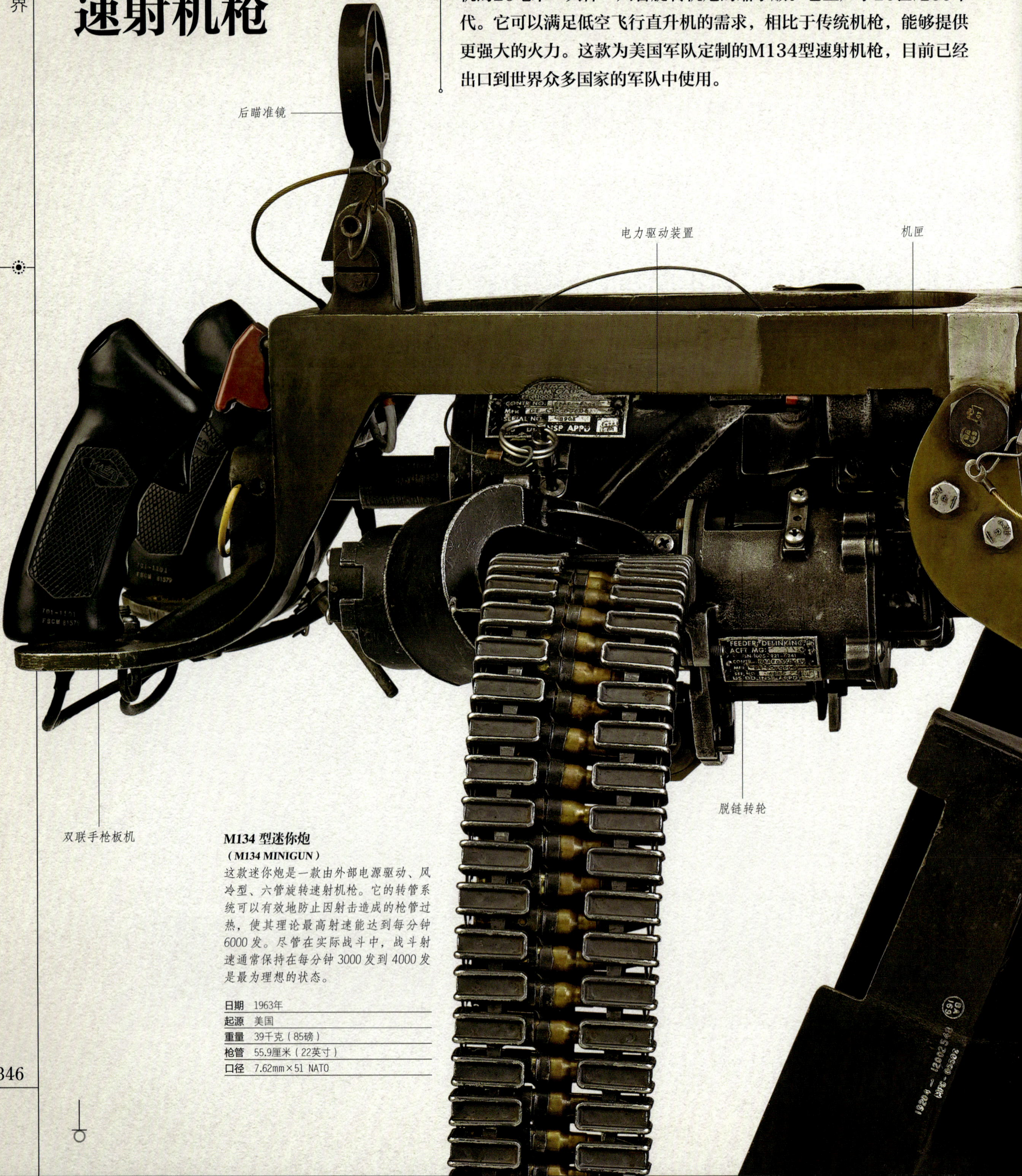

后瞄准镜

电力驱动装置

机匣

双联手枪板机

脱链转轮

M134型迷你炮
（M134 MINIGUN）

这款迷你炮是一款由外部电源驱动、风冷型、六管旋转速射机枪。它的转管系统可以有效地防止因射击造成的枪管过热，使其理论最高射速能达到每分钟6000发。尽管在实际战斗中，战斗射速通常保持在每分钟3000发到4000发是最为理想的状态。

日期	1963年
起源	美国
重量	39千克（85磅）
枪管	55.9厘米（22英寸）
口径	7.62mm×51 NATO

武器展示

可旋转六管枪管套管口

抛壳槽

弹链

弹壳

弹药
M134 使用的是北约标准 7.62 毫米口径步枪弹，该枪可以以 853 米（2800 英尺）/秒的枪口初速发射 10 克（147 格令）重的弹头。该枪供弹为无弹链供弹系统或者可散式（可拆解式）弹链供弹。可散式弹链的供弹容量从 500 发到 5000 发不等。

前视图

枪管

枪管夹

消焰器

全视图

347

重型狙击步枪

重型狙击步枪或反器材步枪，可以发射无比强大与巨大的超远距离弹药，就像0.50IN BMG步枪弹（勃朗宁机枪弹，也叫北约标准0.5英寸口径12.7mm×99步枪弹）和俄罗斯14.5mm×114步枪弹。这些武器主要是用于击毁诸如轻型装甲车、导弹发射器以及轻型海军舰艇和通信设备等目标，当然它们对超远距离的单兵目标也非常有效。

巴雷特M82狙击步枪（BARRETT M82）
作为第一款新一代重型狙击枪，这款枪管短后坐式半自动狙击步枪于1984年被美国军队采购。它所发射的0.5英寸口径的步枪弹有效射程达到了1800米（5900英尺）。

日期	1982年
起源	美国
重量	14千克（30.5磅）
枪管	73.7厘米（29英寸）
口径	.50IN BMG

赫卡式Ⅱ型狙击步枪（HECATE Ⅱ）
作为为法国军队量身定做的产品，赫卡式Ⅱ型狙击步枪整体以金属骨架框架为特征，尤其是它的前双脚框架与后单支架以及高性能的枪口制退器，可以将发射时所产生的后坐力减小到与标准的7.62毫米口径步枪相同的水平。

日期	1993年
起源	法国
重量	13.8千克（30.5磅）
枪管	70厘米（27.5英寸）
口径	.50IN BMG

巴雷特 M90 狙击步枪
（BARRETT MODEL 90）

折叠状态的双脚架

这款狙击步枪的研发是作为巴雷特 M82 狙击步枪（左图）的替代者而研发的。因此，该枪采用了更轻而且更加紧凑的无托式结构（该枪的弹匣放在了扳机组件的后面），并改用了栓动而不是半自动的装填方式。

日期	1995年
起源	美国
重量	10.7千克（23.25磅）
枪管	73.7厘米（29英寸）
口径	.50IN BMG

双室枪口制退器

射角调节刻度转盘

带槽枪管部分

5发弹匣

斯太尔 HS 50-M1 狙击步枪
（STEYR HS 50-M1）

这款长枪管栓动狙击步枪最不寻常的特征之一在于其安装在左侧的5发弹匣。它的可调节的托腮板和枪托单脚支架也非常有特点。

日期	2004年
起源	奥地利
重量	14.5千克（31.5磅）
枪管	90厘米（35.5英寸）
口径	.50IN BMG

手枪柄

前端导轨

高精度自由浮动式枪管

三室枪管制退器

折叠状态的双脚架

精密国际 AX50 狙击步枪
（ACCURACY INTERNATIONAL AX50）

作为 AI（精密国际公司）系列狙击步枪的重型版本，AX50 狙击步枪在严酷的战场条件下仍然可以保持高精度的射击水准。它的特点是有一个沉重的自由浮动式枪管和一个5发可拆卸式盒式弹匣。

日期	2010年
起源	英国
重量	12.5千克（27磅）
枪管	69厘米（27英寸）
口径	.50IN BMG

新式武器

许多现代化的武器采用模块化设计,以便于能够快速转换扮演不同的角色。像列日市赫斯塔尔国家兵工厂(FN公司)的SCAR(特种部队战斗突击步枪),它们可以作为特定的精确射击步枪、突击步枪或单兵自卫卡宾枪使用。而其他的创新设计,比如像拐角射击公司(Corner Shot)生产的武器,可以让士兵在拐角处观察和射击。此外,还有RONI手枪—卡宾枪转换套件等。

LMT 精确射击步枪
(LMT SHARPSHOOTER)

由 LMT 公司研发的这款突击步枪被英国军方采用,并命名为 L129A1 型。这款步枪的枪弹是北约标准 7.62 毫米口径步枪弹,但是其改进版本也可以使用为步兵分队所配备的狙击手专用弹药。

日期	2010年
起源	美国
重量	4.4千克(9.5磅)
枪管	41厘米(16英寸)
口径	7.6mm X51 NATO

向前收起的步枪双脚架 物镜 可调节枪托

SIG SP2022 型手枪
(SIG SP2022)

作为 SIG SP 系列的重要组成部分,这款 SP2002 型手枪主要为法国警察和其他国家政府的军队生产。与这款枪所特有的 15 发弹匣一样,作为附加部件,其枪管下方增加了定制的皮卡汀尼导轨。

高分子聚合物手枪柄

日期	2002年
起源	瑞士
重量	0.72千克(1.5磅)
枪管	9.91厘米(4英寸)
口径	9mm Parabellum

HK416 突击步枪
(HECKLER AND KOCH 416 ASSAULT RIFLE)

这款突击步枪借鉴了经典的 AR15(M16)突击步枪的设计元素。HK416 采用了短冲程活塞传动系统,在特种部队中很受欢迎。

日期	2013年
起源	德国
重量	3.12千克(6.75磅)
枪管	27.9厘米(11英寸)
口径	5.56mm X45 NATO

30发弹匣

装备有拐角发射装置的 M16 步枪
(M16 WITH CORNER SHOT)

作为为平息动乱而专门研发的武器,它可以在将一把手枪或者 M16 步枪夹紧后,以最大 90 度的夹角进行旋转。安装在枪械前部的摄像机可以将前方的图像传输到 LCD 屏幕上,使操作者在不暴露自己的前提下向目标开火。

日期	2003年
起源	以色列
重量	3.86千克(8.5磅)
长度	82厘米(32.5英寸)
口径	5.56mm X45 NATO

物镜 前置摄像头 改装为拐角枪的 M16 步枪 枢轴机构 全视图

没有安装悬挂式榴弹发射器的 FN SCAR

FN SCAR-L CQC 突击步枪
（FN SCAR-L CQC ASSAULT RIFLE）

这款特种作战部队使用的轻型突击步枪，是众多具有通用多功能模块化步枪系统中最具代表性的一款。该款突击步枪可以装配一个 40 毫米口径的枪挂榴弹发射器（UGL），用来发射高爆弹、烟雾弹和催泪弹。

日期	2009年
起源	比利时
重量	3.04千克（6.5磅）
枪管	25.4厘米（10英寸）
口径	5.56mm X45 NATO

史密斯威森 M&P9 手枪
（SMITH ANDWESSON M&P9 PISTOL）

作为史密斯威森 M&P（军用和警用）系列枪械中的一款，这款击针平移式手枪主要装备于强力执法部门。它集合了现代工程塑料和金属材质，并以可容纳 17 发子弹的弹匣和左右手均可操作而闻名于世。

日期	2005年
起源	美国
重量	0.68千克（1.5磅）
枪管	10.8厘米（4.25英寸）
口径	9毫米

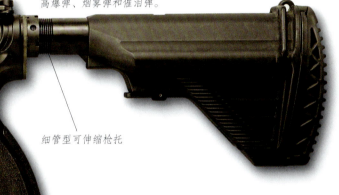

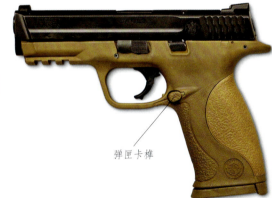

RONI SIG P226 手枪
（RONI SIG P226）

罗尼西格"手枪－卡宾枪系统"（RONI pistor-carbine）是一种转换套件，把一支标准型 SIG P226 手枪放在这个用金属铝和高分子聚合物制作的框架内，就可以迅速将其组合成一支全自动冲锋枪。其枪托和托腮板均可以调节。

日期	2010年
起源	美国
重量	1.41千克（3磅）
长度	22厘米（8.75英寸）
口径	9毫米

维克托 CR21 突击步枪
（VEKTOR CR21）

这款紧凑型突击步枪由于使用了最新的聚合材料，因此几乎没有裸露在外的金属部件。它的无托式设计，在没有降低子弹枪口初速的基础上，将枪械的长度减小到卡宾枪的尺寸。其前枪托很容易被拆除以便于安装榴弹发射器。

日期	1997年
起源	南非
重量	3.72千克（8.25磅）
枪管	46厘米（18英寸）
口径	5.56mm X45 NATO

简易枪械（1950—1980）

当人们手头有了子弹，有时就会尝试制作能够发射它的武器。在最简单最粗糙的形式下，这只需要一根差不多口径的管子，一根当作击发器的钉子，以及用足以引爆底火的力量来推动它的方法。操作这样一个发射装置，对于手握武器的人来说面临的危险同潜在的受害者一样大。

"茅茅"卡宾枪（MAU-MAU CARBINE）

这把短管栓式枪机单发卡宾枪是在20世纪50年代肯尼亚发生"茅茅党"抗英暴动期间制作的，其结构比看上去的要复杂。大部分叛乱者来自基库尤族，他们临时制造的武器大都在开火时引起了爆炸。

时间	20世纪50年代
起源	肯尼亚
重量	1.6千克（3.5磅）
枪管	51.2厘米（20.25英寸）
口径	0.303英寸

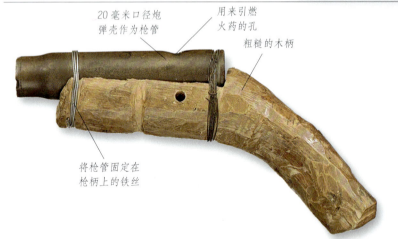

埃奥卡手枪（EOKA PISTOL）

这把"枪"如此粗糙，以至于几乎称不上是"枪"。其枪管是一枚用过的20毫米口径弹壳，用铁丝绑在一个粗糙的木架子上。如果想要有效果的话，在开枪之前"枪口"实际上必须顶在被攻击者的身上才行。

时间	20世纪50年代
起源	塞浦路斯
重量	0.23千克（0.5磅）
枪管	11厘米（4.25英寸）

南非手枪（SOUTH AFRICAN PISTOL）

这把自制手枪来自南非，实际上比初看上去的要复杂。它值得自豪的是使用了一个简单的单动式枪机来连接扳机和击锤，这个枪机可能源于某种玩具手枪。这把枪可以单手操作。它的精度太差，以至于最基本的瞄准具都毫无必要。

时间	20世纪80年代
起源	南非
重量	1千克（2.25磅）
枪管	22厘米（8.75英寸）

前瞄准具　后瞄准具　扳机

用煤气管做成的枪管　折开式铰链　手枪柄　枪栓柄

埃奥卡单发手枪（EOKA SHOTPISTOL）

从1955年到1959年，埃奥卡（EOKA，希腊语意为"为塞浦路斯而斗争全国组织"）为抵抗英国殖民统治而在地中海的塞浦路斯岛发起了一场游击战争。他们当时制作了一小批粗糙的枪支。这把全金属手枪使用简单的折开式枪机，用弹簧推动撞针来发射霰弹枪子弹。

时间	20世纪50年代
起源	塞浦路斯
重量	1.25千克（2.75磅）
枪管	11厘米（4.25英寸）
口径	12-bore

弹匣口　弹匣卡榫　方形截面的机匣

来自司登冲锋枪的34发盒式弹匣　保险栓　扳机　手枪柄

全视图

LOYALIST 冲锋枪（LOYALIST SUBMACHINE-GUN）

这把自制机械式枪械是基于第二次世界大战期间的司登冲锋枪改造的，制作者是北爱尔兰的忠诚派人员。其枪管套和机匣是用方形管做成的，弹匣看上去属于一把司登L2冲锋枪，当时驻扎在北爱尔兰的英军使用的就是这种冲锋枪。

时间	20世纪70年代
起源	英国
重量	2.6千克（5.75磅）
枪管	20厘米（7.75英寸）
口径	9毫米

头盔（1900年以后）

早已在17世纪80年代就被欧洲军队淘汰的金属头盔，在第一次世界大战期间再次出现。对战之初的所有士兵都戴着布帽或者皮帽，但在1915年，人们开始使用钢盔来减少由于头部受伤引起的伤亡，尤其是由弹片造成的伤害。简而言之，与第一次世界大战期间使用的钢盔样式相同的头盔，在略经改进以后一直使用到20世纪80年代。那时出现的凯芙拉合成纤维可以作为更轻的钢铁替代品，从此所有的护甲都彻底改变了。

- 头盔用皮革拼成
- 铆接在一起的皮板
- 用皮带将钢板固定在头盔上
- 保护脖子的"煤桶"
- 护面具用来防御飞溅的金属碎片
- 眼部视缝只能提供有限的视野
- 口部防护锁子甲

第一次世界大战时期的坦克兵头盔
（WORLD WAR I TANK CREW HELMET）
当英国人在1916年把坦克引入战场时，他们很快发现车辆的装甲对内部成员提供的保护不够。一旦枪弹击中装甲，金属碎片会在车体内部乱飞。经历了早期的一些惨剧之后，坦克兵开始使用头盔和护面具，用以保护他们的头部和面部。

时间　约1916年
起源　英国
重量　面具：0.29千克（0.75磅）

带有额板的德国头盔（GERMAN HELMET WITH BROW PLATE）

第一次世界大战开始时德国使用皮制尖顶盔（pickelhaube），而1916年德军开始使用斯塔勒钢盔（Stahlhelem）。执行特殊任务的士兵如机枪兵，也会增加使用"斯特恩潘泽"[Stirnpanzed，一种4毫米（0.25英寸）厚的钢额板]来保护头部前面。因为这些钢板重达4千克（9磅），因此只能在短时间内用来防护。

时间	1916年
起源	德国
重量	1.95千克（4.25磅）

在索马里摩加迪沙的联合国士兵

由于联合国维和部队独特的头盔颜色，他们经常被称作"蓝盔部队"。这些头盔具有双重作用，既能为士兵提供保护，也能表明其维和部队成员的身份。

英国布罗迪头盔（BRITISH BROOIE HELMET）

由约翰·L.布罗迪（John L. Brodie）设计的钢盔最早在1915年9月被英国军队采用。它使用硬化锰钢制造，其成本低廉，但是对脖子和头部的下半部分几乎没有保护效果。英军和英联邦军队在整个第二次世界大战期间使用的都是布罗迪头盔。

时间	1939年
起源	英国
重量	1.6千克（3.5磅）

美国空军机组人员头盔（US AIRCREW HELMET）

第二次世界大战期间，为应对白天对德国进行持续轰炸带来的严重伤亡，美国轰炸机小组装备了高射炮钢盔。由于在轰炸机炮塔内佩戴M3头盔过于笨重，马尔科姆（Malcolm）上校在1944年发明了这种M4头盔。他还发明了轻型身体护甲，被称为"高射炮套装"。

时间	约1944年
起源	美国
重量	4.28千克（9.5磅）

美国M1头盔（US M1 HELMET）

美国军队的M1头盔最早在1942年投入使用。它由外部的一层钢壳和内部较柔软的衬垫组成。钢壳可以和衬垫分开，然后被当成铲子或者尿壶等各种东西使用。由M1头盔发展而来的头盔一直在美军中使用到20世纪80年代。

时间	20世纪40年代
起源	美国
重量	0.99千克（2.25磅）

北越头盔（NORTH VIETNAMESE HELMET）

在越南战争期间，北越士兵佩戴的头盔形式多样，其中就包括这种遮阳头盔，或者叫遮阳帽。这种头盔是用压紧的纸或者塑料做成的，所以，它们对火力武器的防御力较弱。

时间	约1970年
起源	北越
重量	0.5千克（1磅）

英国凯芙拉头盔（BRITISH KEVLAR HELMET）

英军士兵直到20世纪80年代还在使用布罗迪钢盔，其样式与两次世界大战期间使用的一样。后来这些钢盔被用凯芙拉复合材料做成的头盔取代了，这种材料重量轻，比钢还结实，而且有隔热效果，其造型也可以为头部提供更多保护。这种头盔上一般都会覆盖DPM（迷彩材料）以便于伪装。

时间	1990年
起源	英国
重量	1.36千克（3磅）

致 谢

本书出版商由衷地感谢以下名单中的人员提供照片使用权，页码以英文原版为准。

缩写关键词：
关键词：a=上方，b=下方，c=中间，l=左侧，r=右侧，t=顶端，f=底图，s=边注

1 DK Images: By kind permission of the Trustees of the Wallace Collection (c). **2-3** Alamy Images: Danita Delimont. **8** DK Images: The Museum of London (tr); By kind permission of the Trustees of the Wallace Collection (tl). **10** DK Images: Museum of the Order of St John, London (b). **11** DK Images: Pitt Rivers Museum, University of Oxford (tr); By kind permission of the Trustees of the Wallace Collection (tc). **12** DK Images: By kind permission of the Trustees of the Wallace Collection (b). **13** DK Images: By kind permission of the Trustees of the Wallace Collection (cl) (b). **14** DK Images: By kind permission of the Trustees of the Wallace Collection (br). **16** DK Images: Courtesy of the Gettysburg National Military Park, PA (cla). **22** DK Images: Fort Nelson (ca, br). **22-23** DK Images: Fort Nelson (tc). **23** DK Images: Courtesy of the Royal Artillery Historical Trust (br), Imperial War Museum, London (cra). **24** Ancient Art & Architecture Collection: (r). DK Images: Courtesy of David Edge (b). **25** DK Images: Universitets Oldsaksamling, Oslo (tl). **26-27** The Art Archive: Museo della Civiltà Romana, Rome / Dagli Orti. **28** Corbis: Pierre Colombel. **29** akgimages: Erich Lessing. **30** akg-images: Rabatti - Domingie (c). DK Images: British Museum (b). **31** Corbis: Keren Su (r). **34** akg-images: Iraq Museum (r). Ancient Art & Architecture Collection: (l). **35** The Art Archive: British Museum / Dagli Orti (bl). DK Images: British Museum (tl). **36** The Trustees of the British Museum: (l). DK Images: British Museum (cr). **37** Corbis: Sandro Vannini (r) (cb). DK Images: British Museum (tl) (cl) (b). **38** DK Images: British Museum (tl) (b). **38-39** DK Images: British Museum (ca). **39** DK Images: British Museum (tr). **40-41** The Art Archive: Egyptian Museum Cairo / Dagli Orti. **42** DK Images: British Museum (cr). Shefton Museum of Antiquities, University of Newcastle: (cl). **43** DK Images: British Museum (cr) (br) (bl). **44** akg-images: Nimatalla (bl). DK Images: British Museum (tl) (c) (cra) (crb). **44-45** Bridgeman Art Library: Louvre, Paris / Peter Willi (c). **45** The Art Archive: Archaeological Museum, Naples / Dagli Orti. Shefton Museum of Antiquities, University of Newcastle: (cla). **46** DK Images: British Museum (bc); Courtesy of the Ermine Street Guard (cla); Judith Miller / Cooper Owen (cr); University Museum of Newcastle (bl). **47** akg-images: Electa (br). DK Images: British Museum (c); Courtesy of the Ermine Street Guard (fclb/lancea and pilum); Courtesy of the Ermine Street Guard (tr); University Museum of Newcastle (cr). **48** The Art Archive: National Museum Bucharest / Dagli Orti (A) (tr). Corbis: Patrick Ward (cb). DK Images: Courtesy of the Ermine Street Guard (cr); Judith Miller / Cooper Owen (tl); University Museum of Newcastle (crb). **49** Archivi Alinari: Museo della Civiltà Romana, Rome (b). DK Images: British Museum (tl); Courtesy of the Ermine Street Guard (tr/short sword and scabbard) (cla). **50** DK Images: British Museum (cr); The Museum of London (cl). **51** DK Images: British Museum (tl) (r) (crb) (t); The Museum of London (cl); The Museum of London (clb) (tc). **52** DK Images: The Museum of London (clb/short and long spears); The Museum of London (b). **53** Ancient Art & Architecture Collection: (br). **54** DK Images: Danish National Museum (crb/ engraved iron axehead). **55** Ancient Art & Architecture Collection: (tl). DK Images: The Museum of London (bl); Universitets Oldsaksamling, Oslo (tr). **56** DK Images: Danish National Museum (c/double-edged swords). **56-57** DK Images: The Museum of London (ca). **58-59** The Art Archive: British Library. **60** Bridgeman Art Library: Musée de la Tapisserie, Bayeux, France, with special authorisation of the city of Bayeux. **61** Bridgeman Art Library: Bibliothèque Nationale, Paris. **62** The Art Archive: British Library (tl). Bridgeman Art Library: Courtesy of the Warden and Scholars of New College, Oxford (c). **63** Bridgeman Art Library: National Gallery, London. **65** DK Images: By kind permission of the Trustees of the Wallace Collection (t). **66-67** DK Images: By kind permission of the Trustees of the Wallace Collection (b). **67** DK Images: By kind permission of the Trustees of the Wallace Collection (double-edged sword). **74** DK Images: By kind permission of the Trustees of the Wallace Collection (tl/poleaxe) (clb/German halberd). **75** DK Images: British Museum (bl) (bc) (tr); Museum of London (br); By kind permission of the Trustees of the Wallace Collection (cl/war hammer). **76** DK Images: By kind permission of the Trustees of the Wallace Collection (clb). **78** The Art Archive: British Library (l). Bridgeman Art Library: National Palace Museum, Taipei, Taiwan (b). DK Images: British Museum (tl). **79** Bridgeman Art Library: Bibliothèque Nationale, Paris. DK Images: British Museum (cra/ Mongolian dagger and sheath). **80** DK Images: By kind permission of the Trustees of the Wallace Collection (br). **80-81** DK Images: By kind permission of the Trustees of the Wallace Collection (hunting crossbow and arrows). **81** The Art Archive: British Library (tr). DK Images: Robin Wigington, Arbour Antiques, Ltd., Stratford-upon-Avon (cr). **84** DK Images: INAH (cl) (cla) (tl) (cr). **84-85** DK Images: INAH (b). **85** DK Images: British Museum (tl); INAH (cr) (c) (bl). **86-87** Corbis: Charles & Josette Lenars. **88** DK Images: Courtesy of Warwick Castle, Warwick (tc). **89** DK Images: By kind permission of the Trustees of the Wallace Collection (c/ hunskull basinet). **91** DK Images: By kind permission of the Trustees of the Wallace Collection (tl) (tr) (crb). **92** akg-images: VISIOARS (b). **92-93** The Art Archive: University Library Heidelberg / Dagli Orti (A) (c). **93** akg-images: British Library (c). **94** DK Images: Courtesy of Warwick Castle, Warwick (crb). **95** akg-images: British Library (tl). DK Images: By kind permission of the Trustees of the Wallace Collection (clb). **96** DK Images: Courtesy of Warwick Castle, Warwick (bl). **96-97** DK Images: Courtesy of Warwick Castle, Warwick (gorget) (breastplate). **97** DK Images: Courtesy of Warwick Castle, Warwick (tc) (cl) (cr) (tr) (clb) (crb) (bl) (br). **98-99** Werner Forman Archive: Boston Museum of Fine Arts. **100** The Art Archive: Museo di Capodimonte, Naples / Dagli Orti. **101** akg-images: Rabatti - Domingie. **102** The Art Archive: Private Collection / Marc Charmet (r). **103** Tokugawa Reimeikai: (r). **105** The Art Archive: University Library Geneva / Dagli Ort (tc). **108** Bridgeman Art Library: Royal Library, Stockholm, Sweden (tr). **109** DK Images: By kind permission of the Trustees of the Wallace Collection (b); Judith Miller / Wallis and Wallis (crb). **110** akg-images: (bl) (br). **110-111** The Art Archive: Château de Blois / Dagli Orti (c). **111** akg-images: (tr). **116-117** The Art Archive: Basilique Saint Denis, Paris / Dagli Orti. **118** DK Images: By kind permission of the Trustees of the Wallace Collection (l). **119** DK Images: Courtesy of Warwick Castle, Warwick (b). **122** Corbis: Asian Art & Archaeology, Inc (bl). **122-123** DK Images: Board of Trustees of the Royal Armouries (t). **124-125** DK Images: Pitt Rivers Museum, University of Oxford (t); By kind permission of the Trustees of the Wallace Collection (c). **128** Bridgeman Art Library: School of Oriental & African Studies Library, Uni. of London (bl). **128-129** Bridgeman Art Library: Private Collection (c). **129** akg-images: (r). Ancient Art & Architecture Collection: (tl). DK Images: Board of Trustees of the Royal Armouries (fcrb); By kind permission of the Trustees of the Wallace Collection (clb). **130** DK Images: Pitt Rivers Museum, University of Oxford (cr). **134** DK Images: By kind permission of the Trustees of the Wallace Collection (r) (l). **135** DK Images: By kind permission of the Trustees of the Wallace Collection (t) (cb) (b). **138-139** DK Images: By kind permission of the Trustees of the Wallace Collection. 139 **DK** Images: By kind permission of the Trustees of the Wallace Collection (t). **140-141** The Art Archive: Museo di Capodimonte, Naples / Dagli Orti. **143** DK Images: History Museum, Moscow (cr); By kind permission of the Trustees of the Wallace Collection (r). **144-145** DK Images: By kind permission of the Trustees of the Wallace Collection. **162** DK Images: Royal Museum of the Armed Forces ands of Military History, Brussels, Belgium (cra). **163** DK Images: Army Museum, Stockholm, Sweden (br); The Tank Museum (tr, crb). **164** DK Images: Fort Nelson (tr, cla, clb, br, c). **164-165** DK Images: Fort Nelson (c). **165** DK Images: Fort Nelson (tc, cla, crb, bl). **168** DK Images: Courtesy of Ross Simms and the Winchcombe Folk and Police Museum (tl); Courtesy of Warwick Castle, Warwick (br). **169** DK Images: Judith Miller / Wallis and Wallis (br). **170-171** akg-images: Nimatallah. **172** DK Images: By kind permission of the Trustees of the Wallace Collection. **173** DK Images: By kind permission of the Trustees of the Wallace Collection (tr) (cr); Courtesy of Warwick Castle, Warwick (br). **174** DK Images: By kind permission of the Trustees of the Wallace Collection. **175** Corbis: Leonard de Selva (bl). DK Images: By kind permission of the Trustees of the Wallace Collection (tr) (cra) (cr) (crb) (br). **176** DK Images: Pitt Rivers Museum, University of Oxford (tl). **177** DK Images: Pitt Rivers Museum, University of Oxford (br). **178** DK Images: Board of Trustees of the Royal Armouries (l) (cb) (br) (tr). **179** DK Images: Board of Trustees of the Royal Armouries (bc) (tc) (r). **180-181** Corbis: Minnesota Historical Society. **182** Corbis: Bettmann. **183** akgimages. **184** The Art Archive: National Archives Washington DC (tl). **185** The Art Archive: Museo del Risorgimento Brescia / Dagli Orti (tr). Corbis: Hulton-Deutsch Collection (b). **190** DK Images: Courtesy of the Gettysburg National Military Park, PA (c) (r); US Army Military History Institute (l) (br). **191** DK Images: Confederate Memorial Hall, New Orleans (ca) (cra) (bc) (br) (tc) (tr); US Army Military History Institute (cb) (crb). **192-193** DK Images: By kind permission of the Trustees of the Wallace Collection. **200** akg-images: (br). **202** DK Images: Pitt Rivers Museum, University of Oxford (ca). **204** The Art Archive: Biblioteca Nazionale Marciana Venice / Dagli Orti (tl). **206** Mary Evans Picture Library: (bl) (bc). **206-207** Bridgeman Art Library: Stapleton Collection (c). **207** Bridgeman Art Library: Courtesy of the Council, National Army Museum, London (tr). **211** DK Images: The American Museum of Natural History (tl) (br) (bl). **212-213** Corbis: Stapleton Collection. **214** DK Images: The American Museum of Natural History (cla) (r). **215** American Museum Of Natural History: Division of Anthropology (bl). Corbis: Geoffrey Clements (tl). DK Images: The American Museum of Natural History (r). **216** Getty Images: Hulton Archive (tl). **225** DK Images: Courtesy of the Gettysburg National Military Park, PA (bl) (br). **226** Bridgeman Art Library: of the New-York Historical Society, USA (bl). DK Images: Courtesy of the Gettysburg National Military Park, PA (tl). **226-227** Corbis: Medford Historical Society Collection (c). **227** Bridgeman Art Library: Massachusetts Historical Society, Boston, MA (tr). DK Images: Courtesy of the C. Paul Loane Collection (br); Civil War Library and Museum, Philadelphia (cl); Civil War Library and Museum, Philadelphia (cr); Courtesy of the Gettysburg National Military Park, PA (crb); US Army Military History Institute (bl). **231** DK Images: Courtesy of the Gettysburg National Military Park, PA (tr). **234** The Kobal Collection: COLUMBIA (br). **236-237** Corbis: Fine Art Photographic Library. **238** DK Images:: Fort Nelson (cl, cra); HMS Victory, Portsmouth Historic Dockyard / National Museum of the Royal Navy (bl). **239** DK Images: Fort Nelson (cr). **240** DK Images: Fort Nelson (cra, cl, bl). **241** DK Images: Fort Nelson (tl, tr). **242** DK Images: By kind permission of The Trustees of the Imperial War Museum, London (br); Fort Nelson (cla, bl). **242-243** DK Images: The Tank Museum (cr). **243** DK Images: Fort Nelson (tr, cr, b). **253** Bridgeman Art Library: Private Collection / Peter Newark American Pictures (br). **254** akg-images: Victoria and Albert Museum (l). **254-255** Bridgeman Art Library: Delaware Art Museum, Wilmington, USA, Howard Pyle Collection (c). **255** The Art Archive: Laurie Platt Winfrey (br). Bridgeman Art Library: Private Collection (bc). **258-259** DK Images: By kind permission of the Trustees of the Wallace Collection. **261** akg-images: (t). **265** Corbis: Bettmann (br). **268-269** The Art Archive. **282** DK Images: HMS Victory, Portsmouth Historic Dockyard / National Museum of the Royal Navy (cr). **283** DK Images: Courtesy of the Royal Artillery Historical Trust (tl); The US Army Heritage and Education Center - Military History Institute (c). **287** Sunita Gahir: (cl). **288** DK Images: Powell-Cotton Museum, Kent (l) (c). **289** DK Images: Exeter City Museums and Art Gallery, Royal Albert Memorial Museum (tl); Powell-Cotton Museum, Kent (bl). **290** DK Images: Judith Miller / Kevin Conru (c); Judith Miller/Kevin Conru (r); Judith Miller / JYP Tribal Art (l). **291** DK Images: Judith Miller / JYP Tribal Art (l) (clb) (cr) (r). **292-293** Corbis: The Military Picture Library. **294** akg-images. **296** Getty Images: Hulton Archive (tl). **297** Getty Images: Rabih Moghrabi / AFP (b); Scott Peterson (t). **300** DK Images: Pitt Rivers Museum, University of Oxford (t); Pitt Rivers Museum, University of Oxford (ca); Pitt Rivers Museum, University of Oxford (c); By kind permission of the Trustees of the Wallace Collection (b). **301** Corbis: Bettmann (tr). DK Images: Pitt Rivers Museum, University of Oxford (cr). **302** DK Images: RAF Museum, Hendon (br). **303** DK Images: Imperial War Museum, London (b). **304-305** popperfoto.com. **306** akg-images: Jean-Pierre Verney (br). The Art Archive: Musée des deux Guerres Mondiales, Paris / Dagli Orti (tr). Corbis: Adam Woolfi tt (bl). **307** Corbis: Hulton-Deutsch Collection (b). **315** Corbis: Seattle Post-Intelligencer Collection; Museum of History and Industry (bl). **316** The Kobal Collection: COLUMBIA / WARNER (tl). **320** akg-images: (bl). **320-321** Getty Images: Picture Post / Stringer (c). **321** Getty Images: Sergei Guneyev / Time Life Pictures (br); Georgi Zelma (tl). **325** Rex Features: Sipa Press (bc). **334-335** The Art Archive. **337** DK Images: Imperial War Museum, London (t); Courtesy of the Ministry of Defence Pattern Room, Nottingham (ca). **338** DK Images: © The Board of Trustees of the Armouries (ca). **338-339** DK Images: The Tank Museum (cb). **339** DK Images: © The Board of Trustees of the Armouries (t); The Tank Museum (bl). **351** Corbis: John Springer Collection (br). **358** DK Images: Courtesy of the Royal Artillery Historical Trust (clb); Imperial War Museum, London (br); The Tank Museum (tl). **359** DK Images: Courtesy of the Royal Artillery Historical Trust (tr); Royal Museum of the Armed Forces and of Military History , Brussels, Belgium (tl, br); Fort Nelson (clb). **360** DK Images: Courtesy of the Royal Artillery Historical Trust (cra, br); By kind permission of The Trustees of the Imperial War Museum, London (cl). **360-361** DK Images:The Tank Museum (c). **361** DK Images: Courtesy of the Royal Artillery Historical Trust (c). **362** DK Images: Fort Nelson (cla, b); The Tank Museum (cr). **363** DK Images: Courtesy of the Royal Artillery Historical Trust (tl, cr); By kind permission of The Trustees of the Imperial War Museum, London (tr); © The Board of Trustees of the Armouries (br); Fort Nelson (bl). **364** DK Images: Imperial War Museum, London (cl); Jean-Pierre Verney (cla); The Wardrobe Museum, Salisbury (crb). **365** Dorling Kindersley: © The Board of Trustees of the Armouries (clb); Vietnam Rolling Thunder (cl, c); Stuart Beeny (r). **372** Corbis: Leif Skoogfors (bl). **372-373** Getty Images: Greg Mathieson / Mai / Time Life (c). **373** Getty Images: Greg Mathieson / Mai (bc); U.S. Navy (tr). **375** DK Images: © The Board of Trustees of the Armouries (cra). **376** DK Images: The Tank Museum (cl). **377** DK Images: © The Board of Trustees of the Armouries (t). **382** DK Images: Imperial War Museum, London. **383** Corbis: Chris Rainier. DK Images: Courtesy of Andrew L Chernack (crb). **384-385** Corbis: David Mercado/Reuters

All other images © Dorling Kindersley For further information see: www.dkimages.com

Dorling Kindersley would like to thank Philip Abbott at the Royal Armouries for all his hard work and advice; Stuart Ivinson at the Royal Armouries; the Pitt Rivers Museum; David Edge at the Wallace Collection; Simon Forty for additional text; Angus Konstam, Victoria Heyworth-Dunne and Tamsin Calitz for editorial work; Steve Knowlden, Ted Kinsey, and John Thompson for design work; Alex Turner and Sean Dwyer for design support; Myriam Megharbi for picture research support.

本书英文版参与制作人员

DK 企鹅兰登书屋

高级艺术编辑	Sunita Gahir, Sharon Spencer
艺术编辑	Paul Drislane, Michael Duffy
设计师	Philip Fitzgerald, Tim Lane, Peter Radcliffe
DTP 设计师	John Goldsmid, Sharon McGoldrick
高级编辑	Paula Regan
项目编辑	May Corfield, Tarda Davison-Aitkins, Nicola Hodgson, Cathy Marriott, Steve Setford, Andrew Szudek
图片研究人员	Sarah Smithies
DK 图片图书管理员	Romaine Werblow
摄影	Gary Ombler
插图	KJA-artists.com
生产控制	Elizabeth Warman
艺术管理编辑	Karen Self
布景师	Bryn Walls
艺术指导	Debra Wolter
出版人	Jonathan Metcalf

皇家军械库的顾问

Philip Abbott, Head of Library Services; Ian Bottomley, Senior Curator of Arms and Armour; Mark Murray Flutter, Senior Curator of Firearms; Thom Richardson, Keeper of Armour; Bob Woosnam Savage, Senior Curator of Edged Weapons; Peter Smithurst, Keeper of Weapons

捐赠者

Roger Ford, Adrian Gilbert, Reg Grant, Richard Holmes, Philip Parker

本版本 DK 伦敦团队

项目编辑	Hugo Wilkinson
高级艺术编辑	Jane Ewart
封面设计师	Mark Cavanagh
编辑	Claire Gell
包装设计开发经理	Sophia MTT
前期生产	Luca Frassinetti
制造商	Gillian Reid
高级管理 ART 编辑	Lee Griffiths
总编辑	Gareth Jones
布景师	Karen Self
出版人	Liz Wheeler
出版总监	Jonathan Metcalf

封面图片提供

Dorling Kindersley: Gary Ombler / Durham University Oriental Museum

Dorling Kindersley: Gary Ombler / Newcastle Great Northern Museum, Hancock

Dorling Kindersley: Richard Leeney / Canterbury City Council, Museums and Galleries

Dorling Kindersley: Gary Ombler / 1er Chasseurs a Cheval de la Lighne, 2e Compagnie

Dorling Kindersley: Gary Ombler / 1er Chasseurs a Cheval de la Lighne, 2e Compagnie

DK 德里团队

艺术编辑	Divya P. R
总编辑	Rohan Sinha
艺术管理编辑	Sudakshina Basu
封面设计师	Surabhi Wadhwa
封面管理编辑	Saloni Singh
图片研究人员	Deepak Negi
图片研究经理	Taiyaba Khatoon
DTP 设计师	Anita Yadav, Rajesh Singh
高级 DTP 设计师	Neeraj Bhatia, Harish Aggarwal
前期生产经理	Balwant Singh
生产经理	Pankaj Sharma